计 算 机 科 学 丛 书

原书第5版

计算机安全导论

[美] 查克·伊斯特姆（Chuck Easttom）著

高敏芬 贾春福 钟安鸣 译

Computer Security Fundamentals

Fifth Edition

机械工业出版社

CHINA MACHINE PRESS

图书在版编目（CIP）数据

计算机安全导论：原书第 5 版 /（美）查克·伊斯特姆 (Chuck Easttom) 著；高敏芬，贾春福，钟安鸣译 . — 北京：机械工业出版社，2024.10. --（计算机科学丛书）. -- ISBN 978-7-111-76702-2

I. TP309

中国国家版本馆 CIP 数据核字第 2024T4B812 号

机械工业出版社（北京市百万庄大街 22 号　邮政编码 100037）

策划编辑：朱　劼　　　　　　　　责任编辑：朱　劼
责任校对：张勤思　杨　霞　景　飞　　责任印制：郜　敏
三河市国英印务有限公司印刷
2025 年 1 月第 1 版第 1 次印刷
185mm×260mm·22.5 印张·1 插页·570 千字
标准书号：ISBN 978-7-111-76702-2
定价：109.00 元

电话服务　　　　　　　　　　网络服务
客服电话：010-88361066　　　机 工 官 网：www.cmpbook.com
　　　　　010-88379833　　　机 工 官 博：weibo.com/cmp1952
　　　　　010-68326294　　　金 书 网：www.golden-book.com
封底无防伪标均为盗版　　　机工教育服务网：www.cmpedu.com

网络技术的飞速发展和广泛应用，彻底改变了人们的生活和工作方式。然而不断出现的网络安全事件，又给人们的生活和工作造成了极大困扰。人们迫切想知道计算机安全面临的主要威胁、攻击原理与后果以及相应的防范措施。本书很好地回答了这些问题，主要内容包括计算机安全基本概念、计算机攻击与相应防护技术、计算机安全管理等。

本书是原书的第 5 版。自上一版出版已过去了 4 年，这个版本反映了计算机安全领域的变化和发展，包括一些新的信息、更新的问题和修订的内容等。

本书作者查克·伊斯特姆（Chuck Easttom）博士已经出版了 43 本图书，涵盖计算机安全、取证技术和密码学等领域。他还撰写了多篇有关数字取证、网络战、密码学和应用数学等方面的学术论文，拥有计算机科学领域的 26 项专利。

本书的核心读者是没有较为全面的计算机网络知识，但又希望入门安全领域的学生。此外，非安全专家的系统管理员、拥有计算机知识又非常希望了解更多有关网络犯罪和网络恐怖主义的人，以及执法人员、刑事司法专业的学生，甚至财务专业的学生，对本书的内容也会非常感兴趣。

翻译国外著名作家的作品极具挑战性，原著不仅具有深度，在内容和组织方面也各具特色。我们本着对读者负责的原则，力求做到技术内涵的准确无误和专业术语的规范统一。但是，限于译者水平，加之时间仓促，翻译不妥和疏漏之处在所难免，敬请读者批评指正。

本书由高敏芬和贾春福组织翻译，参与翻译的人员还有钟安鸣、葛晓炜、马彩霞、李朋祥和张晓旭。全书最后由高敏芬和贾春福统稿和审校。在翻译过程中，我们对原书中明显的错误做了修改，对印刷错误也进行了更正。机械工业出版社华章分社的相关编辑对本书的翻译出版给予了大力支持和帮助，在此深表感谢。

译者

2023 年 9 月于天津南开园

查克·伊斯特姆（Chuck Easttom）博士已经出版了 43 本书，这些书涵盖了计算机安全、取证技术和密码学等多个领域。此外，他还撰写了 70 余篇有关数字取证、网络战、密码学和应用数学等方面的学术论文。同时他也是一名发明家，拥有计算机科学和技术领域的 26 项专利。他拥有网络安全理学博士学位（申请学位的论文题目为"A Study of Lattice-based Algorithms for Post Quantum Cryptography"）、计算机科学博士学位（申请学位的论文题目为"A Systematic Framework for Network Forensics Using Graph Theory"）、纳米技术博士学位（申请学位的论文题目为"The Effects of Complexity on Carbon Nanotube Failures"）和 4 个硕士学位。他也活跃在网络安全、计算机科学和计算机工程学术会议上，并经常在这些会议上做主题报告。他是一名 ACM 的杰出演讲者，也是 IEEE 的高级会员和 ACM 的高级会员。你可以在网站 www.ChuckEasttom.com 上找到更多关于伊斯特姆博士及他所从事研究的相关信息。

Lewis Heuermann（CISSP、Data+）是一名退伍军人、网络安全顾问和教授。他曾担任系统工程师、网络工程师、网络防御分析师和网络风险管理顾问。Lewis 教授一些大学课程，包括网络防御、信息系统管理、基于 Python 的网络防御编程，以及基于 SQL 和 Tableau 工具的数据分析等。他拥有多项行业认证证书，包括 Tableau Desktop Specialist 和 CompTIA Data+ 认证。

本书的第 1 版已经出版 10 余年了，从那时起，计算机安全领域发生了很大的变化。这个版本反映了这些变化，包括一些新的信息、更新的问题和修订的内容。

这本书对于那些精通计算机的人来说是一个指南，这意味着那些并非安全专家的系统管理员和任何拥有计算机知识又非常希望知道更多关于网络犯罪和网络恐怖主义的人，可能会发现这本书非常有用。然而，这本书的核心读者应该是还没有较全面的计算机网络知识，但又希望入门安全领域的学生。本书可作为计算机安全相关课程的基础教材。不需要预备知识，意味着计算机科学和计算机信息系统系之外的学生也可以将本书作为教材使用。本书可能也会使执法人员、刑事司法专业的学生，甚至财务专业的学生对计算机安全产生兴趣。

就像前面所提到的，本书是一本有关计算机安全的入门书籍。除了大量的脚注外，附录 A 将指导你获得大量的阅读资料。本书的每一章都配备了一定数量的复习题和实践练习。附录 B 提供了选择题的答案供复习时使用。练习和项目旨在鼓励读者去探索，因此答案不是唯一的。

本书假设你是一个名副其实的计算机用户，这意味着你已经在日常生活和工作中使用计算机，并且能够熟练地使用电子邮件和 Web 浏览器，知道 RAM 和 USB 的具体含义。教师如果考虑使用本书作为教材，要求面对的学生应该对计算机有基本的了解，但无须修过一些正式的计算机课程。出于这个原因，本书第 2 章介绍了网络的基本概念，以便让基础薄弱的学生能够跟上教学进度。那些拥有更多计算机知识的人（如系统管理员），在书中会发现一些非常有用的章节，而对于那些太初级、没有难度的章节，可以直接跳过[⊖]。

⊖ 关于教辅资源，仅提供给采用本书作为教材的教师用作课堂教学、布置作业、发布考试等。如有需要的教师，请直接联系 Pearson 北京办公室查询并填表申请。联系邮箱：Copub.Hed@pearson.com。——编辑注

计算机安全导引

本章学习目标

学习本章并完成章末的技能测试题目之后，你应该能够

- 识别网络所面临的最大威胁：安全漏洞、拒绝服务攻击和恶意软件。
- 理解基本的安全概念。
- 评估你的网络遭受攻击的可能性。
- 给出涉及的关键术语的定义，如黑客、渗透测试工程师、防火墙和身份认证。
- 比较和对比边界安全方法和分层安全方法。
- 使用在线资源保护你的网络。

1.1 引言

自本书第 1 版出版以来，网上交易的流行程度逐年急剧增加。在 2004 年，我们开始通过网站开展电子商务。到 2023 年，我们已经拥有了网联汽车和物联网，也拥有了智能家居和智能医疗设备，而且电子商务网站已经得到广泛使用。Internet 的流量已经远远不止是我们在空闲时间观看的幽默视频。现在，Internet 已经成为商业的心脏和灵魂，Internet 通信甚至在军事行动和外交关系中发挥着核心作用。除了智能手机，我们现在还拥有智能手表，甚至拥有 Wi-Fi 热点和智能技术的汽车。我们的生活与网络世界已经密不可分，我们可以在网上报税，在网上买房子，在网上预订假期，甚至在网上寻找约会的对象。

由于我们的许多业务是在网上进行的，因此大量的个人信息存储在计算机中。医疗记录、税务记录、学业成绩记录等都存储在计算机的数据库中。个人信息通常被称为个人身份信息（Personally Identifiable Information，PII），与健康相关的数据通常被称为个人健康信息（Personal Health Information，PHI）。这就引出了一些非常重要的问题：

- 如何保护这些信息？
- 这些信息系统有哪些漏洞？
- 采取哪些措施能够确保这些系统和数据的安全性？
- 谁可以访问我的信息？
- 这些信息会被怎样使用？
- 这些信息会共享给谁？是第三方吗？

供参考的小知识：Internet 将走向何方？

显然，正如前面提到的，Internet 已经得到广泛的拓展。我们现在已经有了智能手机、智能手表，甚至智能汽车。我们有了物联网（Internet of Things，IoT），其设备在 Internet 上进行通信。智能家居和医疗设备，包括植入式医疗设备，已成为当前的发展趋势。你认为未来十年 Internet 会给我们带来什么？

不幸的是，自本书第 1 版出版以来，技术和 Internet 接入得到快速发展的同时，由此而

带来的安全危险也在增加。这个问题到底有多么严重呢？ 2021 年的一篇研究报告[一]指出，网络犯罪（cybercrime）每年造成的损失预计达到 6 万亿美元。全球网络安全支出也在增长，2020 年全球网络安全支出为 1250 亿美元，预计到 2024 年将超过 1740 亿美元。

Cybercrime Magazine 上的一篇文章[二]指出，在 2021 年，仅勒索软件就造成了 200 亿美元的损失。越来越多的加密货币交易将涉及非法交易。另外一篇美国飞塔（Fortinet）公司的文章[三]断言，在 2020 年的前三个季度中，有 360 亿条记录被泄露。与 2019 年 7 月相比，仅 2020 年 7 月的恶意活动就增加了 653%。显然，各个方面的网络威胁都在增加。

然而，尽管每天都有威胁安全的事发生，但许多人（包括一些执法人员和受过培训的计算机专业人员）对这些威胁的现实状况缺乏足够的了解和认识。显然，媒体会把注意力集中在最引人注目的计算机安全漏洞和缺陷上，而不一定能准确描绘出最可能的威胁场景。有时也会遇到一些系统管理员的计算机安全知识不够的情况。

本章概述了当前面临的危险，描述了针对个人计算机和网络的最常见的攻击类型，教你如何使用黑客和安全专业人士的专业语言，并概述了保护计算机和网络安全所需的大致内容。

在本书中，你将学习如何保护个人计算机和整个网络。你还将了解如何保护数据传输，并完成一项关于你所在地区的计算机安全相关的法律方面的操作练习。也许本章最重要的讨论是什么样的攻击经常被采用，以及它们是如何被实施的。在第 1 章中，我们概述了真正的危险是什么，并向你介绍网络安全专业人员和黑客使用的术语，从而为后续章节做准备。所有这些主题都将在后续章节中进行更全面的探讨。

1.2　认识网络安全威胁

了解计算机和网络安全的第一步是对这些系统面临的威胁进行切实的评估。如果不了解要保护的内容以及要防范的威胁，你就无法保护你的资产。为了做好充分的防御准备，你需要清楚地了解其中的危险。从本书的第 1 版开始，我就讨论过两种关于计算机安全的极端态度——这些态度至今依然存在。第一种人的观点是假设没有真正的威胁。持有这种观点的人认为计算机系统几乎不存在真正的危险，很多负面消息只是毫无根据的、不必要的恐慌。他们通常认为，只要采取最低限度的安全防范措施，就能确保系统的安全。一种普遍的看法是，如果本组织到目前为止没受到攻击，那么这个组织就一定是安全的。如果决策者持有这样的观点的话，他们倾向于采用被动的安全方法，会等到事件发生后再处理安全问题，也就是俗话所说的"马后炮"。如果你足够幸运的话，这件事对你的组织只会产生很小的影响，它正好为你敲响了警钟；但如果你不够幸运，那么你的组织可能会面临严重的，甚至灾难性的后果。本书的一个主要目标是鼓励大家对安全问题采取主动的应对方法。

另外一种持有相反观点的人则高估了危险。他们倾向于认为许多有技能的黑客对他们的系统构成了迫在眉睫的威胁。他们可能认为，任何青少年只要有一台笔记本计算机，就可以随意穿越安全程度较高的系统。这种世界观构思了许多优秀的电影情节，但现实不是这样的。事实上，许多自称黑客的人并不像他们自认为的那么博学，他们不太可能对任何已经实施了适当的安全预防措施的系统成功地实施攻击。

㊀ https://financesonline.com/cybersecurity-statistics/.

㊁ https://cybersecurityventures.com/top-5-cybersecurity-facts-figures-predictions-and-statistics-for-2019-to-2021/.

㊂ https://www.fortinet.com/resources/cyberglossary/cybersecurity-statistics.

当然，这并不意味着不存在技术精湛的黑客。然而，这些技术精湛的黑客必须进行成本（财务、时间等方面）和回报（意识形态、金钱等方面）之间的权衡。"优秀"的黑客倾向于去攻击那些可以得到最高回报的系统。如果黑客认为你的系统对他们所要达到的目的没有好处，那么他们就不太可能花费资源破坏你的系统。对网络的真正入侵需要时间和精力，理解这一点很重要。黑客的入侵行为不是你在电影中看到的那种戏剧化的过程。我经常教授黑客入侵和渗透测试方面的课程，学生们通常会惊讶地发现这个攻击过程实际上有点乏味，而且大多数都需要较大的耐心。

在本书后面的章节中，我们将讨论网络战争，这个话题必然会涉及拥有大量资源且技术精湛的黑客。并非只有政府机构是这类黑客攻击的目标，但类似于詹姆斯·邦德（James Bond）的黑客也不会只是等着去攻击小型业务网络。

总体来说，关于计算机系统面临危险的这两种观点都比较极端，都是不准确的。的确，有些人对计算机系统有较好的了解，并掌握了危及许多（如果不是大多数的话）系统安全性的攻击技巧。然而，许多自称黑客的人并不像他们声称的那样掌握了系统的攻击技术。他们虽然已经理解并掌握了一些来自 Internet 的流行术语，感觉自己已经拥有操作数据的无限能力，但他们可能根本就无法对一些（甚至只进行了适度安全保护的）系统真正实施攻击。

真正有技能的黑客并不比顶级的钢琴家更常见。想想看，有多少人在人生的某个阶段上过钢琴课，但现在又有多少人真正成为艺术大师？计算机黑客也是如此。许多人都是技能平庸的，真正有技能的黑客并不是很多。请记住，即使是那些拥有必要技能的人，也需要在得到激励后，才能让他们愿意花费时间和精力去破坏你的系统。

评估系统威胁级别的一个更好方法是权衡系统对潜在入侵者的吸引力和系统当前拥有的安全措施，这是威胁分析的本质。你需要检查系统所面临的风险、漏洞和威胁，以决定在网络安全的哪些方面投入最多的精力。

一个需要牢记的问题是内部威胁。这类威胁包括内部人员的恶意和故意损害，以及单纯的疏忽和无知。其中，用户的不良安全习惯可能会破坏掉最强大的技术安全。内部威胁在本书中将会被详细讨论。

还要记住，对任何系统来说，最大的外部威胁不是黑客，而是恶意软件（malware）和拒绝服务（DoS）攻击。恶意软件包括病毒、蠕虫、特洛伊木马和逻辑炸弹。执行恶意软件通常不需要技术高深的攻击者，它只需要一名普通员工打开错误的附件或点击错误的链接就可以了。

安全审计（security audit）总是从风险评估（risk assessment）开始，这也是我们在这里要进行描述的。首先，你需要进行资产识别。显然，构成网络的实体计算机、路由器、交换机和其他设备都是资产。但最重要的资产可能是你的网络中流转的信息。识别资产首先要评估网络存储的信息及其价值。你所在的网络是否包含银行账户等方面的个人信息，或者医学信息、健康医疗记录？你所在的网络也可能包含知识产权、商业秘密，甚至绝密的军事数据。

一旦进行了资产识别，你就需要对资产面临的威胁进行盘点。当然，任何威胁都是可能的，但需要注意的是，有些威胁比其他威胁更有可能发生。这与选择家庭安全保险非常相似。如果你住在洪泛区，那么洪水保险是至关重要的。如果你住在高海拔的沙漠地区，洪水保险就不那么重要了。对于数据的保护，我们也在做同样的事情。如果你为国防承包商工作，那么外国政府资助的黑客是一个重大威胁。然而，如果你是一个学区的网络管理员，那么最大的威胁可能是试图破坏网络的青少年。通常来讲，认识到当前网络所面临的威胁是非常重要的。

在识别出组织的资产并列出威胁清单之后，你需要找出你管理的系统所存在的漏洞。每个系统都有漏洞，识别网络的特定漏洞是风险评估的主要部分。

资产、威胁和漏洞等方面的知识将为你提供所需的信息，以确定哪些安全措施适合当前网络。预算通常总是有一定限制的，因此你需要在选择安全控制时做出明智的决策。运用良好的风险评估有助于你做出明智的安全决策。

> **注意**
>
> 　　许多行业的认证都强调风险评估。信息系统安全认证专家（Certified Information System Security Professional，CISSP）认证非常重视这个问题。注册信息系统审计师（Certified Information System Auditor，CISA）认证更加关注风险评估。拥有一个或多个适当的行业认证可以增强你的技能，使你作为一名安全专业人员更有市场。还有许多其他认证，包括 CompTIA 高级安全从业者（CompTIA Advanced Security Practitioner，CASP）认证和 Security+ 认证。

一些方法和公式可以量化风险。这里我们提供几个简单的公式用于量化风险。为了计算单个事件的损失，可以将资产价值乘以所暴露资产的百分比：

$$单一损失期望（SLE）= 资产价值（AV）\times 暴露因子（EF）$$

这个公式的意思是，AV 是资产当前的价值，EF 是一次威胁对当前资产造成损失的百分比，用资产价值乘以暴露因子，可以计算这次事件的损失。假设你有一台 1000 美元的笔记本计算机，它已经贬值了 20%，这意味着它的价值还剩下 80%。如果笔记本丢失或被盗，价值损失为 1000 美元（AV）×0.8（EF）= 800 美元（SLE）。这是一种过于简化的计算方法，并没有考虑到数据的价值，但它确实说明了这个公式的意义。现在继续计算每年的损失，可以使用下面的公式：

$$年度损失期望（ALE）= 单一损失期望（SLE）\times 年发生率（ARO）$$

使用之前的 SLE 即 800 美元，如果预计每年丢失 3 台笔记本，那么 800 美元×3 = 2400 美元（ALE）。

显然，这些公式具有一定的主观性。例如，ARO 通常是依据行业趋势和过去的事件进行估计的，但它们可以帮助你了解所面临的风险。这将有助于指导你决定分配什么样的资源来应对风险。

一旦你确定了某个风险，那么实际上就只有四个选择：

- **接受**（acceptance）：这意味着你发现风险的影响小于解决风险的成本，或者风险的可能性太小以至于你什么都不需要做。这不是最常见的方法，但在某些场景中是适用的。
- **规避**（avoidance）：这意味着确保风险发生的可能性为零。如果你担心一个病毒通过 USB 进入你所在的网络，那么可以关闭所有的 USB 端口，当然这就已经规避了风险。
- **转移**（transference）：这涉及在风险发生时转移损害的责任问题。通常你可以通过购买网络威胁的保险来实现损害转移。
- **缓解**（mitigation）：这种方法通常是最常见的，你可以采取一些步骤来减少事件发生的可能性或影响。例如，如果你担心计算机病毒的侵入和攻击，可以通过杀毒软件以及有关附件和链接的策略来缓解这一问题。

这是基本的风险评估。在花费资源解决威胁之前，你必须进行这种类型的基本威胁评估。这种威胁实现的可能性有多大？如果实现了，会给你造成多大的损失？例如，我可以对我的网站不实施任何安全保护措施。是的，有人可能会对它进行攻击，但如果他们确实进行了攻击，此时对网站的影响将是微不足道的。因为那个网站上根本没有数据——没有后台数据库、没有文件、没有登录等。网站上唯一的信息是我免费提供给任何人的信息，甚至没有记录谁得到了这些信息。因此，对于本网站而言，入侵对本网站的影响是微不足道的，因此我不太容易接受在安全方面的任何支出。相对于我的网站而言，另一种极端的情况是大型电子商务网站。这些网站在安全方面投入了大量的资源，因为入侵这样的网站不仅会立即造成巨大的损失，从长远来看还会损害组织的声誉。

1.3　识别威胁的类型

如 1.2 节所述，识别威胁是风险评估的关键部分。有些威胁对所有网络都是常见的，而其他威胁则更有可能是针对特定类型的网络的。根据特定的分类标准，各种各样的威胁可以划为不同的类别。在本节中，我们将依据攻击的本质特性对威胁进行分类。大多数攻击可以归为以下七类之一：

- **恶意软件**（malware）：这是一个笼统的术语，指带有恶意目的的软件。它包括病毒（virus）攻击、蠕虫（worm）、广告软件（adware）、特洛伊木马（Trojan horse）和间谍软件（spyware），是计算机系统所面临的最普遍的危险。"恶意软件"这个相对笼统的术语现在被广泛使用的一个原因是，很多时候，一个恶意软件并不完全属于这些类别的某一个，而是属于好几个。
- **安全性破坏**（security breach）：这组攻击包括对系统进行任何未经授权的访问的行为，如破解口令、提升权限、入侵服务器等。所有这些都可能与"黑客入侵"（hacking）一词联系在一起。
- **DoS 攻击**（DoS attack）：这类攻击旨在阻止用户合法地访问系统。而且，正如你将在后续章节中看到的，Dos 攻击包括分布式拒绝服务（DDoS）。
- **Web 攻击**（Web attack）：任何试图攻破网站的攻击。最常见的两种攻击是 SQL 注入（SQL injection）和跨站脚本攻击（cross-site scripting）。
- **会话劫持**（session hijacking）：这类攻击相当高级，攻击者试图接管会话。
- **内部威胁**（insider threat）：这些入侵是基于某人滥用他对网络的访问权限，以此来窃取数据或危害安全。
- **DNS 投毒**（DNS poisoning）：这类攻击的目的是破坏 DNS 服务器，使用户被重定向到某些恶意网站，包括钓鱼网站。

还有一些其他类型的攻击方式，比如社会工程学（social engineering）等。一些专家的分类方式可能有所不同。上述罗列的攻击类型只是试图提供一个基本的攻击类型分类。本节对每种类型的攻击进行了全面的描述。后面的章节将更详细地介绍每种特定的攻击，以及如何完成攻击和如何避免攻击。

1.3.1　恶意软件

恶意软件（malware）是指带有恶意目的的软件的总称。本节讨论四种类型的恶意软件：

病毒、特洛伊木马、间谍软件和逻辑炸弹。特洛伊木马和病毒是最常见的恶意软件。rootkit 也可以归为恶意软件，但它们通常是以病毒的形式进行传播的，因此被认为是一种特定类型的病毒。

根据网络安全技术公司 Malwarebytes 的定义：

> 恶意软件，或"恶意的软件"，是一个总括性的术语，它描述了任何对系统有害的恶意程序或代码。恶意软件通常通过控制设备的部分操作来进行入侵、破坏，或者禁用计算机、计算机系统、网络、平板计算机和移动设备。和人类的流感一样，它会干扰计算机的正常功能 $^{\ominus}$。

当提及恶意软件时，我们首先想到的还是计算机病毒（computer virus）。计算机病毒的关键特征是它可以进行自我复制。计算机病毒与生物病毒相似，两者都是为了复制和传播。传播计算机病毒最常见的方法是使用受害者的电子邮件账号将病毒传播给其地址簿中的每一个人。一些病毒实际上并不会损害系统本身，但是几乎所有的病毒都会导致网络变慢，这是因为病毒复制会产生大量的网络流量。

特洛伊木马（Trojan horse）得名于一个古老的传说。特洛伊城被围困了很长一段时间，但进攻者无法进入，所以他们建造了一匹巨大的木马，一天晚上把它留在特洛伊城门前。第二天早上，特洛伊城的居民看到了这匹马，以为这是一份礼物，于是他们把木马抬进了城中。他们不知道有几名士兵藏在马里。木马被抬进的当天晚上，士兵们破马而出，打开城门，让他们的同伴进城，进而攻下了特洛伊城。电子木马的工作原理与此类似，表面上是一种良性软件，但可从内部将病毒或其他类型的恶意软件秘密下载到计算机上。

另一类正在增多的恶意软件是间谍软件（spyware）。间谍软件应该是一种简单的软件，从字面上的意思就能了解，它是探查你在计算机上做了哪些操作的软件。间谍软件可以像 cookie（它是一个小的文本文件，由浏览器创建并存储在计算机的硬盘上）一样简单。你访问过的网站会将 cookie 下载到你的机器上，并在你返回该网站时，通过该 cookie 识别你的身份。然而，cookie 除了可以被创建它的网站读取外，也可以被其他网站读取。该文件保存的任何数据都可以被你所访问的任何网站检索，因此你的整个 Internet 浏览历史都可以被跟踪。间谍软件可能还包括这样的软件，它可以定期截屏计算机上的活动并将其发送给攻击者。

另一种形式的间谍软件称为键盘记录器（key logger），它可以记录所有的击键活动。一些键盘记录器也会定期对计算机截屏。数据会被存储起来，供键盘记录器的安装人稍后检索，或者立即通过电子邮件发送给键盘记录器的安装人。我们将在本书后面的章节中讨论键盘记录器的具体类型。

逻辑炸弹（logic bomb）是一种处于休眠状态的恶意软件，它在满足某些特定条件的情况下才会被激活。这个条件通常是一个日期和时间。当条件满足时，软件会执行一些恶意操作，如删除文件、更改系统配置或释放病毒。在第 5 章中，我们将详细讨论逻辑炸弹和其他类型的恶意软件。

1.3.2　安全性破坏

接下来，我们将研究破坏系统安全性的攻击。这种行为通常被称为黑客攻击或黑客入侵

$\ominus$　https://www.malwarebytes.com/malware/.

（hacking），但这不是黑客自己使用的术语，我们将在接下来的几节中深入研究常用的专业术语。然而，我们应该注意到，使用"黑客入侵"这个词表示带有恶意目的、未经许可地闯入系统的行为，这是一种比较恰当的表达方式。任何试图破坏系统的安全性的攻击，无论是通过操作系统漏洞还是其他方式，都可以被归类为黑客入侵。

　　基本上，任何绕过安全防护机制、破解口令、破坏 Wi-Fi 或以任何方式访问目标网络的技术都属于这一类，这使得黑客入侵成为一个非常宽泛的用语。

　　然而，并非所有的入侵都涉及技术利用。事实上，一些最成功的入侵完全是非技术性的。社会工程学（social engineering）是一种利用人性而不是技术来破坏系统安全的技术。这是著名的黑客凯文·米特尼克⊖最常使用的方法。社会工程学使用标准的欺骗技术让用户交出访问目标系统所需的信息。这种方法的工作方式相当简单：犯罪者首先获得关于目标组织的初步信息，并利用这些初步信息从系统的用户那里获得更多有用的信息。

　　下面是利用社会工程学的一个实例。你可以假装自己是系统管理员，借用他的名字呼叫商务会计部门的某个人员，并声称自己是公司的技术支持人员。提及系统管理员的名字将有助于会计人员相信你的说辞，并回答你提出的问题，这样就可以获得关于系统规范的更多细节。通过这种欺骗的方法，精明的入侵者甚至可能套取会计人员说出系统的用户名和口令。正如你所看到的，这种方法的成功在于入侵者对相关人员的心理操纵，实际上与攻击者的计算机技能几乎没有关系。

　　无线网络的日益普及引发了新型的攻击，其中之一就是驾驶攻击（war-driving）。这种类型的攻击是拨号攻击（war-dialing）的一个衍生物。拨号攻击是指，黑客设置一台计算机，按顺序不断拨打电话号码，直到有其他计算机应答，则尝试进入该计算机系统。驾驶攻击的概念大致相同，它主要用于定位脆弱的无线网络。在这种情况下，黑客只是开车四处移动，查找无线网络作为攻击目标。很多人已经忘记他们的无线网络信号会经常延伸到 100 英尺⊜之外。在 2004 年的 DEF CON 黑客大会（DEF CON 是世界上规模最大、历史最悠久的黑客大会）上，有一场驾驶攻击的比赛，参赛者驾驶着汽车在城市里四处奔波，试图找到尽可能多的易受攻击的无线网络。现在这类竞赛在各种黑客大会上已经很常见。

　　最近的技术革新带来了驾驶攻击和拨号攻击的新变化，现在又出现了飞行攻击（war flying）。攻击者只要使用一架配备 Wi-Fi 嗅探和破解软件的小型私人无人机，在一些感兴趣的区域操作无人机，就可以尝试侵入目标无线网络。

　　当然，入侵 Wi-Fi 只是破坏系统安全性攻击中的一种方法。目前，在 Internet 上已经随处可见口令破解工具，还有允许一台计算机访问目标计算机的软件漏洞探测技术，本书后面的章节将详细讨论这些破坏系统安全性的技术。

1.3.3　DoS 攻击

　　在拒绝服务攻击（Denial of Service，DoS）中，攻击者实际上并不访问目标系统。相反，他们只是简单地阻止合法用户的访问。阻止合法服务的一种常见方法是向目标系统发送大量的虚假连接请求，导致目标系统无法响应合法用户的请求。DoS 是一种非常常见的攻击，因为它非常简单。

⊖　凯文·米特尼克著有《欺骗的艺术》一书，英文名字是 *The arts of Deception*。——译者注
⊜　1 英尺 = 0.3048 米。——编辑注

近年来，Internet 上出现了大量 DoS 工具，其中最常见的工具之一是低轨道离子加农炮（Low Orbit Ion Cannon，LOIC）。因为这些工具可以从 Internet 上免费下载，所以任何人都可以发起 DoS 攻击，即使是没有这方面技能的人也可以。

我们也发现了 DoS 攻击的变体，如分布式拒绝服务（DDoS）攻击。这种攻击同时使用多台机器集中攻击目标服务器。考虑到现代许多网站都托管在网络集群甚至云中，使用单台机器进行攻击很难产生足够的流量使得 Web 服务器瘫痪，但一个由数百甚至数千台计算机组成的网络肯定可以实现。我们将在第 4 章中更详细地讨论 DoS 攻击和 DDoS 攻击。

1.3.4　Web 攻击

从本质上讲，Web 服务器必须允许通信。通常网站允许用户与之进行交互，因此网站的任何允许用户交互的部分也是攻击者尝试 Web 攻击的地方。网站的登录表单通常应该包括用户名和口令文本字段，登录时在这两个字段中输入 SQL（结构化查询语言）命令，以此尝试欺骗服务器执行这些命令，这就是 SQL 注入攻击。SQL 注入最常见的目的是迫使服务器允许攻击者登录，即使攻击者没有合法的用户名和口令。SQL 注入是 Web 攻击的一种常见类型。

1. SQL 注入

尽管 SQL（SQL injection）注入已经出现很多年了，但是目前仍然很流行。不幸的是，很多 Web 开发人员并没有采取足够多的方法和步骤来修复这些漏洞，这使得此类攻击仍然存在。鉴于这类攻击的普遍性，我们有必要对它进行更详细的描述。

我们考虑一种最简单的 SQL 注入形式，用于绕过登录界面。某个网站是用 PHP 或 ASP.NET 等 Web 编程语言开发的，数据库很可能是一个基本的关系数据库，如 Oracle、SQL Server、MySQL 或 PostgreSQL。为了与数据库交互，我们需要将 SQL 语句放到用某种编程语言编写的 Web 页面中，这个操作将允许我们查询数据库并查看用户名和口令是否有效。

SQL 语句比较容易理解，事实上，它看起来很像英语。SQL 语句包括一些命令，比如获取数据的 SELECT、将数据插入数据库的 INSERT 和更改数据的 UPDATE。为了登录到一个网站，Web 页面必须通过查询一个数据库表来查看用户名和口令是否有效。SQL 语句的一般结构是这样的：

```
select column1, column2 from tablename
```

或者

```
select * from tablename;
Conditions:
select columns from tablename where condition;
```

例如：

```
SELECT * FROM tblUsers WHERE USERNAME = 'jsmith'
```

此语句会从名为 tblUsers 的表中检索用户名为 jsmith 的所有列或字段。

当我们试图将 SQL 语句嵌入 Web 页面时，问题就出现了。回想一下，Web 页面是用 PHP 或 ASP.NET 之类的 Web 编程语言编写的。如果你只是将 SQL 语句直接放在 Web 页面代码中，则会产生一个错误。网站编程代码中的 SQL 语句必须使用引号将 SQL 代码与编程代码分隔开来。一个典型的 SQL 语句可能是这样的：

```
"SELECT * FROM tblUsers WHERE USERNAME = '" + txtUsername.Text +' AND PASSWORD = '" +
txtPassword.Text +"'".
```

如果你输入用户名 jdoe 和口令 password，这段代码将生成以下 SQL 命令：

```
SELECT * FROM tblUsers WHERE USERNAME = 'jdoe' AND PASSWORD = 'password'
```

这种命令对于非程序员来说也很容易理解。它也是有效的。如果数据库中有一条匹配记录，则表示用户名和口令匹配成功。如果没有从数据库返回记录，则意味着没有匹配成功，这不是有效的登录。

最基本的 SQL 注入攻击试图破坏这个过程。我们的想法是创造一个永远为"真"的断言。例如，攻击者在用户名和口令框中可以不必输入实际的用户名和口令，而输入 ' or '1' = '1。这将导致程序创建这样一个查询：

```
SELECT * FROM tblUsers WHERE USERNAME = '' or '1' = '1' AND PASSWORD = '' or
'1' = '1'.
```

因此，这是告诉数据库和应用程序返回所有用户名和口令为空或 1 = 1 的记录。用户名和口令不可能是空的，但我确信 1 = 1 总是成立的。任何为"真"的断言都可以用来进行替换，例如 a = a 和 bob = bob。

对这种攻击很容易预防。如果 Web 程序员在处理之前过滤所有输入，那么这种类型的 SQL 注入将不可能发生。过滤意味着在处理任何用户输入之前，会仔细核查网页编程代码，以查找常见的 SQL 注入符号、脚本符号和类似的项。的确，容易受到这些攻击的网站越来越少。然而，开放式 Web 应用程序安全项目（Open Web Application Security Project，OWASP）的研究结果[⊖]表明，仍然有许多网站存在漏洞，容易遭受 SQL 注入的攻击。后面的章节提供了更多关于这类攻击的内容，包括进行攻击时所使用的工具。

需要注意的是，自 2003 年以来，OWASP 每隔几年就会发布十大安全漏洞榜单，最新的榜单于 2021 年发布，SQL 注入漏洞在所有榜单上均有出现。这说明了网络安全的一个严重问题：有一个已知漏洞，已经出现了近 20 年，但它仍是实际计算机系统中的十大安全漏洞之一。人们普遍容易关注新奇的攻击，但修补和纠正已知的漏洞才是网络安全的基础。

2. 跨站脚本

跨站脚本（cross-site scripting）攻击是一种与 SQL 注入密切相关的攻击，它是由于输入非预期的数据而导致的，其成功与否取决于 Web 程序员是否对输入进行过滤。犯罪者找到网站的某个文本框区域，该区域中允许用户键入其他用户将看到的文本，然后犯罪者就可以将客户端脚本注入这些字段中。

> **注意**
>
> 　　在描述这种特殊的犯罪行为之前，需要指出的是，像 eBay 和亚马逊这样的主要在线零售商并不容易受到这种攻击，因为这些网站确实对用户输入进行了过滤。

为了更好地理解这个过程，我们来看一个假设的场景。假设 ABC 在线图书销售有一个

⊖　https://owasp.org/www-community/attacks/SQL_Injection.

网站。在网站上用户除了购物，还可以拥有存储信用卡信息的账户和发布评论等。攻击者首先设置一个看起来尽可能接近真实页面的备用 Web 页面。然后，攻击者进入了真实的 ABC 在线图书销售网站，发现了一本非常受欢迎的书。他去了评论区，但他没有输入评论，而是输入了以下内容：

```
<script> window.location = "http://www.fakesite.com"; </script>
```

现在，当用户浏览到那本书时，这个脚本会将他们重定向到攻击者提前设计的假的网站，该网站看起来很像真的。这时攻击者可以让假的网站提示用户会话已经超时，并请重新登录。用户如果按照提示要求进行登录操作，攻击者将会收集到大量的账户和口令信息。这只是一个假设的场景，但它说明了攻击的整个过程。

1.3.5　会话劫持

执行会话劫持（session hijacking）可能相当复杂。因此，它不是一种特别常见的攻击形式。简单地说，攻击者要完成会话劫持，他需要监视客户端和服务器之间经过身份认证的会话，并接管该会话。我们将在本书的后面探讨实现这一过程的具体方法。

罗伯特·T.莫里斯（Robert T. Morris）在 1985 年写的一篇名为"A Weakness in the 4.2BSD Unix TCP/IP Software"的论文中定义了会话劫持的概念。通过预测初始序列号，莫里斯能够以一个可信客户端的身份欺骗服务器。这种做法在今天可能更加困难。

除了标志（syn、ack、sync-ack）之外，数据包头还将包含序列号，客户端正是使用这些序列号以正确的顺序重新构造通过数据流发送的数据。我们将在第 2 章探讨网络数据包的标志位。

莫里斯（Morris）攻击和其他一些会话劫持攻击都要求攻击者连接到网络，同时使合法用户下线，然后假扮该用户。可以想象，这是一个复杂的攻击过程。

1.3.6　内部威胁

内部威胁是一种违反安全的行为。然而，它们是如此重要的问题，以至于我们需要对它们进行单独讨论。当组织内的某人滥用对数据的访问权限或访问未经授权的数据时，就会产生内部威胁。

涉及内部威胁最典型的例子是爱德华·斯诺登（Edward Snowden）事件。出于我们的目的，我们可以忽略与他的案件相关的政治问题，而是只关注内部人士获取信息并以未经授权的方式使用信息的问题。是的，这个事件确实已经发生很长时间了，但它对于内部威胁的主题十分重要，所以我们需要提到它。

2009 年，爱德华·斯诺登在戴尔公司（Dell）担任技术专家，戴尔公司为美国多个政府机构维护计算机系统。后来，他担任博思艾伦汉密尔顿（Booz Allen Hamilton）的技术专家。2012 年 3 月，他被派往美国国家安全局设在夏威夷的一个地点。在那里，他以履行网络管理职责为借口，说服了该地方的几个人向他提供他们的登录和口令信息。一些消息来源也在争论这是否是他使用的具体方法，但这种方法是得到最广泛报道的。不管使用什么方法，他都访问并下载了数千份未经授权的文件。

同样，我们不关注其中的政治问题和文件的内容，我们的重点是安全问题。显然，当时没有足够的安全控制措施来检测爱德华·斯诺登的活动，以防止他泄露机密文件。虽然你所在的组织可能不像美国国家安全局（NSA）那样引人注目，但任何组织都容易受到内部威胁。内部人士窃取商业秘密是一个常见的商业问题，也是许多针对前雇员的诉讼的一个焦点。在第 7 章 "网络空间的工业间谍活动" 和第 9 章 "计算机安全技术" 中，我们将看到一些缓解内部威胁的相关对策。

更近的一个案例发生在 2021 年。2021 年 3 月和 4 月发生了一系列事件，其中达拉斯警局的一名员工删除了 23TB 的数据，对 17 500 起案件造成了影响⊖。虽然这一行为具有相当大的破坏性，但该员工并非故意为之，他只是缺乏适当的培训和技能训练，最终该员工被辞退。该案例研究说明疏忽或无知与故意渎职一样具有破坏性。

另一起最近的事件是，在 2021 年 11 月，南佐治亚医疗中心的一名前员工因将数据下载到 USB 设备而被捕，数据包括 41 692 人的受保护的健康信息⊜。该员工被指控犯有重大计算机盗窃罪和相关罪行。此案仍在调查中，除非嫌疑人在法庭上被定罪，否则会被认为无罪。然而，这起事件最初看起来似乎确实是故意渎职。

在内部威胁案例中，爱德华·斯诺登是一个典型示例，但这只是其中之一。对某个特定数据源具有合法访问权限的人选择访问未被授权访问的数据，或者以未被授权使用的方式使用数据，这些行为都是常见的情况。这里有以下几个例子：

- 医院员工通过访问患者记录来窃取患者的身份信息，或者根本无权访问患者记录的人员访问患者记录。
- 一名销售人员在离开公司时将与自己联系的客户信息列表记录下来并带走。

许多人可能根本没有意识到这实际上是一个更为严重的问题。在组织内部，信息安全通常比它应该具备的安全性更宽松。大多数人更关心外部安全，而不是内部安全，因此访问组织内的数据通常相当容易。在作为安全顾问的职业生涯中，我曾见过这样的网络：敏感数据被简单地放在一个共享驱动器上，员工可以不受限制地访问。这意味着网络上的任何人都可以访问这些数据。在这种情况下，当信息被获取时，并没有犯罪活动发生。然而，在其他情况下，员工只有故意规避安全措施，才能访问他们没有权限访问的数据。最常见的方法就是用别人的口令登录，使得犯罪者能够访问其他人被授予访问权限的资源和数据。不幸的是，许多人使用弱口令，或者更糟的是，他们把口令写在桌子上的某个地方，一些用户甚至共享口令。例如，假设一位销售经理病了，但是想要检查客户是否给她发了电子邮件。于是她打电话给她的助理，将她自己的登录信息给助理，这样助理就可以查看她的电子邮件。这种行为应该被公司的安全策略严格禁止，但还是会发生。问题是现在已经有两个人拥有销售经理的登录信息，销售助理可以使用它，也可以把它（无意或故意地）透露给别人。因此，使用该经理的登录来访问未经授权的数据的可能性变得更大。

美国国家标准与技术研究院（National Institute of Standard and Technology，NIST）发布的 NIST 800-53⊜中，将内部人员定义为 "任何有权访问任何组织资源，包括人员、设施、信息、设备、网络和系统的人"。该标准进一步将内部威胁定义为 "内部人员有意或无意地利用其获得授权的访问权限，做出损害组织运营和资产安全、个人安全、其他组织乃至国家的

⊖ https://www.keranews.org/government/2022-02-24/dallas-data-loss-report-reveals-it-worker-was-not-trained-for-the-job.

⊜ https://www.valdostadailytimes.com/news/local_news/ex-hospital-worker-arrested-in-sgmc-data-breach/article_7ca92b22-a2e5-5541-b3b3-38472d3706b1.h.

⊜ https://nvlpubs.nist.gov/nistpubs/SpecialPublications/NIST.SP.800-53r5.pdf.

安全的行为。间谍活动、恐怖主义、未经授权泄露国家安全信息，组织资源的损失或能力退化所造成的损害都涉及内部威胁"。

1.3.7 DNS 投毒

我们在 Internet 上的大部分交流活动都涉及 DNS（Domain Name System）域名系统。访问网站时，DNS 将所使用的域名（类似 www.ChuckEasttom.com）转换成计算机和路由器可以识别的 IP 地址。攻击者通常为了窃取个人信息，使用一些技术，破坏正常网站访问中的这种转换过程，将流量重定向到非法网站，这种技术就是 DNS 投毒（DNS poisoning）。

下面是一个攻击者可能执行 DNS 投毒攻击的场景：首先，攻击者创建一个钓鱼网站。它模拟了一个银行，我们称之为 ABC 银行。攻击者想把用户引诱到钓鱼网站，这样他就可以窃取他们的口令并在真实的银行网站上使用。由于许多用户都很聪明，不会点击链接，所以他会使用 DNS 投毒来欺骗他们。

攻击者创建自己的 DNS 服务器（其实这部分工作比较容易）。然后他在 DNS 服务器上放了两条记录。第一条是 ABC 银行网站，指向的是他的假网站而不是真实的银行网站。第二条是一个并不存在的域。攻击者可以搜索域注册中心，直到找到一个不存在的注册中心。为了便于说明，我们将它称为 XYZ 域。

然后攻击者向目标网络上的 DNS 服务器发送请求。该请求声称来自目标网络中的任何一个 IP 地址，并请求 DNS 服务器解析 XYZ 域。

显然，目标 DNS 服务器上没有 XYZ 域的条目，因为它不存在。因此，它开始将这个请求传播到其命令链，并最终传播到其服务提供商 DNS 服务器。在这个过程中的任何时候，攻击者都会发送大量伪造的响应，声称来自目标服务器试图请求记录的 DNS 服务器，但实际上这些记录来自他的 DNS 服务器，并提供了 XYZ 域的 IP 地址。此时，黑客的 DNS 服务器提供区域传输，与目标服务器交换所有信息，这些信息包括为 ABC 银行伪造的地址。现在目标 DNS 服务器就有了一个 ABC 银行的条目，它指向黑客的网站，而不是真正的 ABC 银行网站。如果该网络上的用户输入 ABC 银行的 URL，他们自己的 DNS 服务器将引导他们访问黑客的网站。

与许多攻击一样，这种攻击取决于目标系统中的漏洞。管理员需要正确配置 DNS 服务器，不应该使用域中尚未验证的任何 DNS 服务器执行区域传输。然而不幸的是，有很多 DNS 服务器并没有进行正确的配置。

1.3.8 新型攻击

本书的前 4 版中讨论过的大多数威胁仍然困扰着网络安全人员。如今，恶意软件、DoS 和其他攻击仍然与 5 年前甚至 10 年前一样普遍。

在过去的几年里，doxing 有所增加。这是一个查找有关个人的信息并通过 Internet 进行广播的过程。广播的内容可以是任何人的任何个人信息。但是，它最常用于反对公众人物，甚至以前的美国中央情报局（CIA）局长也曾是 doxing 的目标[⊖]。2021 年《美国新闻与世界报道》[⊜]指出，41% 的网络用户经历过某种形式的 doxing。

黑客入侵医疗设备于 2013 年首次引起公众关注，并已成为人们日益关注的问题。黑客

⊖ http://gawker.com/wikileaks-just-doxxed-the-head-of-the-cia-1737871619.

⊜ https://www.usnews.com/360-reviews/privacy/what-is-doxxing.

巴纳比·杰克（Barnaby Jack）首先发现了胰岛素泵中的一个漏洞，攻击者可以利用漏洞控制胰岛素泵，并使它一次分配全部的胰岛素储存库，从而使患者丧命。迄今为止，尽管尚未发生过这样的事件，但这仍然令人不安。在心脏起搏器中也发现了类似的安全漏洞。2018年，美国食品药品监督管理局（Food and Drug Administration，FDA）发布了不安全的医疗设备清单○。因此，这个问题似乎越来越严重。

2015年7月，据透露，吉普车在正常运行期间可能会遭到黑客入侵并熄火。这意味着黑客可能会让吉普车在车流量大的高速交通中停车，从而可能导致严重的汽车交通事故。汽车攻击已经变得越来越普遍。2016年的DEF CON黑客大会就有一个攻击汽车的黑客小团队。2021年 *Car and Driver* 杂志上的一篇文章报道了2019年发生的150起涉及汽车的网络安全事件——这些是真正的攻击行为，而不仅仅是可被利用的漏洞○。

最近，物联网成为攻击者新的攻击目标。集成了Internet设备的智能家居和办公室对攻击者有着强烈的吸引力，例如，目前已经有针对智能恒温器的勒索软件。2021年的一篇文章○报道称，2021年上半年发生了15.1亿次的物联网攻击。自2020年以来增加了6.39亿。显然，物联网攻击正变得越来越普遍，预计这一趋势将持续下去。

所有这些攻击都显示出一个共同的主题：随着我们的生活与技术之间的联系越来越紧密，新的漏洞将出现得越来越多。其中一些漏洞不仅危害数据和计算机系统，而且还潜在威胁着人类的生命。

1.4　评估网络遭受攻击的可能性

网络攻击发生的可能性有多大？个人或组织面临的真正危险是什么？最可能的攻击是什么？你的系统存在的漏洞是什么？让我们看看存在哪些威胁，哪些威胁最有可能导致你或你的组织出现问题。

曾经有一段时间，对个人和大型组织最可能的威胁是计算机病毒。而且，每个月都会有几次新的病毒暴发，这是事实。新病毒一直在被创建和发现，而旧病毒仍然存在。但是，还有其他非常常见的攻击，例如间谍软件，它正迅速成为比病毒更严重的问题。

继病毒之后，最常见的攻击是未经授权使用计算机系统。未经授权的使用包括从DoS攻击到系统的全面入侵，还包括内部员工滥用系统资源。本书的第1版引用了计算机安全研究所（computer security institute）对223位计算机专业人员进行的一项调查，调查结果显示由于计算机安全漏洞而造成的损失超过了4.45亿美元。在其中75%的案例中，Internet连接是攻击的目标，同时，33%的专业人士称目标位置是他们的内部系统。相当惊人的是，78%的受访者发现员工滥用系统和Internet。这一统计数据表明，在任何组织中，主要的危险之一可能是它自己的员工。在2022年，类似的威胁仍然存在，百分比仅发生了微小的变化。

Verizon公司的《2014年数据泄露调查报告》指出，他们在95个国家/地区调查了63 437起安全事件，其中1367起已确认发生了。这项调查显示了员工严重地滥用网络的行为以及本章已经讨论的许多常见攻击。《2015年数据泄露调查报告》没有显示出上述状况有明显的

○　https://www.fda.gov/news-events/press-announcements/fda-informs-patients-providers-and-manufacturers-about-potential-cybersecurity-vulnerabilities.

○　https://www.caranddriver.com/news/a37453835/car-hacking-danger-is-likely-closer-than-you-think/.

○　https://www.iotworldtoday.com/2021/09/17/iot-cyberattacks-escalate-in-2021-according-to-kaspersky/.

改善，而在 2022 年，情况仍然没有得到改善。实际上，如本章前面所述，网络犯罪造成的损失正在逐年增长。

1.5　基本安全术语

在阅读本书的其余部分之前，了解一些基本术语是非常重要的。本节中的安全和黑客入侵术语，是对计算机安全专业用语的一个基本介绍，它们是学习更多有关计算机安全知识的良好开端。其他术语则散布在书中，并在本书末尾的术语表中列出。

计算机安全领域的词汇来自计算机安全联盟和黑客联盟。

1.5.1　黑客行话

你可能在电影和新闻广播中听说过黑客（hacker）一词。大多数人用它来描述入侵计算机系统的人。但是，在黑客社区中，黑客是一个或多个特定系统的专家，这样的人只是想了解有关该系统的更多信息。黑客认为，查找系统缺陷是了解该系统的最佳方法。例如，一个精通 Linux 操作系统并通过了解其弱点和缺陷来了解该系统的人就是黑客。

此过程通常意味着查看是否可以利用缺陷来获取对系统的访问权限。从该过程的"利用"（exploiting）部分的目的出发，黑客将自己分为三类：

- 白帽黑客（white hat hacker）在发现系统中的某些漏洞后，会将该漏洞报告给系统的供应商。例如，如果一位白帽黑客发现了 Red Hat Linux 中的某个缺陷，他将向 Red Hat 公司发送电子邮件（可能是匿名的），并确切说明缺陷是什么以及如何加以利用。白帽黑客通常是公司专门雇用的，主要职责就是对系统进行渗透测试。国际电子商务顾问局（EC-Council）甚至针对白帽黑客提供了一项认证测试：道德黑客认证（Certified Ethical Hacker，CEH）测试。
- 黑帽黑客（black hat hacker）通常指媒体上描绘的人。黑帽黑客一旦获得系统访问权限，其目标就是对系统造成某种形式的破坏。他可能会窃取数据、删除文件或破坏网站。黑帽黑客有时被称为"骇客"（cracker）。
- 灰帽黑客（gray hat hacker）通常是守法公民，但在某些情况下会冒险从事非法活动。

无论黑客如何看待自己，入侵任何系统都是非法的。从技术上讲，这意味着所有黑客，无论他们戴着的隐喻帽子的颜色如何，都是违法的。然而，许多人认为，白帽黑客通过发现漏洞并在那些缺乏道德意识的人利用这些漏洞之前通知供应商，他们实际上是提供服务的。

1. 脚本小子

黑客是某些特定系统中的专家。与其他职业一样，它也包括欺诈行为。那么，对于自称黑客但缺乏专业知识的人来说，怎么称呼他们呢？对这类人最常用的术语是脚本小子（script kiddy）。这个词已经用了许久了，但是目前我们还在使用。它源自这样一个事实，即 Internet 上充满了实用程序和脚本，人们可以下载这些实用程序和脚本以执行某些黑客任务。这些工具中的许多都具有易于使用的图形用户界面，以方便那些技能很少或没有技能的用户进行操作。用于执行 DoS 攻击的低轨道离子加农炮工具就是一个典型的例子。在没有真正了解目标系统的情况下，下载此类工具的人被视为脚本小子。实际上，你遇到的许多自称为黑客的人仅仅是脚本小子。

2. 道德黑客：渗透测试工程师

为什么某些人在某些时候会允许另外一方入侵他的系统？答案通常是为了评估系统漏洞。这样的人曾经被称为红客（sneaker），但现在渗透测试工程师（penetration tester）一词使用得更加广泛。无论使用什么术语，此类人都可以合法地进入一个系统，以便评估系统的安全缺陷，正如1992年电影 *Sneakers* 中所描绘的那样，越来越多的公司正在聘请此类人员，以评估本公司系统中的漏洞存在情况。

任何被雇用来评估系统漏洞的人都应该是既精通技术又符合道德规范的。通过犯罪背景调查，组织可以避免雇佣那些过去有道德品质问题的人。大量合法的安全从业人员都了解黑客的技能，但他们从未犯过安全罪。如果认定被定罪的黑客是有才能的人，并认为雇佣这样的人合乎逻辑，那么你可以推测，那些有问题的人显然不像他们想的那样擅长黑客入侵，否则他们不会因为被抓住而定罪了。

最重要的是，让一个有犯罪背景的人进入你的系统，就相当于雇用一个有多次酒后驾车犯罪记录的人来当你的司机。雇佣道德品质有问题的人是在招惹麻烦，或许还可能承担重大的民事责任。

此外，你显然需要对他们的资格进行一定的审查。正如有些人声称自己是高技能的黑客但事实并非如此一样，有些人声称自己是熟练的渗透测试工程师，但实际上缺乏真正所需的技能，你不会希望雇用一个自称自己是渗透测试工程师的脚本小子。这样的人可能会认为你的系统是非常安全可靠的，但实际上，仅仅是由于脚本小子缺乏技能才无法成功地破坏系统的安全性。在第11章中，我们将讨论评估目标系统的基础知识，还将讨论为此而雇用的顾问应具备的资格。

3. 飞客行为

侵入电话系统是一种特殊类型的黑客行为，这种黑客入侵行为的专业术语称为飞客行为（Phreaking）。《新黑客词典》[①]实际上将飞客行为定义为"为了不支付某种电信费用、订购费用、转移费用或其他服务费用而进行的恶意的非法行为"。盗用电话线路需要相当丰富的电信知识，许多侵入电话系统的飞客（phreaker）具有电话公司或其他电信业务的工作经历和专业经验。通常，这种类型的攻击活动取决于破坏目标电话系统所需的特定技术，而不仅是简单地知道某些基本技术。

1.5.2 安全行业术语

你可能已经注意到，大多数黑客术语都与活动（飞客入侵）或执行活动的人（渗透测试工程师）有关。相反，安全行业术语则描述了用于防御的屏障设备、过程和策略。这是非常合乎逻辑的，因为黑客入侵是一种以攻击者和攻击方法为中心的攻击性活动，而安全是与防御屏障和防御程序有关的防御性活动。

1. 安全设备

最基本的安全设备是防火墙（firewall）。防火墙是内网与外网之间的屏障。防火墙有时是独立服务器的形式，有时是路由器的形式，有时则是在计算机上运行的软件的形式。无论物理形式如何，防火墙都会过滤进入网络和离开网络的流量包。代理服务器通常与防火墙一

㊀ https://mitpress.mit.edu/9780262680929/the-new-hackers-dictionary/.

起使用，以隐藏内部网络的 IP 地址，并向外界显示一个 IP 地址（自己拥有的）。

防火墙和代理服务器通过分析流量（至少是入站流量，在许多情况下还包括出站流量）并阻止管理员已经禁止的流量来保护网络的边界安全。入侵检测系统（Intrusion Detection System，IDS）通常会增强这两种防护措施。入侵检测系统只是监视流量，检测可能表明入侵意图的可疑活动。我们将在第 9 章中研究这些技术。

2. 安全活动

除安全设备之外，安全行业术语还包括安全活动。身份认证（Authentication）是最基本的安全活动，它仅是确定用户或其他系统提供的凭据（例如用户名和口令）是否有权访问网络资源的过程。使用用户名和口令登录时，系统将尝试验证该用户名和口令。如果身份认证通过，那么你将被授予访问权限。

另一个至关重要的保障措施是审计（auditing），即审查日志、记录和程序，以确定这些条目是否符合标准。本书在许多地方提到这项活动，并在几章中明确地对此进行讨论。

我们刚刚介绍的安全行业术语和黑客行话仅是计算机安全术语的一个简介，但是它们提供了一个极好的起点，可以帮助你为学习更多有关计算机安全的知识做好准备。在需要的地方我们还将引入一些其他术语，这些术语也汇编在本书的术语表中。

1.6 概念与方法

你对安全性所采用的安全方法会影响所有后续的安全决策，并为整个组织的网络安全基础架构定下基调。在深入研究各种网络安全模式之前，让我们花一点时间研究一些安全思想中的概念。

第一个概念是 CIA 三角（CIA triangle），这个概念与美国中央情报局（Central Intelligence Agency，CIA）的秘密行动完全无关，它是指安全的三个支柱：机密性、完整性和可用性$^{\ominus}$。在考虑安全性时，应始终遵循这三个原则。首先，你是否需要保持数据的机密性？其次，你的方法是否有助于保证数据的完整性？最后，你的方法是否仍使数据易于被授权用户使用？

尽管 CIA 三角是所有安全课程和认证（course and certification）的主要内容，但更复杂的模型已经被开发出来了，在 McCumber 立方体（McCumber cube）中可以找到描述安全性的多面方法。McCumber 立方体是一种全面评估网络安全性的方法。2004 年，在 *Assessing and Managing Security Risk in IT Systems: A Structured Methodology* 一书中对它进行了详细描述。它把安全性视为一个三维立方体，三个维度分别是目标、信息状态和保护措施。McCumber 立方体的优点是可以将 CIA 三角自然扩展为三个维度。这种表示方式具有一定优势，因为 CIA 三角在网络安全社区中广为人知。这使得转换到 McCumber 立方体以及随后基于 McCumber 立方体进行分类更加容易。任何分类法都必须可以被安全专业人员容易地学习和应用，才能达到有效的目标。图 1.1 为 McCumber 立方体的示意图。

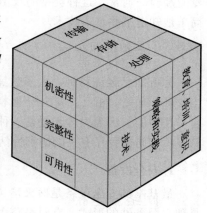

图 1.1　McCumber 立方体

$\ominus$　CIA 是 Confidentiality，Integrity，Availability 三个单词首字母的缩写。——译者注

另一个需要记住的重要概念是最小特权（least privilege）。这意味着网络上运行的每个用户或服务应该具有完成其工作所需的最少数量的特权／访问。除非工作绝对需要，否则不应授予任何人访问任何内容的权限。

网络安全模式可以根据所采取的安全措施的范围（边界、分层）或系统的主动性来进行分类。

在边界安全方法（perimeter security approach）中，大部分安全工作都集中在网络的边界，它的重点可能包括防火墙、代理服务器、口令策略或者任何技术或过程，以降低未经授权访问网络的可能性，而在保护网络内的系统方面投入的工作却很少，甚至没有。在这种方法中，边界是安全的，但边界内的各种系统却很容易受到攻击。

有关边界安全的其他问题包括了物理安全。这些问题可能包括栅栏或围墙、闭路电视、门卫、锁等，具体取决于组织的安全需求。

边界方法显然有一定的缺陷，那么为什么有些企业使用它呢？如果小型企业只有有限的预算或缺乏有经验的网络管理员，那么它们可能会使用边界方法。边界方法对于不存储敏感数据的小型企业可能已经足够了，但是在大型企业的环境中则很少使用。

分层安全方法（layered security approach）不仅对边界进行安全保护，而且对网络内的各个系统也进行安全保护。网络中的所有服务器、工作站、路由器和集线器都是安全的。实现此目标的一种方法是将网络划分为段，并将每个段作为单独的网络进行保护。因此，即使边界安全受到威胁，也不会影响所有内部系统。这是一种首选方法，应该尽可能使用。

你还应该通过系统的主动／被动程度来衡量你的安全方法。这是通过以下方式来完成的：衡量系统的安全基础设施和策略中有多少是专门用于预防措施的，以及安全系统中有多少是设计用来应对攻击的。被动安全方法几乎不采取任何步骤来阻止攻击的发生，动态防御或主动防御是指在攻击发生前采取措施以防止其发生。

主动防御的一个例子是使用 IDS，它可以检测出任何试图躲避安全措施的企图。这些系统可以告诉系统管理员有人在尝试破坏系统安全，即使这种尝试并未成功。IDS 还可以用于检测入侵者用来评估目标系统的各种技术，从而在尝试开始之前就向网络管理员告警：存在可能的破坏安全的行为。

在现实世界中，网络安全通常不完全属于一种模式或另一种模式，它通常是一种混合式的方法。网络通常包含这两种安全模式的元素，这两种类别也通常结合在一起。网络的安全可以主要是被动的分层模式，或者主要是主动的边界模式。如图 1.2 所示，考虑利用笛卡儿坐标系来描述计算机安全的方法可能会有所帮助，其中 x 轴表示被动－主动方法的级别，y 轴表示从边界到分层防御的范围。

最理想的混合方法是动态的分层模式，即在图 1.2 的右上象限中。

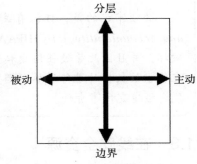

图 1.2　安全方法指南

1.7　网络安全相关法律

越来越多的法律问题影响着人们处理计算机安全问题的方式。如果你的组织是一家上市公司或政府机构，或与其中任何一家有业务往来，那么组织的网络安全就需要受到法律约束。即使网络不受这些安全准则的法律约束，了解一些影响计算机安全的法律也是非常有帮助的。这些法律可以用于组织的安全标准。

1987 年的《计算机安全法案》[⊖]是在美国影响计算机安全的最早的立法之一。该法律要求政府机构确认敏感系统，进行计算机安全培训，并制订计算机安全计划。但这项法律只是一个模糊命令，它只要求美国的联邦机构建立安全措施，并没有具体规定标准。

这项立法确立了制定具体标准的法律授权，为今后的行动指南和法规铺平了道路。它还帮助定义了一些术语，例如哪些信息被认为是"敏感"信息。在法律条文中可以找到这句话：

"敏感信息"一词是指因丢失、滥用或未经授权的访问或修改，对国家利益或美国联邦计划的实施或个人依据《美国法典》(《隐私法》) 第 5 篇第 552a 条享有的隐私权产生不利影响的所有信息，但为了国防或外交政策的利益，根据行政命令和美国国会法案制定的保密标准并没有得到特别授权。

应该牢记"敏感"(sensitive) 一词的定义，因为它表明必须保护的不仅仅是社会保障信息和医疗病史信息。

在考虑需要保护哪些信息时，只需要回答以下问题：未经授权访问或修改此信息会对你的组织产生不利影响吗？如果答案是肯定的，那么就认为该信息是敏感的，并且需要实施安全防范措施。

适用于政府系统安全性的另一项更具体的联邦法律是美国管理与预算局 A-130 通告。该文档要求美国联邦机构建立包含指定要素的安全程序，它还描述了计算机系统的开发标准和政府机构持有记录的要求。

美国大多数州都有关于计算机安全的具体法律，如 *Computer Crimes Act of Florida*、*Computer Crime Act of Alabama* 和 *Computer Crimes Act of Oklahoma* 之类的立法。如果你负责网络安全，则可能会发现自己已成为刑事调查的一部分，这可能是对黑客事件或员工滥用计算机资源的调查。在网站 http://criminal.findlaw.com/criminal-/cyber -crimes.html 上可以找到一份通过美国国家或州立法的计算机犯罪法案的清单。

警告

隐私法

必须牢记的是，任何有关隐私的法律 (例如 1996 年的 *Health Insurance Portability and Accountability Act* (HIPAA)) 也会对计算机安全产生直接影响。如果你的系统受到破坏，并且因此导致任何隐私法规所涵盖的数据受到了破坏，那么你可能需要证明自己在保护该数据时进行了尽职调查。如果结果显示你没有采取适当的预防措施，那么就可能会被追究民事责任。

1.8   在线安全资源

当你阅读本书，继而进入计算机安全的专业领域时，将经常需要额外的安全资源。附录 A 中包括更为完整的资源列表，但是本节重点介绍一些你现在可能觉得有用的重要资源。

1.8.1   CERT

计算机应急响应小组 (Computer Emergency Response Team，CERT; www.cert.org) 是

⊖   https://csrc.nist.gov/csrc/media/projects/ispab/documents/csa_87.txt.

由卡内基梅隆大学（Carnegie—Mellon University）发起的。CERT 是第一个计算机事件响应团队，至今仍是业内最受尊重的团队之一。任何对网络安全感兴趣的人都应该经常访问该网站。在这个网站上你可以找到大量的文档，包括安全策略指南、前沿的安全研究等。

1.8.2 Microsoft 安全顾问

由于现在有如此多的计算机安装并运行着 Microsoft 操作系统，因此 Microsoft 安全顾问（Microsoft security advisor）网站 https://www.microsoft.com/en-us/msrc？ rtc=1 是另一个很好的资源。该网站是所有 Microsoft 安全信息、工具和更新的门户网站。如果你使用任何 Microsoft 软件，就应该定期访问该网站。

1.8.3 F-Secure

F-Secure 公司维护着一个网站 www.f-secure.com。该网站是一个有关病毒暴发详细信息的存储数据库，另外还存储着一些其他信息。在这里，你不仅可以找到有关特定病毒的通知，还可以找到有关该病毒的详细信息，例如病毒的传播方式、识别病毒的方法，以及在清除受到感染的系统中特定病毒时可能使用的特定工具。

1.8.4 SANS Institute

美国系统网络安全协会（SANS Institute）的网站（www.sans.org）是一个与安全相关（security-related）的庞大文档库。在此网站上，你几乎能够找到所有可以想到的计算机安全方面的详细文档，同时还有美国系统网络安全协会赞助的许多安全研究项目的相关信息。

1.9 本章小结

网络安全是一个复杂的、不断发展的领域。从业人员必须时刻关注新的威胁和相应解决方案，积极主动地对自己的网络进行风险评估并保护好自己的网络。理解网络安全的第一步是要熟悉网络所面临的实际威胁，如果对可能影响系统的威胁缺乏实际的了解，你将无法有效地保护它们。同样重要的是，你必须对安全专业人员和试图破坏系统安全的黑客所使用的术语有一个基本的了解。

1.10 技能测试

选择题

1. 你试图向非技术人员解释计算机安全问题，他对计算机安全的看法相当极端。以下哪项是本章中讨论的关于计算机安全的极端观点？
   A. 美国联邦政府将会处理安全问题　　　　B. Microsoft 将会处理安全问题
   C. 系统没有迫在眉睫的危险　　　　D. 如果使用 Linux 就没有危险
2. 你刚刚担任一所小型社区大学的网络安全管理员。你想采取措施保护自己的网络，在为网络制定防御措施之前，你需要做什么？
   A. 获取适当的安全认证资格　　　　B. 清楚认识应该防御的危险
   C. 学完本书　　　　D. 获得外部顾问的帮助

3. 玛丽正在为新生讲授网络安全入门课程。她正在向他们解释一些主要的威胁，下列哪一项不是三大威胁之一？
   A. 企图入侵系统　　　　B. 网上拍卖欺诈　　　C. 拒绝服务攻击　　　D. 计算机病毒

4. 能够定义攻击术语是网络安全专业人员的一项重要技能。什么是计算机病毒？
   A. 未经许可就下载到你的系统的任何程序　　B. 任何可以自我复制的程序
   C. 任何会损害系统的程序　　　　　　　　　D. 任何可以更改 Windows 注册表的程序

5. 能够定义攻击术语是网络安全专业人员的一项重要技能。什么是间谍软件？
   A. 任何监视你的系统的软件　　　　　　　　B. 仅记录击键的软件
   C. 用于收集情报的任何软件　　　　　　　　D. 仅监视你访问哪些网站的软件

6. 什么是渗透测试工程师？
   A. 侵入系统而不被发现的人　　　　　　　　B. 通过伪造合法口令入侵系统的人
   C. 侵入系统以测试其弱点的人　　　　　　　D. 业余黑客

7. 伊丽莎白正在向全班解释各种黑客入侵的术语。她正在讨论电话系统黑客入侵的历史。电话系统黑客入侵的术语是什么？
   A. 电信黑客入侵　　　B. 黑客入侵　　　C. 破坏（cracking）　　　D.Phreaking

8. 什么是恶意软件？
   A. 具有恶意目的的软件　　　　　　　　　　B. 不能正常运行的软件
   C. 破坏系统的软件　　　　　　　　　　　　D. 没有为你的系统正确配置的软件

9. 什么是驾驶攻击（war-driving）？
   A. 驾车并寻找计算机工作　　　　　　　　　B. 驾驶时使用无线连接进行黑客入侵
   C. 驾车寻找无线网络进行黑客入侵　　　　　D. 驾车并寻找竞争对手的黑客

10. 涉及使用说服和欺骗来让人提供信息以帮助破坏安全性的黑客技术的名字是什么？
    A. 社会工程学　　　　　　　　　　　　　　B. 哄骗（conning）
    C. 人类英特尔（human intel）　　　　　　　D. 软黑客入侵（soft hacking）

11. Internet 上有很多威胁。目前最常见的威胁可能会随着时间的推移而改变，但某些威胁总是比其他威胁更常见。下列哪项是 Internet 上最常见的威胁？
    A. 拍卖欺诈　　　B. Phreaking　　　C. 计算机病毒　　　D. 非法软件

12. 我们提及的三种安全方法是什么？
    A. 边界的、分层的、混合的　　　　　　　　B. 高安全性、中安全性、低安全性
    C. 内部的、外部的、混合的　　　　　　　　D. 边界的、完整的、无

13. 定义安全策略是确保网络安全的重要步骤。你正在尝试根据采取的安全方法对设备进行分类。入侵检测系统是下列哪一类的示例？
    A. 主动安全　　　B. 边界安全　　　C. 混合安全　　　D. 良好的安全实践

14. 以下哪项是最基本的安全活动？
    A. 身份认证　　　B. 防火墙　　　C. 口令保护　　　D. 审计

15. 最理想的安全方法是以下哪一种？
    A. 边界和动态　　　B. 分层和动态　　　C. 边界和静态　　　D. 分层和静态

16. 截至 2022 年，以下哪个目标的网络攻击次数增长最快？
    A. 物联网　　　B. 服务器　　　C. 笔记本计算机　　　D.USB 设备

17. 以下哪种类型的隐私法会影响计算机安全？

　　A. 任何州立隐私法　　　　　　　　　B. 适用于你的组织的任何隐私法

　　C. 任何隐私法　　　　　　　　　　　D. 任何联邦隐私法

18. 第一个计算机事件响应团队隶属于哪所大学？

　　A. 麻省理工学院　　　　　　　　　　B. 卡内基梅隆大学

　　C. 哈佛大学　　　　　　　　　　　　D. 加州科技大学

19. 以下哪项是"敏感信息"一词的最佳定义？

　　A. 任何会影响国家安全的信息　　　　B. 任何价值超过 1000 美元的信息

　　C. 任何未经授权人员访问后可能以任何方式损害你的组织的信息

　　D. 任何受隐私法保护的信息

20. 以下哪项是"doxing"的最佳描述？

　　A. 一种 DoS 恶意软件攻击　　　　　　B. 陷害某人犯罪

　　C. 将个人信息公之于众　　　　　　　D. 窃取个人信息

练习

练习 1.1：本月发生了几次病毒攻击?

1. 使用一些网站资源，例如 www.f-secure.com，查找最近的计算机病毒暴发事件。

2. 在过去 7 天内发生了几起病毒暴发事件？

3. 记下过去 30 天、90 天和 1 年中计算机病毒暴发的次数。

4. 病毒攻击的频率在增加吗？

练习 1.2：认识作为间谍软件的 cookie

1. 了解 cookie 存储了哪些信息。你可能会发现网站 www.allaboutcookies.org 和 www.how-stuffworks.com/cookie1.htm 是有帮助的。

2. 撰写一篇短文，说明 cookie 会以哪种方式侵犯隐私。

练习 1.3：黑客术语

1. 使用位于网站 http://www.outpost9.com/reference/jargon/jargon_toc.html 上的黑客词典，定义了黑客术语：阿尔法极客（alpha geek）、grok、红皮书、wank。

练习 1.4：使用安全资源

1. 使用本章列出的优先使用的网络资源，从该资源中找到三个策略或程序文档。

2. 列出你选择的文档。

3. 撰写一篇短文，解释为什么这些特定文档对你的组织的安全来说很重要。

练习 1.5：学习法律知识

1. 利用网络、期刊、书籍或其他资源，查明你所在的州或地区是否有专门针对计算机安全的法律。你可能发现网站 www.pbs.org/wgbh/pages/frontline/shows/hackers/blame/crimelaws.html 和 www.cybercrime.gov 是有帮助的。

2. 列出 3 项你找到的法律，并对每项法律进行一两句话的简短描述。

项目

项目 1.1：学习病毒知识

1. 使用附录 A 和 www.f-secure.com 等网站的网络资源，查找在过去 6 个月中被相关机构发布的病毒。
2. 研究病毒的传播方式及其造成的损害。
3. 撰写有关此病毒的短文（半页）。说明该病毒如何工作，如何传播以及你可以找到的任何其他基本信息。

项目 1.2：法律思考（小组项目）

撰写一个你希望通过的计算机法律的描述，以及与它实施、执行和正当性（justification）相关的细节。

项目 1.3：安全性建议

1. 使用 Web、期刊或书籍，从任何可靠的信息来源（如美国系统网络安全协会）中查找安全建议。本章"在线安全资源"部分提到的任何网站都是一个不错的选择。
2. 列出其中的 5 条建议。
3. 解释你为什么同意或不同意这 5 条建议。

案例研究

在本案例研究中，我们将考虑为一家面向家庭的小型视频商店提供网络管理员。该商店不是连锁商店的一部分，安全预算非常有限。它拥有五台供员工检查电影的机器以及一台集中保存记录的服务器，该服务器位于经理办公室。管理员采取以下安全预防措施：

- 每台计算机都已升级到 Windows 10，并已打开个人防火墙。
- 所有计算机上均已安装了杀毒软件。
- 服务器已增加了磁带备份，并将磁带保存在经理办公室的文件柜中。
- 员工计算机的 Internet 接入被取消。

现在考虑以下问题：

1. 这些行为取得了什么效果？
2. 你可能建议采取哪些其他措施？

网络与 Internet

本章学习目标

学习本章并完成章末的技能测试题目之后，你应该能够

- 理解在网络通信中使用的主要协议（例如 FTP 和 Telnet 协议），并清楚它们的用途。
- 了解网络上使用的各种连接方法和传输速度。
- 比较集线器和交换机的相同和不同之处。
- 识别路由器，了解其用途。
- 理解数据是如何通过网络传输的。
- 解释 Internet 是如何进行工作的，以及 IP 地址和 URL 是如何使用的。
- 叙述 Internet 的发展简史。
- 使用 ping、ipconfig 和 tracert 等网络工具。
- 描述 OSI 参考模型和 MAC 地址的使用。

2.1 引言

为了能够管理网络的安全，你需要了解计算机网络是如何工作的。这个过程似乎是显而易见的，但令人惊讶的是，许多人都忽视了网络的基本问题。本章将会介绍关于网络和 Internet 的基础知识，包括 Internet 的发展历史。已经具备较强网络运营知识的读者可以选择略读本章，或者作为复习快速阅读它。其他刚接触计算机网络的读者则需要仔细阅读本章。理解网络和 Internet 对本书后面内容的学习是至关重要的。但是请记住，如果你从未接触过计算机网络，那么你需要知道本章的内容只是网络安全从业人员的最低要求。通过本章的学习很难深入地了解计算机网络，你应该考虑多了解一些计算机技术、网络和相关领域的知识。

在本章中，我们将首先研究用于网络和 Internet 通信的基本技术、协议和方法。然后介绍 Internet 的发展历史，这些信息是你需要了解的，是各种网络攻击及防御措施的背景知识。在本章最后所附的练习中，你可以练习使用一些保护方法进行网络防护，如 ipconfig、tracert 和 ping。

2.2 网络的基础知识

让两台或多台计算机通信和传输数据是一个概念简单但应用复杂的过程。考虑所有相关的因素，首先你需要在物理上连接计算机，这种连接通常需要将一根电缆插入计算机或使用无线连接。然后，将电缆的另一头直接插入另一台计算机，或插入一台设备，该设备又将连接其他一些计算机。

当然，无线通信的使用频率越来越高，而无线连接显然不需要线缆。然而，即使是无线通信也依赖于物理设备来传输数据。在大多数现代计算机中都有一种卡，叫作网络接口卡（Network Interface Card，NIC），简称为网卡。如果是通过电缆连接，那么连接到计算机外

部的网卡上有一个类似电话插孔的连接槽。无线网络也使用网卡，但是，它没有连接线缆的插槽，无线网络使用无线电信号传输到附近的无线路由器或集线器。无线路由器、集线器或网卡必须有天线来传输和接收信号。这些设备是连接设备，将在本章的后面详细解释。

2.2.1　物理连接：局域网

如前所述，使用电缆是计算机相互连接的方式之一。电缆连接是使用带 RJ-45 连接接口的传统网卡（不包括无线）。RJ 是国际行业标准 Registered Jack 的缩写。与计算机的 RJ-45 接口相比，标准电话线使用的是 RJ-11 接口。接口之间最大的区别在于连接器 [connector，也称为终止器（terminator）] 中导线的数量。电话线有 4 根电线（虽然有些有 6 根），而 RJ-45 连接器有 8 根电线。

如果查看大多数计算机的背面或笔记本计算机的连接区域，你可能会发现两个端口，乍一看就像电话插孔。其中一个端口用于连接传统的调制解调器，是标准的 RJ-11 接口；另一个更大一些的端口是 RJ-45 接口。现代计算机都配有网卡，没有网卡的计算机是极其罕见的。

这个标准的连接器接口必须接在电缆的末端。今天大多数网络使用的电缆是 5 类线或 6 类线，缩写为 Cat 5 或 Cat 6。电缆的规格详见 ISO/IEC 11801。表 2.1 概述了电缆的种类和用途。

表 2.1　电缆的种类和用途

种类	规格	用途
1	低速模拟（小于 1MHz）	电话、门铃
2	模拟线（小于 10MHz）	电话
3	高达 16MHz 或 100Mbit/s	语音传输
4	高达 20MHz 或 100Mbit/s	数据线、以太网
5	100MHz 或 100Mbit/s	几年前最常见，仍被广泛使用
6	1 000Mbit/s（有些达到 10Gbit/s）	最常见的网络电缆类型
6a	10Gbit/s	高速网络
7	10Gbit/s	超高速网络
8	40Gbit/s	超高速网络

用于连接计算机的电缆类型通常也称为非屏蔽双绞线（Unshielded Twisted-Pair，UTP）。在 UTP 中，电缆中的电线是成对的，相互缠绕在一起，没有额外的屏蔽。正如在表 2.1 中所看到的，每个靠后的电缆类别都比上一种类别更快、更强健。应该注意的是，虽然 Cat 4 可以用于网络，但它几乎从来没有在网络中使用，因为它的速度较慢，可靠性较低，而且是一种较老的技术。你通常会看到 Cat5 和越来越多的 Cat6。你应该注意，目前人们主要关注 UTP，是因为它是最常见的。还有其他类型的电缆，如屏蔽双绞线（STP），但它们不如 UTP 常见。

供参考的小知识：电缆速度

Cat 6 是用于千兆以太网的，并已变得相当普遍。事实上，一些网络正在使用 Cat 7。Cat 5 的工作速度可达 100 Mbit/s，而 Cat 6 的工作速度为 1000 Mbit/s。Cat 6 已经被广泛使用了好几年。然而，要让 Cat 6 真正正常工作，需要集线器 / 交换机和网卡，它们也应能以千兆比特的速度传输数据。因此，千兆以太网的传播速度比许多分析人士预期的要慢得多。我们将在本章后面更详细地讨论集线器、交换机、网卡和其他硬件。

如表 2.1 所示，速度是一个关键的参数，它以 Mbit/s（兆比特每秒）来衡量（尽管 Gbit/s 的速度正变得越来越普遍）。你可能已经知道，计算机中的所有内容最终都是以二进制形式存储的——以 1 或 0 的形式，这些单元叫作比特。它使用 8 比特（等于 1 个字节）来表示单个字符，如字母、数字或回车。请记住，每种电缆的数据规格是电缆所能处理的最大容量。一根 Cat 5 每秒可以传输 100 兆比特，这就是所谓的电缆带宽（bandwidth）。如果网络上有多个用户，并且所有用户都在发送数据，那么流量很快会耗尽带宽。传输图片也会消耗大量的带宽，简单扫描一张照片可以轻易达到 2MB（或 16Mbit）或者更多。流媒体，比如视频，在带宽方面的要求应该是最高的。

如果只是想简单地连接两台计算机，你可以用电缆直接从一台计算机连接到另一台计算机。两台计算机要直接连接必须使用交叉（crossover）电缆。如果你想连接两台以上的计算机，那么该怎么办呢？如果你需要在网络上连接 100 台计算机，又该怎么办？这里有三种设备可以帮助你完成此任务：集线器、交换机和路由器。这些设备都使用带有 RJ-45 接口的 Cat 5 或 Cat 6，以下是它们的使用说明。

1. 集线器

最简单的连接设备是集线器（hub）。集线器是一个小盒子状的电子设备，你可以将网络电缆插入其中。它通常有 4 个或更多（通常多达 24 个）RJ-45 接口，每个称为一个端口（port）。一个集线器可以连接与端口数量一样多的计算机（例如，一个 8 接口集线器可以连接 8 台计算机）。你还可以将一个集线器连接到另一个集线器，这种策略被称为"堆叠"集线器。集线器很便宜，安装也很简单——只要插上电缆即可。然而，集线器也有缺点。如果你把一个数据包（一个数据传输单元）从一台计算机发送到另一台计算机，这个包的副本实际上被广播到集线器上的每个端口，所有这些副本导致了大量不必要的网络流量。这是因为集线器是一个非常简单的设备，它没有办法知道这个数据包应该去哪里。因此，它只是将包的这些副本发送到所有端口。虽然你可能会去最喜欢的电子商店买一个叫作"集线器"的东西，但真正的集线器已经不存在了，你买到的应该是一个交换机，我们将在本节后面讨论。

2. 中继器

中继器（repeater）是用来增强信号的设备。基本上，如果你需要的电缆超过最大长度（对于 UTP 来说是 100m），那么你需要一个中继器。有两种中继器：放大中继器和信号中继器。放大中继器只是简单地增强接收到的整个信号，包括噪声；信号中继器会重新产生信号，因此不会重播噪声。

3. 交换机

交换机（switch）基本上是一个智能集线器。它工作起来和看起来完全像一个集线器，但两者有一个显著的区别。当交换机收到一个数据包时，它只把这个数据包发送到它需要访问的计算机的端口。交换机本质上是一个集线器，它根据在以太网数据包的包头中找到的媒体访问控制（Media Access Control，MAC）地址进行判断，从而确定数据包的发送位置。关于 MAC 地址和数据包包头的更多细节内容将在本章后面提供。

4. 路由器

最后，如果想要连接两个或更多网络，你可以使用路由器（router）。路由器在概念上类似于集线器或交换机，因为它传递数据包，但它要复杂得多。首先，一个路由器通过在 IP

数据包的包头中找到的 IP 地址直接进行路由。你可以对大多数路由器进行编程，并控制它们如何中继传输数据包。大多数路由器都允许对它们的接口进行配置，路由器的功能越强大，它提供的编程方式越多。编写路由器程序的具体方法因供应商而异，有很多关于路由器如何进行编程的书，本书无法涵盖具体的路由器编程技术。然而，你应该知道大多数路由器是可编程的，并且通过编程可改变数据包的路由路径。另外，与使用集线器或交换机不同，由路由器连接的两个网络仍然是独立的网络。

2.2.2　更快的连接速度

到目前为止，我们已经研究了局域网上计算机之间的连接，但是还有更快的连接方法。事实上，Internet 服务供应商或公司网络应该会提供更快的 Internet 连接。表 2.2 总结了最常见的高速连接类型及其速度。

表 2.2　Internet 连接类型

连接类型	速度	详情
DS0	64Kbit/s	标准电话线路
ISDN	128Kbit/s	2 条 DS0 线路一起工作，提供一个高速数据连接
T1	1.54Mbit/s	24 条 DS0 线路合在一起工作，其中 23 条线路传输数据，1 条线路承载有关其他线路的信息，这种连接在学校和企业中很常见
T3	43.2Mbit/s	672 条 DS0 线路协同工作，相当于 28 条 T1 线路
OC3	155Mbit/s	所有 OC 线路都是光学线路，不使用传统的电话线，OC3 线路的速度很快，而且非常昂贵，它们经常用在电信公司
OC12	622Mbit/s	相当于 336 条 T1 线路或 8064 条电话线路
OC48	2.5Gbit/s	相当于 4 条 OC12 线路

在很多地方都能看到 T1 连接线路，一个有线调制解调器有时可以达到与 T1 线路相当的速度。请注意，电缆连接不包括在表 2.2 中，因为它们的实际速度差别很大，具体取决于各种不同的情况，包括附近有多少人正在使用同一有线调制解调器提供商。除非你在电信行业工作，否则你不太可能遇到 OC 线路。

2.2.3　无线

今天，我们大多数人都使用无线网络和 Wi-Fi。IEEE 802.11 是电气与电子工程师学会（IEEE）定义的无线网络通信标准。IEEE 802.11 后缀不同的字母被用来代表不同的无线速度。各种各样的无线网速，从最老的到最新的，都列在下面：

- IEEE 802.11a：这是第一个广泛使用的 Wi-Fi 标准，它的工作频率为 5GHz，速度相对较慢。
- IEEE 802.11b：该标准的工作频率为 2.4GHZ，室内范围为 125 英尺，带宽为 11Mbit/s。
- IEEE 802.11g：仍然有很多这样的无线网络在运行，但是现在已经不能再购买到新的使用 IEEE 802.11g 标准的 Wi-Fi 接入设备。IEEE 802.11g 向后兼容 IEEE 802.11b，室内工作范围为 125 英尺，带宽为 54Mbit/s。
- IEEE 802.11n：这个标准比之前的无线网络有了巨大的改进，提供 100Mbit/s～140Mbit/s 的带宽，室内范围为 230 英尺，频率为 2.4GHz 或 5.0GHz。
- IEEE 802.11n-2009：该技术提供高达 600Mbit/s 的带宽，使用 4 个空间流，信道宽度为 40MHz。它使用多输入多输出（MIMO），其中多根天线能比单根天线解析出更多的信息。

- **IEEE 802.11ac**：该标准于 2014 年 1 月通过审核，其吞吐量达 500Mbit/s～1Gbit/s。它最多使用 8 个 MIMO。
- **IEEE 802.11ad 无线千兆比特联盟**（wireless gigabyte alliance）：支持高达 7Gbit/s 的数据传输速率，比最高的 802.11n 速率快 10 倍以上。
- **IEEE 802.11af**：该标准也被称为"White-Fi"和"Super Wi-Fi"，这个标准在 2014 年 2 月被批准，允许 WLAN 运行在 54MHz～790MHz 之间的甚高频（VHF）和超高频（UHF）的电视空白频谱中。
- **IEEE 802.11ah**：该标准于 2017 年发布，使用不需要美国联邦通信委员会（Federal Communications Commission, FCC）授权的 1GHz 以下的频段。
- **IEEE 802.11aj**：IEEE 802.11aj 是 IEEE 802.11ad 的重新命名，用于世界上某些地区可用的 45GHz 的未授权频段。
- **IEEE 802.11ax**：该标准是 IEEE 802.11ac 的升级标准，有时也被称为 Wi-Fi 6。该标准在 2021 年 2 月被批准，设计用于在密集环境（即有其他信号正在传输的环境）中工作。
- **IEEE 802.11be**：该标准专为极高吞吐量（Extremely High Throughput，EHT）设计，速度预计将达到 40Gbit/s。它使用多年来 Wi-Fi 一直使用的 2.4Hz 和 5GHz 频段，以及 6GHz 频段。在撰写本书时，该标准仍在开发中，其初稿于 2021 年发布。

多年来，保护 Wi-Fi 的方法一直在发展。首先使用的是有线等效加密（Wired Equivalent Privacy，WEP）协议，接着是 Wi-Fi 保护访问（Wi-Fi Protected Access, WPA），然后是 WPA2，以及最近的 WPA3。

WEP 使用流密码 RC4 保护数据，并使用 CRC-32 校验和检查错误。标准 WEP（WEP-40）使用 40 位密钥和 24 位初始化向量（IV）用来有效地形成 64 位加密，128 位 WEP 则使用 104 位的密钥和 24 位的 IV。

因为 RC4 是一个流密码，所以相同的流量密钥不能重复使用。以明文传输 IV 的目的是防止任何重复，但是 24 位的 IV 不足以在繁忙的网络上确保不重复。使用这种 IV 的方法导致了针对与 WEP 相关的密钥攻击，因为对于一个 24 位的 IV，有 50% 的可能在 5000 个数据包之后出现重复的 IV。

WPA 使用临时密钥完整性协议（Temporal Key Integrity Protocol，TKIP），每个数据包使用一个 128 位的密钥进行加密，这意味着 WPA 为每个数据包动态生成一个新密钥。

WPA2 采用基于 IEEE 802.11i 标准的高级加密标准（AES），它使用计数器模式 – 密文分组链接（CBC）– 消息认证码（MAC）协议（CCMP），为无线数据帧提供数据保密性、数据来源认证和数据完整性。

攻击者每猜一次 Wi-Fi 口令时，WPA3 都要求他与 Wi-Fi 进行一次交互，这使得破解变得更加困难和耗时。然而不管怎样，通过 WPA3 的"Wi-Fi 简易连接"，你只需要用手机扫描一个二维码就可以连接设备。使用 WPA3，一个新的重要的特性是，即使是在开放的网络也会加密你的个人流量。

2.2.4　蓝牙

蓝牙（Bluetooth）是短距离（Short-distance）无线电技术，频率为 2.4GHz～2.485GHz。

IEEE 制定的蓝牙标准为 IEEE 802.15.1，采用这个标准的设备能够发现某个范围内的其他蓝牙设备，但 IEEE 现在也已经不再维持该标准。"蓝牙"这个名字来自十世纪统一了丹麦各部落的哈拉尔（Harald）国王"蓝牙"戈姆森（Gormsson）。蓝牙技术统一了通信协议。蓝牙的带宽和范围取决于版本，如表 2.3 所示。

表 2.3   蓝牙的带宽和范围

版本	带宽	范围
3.0	25Mbit/s	10 米（33 英尺）
4.0	25Mbit/s	60 米（200 英尺）
5.0	50Mbit/s	240 米（800 英尺）

蓝牙 5.0 版本做了一些小幅增强，版本 5.1、5.2 和 5.3 都对版本 5.0 进行了小幅改进。例如，2021 年 7 月发布的 5.3 版本包括了改进的加密密钥处理以及频道分类。

2.2.5   其他无线协议

下面是其他的几种无线通信协议。

- ANT+：这种无线协议通常与传感器数据一起使用，例如生物传感器或运动应用程序。
- ZigBee：这个标准基于 IEEE 802.15.4 标准，是由一个电子制造商联盟开发的，主要用于家用电器和安全相关的无线设备。令人困惑的是，该标准是由名称"ZigBee"表示的，而不是用数字。术语"ZigBee"的使用方式与术语 Wi-Fi 的使用方式类似。
- Z-Wave：这种无线通信协议主要用于家庭自动化。它使用一种低能耗的无线电技术，通过网状网络（mesh network）进行家电间的通信。
- 6LoWPAN：该协议最初于 2007 年标准化为 RFC 4944，此后经多次更新，最近一次更新是在 2017 年的 RFC 8066 中。
- Thread：Thread 是专为物联网设计的 IPv6，使用 6LoWPAN，适用于低功耗设备，并创建网状网络。
- DASH7：是一种射频识别（Radio Frequency Identification，RFID）协议，使用频率为 433MHz、868MHz 和 915MHz，范围达到 2 公里。
- WirelessHART：高速公路可寻址远程传感器（Highway Addressable Remote Transducer，HART）协议，这种无线传感技术用于过程自动化应用，可能少有读者熟悉这一技术。

2.2.6   数据传输

我们已经简单地了解了物理连接方法，但是数据是如何传输的呢？为了传输数据，需要发送数据包。线缆的基本用途是把数据包从一台机器传送到另一台机器，无论数据包是文档、视频、图像的一部分，还是来自计算机的内部信号，这都无关紧要。那么，数据包到底是什么？正如前面所讨论的，计算机中的所有数据最终都以 1 和 0 的形式存储，这些 1 和 0 称为比特（bit），也称为位，每 8 比特分为一组，称为一个字节（byte）。数据包是由一定数量的字节组成的，分为包头和包体。包头是包开头的 20 个字节，它告诉你这个数据包从哪里来，要去哪里等。包体包含你希望发送的二进制格式的实际数据。前面提到的路由器和交换机是通过读取数据包的包头来确定数据包应该被发送到哪里。

1. 协议

不同类型的网络通信用于不同的目的。不同类型的网络通信称为协议。从本质上来说，协议（protocol）是一种商定的通信方法。事实上，这个定义也是"协议"这个词在标准的、非计算机的用途中的使用方式。每个协议都有特定的用途，通常在某个端口上运行（稍后将更详细地讨论端口）。表 2.4 列出了一些最重要和最常用的协议。

表 2.4　TCP/IP

协议	用途	端口
FTP（文件传输协议）	用于在计算机之间传输文件	20 和 21
TFTP（简单文件传输协议）	一种更快但不太可靠的 FTP 形式	69
SSH（安全外壳协议）	用于安全地连接到远程系统	22
Telnet	用于远程登录系统，然后可以使用命令提示符或 shell 在该系统上执行命令。深受网络管理员欢迎	23
SMTP（简单邮件传输协议）	发送邮件	25
Whois	查询目标 IP 地址以获取信息的命令	43
DNS（域名系统）	将 URL 转换为 Web 地址	53
HTTP（超文本传输协议）	显示网页	80
POP3（邮局协议第 3 版）	接收邮件	110
NNTP（网络新闻传输协议）	用于网络新闻组（Usenet 新闻组）你可以在 Web 上通过 www.google.com 访问这些新闻组并选择组选项卡	119
NetBIOS	一种较老的 Microsoft 协议，用于命名局域网上的系统	137、138 或 139
IMAP（Internet 信息访问协议）	接收电子邮件的更高级协议，广泛取代 POP3	143
IRC（Internet 中继聊天室）	用于聊天室	194
SMB（服务器信息块）	用于 Windows 活动目录	445
HTTPS	加密的 HTTP，用于安全网站	443
SMTPS（安全邮件传输协议）	加密的 SMTP	465
POP3S（安全邮局协议）	加密的 POP3	995
IMAPS（Internet 信息访问安全协议）	加密的 IMAP	993

每一个协议都将在本书后面的章节中根据需要进行更详细的解释。你还应该注意到，这个列表并不完整，因为还有许多其他的协议，但表中这些是我们将在本书中讨论的基本协议。所有这些协议都是 TCP/IP（传输控制协议 /Internet 协议）套件的组成部分。但是，不管使用哪种特定的协议，网络上的所有通信都是通过数据包实现的，而这些数据包将按照所要进行的通信类型选用特定的协议进行传输。

2. 端口

你可能想知道端口是什么，特别是因为我们已经讨论过作为计算机连接位置的端口，例如串行端口、并行端口、RJ-45 接口和 RJ-11 接口。在网络术语中，端口（port）是把手（handle）或连接点，它是一种特定通信路径的数字标识。你可以将端口看作电视上的频道号，如果有一条电缆接入你的电视，那你可以调到各种各样的频道。在计算机上有 65 535 个网络通信端口，无论在什么类型的计算机或操作系统上都是如此。计算机的 IP 地址和端口号的组合称为套接字（socket）。所有网络通信，不管使用什么端口，都是通过网卡上的连接进入计算机的。

因此，到目前为止，我们所描绘的网络是这样的：计算机通过电缆互相连接，也可能是通过集线器、交换机或路由器相互连接。这些网络使用特定的协议和端口以数据包的形式传输二进制信息。

2.3 Internet 的工作原理

既然你已经对计算机如何通过网络相互通信有了基本了解，现在就该讨论 Internet 是如何工作的了。Internet 本质上是大量相互连接的网络。因此，Internet 与局域网的工作方式完全相同，都使用相同的协议发送相同类型的数据包。这些不同的网络被简单地连接到称为骨干网（backbone）的主要传输线路上。骨干网相互连接的点称为网络访问接入点（network access poin，NAP）。当你登录到 Internet 时，你可能使用 Internet 服务提供商（Internet service provider，ISP）。该 ISP 可以连接到 Internet 骨干网，也可以连接到另一个具有骨干网的服务提供商。因此，登录 Internet 是一个将计算机连接到 ISP 网络，而 ISP 网络又连接到 Internet 上的一个骨干网的过程。

2.3.1 IP 地址

随着数以万计的网络和数以百万计的个人计算机相互通信和发送数据，一个可预见的问题出现了，那就是如何确保数据包能够到达正确的计算机。这一任务的完成方式与传统的邮局邮件一样：通过地址将信件投递到收件人手中。在网络通信中，这个地址是一个特殊的地址，称为"IP"地址。一个 IP 地址可以是 IPv4 的，也可以是 IPv6 的。

1. IPv4

IP 地址是由以句点分隔的四个三位数组成的一个数字系列（例如，107.22.98.198）。每个三位数的数字必须在 0～255 之间。因此，地址 107.22.98.466 是无效地址。这些地址实际上是四个二进制数，你看到的是十进制数形式。因为这些数字实际上都是用一个十进制数表示 8 位，所以它们通常被称为八位字节（octet）。一个 IPv4 地址中有四个字节。回想一下，一个字节是 8 位（1 和 0），由一个 8 位二进制数字转换得到的十进制数字将在 0～255 之间。这个规则意味着 IPv4 共有超过 42 亿个可能的 IP 地址，但它们很快将会被用尽，然而你不用担心，现在已经有了一些扩展地址的方法。

> **供参考的小知识：将十进制数转换为二进制数**
>
> 有几种方法可以将十进制转换为二进制，我们在这里介绍一种方法（这可能是最简单的方法），供那些不熟悉转换方法的读者学习。你应该意识到，计算机是自动完成 IP 地址转换的。
>
> 重复除以 2，直到商为 0，使用"余数"而不是小数，直到得到 1。例如，要将十进制 31 转换成二进制数：
>
> $31/2 = 15$，余数为 1
>
> $15/2 = 7$，余数为 1
>
> $7/2 = 3$，余数为 1
>
> $3/2 = 1$，余数为 1
>
> $1/2 = 0$，余数为 1
>
> 现在，从下到上读余数：十进制 31 对应的二进制数是 11111。

　　IP 地址分为两种：公有和私有。公有 IP 地址用于连接到 Internet 的计算机。没有两个公有 IP 地址是相同的。但是，私有 IP 地址（例如私有公司网络上的 IP 地址）只需要在该公司网络中必须是唯一的。对于私有 IP 地址，世界上的其他计算机是否具有相同的 IP 地址并不重要，因为这台计算机从未连接到世界范围内的其他计算机。网络管理员通常使用以 10 开头的私有 IP 地址，如 10.102.230.17。

　　还应该指出的是，ISP 通常会购买一个公有 IP 地址池，并在你登录时将地址池内的 IP 地址分配给你。一个 ISP 可能拥有 1000 个公有 IP 地址和 10 000 个客户。因为 10 000 个客户不会同时在线，所以 ISP 只在客户登录时分配一个公有 IP 地址，然后在客户注销时收回。

　　计算机的地址能够告诉你关于计算机的很多信息。由 IP 地址中的第一个字节（或第一个十进制数）可以知道这台计算机属于哪一类网络。表 2.5 总结了 5 类网络。

表 2.5　网络类别

类别	第一个字节的 IP 范围	用途
A	0～126	巨型网络。目前没有剩下多余的 A 类 IP 地址，所有 A 类地址都已被使用
B	128～191	大型企业和政府网络。所有 B 类 IP 地址都已被使用
C	192～223	最常见的 IP 地址组。你的 ISP 可能拥有一个 C 类地址
D	224～247	保留，以供多播使用（在同一信道上传输不同的数据）
E	248～255	保留，以供实验使用

　　这 5 种类型的网络将在本书的后面变得更加重要（或者你应该更深入地研究网络）。仔细观察表 2.5，你可能会发现 127 开头的 IP 地址段没有列出，这是因为该范围是为测试保留的。IP 地址 127.0.0.1 标识你所在的计算机，这与计算机分配的 IP 地址无关。这个地址通常被称为环回地址（loopback address），经常用于测试当前的计算机和网卡。我们将在本章的后面讨论它的用法。

　　这些网络类别很重要，因为它们能够告诉你地址的哪一部分表示网络，哪一部分表示主机。例如，在一个 A 类地址中，第一个八位字节代表网络，其余三个八位字节代表主机。在 B 类地址中，前两个八位字节表示网络，其余的两个字节代表主机。而在一个 C 类地址中，前三个字节表示网络，最后一个字节表示主机。

　　还有一些非常具体的 IP 地址和 IP 地址段。如前所述，第一个是 127.0.0.1，即环回地址，它是引用你所在机器的网卡的另一种方式。

　　私有 IP 地址是另一个需要注意的问题。某些范围的私有 IP 地址已指定在网络中使用。这些地址不能用作公有 IP 地址，但可以用于内部工作站和服务器。这些 IP 地址是：

- 10.0.0.10～10.255.255.255。
- 172.16.0.0～172.31.255.255。
- 192.168.0.0～192.168.255.255。

　　有时候，刚接触网络的人很难理解公有和私有 IP 地址。办公楼是一个很好的类比，可用于对此进行说明。在某个办公大楼中，每个办公室编号必须是唯一的。一个楼只能有一个 305 号办公室。但是也有其他的办公大楼，很多都有自己的 305 号办公室。你可以将私有 IP 地址视为办公室号码，它必须是唯一存在于自己的网络中的，但其他网络可以具有相同的私有 IP 地址。

　　公有 IP 地址更像是传统的邮件地址：它们必须是全球唯一的。在办公室之间通信时，你可以使用办公室的电话号码，但要将信件送到另一座大楼，你必须使用完整的邮寄地址。网络也是如此，你可以在自己的网络中使用私有 IP 地址进行通信，但是要与网络之外的任何计算机进行通信，都必须使用公有 IP 地址。

网关路由器的角色之一就是执行网络地址转换（NAT），这涉及用网关路由器的公有 IP 地址替换数据包内的私有 IP 地址，这样数据包就可以通过 Internet 进行路由传送了。

2. 子网划分

我们已经讨论过 IPv4 网络地址，现在让我们把注意力转向子网问题。如果你比较熟悉这个主题，那么请跳过这一部分。考虑到某些原因，这个主题会给学习网络的读者带来很多困惑，所以我们将从概念理解开始。子网划分（Subnetting）就是把网络分成更小的部分。例如，你有一个使用 IP 地址 192.168.1.*x* 的网络（其中 *x* 是某一台特定计算机的地址），已经分配了 255 个可能的 IP 地址。如果你想把它分成两个独立的子网要怎么办呢？使用子网划分就可以做到。

更严格地说，子网掩码是分配给每个主机的 32 位二进制数字，用于将 32 位二进制 IP 地址划分为网络和主机两部分。你不能随便输入你想要的数字。子网掩码的第一个值必须是 255，其余三个值可以是 255、254、252、248、240 或 224。计算机通过获取网络 IP 地址和子网掩码，并使用二进制的"与"操作来组合它们。

这可能会让你惊讶，因为即使没有划分子网，你也已经有了一个子网掩码。如果你有一个 C 类 IP 地址，那么该网络子网掩码是 255.255.255.0；如果你有一个 B 类 IP 地址，那么子网掩码是 255.255.0.0；最后，如果你有一个 A 类 IP 地址，则子网掩码为 255.0.0.0。

现在想想这些数字和二进制数的关系。将十进制值 255 转换为二进制是 11111111。因此，掩码实际上是在"屏蔽"用于定义网络的网络地址部分，而其余部分用于定义各个主机。如果子网中的主机少于 255 个，那么子网就需要像 255.255.255.240 这样的掩码。如果你把 240 转换成二进制，它就是 11110000。这意味着前三个八位字节和最后一个八位字节的前 4 位定义了网络，最后一个八位字节的后 4 位定义了主机。这说明在这个子网中可以拥有多达 1111（二进制）或 15（十进制）台主机。这就是子网的本质。

3. CIDR

子网划分只允许你使用特定的、有限的子网。还有另一种方法是 CIDR，即无类域间路由。与其定义子网掩码，不如将 IP 地址后跟一个斜杠和一个数字。这个数字可以是 0 到 32 之间的任何数字，那么就产生了这样的 IP 地址：

192.168.1.10/24（基本上是一个 C 类 IP 地址）

192.168.1.10/31（很像带子网掩码的 C 类 IP 地址）

当你使用 CIDR 而不是使用带有子网的各类网络时，你使用的是可变长子网掩码（VLSM）提供的无类别 IP 地址。这是目前定义网络 IP 地址最常用的方法。

4. IPV6

你可能听说过 IPv6，它是 IPv4 的扩展。从本质上讲，IPv4 被限制为 42 亿个 IP 地址。即使使用私有 IP 地址，我们也会用尽可用的 IP 地址。想想所有连接到 Internet 的计算机、打印机、路由器、服务器、智能手机、平板计算机等，IPv6 旨在缓解这个问题。如果查看前面描述的网络设置，那么你可能会想到启用 IPv6 选项。IPv6 使用 128 位地址（代替 32 位地址），这样在可预见的未来不可能耗尽 IP 地址。IPv6 还采用了十六进制的表示方法（例如 3FFE:B00:800:2::C），以避免如 132.64.34.26.64.156.143.57.1.3.4.44.122.111.201.5 这样的用十进制表示的长地址。

IPv6 不涉及子网划分，但它使用 CIDR。网络部分由一个斜线和分配给网络部分的地址中的位数来表示，例如：/48 和 /64。IPv6 也有一个环回地址，它可以写成 ::/128。IPv4 和 IPv6 的其他区别如下。

- **链路本地地址**：这是 IPv4 的 APIPA（自动专用 IP 寻址）地址的 IPv6 版本。如果一台机器被配置为可以动态分配 IP 地址，在它不能与 DHCP 服务器通信时，它就会给自己分配一个通用的 IP 地址。DHCP，或者说动态主机配置协议，用于在网络中动态分配 IP 地址。IPv6 的所有链路本地地址都以 fe80:: 开头。如果你的计算机有这个地址，就意味着它无法到达 DHCP 服务器，因此，它创建了自己的通用 IP 地址。
- **站点本地地址**：这是 IPv4 私有地址的 IPv6 版本。站点本地地址是真实的 IP 地址，但它们只能在局域网上工作，不能在 Internet 上路由。所有的站点本地地址都以 FE 开头，并以 C～F 表示第三个十六进制数字：FEC、FED、FEE 或 FEF。
- **托管地址配置标志（M 标志）**：当 M 标志设置为 1 时，设备应该使用 DHCPv6 获得有状态 IPv6 地址。
- **其他有状态配置标志（O 标志）**：当 O 标志设置为 1 时，设备应该使用 DHCPv6 获取其他 TCP/IP 配置设置。换句话说，它应该使用 DHCP 服务器来设置网关和 DNS 服务器的 IP 地址。
- **M 标志**：表示机器应该使用 DHCPv6 来检索 IP 地址。

这就是 IPv6 的本质。你仍然可以使用与 IPv4 相同的实用程序。在 ping 或 traceroute 命令之后加一个数字 6，表明计算机已启用 IPv6，你可以使用以下命令：

```
ping6 www.yahoo.com
```

我们将在本章后面讨论 ping、traceroute 和其他命令。

2.3.2　统一资源定位符

在将计算机连接到 ISP 之后，你当然会想要访问一些网站。人们通常在浏览器的地址栏中键入网站的名称，而不是 IP 地址。例如，你可以通过输入 www.chuckeasttom.com 访问我的网站。计算机或 ISP 必须将你输入的名称（称为统一资源定位符（uniform resource locator，URL））转换为一个 IP 地址。表 2.4 中提到的 DNS 协议就能够处理这个转换过程。因此，在你输入一个对人类来说有意义的名称时，计算机使用转换过的对应的 IP 地址进行连接。如果找到了这个地址，你所用的浏览器将发送一个数据包（使用 HTTP）到端口 80。如果目标计算机具有侦听和响应此类请求的软件（例如，Apache 或 Microsoft Internet Information Server 等 Web 服务器软件），那么接下来目标计算机将响应浏览器的请求，并建立通信。这种方法就是浏览网页的方式。

当收到一个错误信息 404：File Not Found 时，说明浏览器收到了一个带有错误代码 404 的数据包（来自 Web 服务器），表示找不到你请求的页面。Web 服务器根据不同的情况，将一系列错误消息发送回 Web 浏览器。这些问题中有许多是由浏览器自己处理的，你可能永远不会看到错误消息。400 系列中的所有错误消息都是客户端错误（client error），它表示客户端这边出了问题，而不是 Web 服务器出了问题；500 系列中的消息是服务器错误（server error），这说明 Web 服务器存在问题；100 系列中的消息只是提供信息；200 系列中的消息表示成功（你通常看不到这些消息，因为浏览器已经进行了简单处理）；300 系列中的消息是重定向的，这意味着你要查找的页面已经移动，浏览器被定向到新的位置。

使用电子邮件和访问网站是一样的工作方式。电子邮件客户端首先寻找电子邮件服务器的地址，然后电子邮件客户端使用 POP3 检索收到的电子邮件或使用 SMTP 发送你即将发出的电子邮件，接下来电子邮件服务器（可能在 ISP 或公司中）将尝试解析你投送的这个地址。如果你想发送一些信息到 chuck@chuckeasttom.com，那么你所在的电子邮件服务器将把这个电子邮件地址转换成在 yahoo.com 上的电子邮件服务器的 IP 地址，并且你所在的电子邮件服务器将把你的电子邮件发送到那里。注意，虽然有更新的电子邮件协议可用，但是 POP3 仍然是最常用的。

许多读者可能对聊天室已经相当熟悉。像我们讨论过的其他通信方法一样，聊天室也使用数据包传送信息。首先找到聊天室的地址，然后进行连接。聊天室和电子邮件的不同之处在于，计算机上的聊天软件需要不停地来回发送数据包，而电子邮件只在你通知它的时候（或者在预定的时间间隔内）发送和接收数据包。

请记住，数据包有一个包头（header section），其中包含 IP 源地址和要访问的目标 IP 地址（以及其他信息）。当我们继续阅读本书时，这种数据包结构将变得非常重要。

2.3.3 数据包

我们已经提到了网络数据包以及它们是如何通过网络和 Internet 进行路由的，但还没有讨论数据包到底是什么。你可能知道网络流量实际上是大量的 1 和 0，它们依次以电压（通过 UTP）、光波（通过光缆）或无线电频率（通过 Wi-Fi）的形式传输。数据被分成称为*数据包*（packet）的小块。

一个数据包包括三个部分：包头（即报头，实际上至少有三个包头）、数据和页脚。包头包含了如何对数据包进行寻址的信息，数据包的类型以及相关数据的信息。数据部分显然是需要发送的信息。页脚用于显示数据包的结束位置并提供错误检测。

如前所述，一个包通常至少有三个包头。在正常的通信中，数据包通常有一个以太网包头、一个 TCP 包头和一个 IP 包头，每个包头都包含不同的信息，可以将它们结合起来，电子取证调查对这些信息比较感兴趣。

让我们从 TCP 包头开始讲起，它包含与 OSI 参考模型的传输层相关的信息（我们将在本章后面讨论 OSI 参考模型）。TCP 包头包含用于通信的源端口和目的端口，它对每个数据包也进行了编号，例如共有 21 个数据包，这是第 10 个。

其次是 IP 包头，其中最有用的信息是源地址和目标地址。IP 包头包含源 IP 地址、目标 IP 地址和协议。IP 包头还有一个版本号，显示这是 4.0 版还是 6.0 版的 IP 包。size 变量描述数据段的大小，包头里还有关于这个包代表的协议信息。

最后是以太网包头，其中包含着有关源 MAC 地址和目标 MAC 地址的信息。当一个包到达其传输过程中的最后一个网段时，就使用目标 MAC 地址来找到数据包要被发送到的 NIC。

2.3.4 基本的通信

前一节中描述的包头也包含一些信号位，这些是单一比特位标志，用于指示某种通信类型。一个正常的网络会话从一端发送一个 SYN（同步）位开启的数据包开始，目标端使用打开的 SYN 和 ACK（应答）位进行响应，然后发送方只打开 ACK 位进行响应，通信就开始了。过了一段时间，原始发送方通过发送一个打开 FIN（finish）位的数据包来终止通信。

一些攻击者通过发送格式错误的数据包发起攻击。例如，在常见的拒绝服务（DoS）攻击中，SYN 洪泛（SYN flood）是基于 SYN 包对目标进行洪泛，但从不响应返回的 SYN/ACK。一些会话劫持攻击使用 RST 命令来帮助劫持通信。

2.4　Internet 的发展史

至此，你应该对网络和 Internet 的工作原理有了基本了解，并对 IP 地址、协议和数据包有了一定了解。了解 Internet 的历史也很有帮助，因为许多人发现，这一概述有助于从历史的视角去审视迄今为止学到的所有内容。

Internet 的起源可以追溯到冷战时期。关于冷战，一种积极的说法是，那是一个对科学和技术进行重大投资的时代。1957 年，苏联发射人造地球卫星后，美国政府在国防部内部成立了高级研究计划局（Advanced Research Project Agency，ARPA）。ARPA 的唯一目的是资助和促进技术研究。显然，这一目标包括武器技术，但重点也包括了通信技术。

1962 年，兰德公司的一项研究提议设计一种通信方法，在这种方法中，数据以包的形式在不同地点之间传送。如果信息包丢失，消息的发送者将自动重新发送消息。这一思想是后来出现的 Internet 传播方法的“先驱”。

1968 年，ARPA 委托建造了阿帕网（ARPANET），这是一个由四个点（称为节点）组成的简单的 Internet 网络，四个节点分别是加州大学洛杉矶分校、斯坦福大学、加州大学伯克利分校和犹他大学。虽然当时没有人知道这个小小的网络，但它却催生了后来的 Internet。此时，ARPANET 只连接了这四个节点。

1972 年是 Internet 发展的一个里程碑。那一年 ARPA 更名为 DARPA（Defense Advanced Research Project Agency），即美国国防部高级研究计划局。同年，雷·汤姆林森（Ray Tomlinson）发明了第一个电子邮件程序。此时，即阿帕网诞生 4 年后，网络上有 23 台主机（这些主机中存储着数据，用户可以连接到它。例如，Web 服务器是一台主机）。

次年，即 1973 年，TCP/IP 诞生，该协议允许各种计算机以统一的方式进行通信，而不必考虑它们的硬件或操作系统。

1974 年，文斯·瑟夫（Vince Cerf）发表了一篇关于 TCP 的论文，并在计算机历史上第一次使用了“Internet”这个术语。1976 年，以太网电缆被开发出来（和今天使用的电缆一样），DARPA 开始要求在其网络上使用 TCP/IP。那一年 UNIX 操作系统也开始广泛发行，UNIX 和 Internet 的发展将在未来的许多年里齐头并进。此时，已是阿帕网诞生 8 年后，网络上有 111 台主机。

1979 年发生了一件大事：Usenet 新闻组诞生。这些新闻组实质上是向全世界开放的电子公告栏。（如今，你可以通过新闻组阅读器软件，或者通过网址 www.google.com，选择并访问这些新闻组。成千上万的新闻组涉及人类可以想象到的每一个主题。）仅两年后，美国国家科学基金会（National Science Foundation，NSF）为不属于阿帕网的大学和研究中心创建了美国计算机科学网（CSNET）。到 1981 年，威斯康星大学创建了 DNS（域名系统），这样人们就可以通过名称而不是使用实际的 IP 地址来查找网络上的节点。此时，网络上有

562 台主机。

　　20 世纪 80 年代初，早期 Internet 取得了巨大的发展。美国国防部高级研究计划局将其阿帕网分为军事部分和非军事部分，并允许更多的人使用非军事部分。NSF 引入了 T1 线路（一种非常快速的连接方式）。1986 年，Internet 工程任务组（Internet Engineering Task Force，IETF）为了监督 Internet 和 Internet 协议标准的制定而成立，此时 Internet 上已经有 2308 台主机。

　　1990 年是 Internet 发展的关键一年。那一年，蒂姆・伯纳斯 – 李（Tim Berners-Lee）在欧洲 CERN（核子研究中心）实验室开发了超文本传输协议（Hypertext Transfer Protocol，HTTP），并向世界提供了第一个网页。通过 HTTP 和超文本标记语言（HyperText Markup Language，HTML），人们可以在 Internet 上发布信息，任何人（接入 Internet 的人）都可以查看。到 1990 年，Internet 上有超过 30 万台主机。时间快进到 2004 年，蒂姆・伯纳斯 – 李因对科技的贡献获得首个"千禧年奖"，他被人们公认为是万维网（World Wide Web, WWW）之父。

　　20 世纪 90 年代，Internet 的发展和活动呈爆炸式增长。1992 年，CERN 向全世界公布了网页的发明。1993 年，第一个图形化的 Web 浏览器 Mosaic 诞生了。到 1994 年，必胜客开始通过网页接受订单。全世界如今已有数百万个网站。每个组织都有一个网站，从大学院系、政府机构、公司、学校、宗教团体到几乎任何你能想到的团体。许多人也有个人网站。人们使用网络存钱、购物、获取信息、体验娱乐……许多人可能每天都收发电子邮件（顺便说一下，我主要用电子邮件交流，所以如果你想联系我，最好的方式是发邮件，地址是 chuck@chuckeasttom.com）。Internet 已经成为我们这个社会相互交流的一个虚拟社区。哪个公司不用网站？哪部电影发行不用网站？在仅仅 30 多年的时间里，Internet 已经成为人类社会不可分割的一部分。

2.5　基本的网络实用程序

　　这里介绍的基于某些技术的信息和技术，在某种程度上任何人都可以在自己的机器上单独完成。你可以在命令提示符（Windows）或 shell（UNIX/Linux）的方式下直接执行一些网络实用程序。许多读者已经非常熟悉 Windows 了，因此，在这里我们将从 Windows 命令提示符的角度来执行命令并讨论它们。但是，必须强调这些实用程序在所有的操作系统中都是可用的。本节主要介绍 ipconfig、ping 和 tracert 等实用工具。

2.5.1　ipconfig

　　研究网络的第一步是获取系统的信息。为了完成这个事实调查任务，你需要得到一个命令提示符。在 Windows XP 中，转到开始（Start）菜单，选择所有程序（All Programs）（在 Windows Vista 或 Windows 7 中），然后选择附件（Accessories），接着你将看到一个名为命令提示符（Command Prompt）的选项。在 Windows 10 中，只需要在搜索栏中输入 cmd。对于 Windows 2000 用户来说，这个过程是一样的，只是第一个选项被简单地称为程序（Programs），而不是所有程序（All Programs）。接下来，在命令提示符下输入 ipconfig（你可以在 UNIX 或 Linux 中使用相同的命令，只要在 shell 中输入即可）。输入 ipconfig 并按下 Enter 键后，你应该会看到类似于图 2.1 所示的内容。

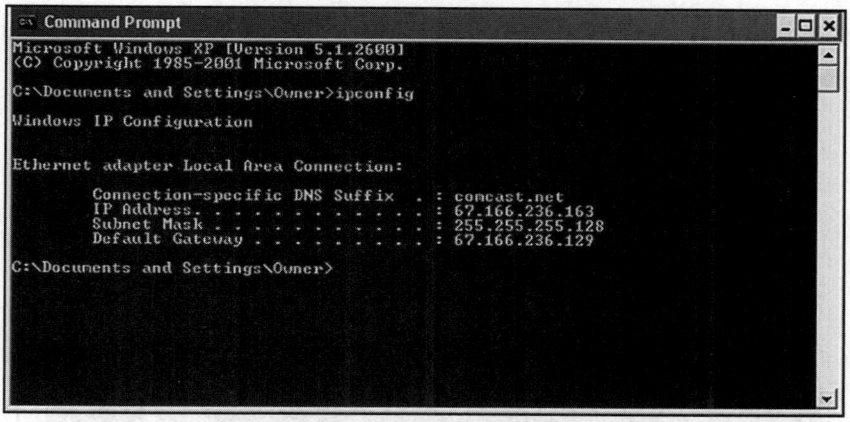

图 2.1　`ipconfig`

　　`ipconfig`命令提供有关网络（或 Internet）连接的一些信息。最重要的是，你可以找到自己计算机的 IP 地址。执行该命令还可获得默认网关的 IP 地址，网关是计算机与外部世界的连接。运行`ipconfig`命令是确定系统网络配置的第一步。本书提到的大多数命令（包括`ipconfig`）都有许多参数或标志，可以将这些参数或标志传递给命令，使计算机以某种方式运行。你可以通过在命令中键入空格，然后键入连接字符和问号（`-?`）来查找这些命令。图 2.2 显示了执行`ipconfig -?`的结果。

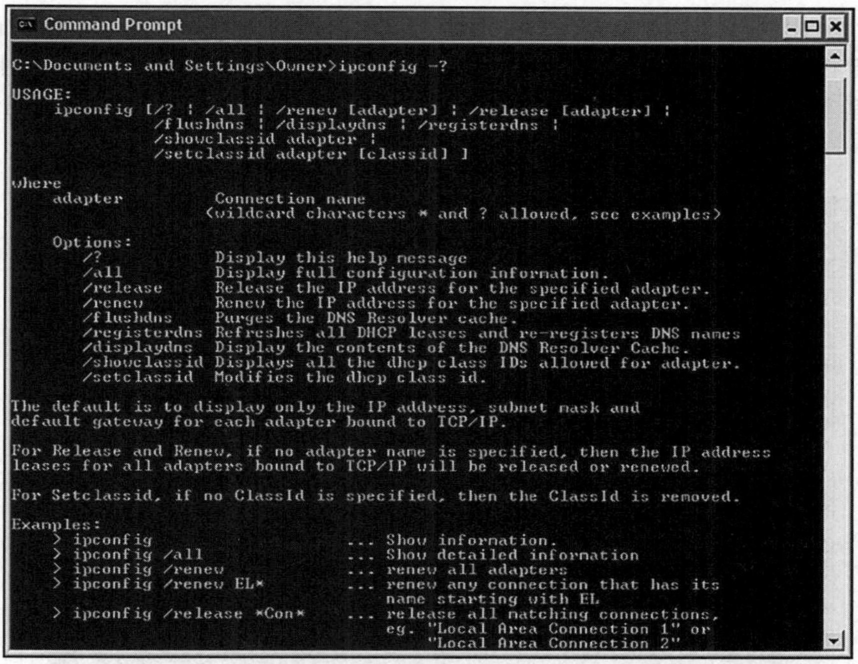

图 2.2　`ipconfig -?`

　　在图 2.2 中可以看到使用很多选项来查找计算机配置的不同细节。最常用的方法就是图 2.3 展示的`ipconfig /all`，它可以提供更多的信息。例如，`ipconfig /all`给出了当前计算机的名称，计算机何时获得其 IP 地址等。

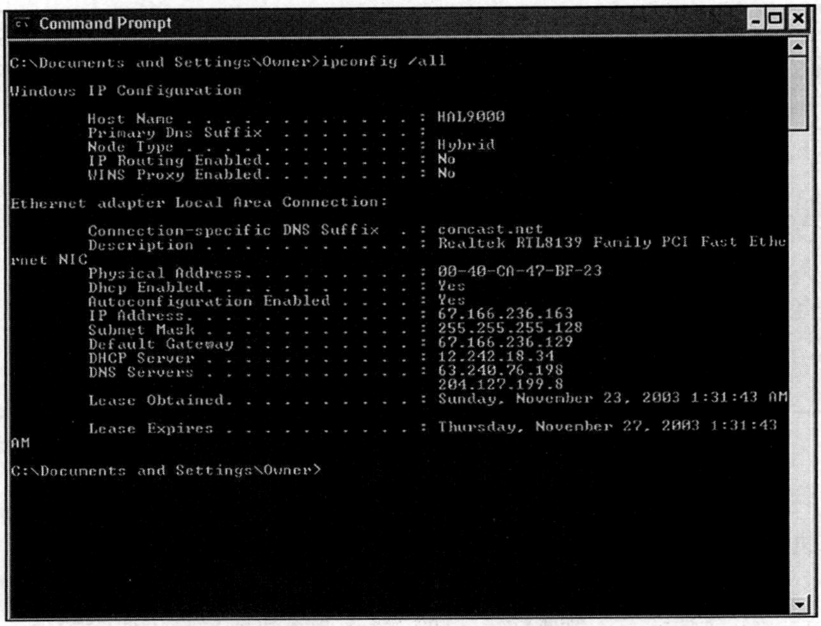

图 2.3   ipconfig /all

2.5.2 ping

另一个常用的命令是 ping。ping 用于向一台机器发送一个测试包（或回显数据包），以确定这台机器是否可以到达，以及这个包到达目标机器需要多长时间。这个实用诊断工具可以用在基本的黑客技术中。在图 2.4 中，你可以看到对网站 www.yahoo.com 执行 ping 命令的结果。

图 2.4   ping

图 2.4 是一个 32 字节的回显数据包被发送到目的地并返回的结果。生存时间（Time to
Live，TTL）项显示了数据包在被丢弃之前需要经过多少中间步骤（即跳转）才能到达目的
地。请记住，Internet 是一个庞大的互联网络集团。数据包可能不会直接到达目的地，它要经
过几次跳转才能到达。与 ipconfig 一样，可以输入 ping -? 找出各种参数来改进 ping
命令。

2.5.3 tracert

tracert（跟踪）命令是 ping 的高级版本。tracert 不仅可以显示数据包是否到达
目的地以及花费了多长时间，而且还可以显示到达目的地所经过的所有中间跳转点。这个实
用程序对接下来的学习非常有用。图 2.5 显示了对 www.yahoo.com 的跟踪情况（在 Linux 或
UNIX 中不使用 tracert，而是执行 traceroute 命令，可以显示同样的结果）。

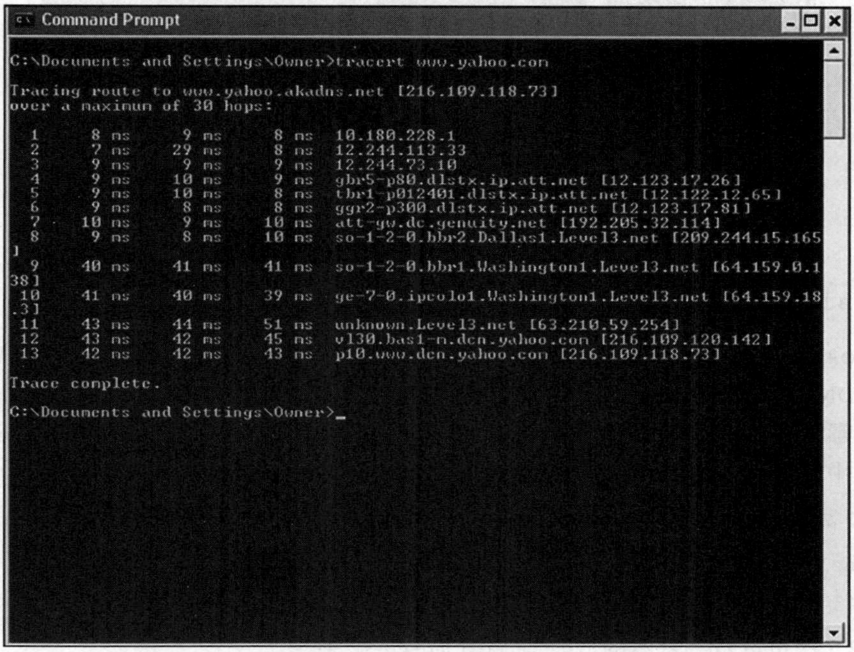

图 2.5　tracert

使用 tracert，你可以看到（以毫秒为单位）列出的每个中间步骤的 IP 地址，以及到
达该步骤所需的时间。了解到达目的地所需的步骤可能非常重要，正如你将在本书后面看到
的那样。

当然，在处理网络通信时，还有其他实用程序可以使用。但是，我们刚刚介绍的三个工
具 ipconfig、ping 和 tracert 是核心实用程序。这三个实用程序对于任何网络管理员
都是重要的，你应该记住它们。

2.5.4 netstat

netstat 是另一个有趣的命令。它是网络状态（network status）的缩写。本质上，这
个命令告诉你：你的计算机当前有什么连接。如果你看到几个连接，不要惊慌，这并不意味

着计算机被黑客入侵。许多私有 IP 地址都是网络内部的通信地址。图 2.6 显示了执行这一命令的细节。

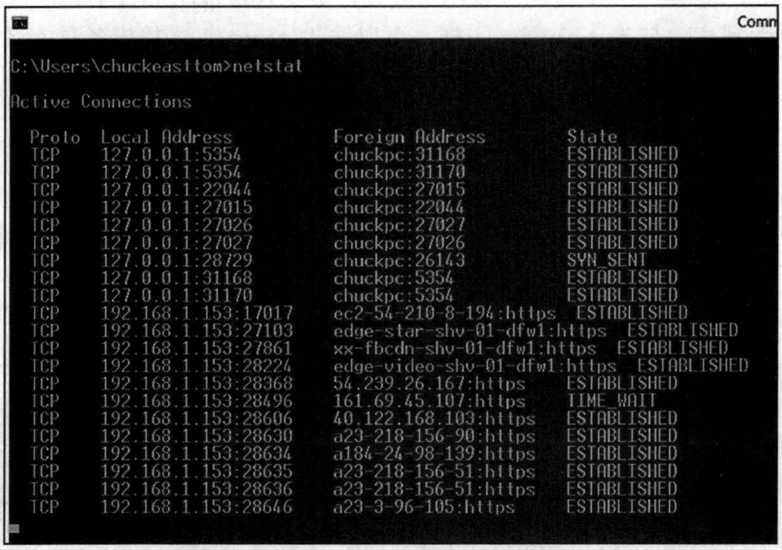

图 2.6　netstat

2.5.5　nslookup

nslookup 是 name server lookup 的缩写，用于连接网络 DNS 服务器。通常可以使用它来验证 DNS 服务器是否正在运行，它还可以用来执行命令。回想一下第 1 章中讨论过的 DNS 投毒，它的第一步是查看目标 DNS 服务器能否完成一次区域传输（zone transfer）（除了在域中验证的另一个 DNS 服务器外，其他任何机器都不应该这样做）。这可以利用 nslookup 进行尝试，如下所示：

```
run: nslookup
type: ls -d domain_name <enter>
```

在图 2.7 中可以看到基本的 nslookup 命令的结果。

图 2.7　nslookup

2.5.6　ARP

地址解析协议（Address Resolution Protocol ，ARP）用于将 IP 地址映射到 MAC 地址。arp 命令显示计算机目前所知道的 IP 到 MAC 地址的映射。图 2.8 演示了 arp -a 命令的使用。

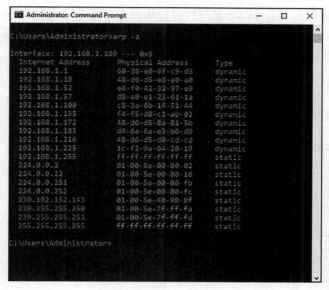

图 2.8　arp -a

与其他命令一样，arp 也有各种各样的参数。如下所示：

- -a　显示当前 ARP 缓存表。
- /g　和 -a 一样。
- /d　从 ARP 缓存表中删除特定的条目。
- /s　向 ARP 缓存表添加一个静态条目。

2.5.7　route

route 命令用于查看 IP 路由表。图 2.9 演示了 route PRINT - 4 命令的示例输出。

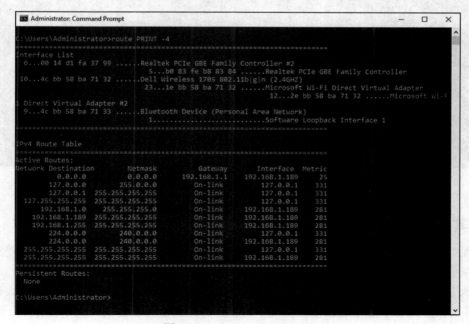

图 2.9　route PRINT -4

与大多数其他命令一样，route 也有可以使用的多个参数。下面总结一些最常见的参数：

- print   打印特定路由，例如 print -4 显示 IPv4 路由表。
- add   添加一个路由。
- delete   删除一个路由。
- change   改变一个路由。
- destination   向特定的计算机发送命令。

2.5.8 pathping

与 tracert/traceroute 和 ping 类似，pathping 提供源和目的地之间跳转点网络延迟的详细信息。pathping 的基本语法是：

```
pathping [-n]
         [-h MaximumHops]
         [-g HostList]
         [-p Period]
         [-q NumQueries]
         [-w Timeout]
         [-T]
         [-R]
         [TargetName]
```

图 2.10 给出了示例。

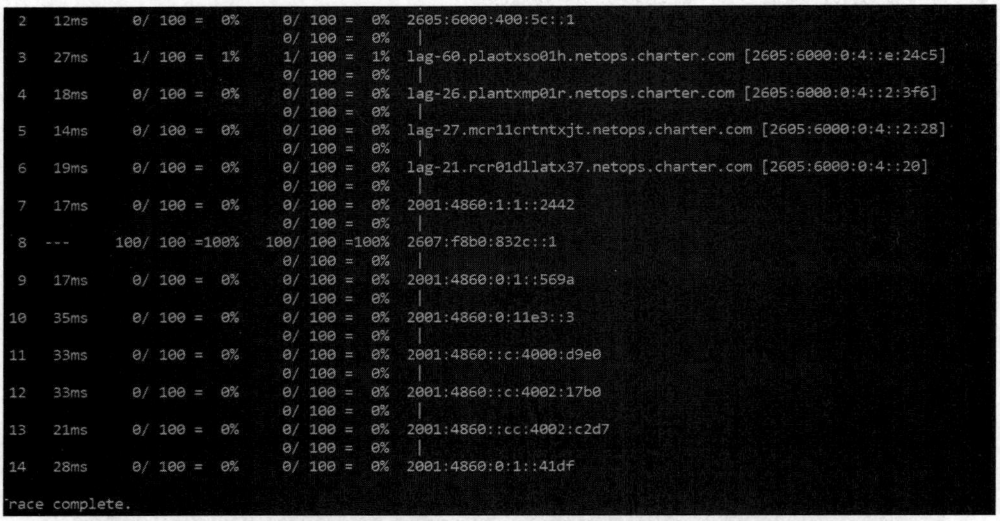

图 2.10 pathping

2.6 其他网络设备

在第 1 章中我们已经简单地提到过一些网络设备，这些设备可以保护计算机不受外部世界的影响。现在再详细地讨论最常见的两种设备：防火墙和代理服务器。

防火墙（firewall）本质上是当前网络和 Internet 其他部分之间的一道屏障。个人计算机（PC）可当作防火墙来使用，在很多情况下，特殊的路由器可以起到防火墙的作用。防火墙使用各种技术来保护网络，但最常见的策略是包过滤。在包过滤防火墙中，每个进入的数据包都要接受检查。只有符合设置条件的数据包才被允许通过（通常，只允许使用某些类型协议的数据包通过）。许多操作系统，如 Windows（自 XP 以来的所有版本）和许多 Linux 发行版，都包含基本的包过滤软件。

第二种常见的防御设备是代理服务器（proxy server）。代理服务器几乎总是一台独立的计算机，你可能还会发现这台计算机同时用作代理服务器和防火墙。代理服务器的目的很简单：它向外部世界隐藏整个内部网络。如果有人试图从外部调查内网上的某人，将只能看到代理服务器，他们不会看到内网上的实际机器。当数据包离开网络时，它们的包头将被更改，以便这些包具有代理服务器的返回地址。反过来说，从内部网络访问外部世界的唯一方法是通过代理服务器。代理服务器和防火墙提供了最基本的网络安全屏障。坦率地说，如果网络没有设置防火墙和代理服务器，那么这种粗心的行为是极不负责任的。我们将在第 9 章中更详细地讨论防火墙。

2.7　高级的网络通信主题

本节讨论的主题并不是你学习这本书所绝对需要的，但是它们会让你对网络有更广泛地理解。如果你打算在专业层面上深入地研究网络安全，那么你需要这些信息（甚至更多）。

2.7.1　OSI 参考模型

开放系统互连（Open System Interconnection，OSI）模型，简称为 OSI 参考模型，它描述了网络如何通信。OSI 参考模型概述了各种协议和活动，并说明了这些协议和活动是如何相互关联的。该模型分为 7 层，如表 2.6 所示，最初是由国际标准化组织（ISO）在 20 世纪 80 年代开发的。

表 2.6　OSI 参考模型

层号	层名	描述	协议
7	应用层	这一层直接与应用程序通信，并为应用程序进程提供公共服务	POP、SMTP、DNS、FTP 等
6	表示层	这一层减轻了应用层对终端用户系统中数据表示的语法差异的关注	
5	会话层	这一层提供了管理终端用户应用程序进程之间对话的机制	NetBIOS
4	传输层	这一层提供端到端的通信控制	TCP、UDP
3	网络层	这一层在网络中按照特定路线发送信息	IP、Internet 控制报文协议（ICMP）
2	数据链路层	这一层描述了在特定介质上传输的数据位的逻辑组织。数据链路层分为两个子层：媒体访问控制（MAC）层和逻辑链路控制（LLC）层	地址解析协议（ARP）、串行线路网际协议（Serial Line Internet Protocol，SLIP）、点对点协议（Point-to-Point Protocol，PPP）
1	物理层	这一层描述了各种通信介质的物理特性以及所交换信号的电气特性和解释。换句话说，物理层是实际的网卡和以太网电缆等。这一层是将比特转换成电压的地方，反之亦然	无

许多网络专业的学生非常熟悉 OSI 参考模型。你最好至少记住这七层的名字，并基本

了解每一层的功能。从安全的角度来看，你对网络通信了解得越多，你的防御措施就越复杂。你需要了解的是，OSI 参考模型描述了通信的层次结构，这是最重要的。模型的每一层将只与它临近的上一层或下一层直接通信。

2.7.2　TCP/IP 模型

虽然 OSI 参考模型较为常用，但 TCP/IP 模型也在被使用，尤其是思科（Cisco）公司。如果你想获得思科认证，则需要了解 TCP/IP 模型。该模型执行与 OSI 参考模型相同的活动，但被压缩成了更少的层，只有四层。表 2.7 给出了 TCP/IP 模型。

表 2.7　TCP/IP 模型

层名	目的
应用层	该层结合了 OSI 参考模型中应用层和表示层的职责
传输层	该层近似相当于 OSI 参考模型中的传输层和会话层，主要负责消息的传递和错误检测
网际互联层	该层大致相当于 OSI 参考模型中的网络层，负责从源到目的地的流量传输
网络接入层	该层大致相当于 OSI 参考模型中的物理层和数据链路层，负责传输实际信号

2.7.3　媒体访问控制地址

媒体访问控制地址（又称 MAC 地址）是网卡 NIC 的唯一地址（MAC 也是 OSI 参考模型中数据链路层的子层）。世界上的每块网卡都有一个唯一的地址，这个地址由一个 6 个字节的十六进制数字表示，使用 ARP 可以将 IP 地址转换为 MAC 地址。当你输入网址时，域名服务器将其转换成对应的 IP 地址，然后 ARP 再将这个 IP 地址转换成个人网卡对应的 MAC 地址。

与 48 位 MAC 地址类似的是 EUI-64，这是一个用于标识物理网卡的 64 位地址。EUI 代表增强唯一标识符（Enhanced Unique Identifier），在 RFC 2373 中进行了标准化。EUI-64 用于 IPv6 寻址。

2.8　云计算

美国国家标准与技术研究院（NIST）将云计算定义为"一种能够便捷地按需访问可配置计算资源（如网络、服务器、存储、应用程序和服务等）共享池的模型，它使这些资源可以通过最低的管理开销或与服务提供商进行很少的交互，快速配置和发布"⊖。

云主要有三种类型：

- 公有云（public cloud）：NIST 将公有云定义为向公众或大型行业组织提供其基础架构或服务的云。
- 私有云（private cloud）：私有云是某个组织专有的云，它不向外部提供服务。混合云结合了公有云和私有云的要素，其本质上是私有云，但具有一些有限的公共访问权限。
- 社区云（community cloud）：社区云介于公有云和私有云之间，是多个组织共享同一个云以满足特定社区需求的系统。例如，几家计算机公司可能会共同创建一个专门用于常见安全问题的云。

⊖　https://www.govinfo.gov/app/details/GOVPUB-C13-74cdc274b1109a7e1ead7185dfec2ada.

出于各种目的，客户有时会使用多个云供应商。通过多云（multicloud），客户可以异构使用多个不同的云供应商，云资产（应用程序、虚拟服务器等）被托管在多个不同的公有云上，从而减少对单个供应商的依赖。多云的架构中也可能包含私有云，polycloud 就是这样一种类似的情况。但在这种情况下，不同的公有云并非为了弹性和冗余，而是为每个提供商提供特定服务。

云计算正迅速变得无处不在，云提供商可以将云资源用于各种用途。下面列出了一些常见用途：

- 软件即服务（Soft as a Service, SaaS）。
- 平台即服务（Platform as a Service, PaaS）。
- 基础设施即服务（Infrastructure as a Service, IaaS）。
- 桌面即服务（Desktop as a Service, DaaS）。
- 信息技术管理即服务（Information Technology Management as a Service, ITMaaS）。
- 移动后端即服务（Mobile backend as a Service, MbaaS）。
- 安全即服务（Security as a Service, SECaaS/SaaS）。

云计算的应用越来越广泛，最近出现了雾计算。雾计算（fog computing），有时也被称为雾化（fogging）或雾联网（fog networking），是一种使用边缘设备进行处理的架构。雾计算有两个方面：控制面和数据面。雾计算通常被用于物联网。

2018 年 3 月，NIST 发布了 NIST 特别出版物 500-325，即《雾计算概念模型》，它将雾计算定义为位于**智能终端设备与传统云计算或数据中心之间的水平、物理或虚拟资源范式**。

许多安全标准可以提供指导以保护云资源。ISO 27017 是其中最常见的安全标准，它为云的安全提供技术保障。ISO 27017 在 ISO 27002 的基础上延伸应用到云，并增加了 7 个新的控制措施。

- CLD.6.3.1：该控制措施讨论了云提供商和客户之间共享或划分安全责任的协议。
- CLD.8.1.5：该控制措施解决了合同终止时如何从云中退回或删除资产的问题。
- CLD.9.5.1：该控制措施规定，云提供商必须将客户的虚拟环境与其他客户或外部方的环境分开。
- CLD.9.5.2：该控制措施规定，云提供商和客户都必须确保虚拟机得到了加固。
- CLD.12.1.5：该控制措施规定，定义和管理虚拟环境的管理操作完全由客户负责。
- CLD.12.4.5：该控制措施规定，云提供商必须有能力使客户能够监视自己的云环境。
- CLD.13.1.4：该控制措施规定，必须配置虚拟网络环境，使其满足物理环境的安全策略。

ISO 27018 与 ISO 27017 密切相关，它定义了云环境中的隐私要求，侧重于云提供商和客户必须如何保护个人身份信息（PII）。

美国联邦风险和授权管理计划（Federal Risk and Authorization Management Program, FedRAMP）是一项政府层面的计划，该计划为云产品和服务的安全评估、授权和持续监控提供了标准化方法。第三方评估机构（3PAOs）在 FedRAMP 安全评估的过程中发挥着重要作用，因为它们是独立的评估机构，负责验证云提供商的安全措施，并为安全授权决策提供云环境的整体风险评估。

另一个需要关注的标准是 NIST SP 800-144，"Guidelines on Security and Privacy in Public Cloud Computing"。该标准涵盖了身份认证，服务级别协议（Service Level Agreement, SLA）

和云计算的其他安全措施。

甚至连美国国家安全局也提供了有关云安全的实践指导⊖：

- 虽然加密和密钥管理（Key Management，KM）并非云架构的基础组件，但它们构成了保护云中信息的关键部分。
- 虽然云服务提供商（Cloud Service Provider，CSP）通常负责检测对底层云平台的威胁，但客户也有检测自己云资源的威胁的责任。
- 通过事件响应，CSP 在应对云基础架构内部的事件时具有独特的优势，并为此承担相应的责任。客户云环境内部的事件通常由客户负责，但 CSP 需要为事件响应团队提供支持。
- 通过修补 / 更新，CSP 有责任确保其云产品是安全的，并在其职权范围内迅速修补软件，但通常不会修补客户管理的软件（例如，IaaS 产品中的操作系统）。因此，客户应谨慎的通过补丁来缓解云中的软件漏洞。在某些情况下，CSP 提供托管方案，其中也包括操作系统修补。

2.9 本章小结

在学习完本章后，你应该对网络和 Internet 的工作原理有了基本了解。在继续后面的章节之前，你应该确保你完全理解了基本的硬件知识，比如交换机、NIC、路由器和集线器。你还应该熟悉本章中介绍的基本协议，熟悉所提供的实用程序也很重要，强烈建议你更多地练习这些实用程序。熟悉 OSI 参考模型的基础知识同样很重要，许多学生在刚开始学习的时候都感觉很苦恼，但在继续学习第 3 章之前，至少要确保大致了解它。

本章的内容对学习以后的章节将起到关键的作用。如果你对这些内容不熟悉，那么在继续后续的学习前应该彻底地学习本章。在本章最后的练习中，你要学会使用 ipconfig、tracert 和 ping 命令。

2.10 技能测试

选择题

1. 马利克正在购买用于建立小型办公网络的电缆。他想囤积常用的电缆。大多数网络使用哪种类型的电缆？
   A. 网线（net cable）　　　　　　　　B. 屏蔽双绞线（STP）
   C. 电话线（phone cable）　　　　　　D. 非屏蔽双绞线（UTP）
2. 分配给你的任务是将连接器连接到一段电缆上。电缆使用何种类型的连接器？
   A. RJ-11　　　　　B. RJ-85　　　　　C. RJ-12　　　　　D. RJ-45
3. 大多数网络使用哪种类型的电缆？
   A. 非屏蔽双绞线　　B. 屏蔽双绞线　　C. 非屏蔽的非双绞线　D. 屏蔽的非双绞线
4. 约翰正试图把三台计算机简单地连接到一个小型网络中。他不需要任何路由功能，也不关心网络流量。连接计算机最简单的设备是什么？
   A. NIC　　　　　　B. interface　　　　C. hub　　　　　　D. router

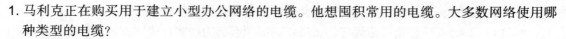

⊖　https://media.defense.gov/2020/Jan/22/2002237484/-1/-1/0/CSI-MITIGATING-CLOUD-VULNERABILITIES_20200121.
PDF.

5. 莎莉斯正在教一名新的技术人员基本的网络术语。她应该告诉这位新的技术人员 NIC 代表什么?

 A. 网卡   B. 网络交互卡   C. 网络接口连接器   D. 网络交互连接器

6. 下列哪个装置是用来连接两个或多个网络的?

 A. 交换机   B. 路由器   C. 集线器   D. 网卡

7. 胡安刚刚在一家诊所安装了一条新的 T1 线路,前台接待员问了他们预计的速度是多少。T1 线路以什么速度发送数据?

 A. 100Mbit/s   B. 1.54Mbit/s   C. 155Mbit/s   D. 56.6Kbit/s

8. 以下哪项是"polycloud"的最佳描述?

 A. 使用私有云和公有云   B. 使用云和本地资源

 C. 使用多个云提供商实现弹性和冗余   D. 使用多个云提供商提供服务

9. 哪个协议把网络地址转换成 IP 地址?

 A. DNS   B. TFTP   C. DHCP   D. SMTP

10. 使用什么协议发送电子邮件,它在哪个端口工作?

 A. SMTP、端口 110   B. POP3、端口 25   C. SMTP、端口 25   D. POP3、端口 110

11. 冈瑟正在设置加密的远程通信,以便服务器管理员能够远程访问服务器。使用什么协议能以安全的方式远程登录计算机?

 A. SSH   B. HTTP   C. Telnet   D. SMTP

12. 穆罕默德需要打开防火墙端口,这样 Web 流量才能通过防火墙。Web 页面使用什么协议,它在哪个端口上工作?

 A. HTTP、端口 21   B. HTTP、端口 80

 C. DHCP、端口 80   D. DHCP、端口 21

13. Internet 骨干网的连接点叫什么?

 A. 连接器   B. 路由器   C. 网络接入点   D. 交换机

14. 你正在检查 IP 地址列表。有些 IP 地址是内部的,有些 IP 地址是外部的,有些 IP 地址是无效的。下列哪个不是有效的 IP 地址?

 A. 127.0.0.1   B. 295.253.254.01   C. 131.156.5.2   D. 245.200.11.1

15. IP 地址 193.44.34.12 属于哪一类网络?

 A. A   B. B   C. C   D. D

16. IP 地址 127.0.0.1 总是指向什么?

 A. 最近的路由器   B. Internet 服务提供商

 C. 本机   D. 最近的网络访问接入点

17. www.chuckeasttom.com 形式的网址称为什么?

 A. 方便使用的网址   B. 统一资源定位符

 C. 用户可访问的 Web 地址   D. 统一地址标识符

18. 哪个美国政府机构创建了构成 Internet 基础的分布式网络?

 A. 高级研究计划局   B. 中央情报局

 C. NASA   D. 能源部

19. 下列哪一所大学是参与政府机构设立的原始分布式网络的三所大学之一?

 A. 加州大学伯克利分校   B. 哈佛

 C. 麻省理工学院   D. 普林斯顿大学

20. 你正在向一群一年级学生解释网络的历史。文斯·瑟夫发明了什么？

    A. 万维网   B. 电子邮件

    C. TCP   D. 第一个计算机病毒

21. 你正在向一群一年级学生解释网络的历史。蒂姆·伯纳斯 – 李发明了什么？

    A. 万维网   B. 电子邮件   C. TCP   D. 第一个计算机病毒

22. 约翰正在使用命令行实用程序收集关于无法连接到网络计算机的诊断信息。哪个实用程序提供关于计算机网络配置的信息？

    A. ping   B. ipconfig   C. tracert   D. MyConfig

23. 雪莉正在向她公司新的技术人员解释 OSI 参考模型。她试图解释在 OSI 参考模型的不同层次上操作的协议。TCP 在 OSI 参考模型的哪一层工作？

    A. 运输层   B. 应用层   C. 网络层   D. 数据链路层

24. OSI 参考模型的哪一层被分成两个子层？

    A. 数据链路层   B. 网络层   C. 表示层   D. 会话层

25. 以下哪一项是标识网卡的唯一一十六进制数字？

    A. 网卡地址   B. MAC 地址   C. 网卡 ID   D. MAC ID

练习

练习 2.1：使用 `ipconfig`

1. 打开命令提示符或（在 Windows 10 的搜索栏中输入 cmd）。

2. 输入 ipconfig。

3. 使用 ipconfig 命令的输出来查找关于当前计算机的信息。

4. 写下当前计算机的 IP 地址、默认网关和子网掩码。

练习 2.2：使用 `tracert`

1. 打开命令提示符或 DOS 提示符。

2. 输入 tracert www.chuckeasttom.com。

3. 请注意计算机访问 www.chuckeasttom.com 所经历的跳跃步骤。

4. 使用 www.whitehouse.gov 和 http://home.pearsonhighered.com/ 重复步骤 2 和步骤 3。

5. 注意，前几跳是相同的。写下到达每个目的地所需要的跳跃步骤和相同的跳跃步骤。然后简要描述一下为什么你认为一些中间步骤对于不同的目的地是相同的。

练习 2.3：`nslookup`

1. 打开命令提示符或 DOS 提示符。

2. 输入 nslookup www.chuckeasttom.com。

3. 请注意，根据托管公司的命名约定，此命令将为你提供服务器的准确名称、IP 地址，以及该服务器在其下运行的别名。

练习 2.4：关于 `ipconfig` 的更多细节

1. 打开命令提示符或 DOS 提示符。

2. 使用带有 -? 标志的 ipconfig 命令，以了解 ipconfig 有哪些其他选项。你应该注意一些选项，包括 /all、/renew 等。

3. 现在尝试 ipconfig /all。在练习 2.1 中已简单地使用过 ipconfig，现在你看到了哪些之前没有看到的东西？

练习 2.5：关于 **ping** 的更多细节

1. 打开命令提示符或 DOS 提示符。

2. 使用带有 -? 标志的 ping 命令，找出 ping 还有哪些其他选项。你应该注意到这几个附加选项，比如 -w、-t、-n 和 -i。

3. 试着输入 ping www.chuckeasttom.com。

4. 试着输入 ping -n 2 www.chuckeasttom.com 和 ping -n 7 www.chuckeasttom.com。它们有哪些不同？

项目

项目 2.1：了解 DNS

1. 使用 Web 资源，查找 DNS 协议。你可能需要网站 www.freesoft.org/CIE/Topics/75.htm 来提供帮助。

2. 查找以下事实：谁发明了 DNS 协议？它的目的是什么？它是如何使用的？

3. 写一篇简短的论文，描述 DNS 协议的功能。说说谁发明了它、什么时候发明的，以及它是如何工作的。

项目 2.2：了解系统

1. 查明你的组织（例如，你的学校或企业）是否使用交换机、集线器或两者都使用。为什么你的组织使用这些设备？你可以通过询问网络管理员或总服务台找到答案。你应该明确告诉他们你正在为一个班级项目收集这些信息。

2. 写一篇简短的论文，解释你的发现以及你可能做出的任何改变。例如，如果你的组织只使用集线器，那么你会更改该方案吗？如果更改，为什么？

项目 2.3：了解 **netstat**

1. 在命令提示符下，输入 netstat。注意执行它后显示的信息，你应该看到当前连接到你的计算机的 IP 地址或服务器名称。如果使用的是家用计算机，那么需要登录 Internet 服务提供商才能看到这些内容。

> **注意**
>
> 停止 NetStat：请注意，对于许多版本的 Windows，下一步你需要使用 Ctrl+Break 组合键来停止 netstat 的运行，然后再使用一个新选项重新启动它。

2. 现在输入 netstat -? 查看此命令有哪些可用选项。你应该看到 -a、-e 和其他选项。

3. 现在输入 netstat -a 并注意你所看到的信息。

4. 最后，尝试 netstat -e。现在你看到了什么？

网络欺诈、身份盗用和跟踪及防范措施

本章学习目标

学习本章并完成章末的技能测试题之后，你应该能够

- 了解各种类型的网络投资骗局和拍卖欺诈。
- 了解避免网络欺诈的具体步骤。
- 了解什么是身份盗用及其实施方式。
- 知道可以采取的具体措施以避免身份盗用。
- 了解什么是网络跟踪并熟悉相关法律。
- 知道如何配置 Web 浏览器的隐私设置。
- 知道哪些法律适用于这些计算机犯罪。

3.1 引言

网络欺诈问题日益严重，每年发生的网络欺诈似乎都多于前一年。除了第 1 章中提到过的黑客和病毒外，Internet 上还存在着其他的危险。欺诈是最常见的网络威胁之一，越来越多的人开始利用网络作为商业经营的渠道，发生欺诈的频率也就随之增加。伴随着文明的诞生，欺诈就一直存在于人类生活中。现在，网络使欺诈变得更加容易。实际上，许多专家认为欺诈是网络上最普遍存在的危险。网络欺诈在行骗者中流行的原因有很多，首先，进行网络欺诈并不像黑客和病毒那样需要专业技术。其次，有很多人从事各种形式的在线商业活动，这些海量的业务为欺诈创造了很多机会。

网络上有许多进行欺诈的途径。在本章中，我们将探讨欺诈的主要类型、法律规定以及保护自己的措施。幸运的是，对一些读者来说，本章不是特别具有技术性，因为大多数网络欺诈并不依赖于高深的技术。网络欺诈只不过是利用计算机来实施历史上出现过的许多相似的欺诈方案。

网络跟踪也是一个重要的问题。跟踪的范围从在线骚扰到面对面骚扰，再到包括谋杀在内的暴力罪行，它已经是一种严重的犯罪，我们需要认真对待。

3.2 网络欺诈如何进行

在网络上可以通过多种方式进行欺诈。美国证券交易委员会（SEC）在其网站上列出了几种类型的网络欺诈⊖。我们将简要地讨论它们和一些其他类型的欺诈，但是我们不可能涵盖网络上使用的每种欺诈方案的所有变体，这样一项工作可能会写成一本书，甚至几本书。我们能做的是尽量覆盖最常见的骗局，并尝试推断出一些可以应用于任何潜在欺诈的一般原则。如果你可以从这些特定的案例中总结出经验，那么你就能够做好准备，规避大多数网络欺诈。

通常，当新闻报道一些灾难时，一些慈善组织会筹集资金来缓解灾难幸存者的困境。同时，犯罪分子也会利用灾难实施欺诈。例如，在 COVID-19 疫情高峰期，出现了多起与

⊖ https://www.sec.gov/reportspubs/investor-publications/investorpubscyberfraudhtm.html.

COVID-19 相关的欺诈案件。许多政府组织致力于打击这种欺诈行为。在一起典型案件中，佛罗里达州的亚历山大·莱什琴斯基（Alexander Leszczynski）被指控使用虚拟的慈善实体从事欺诈活动，例如申请薪水保护计划（Paycheck Protection Program, PPP）贷款[一]。另一个与疫情相关的欺诈案例是，北卡罗来纳州报告称，在疫情期间，身份盗用（identity theft）案件增加了 168%[二]。

3.2.1　投资报价

投资报价（investment offer）并不是什么新鲜事，甚至一些合法的股票经纪人也是通过电话推销来谋生的——仅仅是给人们打电话（电话号码也许来自电话簿），并设法让他们投资于某只股票。一些合法的公司采用这种做法，但它也是行骗者最喜欢的欺诈手段。网络使得真实和虚假的投资信息都更容易传播给公众。大多数读者可能都熟悉定期发送到收件箱的投资报价，其中一些电子邮件通知试图诱使你直接参与特定的投资计划，还有一些电子邮件免费为投资者提供一些看似公正的信息（不幸的是，许多建议并没有看起来那么公正）。尽管合法的在线新闻可以帮助投资者收集有价值的信息，但请记住，有些在线新闻是不公正的，它们是具有欺诈性的。

1. 常用方案

比较常见的欺诈方案是发送一封电子邮件，并在邮件中声称用最少的投资就能赚到一笔可观的收入。其中最著名的也许就是尼日利亚欺诈（Nigerian fraud）。在这起案件中，电子邮件被发送到许多随机的电子邮件地址，每一封邮件中都包含一条消息，声称该消息来自某个已故尼日利亚医生或政府官员的亲戚。逝者可能是与你有关的、具有重要社会地位的人，以增加你更愿意查看其提议的可能性。提议的内容是一个人想把一笔钱从他的国家转移出去，并且为了安全，他不能使用常规的方式。他希望借用你的银行账户暂时"存放"这些资金，如果你允许他借用你的账户你就会得到高额的报酬。如果你同意这种安排，通过正常的邮件，你会收到各种看起来非常正式的文件，这些文件足以说服大多数粗心的用户相信这种安排是合法的。然后，他会要求你垫付一些钱，以支付税款等项目。如果你同意垫付，那么将失去你实际汇出的所有钱，而且再也收不到这些人的任何消息[三]。

现在，我们从逻辑的角度来考虑这种投资骗局，以及它的变化形式。如果你有大量的资金需要转账，你会把它汇给从未见过的国外的某人吗？你是否会担心收款人将钱从账户取出并搭乘下一班飞机逃往里约？如果一个人需要国际汇款，为什么不直接汇款到巴哈马的一个账户？或者兑现账户并通过联邦快递（FedEx）或 UPS 将其发送到美国的存储账户？关键是，一个人可以有很多方法把钱带出一个国家，完全不必相信陌生人。仅凭这一事实就表明这个提议根本不合法。这是你应该从欺诈中获得的第一条基本原则。在任何提议中，应当从对方的视角去考虑，即换位思考。是否听起来好像他正冒着巨大的风险？这笔交易看起来对你有利吗？把自己放在他的位置去思考，如果你处于他的位置，你会参与这笔交易吗？如果答案是否定的，则表明这笔交易可能并不像它看起来那样对你有利。

㊀ https://www.justice.gov/usao-mdfl/pr/us-attorney-announces-results-multi-faceted-strategy-combat-fraud-related-covid-19-0.

㊁ https://abc11.com/identity-theft-id-report-pandemic/12044238/.

㊂ https://www.aarp.org/money/scams-fraud/info-2019/nigerian.html.

2. 投资建议

像我们刚刚讨论的尼日利亚欺诈案这样明目张胆的欺诈方案并不是网络上唯一的投资陷阱。一些公司付钱给编写在线时事通信的人，让这些人推荐他们公司的股票。虽然这种行为实际上并不违法，但是美国联邦证券法确实要求时事通信必须披露推荐股票的作者是有偿提供这一服务的。之所以制定这样的法律，是因为当作者推荐任何产品时，他们的观点可能会受到为他们提供补偿金这一事实的影响。许多在线投资通信没有提供这种信息披露，这说明你看到的时事通信上推荐的股票看似"公正"实则可能偏向于股票公司。公众可能没有得到专家的公正建议，而是得到了付费广告。这个陷阱是在线投资建议最常见的陷阱之一，这比明目张胆的欺诈更常见。

有时，这些在线股票公告还经常"哄抬股价"（pump and dump），这是发生更多的欺诈方式。经典的哄抬股价非常简单：骗子先购买大量几乎一文不值的股票，然后，以某些方式人为将价格哄抬上去。一种常见的方法是首先在各种网络公告栏和聊天室内传播谣言，说股票即将大幅上涨，骗子通常会说公司在未来几周内将有一些创新产品问世；另一种方法是把股票推荐给尽可能多的人，争夺股票的人越多，其价格就会上涨得越高。如果将两种方法结合起来，他们有可能使本来毫无价值的股票价格暂时增加一倍或两倍。行骗者在执行此计划之前以极低的价格购买了一定数量的股票，并在其价格升至最高水平时将它抛售，在很短的时间内，至少在公司发布下一季度收益报告之前，该股票将恢复其实际价值。在过去的几十年中，这种欺诈手段非常流行。因此，你应该始终对此类"内部"信息保持警惕，如果某人知道 X 公司即将发布创新产品，并且这将抬高它的股票价值，那么她为什么要与陌生人共享这些内部信息？

美国证券交易委员会（SEC）列出了一些避免哄抬股价欺诈的技巧⊖：

- 考虑信息来源。特别是如果你不熟悉市场，请确保仅接受知名股票分析师的建议。
- 独立验证索赔。不要简单地听信别人的话。
- 调查研究。仔细研究这家公司，有关公司的债权、股票历史信息等。
- 提防高压战术。合法的股票交易员不会向客户施加压力，要求购买某只股票，他们应该做的就是帮助客户挑选客户想要的股票。如果你感觉被施加了压力，则表明可能存在问题。
- 持怀疑态度。适度的怀疑可以为你省下一大笔钱。俗话说："如果某件事听起来好得难以置信，那或许不是真的。"
- 研究机会。确保你对任何投资机会都进行了充分研究。

事实上，这些欺诈行为的实施还是因为受害者的贪婪。在这里我不是要责备遭到欺诈的受害者，而是要让人们意识到：如果让贪婪代替思考，那么你很可能就会成为受害者。你的养老金或个人退休账户（IRA）可能不会在一夜之间为你赚取巨额财富，但它是稳定且相对安全的（没有任何投资是绝对安全的）。如果你正在寻找用最少的时间和精力来赚钱的方法，那么你就是欺诈者的理想目标。

实践

实际上，处理在线投资的推荐方法是只有在你与信誉良好的经纪人进行讨论时才可以参与其中，这意味着你永远不要回应或参与通过电子邮件、在线广告等发送给你的任

⊖　www.sec.gov/investor/pubs/pump.htm.

何投资建议，你只会参与你与知名经纪人发起的投资。通常，这类经纪人都是来自传统的投资公司，有着长期的良好声誉，现在只是在线提供服务。还有一点也很重要，那就是通过美国证券交易委员会调查一下经纪人。

3.2.2　拍卖欺诈

在线拍卖网站（例如 eBay）可能是一种以非常优惠的价格找到商品的绝妙方法，我通常使用这种拍卖方式来购买商品。但是，任何拍卖网站都可能充满危险，你真的会收到自己订购的商品吗？商品是否会与"广告所示"一致？大多数在线拍卖都是合法的，并且大多数拍卖网站都采取了预防措施，限制与用户交易有关的欺诈行为，但是问题仍然存在。实际上，美国联邦贸易委员会（FTC）列出了以下 4 类在线拍卖欺诈[⊖]：

- 未能派送商品。
- 派送商品的价值低于广告宣传。
- 未能及时交付。
- 未能披露产品或销售条款的所有相关信息。

第 1 种类型的欺诈是未能发货，这是最明显的欺诈行为，而且相当简单。就算你付了钱，也不会有东西送过来，卖方只是收下了你的钱。在有组织的欺诈活动中，销售者会同时为多件商品做广告，然后在拍卖中收取货款，随即携款潜逃。通常，整个过程是通过假造身份、使用租用的邮箱和提供匿名电子邮件服务来完成的。然后这个人带着欺诈的收益消失了。

第 2 种类型的欺诈是提供比广告价值更低的商品，这可能成为一个灰色地带。在某些情况下，这是彻头彻尾的欺诈。卖家所做的广告并不是真的，例如，卖家可能会给一本书打广告，声称是一名著名作家的第 1 版签名书，但随后你收到的是第 4 版，并且上面没有签名或不是该著名作家签名。如果你对收到的商品有异议，卖方很可能会非常热心并坦白地承认是他弄错了。卖家还可能会声称他的棒球是由一位著名运动员签名的，但他自己却不知道该签名是假的。

第 2 种类型的欺诈与美国联邦贸易委员会清单上的第 4 类密切相关：未能披露有关产品的所有相关信息。例如，某一本书可能真的是第 1 版并带有签名，但由于印刷质量很差，因此变得毫无价值。这个事实可能被卖方预先提及，也可能不被提及。未能及时提供某一特定商品的所有相关信息，可能是彻头彻尾的欺诈，也可能只是卖方的无知。美国联邦贸易委员会还将未能按时交付产品列为欺诈行为。目前还不清楚，在许多情况下，这是欺诈行为，还是仅仅是严重的客户服务不到位。

美国联邦贸易委员会列出了其他 3 个在网络上越来越流行的投标欺诈领域[⊖]：

- **自抬竞价**（shill bidding）：当欺诈卖家通过自己（或其"托儿"）竞拍来提高物品的竞拍价格时，就会发生这种情况。
- **出价屏蔽**（bid shielding）：当伪造的买家提出很高的报价以阻止其他竞买者竞争同一物品时，就会发生这种情况。然后，这个伪造的买家撤回报价，以便他们认识的人

⊖　https://www.onguardonline.gov/articles/0020-shopping-online.

⊜　https://www.onguardonline.gov/articles/0020-shopping-online.

以较低的价格买到该物品。

- **出价虹吸**（bid siphoning）：骗子通过较低的价格出售"同一件"物品，将竞买者从合法的拍卖网站上引诱走。他们的目的是欺骗消费者付钱，而自己却不提供商品。由于离开了合法网站，购买者失去了原网站可能提供的任何保护，如保险、反馈表或担保。

1.自抬竞价

自抬竞价可能是这 3 种拍卖欺诈中最常见的，它本身并不复杂。如果欺诈者在拍卖网站出售物品，他会伪造几个假身份，并且利用这些假身份来竞拍，从而抬高价格。我们很难判断卖家是否实施了这种行为。然而，关于拍卖的一个简单经验法则是，在你开始出价之前，首先确定你的最高价格是多少。而且，在任何情况下，你都不能超过这个价格，哪怕是一分钱。

2. 出价屏蔽

虽然自抬竞价很难对付，但拍卖网站的拥有者可以很容易地解决出价屏蔽的问题。许多主要的拍卖网站（如 eBay）已经采取了措施以防止出价屏蔽。最明显的做法是取消中标后退出竞标的竞标者的竞标特权。所以，如果一个人出价很高，把其他人挡在了门外，然后在最后一刻撤回报价，那么他可能会失去在拍卖网站上拍卖的权利。

3. 出价虹吸

与其他形式的拍卖欺诈相比，出价虹吸是一种并不常见的做法。在这个骗局中，犯罪者将一个合法的物品放在拍卖网站上竞价。然后，在该物品的广告中提供不属于该拍卖网站的链接。那些粗心大意的买家如果点击了这些链接，可能会发现自己进入了另一个网站，而这个网站只是一个用来实施某种欺诈的"陷阱"。

所有这些策略都有一个共同的目标：颠覆正常的拍卖过程。正常的拍卖过程是资本和民主的完美结合，每个人都有平等的机会获得想要的产品，只要他愿意接受高于其他竞买者的出价。竞买者根据自己认为的产品价值来确定产品的价格。在我看来，拍卖是进行商业交易的绝佳工具。然而，总是有不讲道德的人为了自己的目标而试图破坏这个过程。

3.3　身份盗用

身份盗用是一个日益严重的问题，也是一个非常棘手的问题。尽管身份盗用的过程可能很复杂，而且对受害者造成的后果可能很严重，但它的概念相当简单：只是让一个人获取另一个人的身份。身份盗用通常的目的是买东西，但也有其他原因，比如以受害者的名义获取信用卡，甚至驾照。如果实施者以他人的名义获得信用卡，那么他就可以随意购买商品，而这种欺诈的受害者则会背负上不知情也没有授权的债务。

以受害者的名义获得驾照，这种欺诈行为可能是为了掩盖行为人自己驾驶记录不佳的后果。例如，一个人可能会获取你的驾驶信息，并用她自己的照片伪造一个驾照。这个例子里的犯罪分子也许有着非常糟糕的驾驶记录，甚至可能会被立即逮捕。如果被执法人员拦下，她可以出示伪造的驾照。当警官检查时，它是合法的，没有未完成的罚单。然而，罪犯收到的罚单会记录在你的驾驶记录中，因为驾照上的信息是属于你的。同样，她也不太可能真的支付罚单，所以在某一时刻，如果身份被盗用了，你会收到通知，告知你因未支付罚单而被吊销了驾照。除非你能通过证人证明，你当时不在出示罚单的地点，否则你可能没有办法寻求救助，只能支付罚单以恢复你驾车的权利。

美国司法部是这样定义身份盗用的[一]：

身份盗用（identity theft）和身份欺诈（identity fraud）指的是某人以某种方式非法获取和使用他人的个人信息，这些信息涉及欺诈或欺骗，通常是为了获取经济利益。

网络使得盗用他人身份比以前更加容易。美国的许多州现在都有在线的法庭记录和机动车记录。在一些州，一个人的社会安全号码（social security number）被用作驾照编号。因此，如果一个罪犯得到了一个人的社会安全号码，他就可以查阅这个人的驾驶记录，也许还可以得到这个人的驾照副本，找到关于这个人的任何法庭记录，在一些网站上，甚至可以查询这个人的信用记录。在本书的后面，我们将探讨如何利用网络作为调查工具。与其他任何工具一样，它可以用于善意的目的，也可以用于恶意的目的。你可以将它用作对未来的员工进行背景调查的工具。

2022 年的一起典型案例中，纽约市一名男子，詹姆斯·钱德勒（James Chandler），被指控试图从他人的银行账户中窃取数千美元[二]。此人被指控使用了假驾照，并前往银行试图提取资金。有组织的团体也会实施身份盗用。2022 年，有报道称，一个名为"Felony Lane Gang"的帮派组织从健身房储物柜和停放的汽车中窃取借记卡、支票、驾照或类似物品，然后在银行使用这些物品获取资金[三]。

> **供参考的小知识：身份盗用的另一种方式**
>
> 犯罪者可以在不使用 Internet 的情况下进行身份盗用。在达拉斯的沃斯堡市，有一群罪犯串通了餐馆的服务员。当服务员拿着顾客的信用卡或借记卡结账时，他还会用一个小的手持设备（藏在口袋里）扫描顾客的信用卡信息。然后，他把这些信息交给身份盗用团伙，该团伙可以利用这些信息进行网上购物，也可以利用窃取的信息伪造含有顾客姓名和账户数据的假信用卡。避免这种危险的唯一方法是永远不要使用你的信用卡或借记卡，除非它一直在你眼前，否则不要让别人拿着你的卡离开你的视线。

网络钓鱼

实现身份盗用的比较常见的方式是通过一种叫作网络钓鱼（Phishing）的技术，这是一个试图诱使目标向你提供个人信息的过程。例如，攻击者可能发送一封声称来自银行的电子邮件，并告诉收件人这个银行账户有问题。然后电子邮件指示收件人点击银行网站的链接，在那里他们可以登录并验证自己的账户。然而，这个链接实际指向一个攻击者建立的虚假网站。当目标进入该网站并输入他的账户信息时，他就已经向攻击者提供了自己的用户名和口令。

如今，许多终端用户都意识到了这类欺诈策略，并避免点击电子邮件中的链接。但不幸的是，不是每个人都这么谨慎，这种攻击仍然有效。此外，攻击者还想出了新的钓鱼方式，其中一种称为跨站脚本攻击（cross-site scripting）。如果一个网站允许用户发帖（比如，产品

[一] https://www.justice.gov/criminal-fraud/identity-theft/identity-theft-and-identity-fraud.

[二] https://wnyt.com/top-stories/north-greenbush-police-say-id-theft-suspect-caught-red-handed/.

[三] https://wnyt.com/archive/duo-charged-in-felony-lane-gang-crimes-2/.

评论），而其他用户可以看到这些帖子，那么攻击者就会选择这种方法，但他发的不是评论或其他合法内容，而是发布脚本（JavaScript 或类似的东西）。当其他用户访问该 Web 页面时，他们的浏览器将加载攻击者的脚本，而不是加载评论。攻击者提交的脚本可以完成各种攻击，比较常见的是将用户诱导到一个钓鱼网站。如果攻击者足够狡猾，他设计的钓鱼网站看起来和真实的网站一模一样，那么终端用户在不知不觉中就已经中招了。防止跨站脚本攻击的最佳方法是 Web 开发人员对用户输入的评论内容进行过滤。跨站脚本攻击将在第 6 章中更详细地讨论。

这些年来，钓鱼邮件变得越来越复杂，2018 年网络上开始出现一种特殊的网络钓鱼骗局，它利用受害者已经暴露的口令以及可能遭受的困境。骗局的工作方式是这样的，攻击者先通过某些网站获取已暴露的口令列表，然后通过电子邮件向该列表中的人员发送电子邮件。这封邮件声称，攻击者在受害者的计算机上安装了恶意软件，并通过发送受害者的口令来验证这一说法。首先，攻击者通过使用真实的口令获得可信度。然后，攻击者利用了这样一个事实：如果发送了足够多的电子邮件，至少会有一部分被那些可能信以为真的人收到。该方案表明，攻击者的攻击方法越来越难以防范（更狡猾的网络钓鱼，如鱼叉式网络钓鱼和鲸钓，将在第 7 章中讨论）。

3.4   网络跟踪

跟踪，通常是暴力行为的前奏，在过去几年里受到了大量的关注。美国的许多州已经通过了各种各样的反跟踪法。然而，跟踪已经扩展到了网络空间。网络跟踪（Cyber Stalking）包括利用网络骚扰他人，或者正如美国司法部所说[⊖]：

尽管"网络跟踪"没有一个被普遍接受的定义，但该术语在本报告中指的是使用网络、电子邮件或其他电子通信设备跟踪他人的行为。跟踪通常指某人反复实施的骚扰或威胁行为，如跟踪某人、出现在某人的家中或办公地点、拨打骚扰电话、留下书面信息或物品、破坏某人的财产等。大多数关于跟踪的法律对跟踪的认定要求行为人对受害者确实进行了暴力威胁，有些法律包括了对受害者直系亲属的威胁，还有一些只要求被指控的跟踪者的行为构成一种隐含的威胁。虽然一些涉及骚扰或威胁的行为可能不属于非法跟踪，但这些行为可能是跟踪和暴力的前兆，应该严肃对待。

如果有人利用网络骚扰、威胁或恐吓他人，那么他就是网络跟踪的罪犯。发送威胁邮件是最常见的网络跟踪。关于如何认定"威胁"的准则在不同的司法管辖区有很大的不同。但是，一个很好的经验法则是，如果电子邮件的内容在现实的交流中可能被视为威胁，那么以电子方式发送也很可能也被视为威胁。其他网络跟踪的例子就不那么清晰了，如果你要求某人停止给你发邮件，而她依旧向你发邮件，这是犯罪吗？不幸的是，在这个问题上没有明确的答案。事实上，它可能被视为犯罪，也可能不被视为犯罪，这取决于电子邮件的内容、发送频率、接收者和发送者之前的关系，以及地方的法律等因素。

3.4.1   网络跟踪案例

下面列举了一些来自美国司法部网站的关于网络跟踪的案例。这些事实可能会有助于你了解什么是法律上定义的网络跟踪。虽然这里讨论的许多案例近些年发生的，但也讨论了一

⊖ https://www.justice.gov/ovw/stalking.

些较早的案例，以便你对这个问题有一个完整的理解。

- 第一个案例比较久远，但它是网络跟踪史上的一个重要案例。这是根据加州的网络跟踪法第一起成功起诉的案件。一名 50 岁的前安保人员在网络上发布受害者个人信息（如电话号码、地址）并招募别人去侵犯一名拒绝他的求爱行为的女性，最终洛杉矶地区检察官办公室的检察官成功使其伏法。

- 在加利福尼亚州，现役海军陆战队员乔豪·查瓦里（Johao Chavarri）被指控创建了许多在线账户，以跟踪、骚扰和威胁那些不同意向他发送裸照的女性。查瓦里于 2022 年被捕，最终认罪。

- 2021 年，巴里·戈德堡（Barry Goldberg）承认在网络上跟踪一名十几岁的女孩。他在网上认识了受害者，并假扮成一名将死于癌症的男高中生。最终，他开始骚扰、威胁和胁迫受害者，包括向这名十几岁的女孩施压，要求她向自己发送色情视频。

- 2017 年 10 月，埃里贝托·拉蒂戈（Heriberto Latigo）因网络跟踪罪被判处 5 年监禁。这起案件开始于 2013 年，当时他与一名女子处于恋爱关系。拉蒂戈强迫这名女子给他发送自己的裸照，在网上骚扰她，并勒索她。在这段关系结束后，他继续勒索受害者进行性行为，并发送暴力图片作为威胁。

- 2018 年 9 月，乔尔·库琴斯基（Joel Kurzynski）对针对他的网络跟踪指控认罪。库琴斯基曾是一名 IT 专业人士，从 2017 年开始，他不断在网上发表一些言论，包括对他认识的两个人发出死亡威胁和仇恨言论。他在社交媒体网站上捏造了受害者的虚假资料，并利用这些资料做一些违法的事情。库琴斯基被判 30 个月的监禁和 3 年监外看管。

- 罗伯特·詹姆斯·墨菲（Robert James Murphy）是第一个根据联邦法律因网络跟踪被起诉的人。他被指控违反了《美国法典》第 47 卷第 223 节，这项法律禁止使用电信设备骚扰、虐待、威胁或骚扰他人。墨菲被控向前女友发送色情信息和照片，这种活动持续了好几年。他被起诉并最终承认了两项网络跟踪罪名。

- 2022 年，英格兰的马修·哈迪（Mathew Hardy）因使用社交媒体联系女性，并在网上跟踪她们而被定罪。他向受害者的家人、朋友和同事散布关于受害者的各种谣言，例如声称她们与她们的老板甚至亲戚有染。

显然，利用网络骚扰他人与当面骚扰他人一样都是严重的犯罪行为，它会导致现实世界的犯罪。这个问题甚至延伸到了工作场所。如果雇员对垃圾邮件有所抱怨，雇主至少有义务尝试改善这种情况。这种尝试可以非常简单，只需要安装一个非常便宜的垃圾邮件拦截器（一种软件，目的是试图限制或消除不需要的电子邮件）。然而，如果雇主不采取任何措施来解决问题，这种不作为可能会被法院视为助长了攻击者的行为。如前所述，如果跟踪行为被认为是对个人的骚扰，那么它将被认为是网络空间的骚扰。《布莱克法律词典》对骚扰（harassment）的定义如下⊖：

> 针对某一特定人的行为，导致该特定人遭受巨大的精神痛苦，且没有合法的目的。
>
> 激恼、警告和（口头）辱骂他人的语言、手势和动作。

通常情况下，执法人员需要一些可信的威胁伤害，以便处理该骚扰投诉。简单来说，这意味着如果在一个匿名聊天室里，有人对你讲污言秽语，这种行为可能不会被认定为骚扰。

⊖ 《布莱克法律词典》(第 7 版) 见 1999 美国西部出版公司。

然而，如果你通过电子邮件收到特定的威胁，则可能会被视为骚扰。

美国许多州明确禁止网络跟踪。一般来说，现有的反跟踪法律可以适用于网络。2001年，在加州，根据现行的反跟踪法令[⊖]，一名男子被判犯有网络跟踪罪。其他国家也有现行的反跟踪法律，可以适用于网络跟踪。加拿大自 1993 年起就有了全面的反跟踪法。但不幸的是，类似的案件还是层出不穷。以下列举了一些：

- 第一起案件较为久远，但它说明了这些犯罪行为是如何升级的。2010 年，70 岁的约瑟夫·梅迪科（Joseph Medico）在他的教堂里遇到了一个 16 岁的女孩。梅迪科跟踪女孩到她的车里，试图说服她和他一起吃晚饭，然后一起回他家。当她拒绝他的邀请时，他开始在一天之内通过电话和短信对她进行数次骚扰。他的行为不断升级，直到女孩报告了他的活动，梅迪科才因跟踪被捕。

- 2018 年 3 月，胡安·R. 麦卡伦（Juan R. McCullum）因密谋和网络跟踪被判在联邦监狱服刑 1 年 361 天。麦卡伦曾是维尔京群岛代表斯泰西·普拉斯克特（Stacey Plaskett）的助手，他承认传播一名国会议员及其丈夫的裸照和视频，以试图阻止普拉斯克特连任。

- 2018 年夏天，据称杰隆·拉莫斯（Jeron Ramos）在马里兰州一家报社开枪打死 5 人。根据法庭记录，这次暴力袭击之前，他有过很长一段时间的骚扰行为，包括非常愤怒的 Twitter 发言和电子邮件。

- 2021 年，得克萨斯州拉伯克（Lubbock）的安迪·卡斯蒂略（Andy Castillo）被指控以得克萨斯州维克（Waco）地区的女性房地产经纪人为目标，威胁她们要性侵她们的孩子。他被指控谋杀了其中的两名女性，并因谋杀罪被捕。然而，卡斯蒂略死在狱中，并未因被指控的罪行而定罪。

- 2018 年，何家荣（Ho Ka Terence Yung）因为网络跟踪被判有罪。在这起案件里，犯罪者没有直接对受害者进行人身攻击，而是试图煽动对受害者的暴力行为。根据法庭记录，何家荣对自己被法学院拒绝感到很沮丧，于是开始了一场针对一名招生官员的网络跟踪活动，其中包括编造受害者强奸了一名 8 岁女孩的故事。他还在 Craigslist 网站上发布广告，假装自己是网络跟踪的受害者，并表示自己对性虐待和暴力性行为感兴趣。

- 2022 年，得克萨斯州罗利特（Rowlett）的安德鲁·比尔德（Andrew Beard）承认了他先对前女友艾丽莎·伯基特（Alyssa Burkett）进行网络跟踪，然后谋杀她的指控。比尔德在伯基特的车上放置了一个 GPS 跟踪装置，跟随她来到她在得克萨斯州卡罗尔顿（Carrollton）的工作场所，并向她开枪。伯基特在枪击中受伤，接着被比尔德捅了 13 刀。

- 2022 年，俄克拉荷马州巴特尔斯维尔（Bartlesville）的基思·艾森伯格（Keith Eisenberger）被指控对美国众议员凯文·赫恩（Kevin Hern）及其家人进行网络跟踪和威胁。艾森伯格因威胁要袭击、绑架或谋杀赫恩的家人而被指控。起诉书称，艾森伯格在赫恩当选不久后就开始联系赫恩，随着时间的推移，这些信息（包括电话和社交媒体信息）变得越来越暴力。

上述案件的共同点是，计算机要么被用作实际犯罪的代理，要么被用作催化剂。这些案

⊖ 《身份盗用与假冒防范法》，见 1998 年《美国法典》第 1028 节（U.S.C. 1028）。

例表明，计算机犯罪不仅仅是黑客攻击、欺诈和财产犯罪。执法人员在传统犯罪中发现计算机 / 网络的元素越来越普遍。还有许多其他的犯罪案例，比如罪犯在 Facebook 上发布的信息、在 Twitter 上发布的消息（tweet）和 YouTube 上发布的视频，这些信息有的会涉及犯罪证据，在某些情况下，还涉及罪犯对罪行的坦白。

另一种越来越频繁的现象被称为虚假报警（swatting）。当有人拨打 911，谎称一起暴力犯罪正在进行，并提供了目标受害者的地址时，就会发生这种情况。这样做的目标是让警方做出积极的战术反应（即组建一支特警部队），至少也能明显地恐吓到受害者。2018 年 5 月，泰勒·巴里斯（Tyler Barriss）对这样一起案件认罪。他打了一通电话，声称受害者在家里向自己的父亲开了枪，并将亲戚扣为人质。当警察为了回应报警电话出现在受害者的家中时，受害者伸手去抓他的腰带，警察误认为他是伸手去拿枪而向被害人开枪射击。

2022 年，佐治亚州一名 15 岁的少年被捕，并被指控多次向网络游戏玩家拨打虚假报警电话。他声称，有人在家中准备杀害家人。警察认为该虚假报警事件涉及康涅狄格州、北卡罗来纳州和佛罗里达州。

2022 年，社交媒体平台 Twitch 上一位名为 PixelKitten 的主播在一次线下慈善活动中被卷入虚假报警事件。据称，虚假报警者在早些时候向 PixelKitten 的家中发送各种比萨订单，以骚扰和嘲弄她。接着，在线下慈善活动中，虚假报警者报警称 PixelKitten 家中有一名武装袭击者，并已向一名受害者开枪。

刚刚描述的只是众多类似事件中的几个案例，你可以通过简单的网络搜索找到更多类似的事件。虚假报警是网络上现代生活不幸的一面，这个问题不仅给虚假报警的目标带来极大的焦虑，而且浪费了警方的资源，同时也带来了有人受伤和死亡的可能性。鉴于相关警员认为，他们在响应有关家中武装和危险人员的紧急事件时，反应可能会相当激进，因此警员或家中居民的一个微小失误就会导致悲剧。

因虚假报警导致被打致死的说法并非只是猜测。2021 年，田纳西州 60 岁的马克·赫林（Mark Herring）确实是在一次虚假报警事件中丧生的。赫林听到门外有人，以为是警察，于是带着枪走出门，并在看到警察时放下了枪。幸运的是，赫林并未被意外枪杀，但形势的压力导致他因心脏病发作而去世。

3.4.2　如何评估网络跟踪

不幸的是，一种交流方式是否能上升到网络跟踪的水平并不总是特别清晰。网络跟踪的一个明显方式是发送威胁邮件，但是，即使是骚扰（harass）、威胁（threaten）和恐吓（intimidate）的界定也有些模糊。显然，如果一个人向另一个人发送电子邮件，威胁要杀死那个人，并提供收件人的照片，以证明发件人熟悉其外貌和地址，这显然是网络跟踪。但是，如果一个人对一款产品感到不满，并向该产品制造商的一位高管发送了一封措辞严厉的电子邮件，情况又会如何呢？如果电子邮件中涉及的威胁相对比较模糊，比如"你会得到你应得的报应"，这是网络跟踪吗？显然这不是一个容易回答的问题，没有一个统一的答案可以适用于所有的司法管辖区和所有的情况，构成威胁、骚扰或恐吓的内容因不同地区的法律而异。但是一般来说，如果电子邮件（或即时消息、新闻组帖子等）的内容在正常的讲话中被认为具有威胁性，那么该内容在电子邮件中也可能被认为具有威胁性。

威胁的另一个要素是可行性（viability）。这种威胁可信吗？在网络上，人们往往比在其他场合更直言不讳，也更有敌意。这意味着执法人员必须在某种程度上区分某人只是简单地发泄还是确实有可能对其他人构成严重威胁。

执法人员必须考虑犯罪手段、动机和机会。嫌疑人具备犯罪手段（即，能力）吗？他具备犯罪动机吗？最后，他有可能实施犯罪吗？然而，这三个因素是在犯罪发生后评估可能的嫌疑人的。它们不能帮助评估威胁，以确定它们是否可信。那么如何确定是否存在真正的威胁并采取行动？关键在于考察以下四点：

- **可信度**（credibility）：威胁要想变得可信，就必须有一些合理的预期，即它能够被实施。例如，假设一位来自内布拉斯加州（Nebraska）的女性，在一个网络论坛上正在进行一场激烈的辩论，在此过程中她收到了来自曼谷的另一位用户的威胁。在这种情况下，发件人很可能不知道收件人住在哪里。事实上，由于许多人在网络上使用网名，发件人甚至可能不知道收件人的真实姓名、性别、年龄或外貌。这意味着这种威胁的可信度非常低。但是，如果内布拉斯加州的女性收到来自曼谷用户的威胁，并附带个人信息，如家庭地址、工作地点或个人照片，那么这个威胁的可信度就非常高。
- **频率**（frequency）：不幸的是，人们经常在网上发表不明智的言论。然而在通常情况下，一次充满敌意的言论只是由于一个人在网上太过情绪化和反应过于激烈。因此，与一段时间内持续的威胁相比，这种类型的言论不太值得关注。随着时间的推移，跟踪者的评论和威胁会频繁地升级，逐渐发展成暴力行为。虽然在某些情况下，对单独（仅收到一次）的威胁需要进行调查，但一般来说，与典型的骚扰和威胁相比，单独的威胁不那么引人注意。
- **具体性**（specificity）：具体性是指犯罪者对威胁的性质、威胁的目标以及执行威胁的手段的具体程度。当然，对于执法人员来说，意识到"真正的威胁有时是模糊不清的"是非常重要的。真正的威胁并不总是具体的，但是具体的威胁通常是真实的。例如，一封包含"你将为此付出代价"的电子邮件，与包含针对特定暴力手段的具体威胁的电子邮件相比，所引起的关注要少一些。对于具体的威胁，执法部门应该重点关注。
- **强度**（intensity）：强度是指通信的语气、语言的性质以及威胁的级别。图像威胁，尤其是暴力威胁，应该被执法部门严肃对待。通常，当一个人只是在发泄或情绪化地做出反应时，他说一些话可能被认为是威胁。任何时候，当威胁的强度超出一个正常人可能会说的合理范围时，即使在充满敌意的情况下，这种威胁也会变得更加令人关注。

认定一种行为是不是网络威胁，不一定要同时满足以上四点。执法人员必须始终依靠自己的判断，谨慎行事。某位警官可能觉得一个特定的威胁非常严重，即使其中几个标准没有得到满足，他也应该把这一威胁当作一个严重的问题进行处理。如果有满足以上的一条或几条的行为，无论警官的个人倾向如何，都应该一直严肃对待这件事。一个可信的、频繁的、具体的、强烈的威胁常常是实际暴力的前兆。

这些问题不仅适用于现实世界，也适用于网络空间，并且在网络空间中其手段和机会将会大大增加。

3.4.3 针对儿童的犯罪

涉及未成年人的网络跟踪案件特别令人关注。恋童癖者现在广泛使用 Internet 与未成年人交流，在许多情况下，还安排与孩子们面对面的交流。这是所有家长、执法人员和计算机安全专业人员必须关注的问题。恋童癖者经常使用聊天室、网络社区和其他各种网络媒介与儿童进行接触，讨论的内容往往带有明显的色情内容，并最终导致线下见面。幸运的是，这类活动相对容易调查。恋童癖者通常希望继续与受害者深入沟通，与受害者建立关系的过程被称为儿童诱骗（grooming），通常包括给受害者送礼物，比较常见的礼物是手机，这样受害者父母不会察觉到恋童癖者和受害者使用手机进行联系。一般的流程如下所示。

（1）嫌疑人与未成年人的最初对话很可能是关于未成年人感兴趣的一些无害的话题。在这个初始阶段，嫌疑人通常会寻找一些关键的迹象，这些迹象表明这个孩子可能是一个潜在的目标。例如，那些没有归属感的、没有得到父母足够关注的，或者正在经历一些重大的生活问题（比如父母离婚）的孩子。

（2）嫌疑人在确定潜在目标后，便开始尝试将聊天室或社交页面的对话扩展为私人聊天或电子邮件。他对孩子的烦恼表露出关心，还会经常讨好这些孩子。没有归属感或自卑的孩子很容易受到这种策略的影响。

（3）下一步是在谈话中增加轻微的性内容。嫌疑人的意图是让孩子逐渐适应讨论性话题。通常情况下，他会小心谨慎地采取这个行动，以免引起目标儿童的恐慌。如果这个过程进行得足够顺利，嫌疑人会建议进行一次面对面的会面。在某些情况下，面对面的见面明显是为了性。在另一些情况下，嫌疑人利用一些看似无害的活动，比如视频游戏或电影，来引诱孩子到某个地方。

当然，实际上有时会与这种模式有偏差。有些嫌疑人会更快地行动，与孩子面对面。嫌疑人也可能完全避免性对话，只是试图引诱孩子离开她的家，意图强行猥亵她。嫌疑人是选择引诱孩子并强迫发生性行为，还是选择试图诱奸，这取决于嫌疑人如何看待这种行为。有些读者可能会惊讶地发现，有些恋童癖者实际上并不把自己视为儿童性骚扰者，而是把自己视为与儿童有关系的人。实际上，他们认为他们的行为是可以接受的，而社会根本不理解，这类恋童癖者更有可能使用逐渐增加网上谈话的性内容的方法，他们的最终目的是诱奸未成年人。

许多广为人知的诱捕行动都是为了捕获网络上的嫌疑人。在这些行动中，成年人（有时是执法人员，有时不是）在网上伪装成未成年人，等待恋童癖者接近他们，并试图进行露骨的性对话，这些尝试颇有争议。然而，考虑到这些活动的性质，一个非恋童癖的成年人似乎不太可能偶然或错误地与未成年人进行露骨的性讨论，一个非恋童癖的成年人试图与他认为是未成年人的人在现实世界中见面的可能性更小。如果这些程序处理得当，那么在与网络犯罪者的斗争中无疑是无价的。

应该指出的是，美国政府和许多州都有在线性犯罪者数据库，可以查找任何可能在性犯罪者名单上的人。这些数据库中的大部分都提供了照片和生日，以帮助防止由于相似的名字而造成的错误识别。以下是列举的一些目录：

- **美国司法部**：https://www.nsopw.gov。
- **阿拉巴马州**：https://app.alea.gov/Community/wfSexOffenderSearch.aspx。
- **纽约**：http://www.criminaljustice.ny.gov/SomsSUBDirectory/search_index.jsp。
- **加利福尼亚**：https://oag.ca.gov/sex-offender-reg。
- **堪萨斯州**：https://www.kbi.ks.gov/registeredoffender/。
- **俄克拉荷马州**：https://sors.doc.ok.gov/ords/svorp/sors/r/sors/public-search。
- **得克萨斯州**：https://records.txdps.state.tx.us/SexOffenderRegistry。
- **怀俄明州**：https://wyomingdci.wyo.gov/criminal-justice-information-services-cjis/sex-

offender-registry。

在美国，每个州都有一个针对儿童的网络犯罪（Internet Crimes Against Children，ICAC）特别工作组。在 ICAC 项目中，州、地方和联邦当局努力打击针对儿童的犯罪。

3.4.4　有关网络欺诈的法律

在过去的几年里，不同的立法机构（包括美国和其他国家）都通过法律定义了网络欺诈（Internet fraud），并制定了相应的惩罚措施。在许多情况下，现有的反欺诈和骚扰的法律也适用于网络。然而，一些立法者认为，网络犯罪应有特殊的立法。

身份盗用一直是美国各州和联邦法律的课题，现在大多数州都有禁止身份盗用的法律，这项罪行也受联邦法律管辖。1998 年，联邦政府通过了《美国法典》第 18 卷第 1028 节，也就是《身份盗用与假冒防范法》（1998），这项法律将身份盗用定为犯罪。

罗马尼亚是决定严厉打击网络犯罪的国家之一。一些专家称罗马尼亚网络犯罪法（Romanian cybercrime law）是世界上最严格的。然而，罗马尼亚法律特别之处在于它的明确性。这项立法的制定者们付出了很多努力，非常明确地定义了立法中使用的所有术语，使被告很难发现法律漏洞。然而不幸的是，罗马尼亚政府是在世界各地的媒体将该国列为"网络犯罪的避难所"之后才采取这些措施的，其应对网络犯罪的方式可能不是最好的解决方案。

戴顿大学在网络犯罪、网络跟踪和其他网络犯罪方面有着深入研究，他们的法学院有一个专门研究网络犯罪的网站。随着时间的推移，我们可以期待看到更多的法学院开设专门针对网络犯罪的课程。

在过去几年里出现了一个有趣的现象：律师开始专门处理网络犯罪案件。拥有网络犯罪专业律师这一事实有力地表明了网络犯罪已成为现代社会一个日益严重的问题。

3.5　通过防范免遭网络犯罪

现在你已经了解了网络上普遍存在的各种类型的欺诈行为，并了解了相关的法律，接下来你可能想了解你应该做些什么来保护自己。有几个具体的手段可以有效降低你成为网络犯罪的受害者的概率，如果你是一名受害者，那么可以采取以下一些明确的措施。

3.5.1　防范投资欺诈

要防范投资欺诈，请遵循以下几条建议：

- 仅通过知名的、有信誉的经纪人进行投资。
- 如果某项投资听起来好得让人难以置信，那就避开它。
- 扪心自问，为什么这个人要告诉你这么诱人的投资交易。为什么一个完全陌生的人会决定与你分享一个不可思议的投资机会？
- 请记住，即使是合法投资也会有风险。永远不要把那些你输不起的钱投资出去。

3.5.2　防范身份盗用

防范身份盗用的措施是明确的：

- 如果不是绝对必要，不要向任何人提供你的个人信息。在网上与你不认识的人交流时，不要透露任何个人信息——包括你的年龄、职业、真实姓名或其他任何信息。
- 销毁包含个人信息的文件。如果你只是简单地扔掉银行账单和信用卡账单，那么其他人在你的垃圾桶里翻找就会得到大量的个人信息。你可以在办公用品商店或许多零售百货商店花不到 20 美元买到一台碎纸机，把这些文件粉碎后再处理。这条规则似乎与计算机安全无关，但通过非技术手段收集的信息可以与网络一起使用，以便实施身份盗用。

- 经常检查你的信用。许多网站允许你检查信用，甚至只需要象征性收费就可以得到你的信用评分（我每年检查两次我的信用记录）。如果你看到任何你没有授权的项目，那么你可能就是身份盗用的受害者。

- 如果你所在的州有网上驾驶记录查询，那就每年检查一次。如果看到莫名其妙的违章驾驶记录，那么这就是一个明确的迹象，表明你的身份正在被别人盗用。在第 13 章中，我们将详细探讨如何在网上获取这些记录。

总之，防止身份盗用的第一步是限制个人信息的泄露，第二步就是简单地监控你的信用记录和驾驶记录，这样你就会知道是否有人正试图盗用你的身份。

除此以外，要想保护身份信息还要保护个人隐私，这意味着你要防止别人获得你没有明确提供的信息。这种预防方法包括防止网站在你不知情的情况下收集你的信息。许多网站将你和你访问他们网站的信息存储在称为 cookie 的小文件中，这些 cookie 文件存储在你的计算机上。cookie 的问题是，任何网站都可以读取机器上存储着的所有 cookie 文件——即使你当前正在访问的网站没有创建自己的 cookie，但该网站依然可以随意读取你的机器上的任何 cookie 文件。所以如果你访问一个网站，cookie 就会存储你的名字、你访问过的网站以及访问该网站的时间，然后其他网站可能会私下读取这个 cookie，由此知道你在网络上的位置。如果你不想要某些 cookie，那么阻止它的最好方法之一是安装反间谍软件，我们将在后面的章节中更详细地讨论这种软件。现在，让我们看看如何更改计算机的网络设置，以帮助你减少隐私威胁。

3.5.3　进行浏览器安全设置

如果你使用的是 Microsoft Edge，你可以转到右上角的"工具栏"（Tools），使用下拉菜单来选择选项。之后，你将看到一个类似于图 3.1 中所示的界面。

选择"高级设置"（Advanced settings），你将看到如图 3.2 所示的界面。请注意，在进行设置的时候，你可以选择针对 cookie 的各种级别的常规保护，建议你选择中等强度级别。

注意屏幕底部的"高级"（Advanced）按钮，此按钮允许你阻止或允许个别网站在你的计算机硬盘上创建 cookie。改变计算机上的 cookie 设置只是保护个人隐私的一部分，但它是很重要的一部分。

你可能还需要确保选择了"隐私浏览"（InPrivate Browsing）选项。

如果你使用的是 Firefox 浏览器，设置的过程是类似的。从下拉菜单中选择"工具"（Tools），然后选择"选项"（Options），你将看到如图 3.3 所示的界面。

如果在这个界面的左侧选择了"隐私和安全"（Privacy & Security），那么你将看到一个类似于图 3.4 所示的界面。

正如在图 3.4 中所看到的，你可以选择许多隐私设置，这些设置正如字面意思，不需要更多的解释。

如果你使用的是 Chrome，选择"设置"（Settings），你将看到如图 3.5 所示的界面。单击界面底部的"高级"（Advanced），可以找到安全设置。

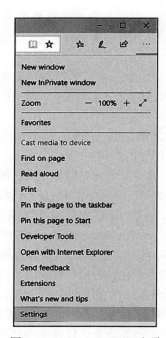

图 3.1 Microsoft Edge 选项

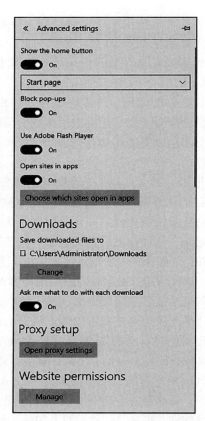

图 3.2 Microsoft Edge 高级设置

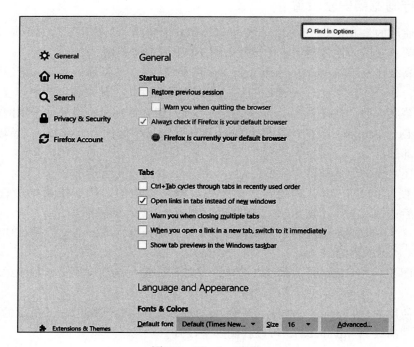

图 3.3 Firefox 选项

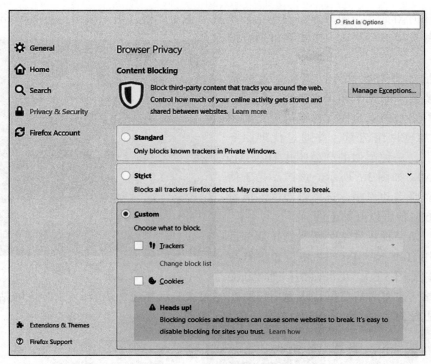

图 3.4　Firefox 隐私设置

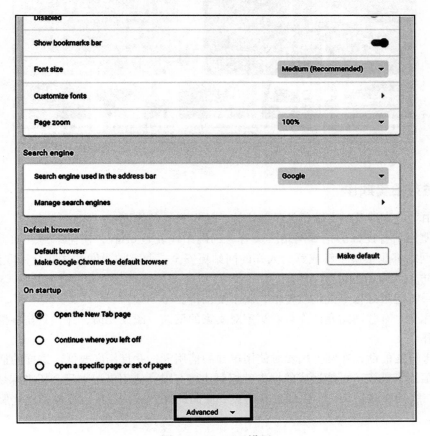

图 3.5　Chrome 设置

　　对于任何浏览器，如果你将安全选项设置得过于严格，则无法浏览更多 Web 页面。你可以对一些选项进行测试，以找到最适合的设置。

　　你可能还想采取额外的措施，这些措施可能需要更多的技术知识来执行，但可以提高你在网络上的安全性。首选措施是使用 VPN 服务加密网络流量，并通过代理服务器进行路由。一种类似的产品叫作 Hide My Ass（HMA），如图 3.6 所示。该产品易于使用，你只需要启动程序，选择希望网络流量经过的地方，便可以开始上网。

图 3.6　HMA

　　例如，如果我在得克萨斯州达拉斯郊区的家中使用 Hide My Ass，并将位置设置在西班牙（参见图 3.6），我可以访问如 Yahoo 这样的网站（这类网站根据其认为用户所在的国家显示相应的内容），这时该网站认为我在西班牙（见图 3.7）。

图 3.7　Yahoo 和 HMA

3.5.4　防范拍卖欺诈

　　处理拍卖欺诈涉及一套独特的预防措施，这里有 4 条建议：

- 只使用信誉良好的拍卖网站。最有名的网站代表是 eBay，任何广为人知、信誉良好的网站都比不甚了解或鲜为人知的网站更安全，此类拍卖网站往往会采取预防措施，以防止欺诈和滥用。
- 如果听起来好得令人难以置信，就不要出价。
- 实际上，有些网站允许你查看买家对卖家的反馈。阅读反馈，并且只与有信誉的卖家合作。
- 如果可能的话，在网上拍卖时使用单独的信用卡，并且额度要低。这样的话，一旦你的信用卡被盗，可能造成的损失就相对比较有限。使用借记卡只会招来麻烦。

　　使用在线拍卖网站是一个以低价获得称心商品的好方法，但是，在使用这些服务时必须小心谨慎。

3.5.5　防范网络骚扰

以下是一些保护你免受网络骚扰的建议：

- 如果你使用聊天室、BBS 等，不要使用真名，你可以使用匿名服务建立一个单独的电子邮件账户，如 Yahoo!，Gmail 或 Hotmail，然后在网上使用这个账号和一个假名字。这使得网络跟踪者很难追踪到你的个人信息。
- 如果你是网络骚扰的受害者，请将所有电子邮件以数字和打印的形式保存。使用一些我们将在本书后面探讨的调查技术来尝试确定犯罪者。如果成功了，那么你可以把罪犯的电子邮件和信息交给执法人员。
- 无论如何，不要忽视网络跟踪。根据"Working to Halt Online Abuse"这个网站上的数据统计，19% 的网络跟踪案件最终升级为现实世界中的跟踪。

本章的目的不是让你害怕使用网络，我经常使用网络进行娱乐、商务和信息方面的交互。只是在使用网络的时候，你需要小心一点。

3.6　本章小结

显然，欺诈和身份盗用已经成为非常现实且日益严重的问题，在这个即时获取信息和在线购买的时代，采取一些防范措施保护自己不受这个问题的影响是至关重要的。你必须使用本章所讲的方法保护你的个人隐私。执法人员必须掌握调查和解决这类网络犯罪所需的技能。

网络跟踪通常是普通人和执法部门都不熟悉的一个领域。很重要的一点是，双方都要清楚地了解哪些行为是网络跟踪，哪些行为不是网络跟踪，因为网络跟踪案件可能升级为现实世界的暴力犯罪事件。

3.7　技能测试

选择题

1. 坎蒂丝正在和同事讨论网络欺诈，她试图解释最常见的欺诈类型，最常见的网络投资欺诈的术语是什么？
   A. 尼日利亚欺诈　　　B. 曼哈顿骗局　　　C. 哄抬股价　　　D. 诱售法
2. 你在网上的投资很活跃。你想要得到一些建议，但又担心所得建议的准确性。不请自来的投资建议最可能出现的问题是什么？
   A. 可能赚不到他声称的那么多钱　　　B. 这个建议可能不是真正公正的
   C. 这些建议可能不是来自合法的公司　　　D. 可能会赔钱
3. 胡安是一家投资公司的安全官员，他正在向经纪人解释各种骗局。人为抬高股票价格以使其卖出更高的价格被称为什么？
   A. 诱售法　　　B. 尼日利亚欺诈　　　C. 哄抬股价　　　D. 华尔街欺诈
4. 避免网络欺诈的首要原则是什么？
   A. 如果它看起来好得令人难以置信，那么很可能是欺诈
   B. 永远不要使用你的银行账号
   C. 只与那些有可验证的电子邮件地址的人合作
   D. 不要投资海外交易

5. 以下哪一项不是美国证券交易委员会避免投资欺诈的建议之一？
　　A. 不要在网上投资　　B. 考虑报价的来源　　C. 永远保持怀疑　　D. 经常研究投资

6. 阿里娅积极参与在线拍卖，但希望避免拍卖欺诈。拍卖欺诈的 4 种类型是什么？
　　A. 未能派送商品、未能披露产品信息、发送地址错误、未能及时交付
　　B. 未能派送商品、未能披露产品信息、发送比实际价值更低的商品、未能及时交付
　　C. 未能披露产品信息、发送到错误的地址、未能派送商品、未能及时交付
　　D. 未能披露产品信息、发送比实际价值更低的商品、未能派送商品、发送比实际价值更高的商品

7. 卖方竞拍自己的项目以抬高价格的行为被称作什么？
　　A. 出价虹吸　　　　B. 出价屏蔽　　　　C. 自抬竞价　　　　D. 幽灵投标

8. 提交一个虚假但非常高的出价，以阻止其他竞拍者的行为被称作什么？
　　A. 出价虹吸　　　　B. 出价屏蔽　　　　C. 自抬竞价　　　　D. 幽灵投标

9. 身份盗用的典型目的是什么？
　　A. 非法购买　　　　B. 败坏受害者的名誉　　C. 避免刑事处罚　　D. 侵犯隐私

10. 根据美国司法部的说法，身份盗用的动机通常是什么？
　　A. 恶意　　　　　　　　　　　　　　B. 个人对受害者的敌意
　　C. 经济收益　　　　　　　　　　　　D. 寻求刺激

11. 克拉伦斯是一个小镇警察局的警探，他正在考虑如何严肃地对待有关网络跟踪的报道。为什么说网络跟踪是一种严重的犯罪？
　　A. 这对受害者来说是可怕的　　　　　B. 这可能是暴力犯罪的前奏
　　C. 窃听洲际通信　　　　　　　　　　D. 这可能是身份盗用的前奏

12. 什么是网络跟踪？
　　A. 任何利用 Internet 发送或发布威胁的行为　B. 任何利用电子通信手段跟踪某人的行为
　　C. 使用电子邮件发送威胁　　　　　　D. 使用电子邮件跟踪某人

13. 执法人员为追查关于骚扰的指控，通常要求受害人提供什么？
　　A. 可证实的死亡或重伤威胁　　　　　B. 可信的死亡或重伤威胁
　　C. 可证实的伤害威胁　　　　　　　　D. 可信的伤害威胁

14. 如果你在聊天室里匿名发帖，而另一个匿名发帖者威胁要攻击你，甚至要你的命，这个人的发帖是骚扰吗？
　　A. 是的，任何暴力威胁都是骚扰
　　B. 可能不是，因为双方都是匿名的，所以威胁不可信
　　C. 是的，聊天室的威胁与面对面的威胁没有什么不同
　　D. 可能不是，因为在聊天室进行威胁和当面进行威胁是不一样的

15. 判定网络跟踪在一个州或地区是非法的必须依据什么？
　　A. 那个州或地区禁止网络跟踪的具体法律　B. 那个国家禁止网络跟踪的具体法律
　　C. 现有的可适用的跟踪法律　　　　　D. 现有的可适用的国际网络跟踪法律

16. 防止身份盗用的第一步是什么？
　　A. 除非绝对必要，否则不要提供你的个人资料
　　B. 定期检查你的记录，寻找身份被盗的迹象
　　C. 永远不要在网上使用你的真名
　　D. 定期检查你的计算机上是否有间谍软件

17. 你可以通过在本地计算机上做什么来保护隐私？

    A. 安装一个杀毒软件   B. 安装防火墙

    C. 设置浏览器的安全设置   D. 设置计算机的过滤设置

18. cookie 是什么？

    A. Web 服务器收集的关于你的数据

    B. 一个包含数据并存储在你的计算机上的小文件

    C. Web 浏览器收集的关于你的数据

    D. 一个包含数据并存储在 Web 服务器上的小文件

19. 下列哪一项不是保护你免受拍卖欺诈的有效方法？

    A. 只拍卖不贵的物品   B. 只使用信誉良好的拍卖网站

    C. 只与信誉良好的卖家合作   D. 只对看上去可信的项目出价

20. 聊天室安全的首要规则是什么？

    A. 一定要安装杀毒软件

    B. 永远不要使用你的真实姓名或任何真实的个人信息

    C. 只使用加密传输的聊天室

    D. 使用由知名网站或公司提供的聊天室

21. 为什么专门使用一张单独的信用卡来进行网上购物是必要的？

    A. 如果信用卡被非法使用，那么你的经济损失将是有限的

    B. 可以更好地跟踪你的拍卖活动

    C. 如果被骗了，你可以找信用卡公司来处理问题

    D. 如果需要的话，你可以很容易地注销那张卡

22. 网络跟踪案件升级为实际犯罪的比例是多少？

    A. 少于 1%   B. 约 25%   C. 90% 或以上   D. 约 19%

23. 如果你是网络跟踪的受害者，你应该怎样协助警方？

    A. 什么都不做，这是他们的工作，你应该置身事外

    B. 尝试引诱跟踪者进入公共场所

    C. 保留所有骚扰通信的电子资料和拷贝

    D. 试图刺激跟踪者透露自己的个人信息

24. 保护自己免受网络跟踪的最佳方法是什么？

    A. 不要在网上使用真实身份   B. 总是使用防火墙

    C. 经常使用杀毒软件   D. 不要给别人电子邮件的地址

练习

练习 3.1：在 Microsoft Edge 中使用 Web 浏览器的隐私设置

1. 这一过程在本章的图片中有详细的描述，但在这里你应该自己完成整个过程：

- 从 Microsoft Edge 窗口右下角的省略号下拉菜单中选择设置（Settings）选项。
- 向下滚动，选择"查看高级设置"（View Advanced Settings）。
- 向下滚动到"隐私与服务"（Privacy and Services）部分。
- 向下滚动一点，在 cookies 下拉菜单中，设置你的浏览器不拦截 cookies、拦截所有 cookies，或只拦截第三方 cookies。

练习 3.2：使用其他 Web 浏览器

1. 如果你还没有安装其他浏览器，那么可以从 www.mozilla.org 下载火狐浏览器。
2. 设置隐私和安全设置。

项目

项目 3.1：了解网络跟踪和法律

1. 使用网络或其他资源，找出你所在国家、州或省关于网络跟踪的法律。
2. 写一篇简短的论文，描述这些法律及其含义。你可以选择快速总结几部法律，或者深入地研究一部法律。如果你选择前者，那么简单地列出法律条文并写一个简短的段落来解释它们所涵盖的内容。如果你选择后者，那么可以讨论法律的制定者、制定的原因，以及其可能产生的影响。

项目 3.2：寻找拍卖欺诈

访问任何一个拍卖网站，看看有没有你认为可能是骗子的卖家。写一篇简短的论文，解释一下某个卖家的情况，说明他可能没有诚实地交易的原因。

项目 3.3：网络跟踪案例研究

1. 利用网络，找出一个本章没有提到的网络跟踪案例。你可能会在 www.safetyed.org/help/stalking/ 上找到一些有用的信息。
2. 写一篇简短的论文来讨论这个案例，你应该特别注意可能有助于避免或改善类似事件的方法和步骤。

案例研究

考虑一个大胆进行身份盗用的窃贼的案例。犯罪者简在聊天室里遇到了受害者约翰，约翰用的是他的真名，但只是首字母。然而，通过简和约翰之间的一系列在线对话，他确实透露了他的个人隐私（婚姻状况、孩子、职业、居住地区等）。最后，简向约翰提供了一些投资建议，作为从约翰那里获得电子邮件地址的借口。自从简得到了约翰的电子邮件地址，他们就在聊天室外利用电子邮件进行交流。简声称要给约翰她的真实姓名，从而鼓励约翰也这样做。当然，犯罪者的名字是虚构的，比如"玛丽"。但是简现在有了约翰的真名、城市、婚姻状况、职业等。

简可以尝试多种方法，但是在这种情况下，她首先使用电话簿或 Web 查询来获取约翰的家庭地址和电话号码。然后，她利用这些信息可以以各种方式获得约翰的社会安全号码，最直接的方法是在约翰上班的时候去翻他家的垃圾。然而，如果约翰在一家大公司工作，简可以打电话（或叫人打电话），声称是约翰的妻子或别的什么近亲，想要核实人事数据。如果简足够聪明的话，她可以顺利地把约翰的社会安全号码偷走。有了这个号码，简就可以得到约翰的信用报告，之后就能以他的名义申请到信用卡。

在这个场景中，考虑以下问题：

1. 约翰应该采取哪些合理的措施来保护他在聊天室里的身份？
2. 雇主应该采取哪些措施来防止无意中成为身份盗用者的同谋？

拒绝服务攻击

本章学习目标

学习本章并完成章末的技能测试题目之后，你应该能够

- 理解拒绝服务攻击的实现方式。
- 了解一些拒绝服务攻击的工作原理，例如 SYN 洪泛攻击、Smurf 攻击和分布式拒绝服务攻击。
- 采取特定的措施来保护系统免受拒绝服务攻击。
- 了解如何防御特定的拒绝服务攻击。

4.1 引言

到目前为止，你应该已经大致了解了 Internet 面临的危险，并且知道了一些关于保护 Internet 的基本规则。第 3 章已经介绍了一些有关欺诈、跟踪和相关犯罪的内容，接下来我们将对如何实施系统攻击进行更具体的介绍。在本章中，我们将研究一种可能会对目标计算机系统造成损害的攻击类型——拒绝服务（denial of service，DoS）攻击，并深入介绍其工作原理。这种攻击是 Internet 上最常见的攻击之一，因此，请你务必仔细了解它的工作原理以及相应的防御方法。此外，在本章末尾的练习中，你可以亲身实践阻断 DoS 攻击的方法。在信息安全方面，"知识就是力量"这句老话不仅仅是一个良好的建议，还是建立整个安全观的公理。

4.2 DoS 攻击

正如引言中所述，系统中最常见和最简单的攻击形式之一就是 DoS 攻击。此类攻击甚至不会试图侵入你的系统或获取敏感信息，它只是旨在阻止合法用户对系统进行访问。DoS 攻击实施起来相当容易，要求的技术技能最低。它基于这样的事实，即任何设备都存在着一定的操作限制。例如，卡车只能承载有限的负载或行驶有限的距离。计算机与其他任何机器相同，也具有局限性。任何计算机系统、Web 服务器或网络都只能处理有限的负载，计算机系统的工作负载可以通过并发的用户数量、文件大小、数据传输速度或已存储的数据量来定义。如果超过了这些限制中的任何一个，那么系统将因为过载而停止响应。例如，如果你向 Web 服务器发送的请求数超出其处理能力，它将因为过载而无法再响应其他请求。每种技术都有局限性，如果超过这些限制，则会使得系统脱机。这就是 DoS 攻击的基础：仅用请求使系统过载，它就不再能够响应那些试图访问 Web 服务器的合法用户。

4.3 DoS 攻击演示

演示 DoS 攻击的简单方法（尤其是在教室的环境中）涉及使用第 2 章中讨论到的 ping 命令：

（1）在一台计算机上启动一个 Web 服务器（你可以使用 Apache、IIS 或任何 Web 服务器）。

（2）请几个人打开他们的浏览器，并在地址栏中输入该计算机的 IP 地址。此时他们应

该可以查看 Web 服务器的默认网站。

现在你可以在系统上进行一次基本的 DoS 攻击。回顾一下第 2 章的内容，输入命令 ping /?，将显示 ping 命令的所有选项。-l 选项用来更改你能发送的数据包的大小。需要注意的是，TCP 数据包的大小是有限制的。因此，你可以将这些数据包设置为能够发送的最大数据包。-w 选项用来确定 ping 程序等待目标服务器返回响应的毫秒数，你将使用 -0，以便 ping 程序根本不需要等待。然后使用 -t 选项指示 ping 程序继续发送数据包，直到明确地告知它停止发送为止。

（3）在 Windows 7/8/8.1/10 中打开命令提示符（在 UNIX/Linux 中使用的是 shell）。

（4）输入 ping< 目标机器的地址 >-l 65000 -w 0 -t 并按回车键。

此时，你将看到类似于图 4.1 所示的内容。请注意，在图中，我正在 ping 的是我的计算机的环回地址，你需要将其替换为正在运行 Web 服务器的机器的地址。

图 4.1　利用命令提示符运行 ping 命令

当前这台计算机正在不断地向目标计算机发送 ping 消息。当然，仅用教室或实验室中的一台计算机对 Web 服务器执行 ping 操作一般不会对其产生不利的影响。但是，现在我们将教室中的计算机一台接一台地利用相同的方式对服务器执行 ping 操作，每次添加三到四台计算机，然后尝试转到 Web 服务器的默认网页。当达到某个阈值（即一定数量的计算机对服务器执行 ping 操作）后，Web 服务器将停止响应请求，你也将无法再看到该网页。

实现拒绝服务所需的计算机数量取决于你所使用的 Web 服务器。为了利用尽可能少的计算机来实现拒绝服务攻击，你可以使用低容量的 PC 作为 Web 服务器（即拥有尽可能少的 RAM 和 CPU）。例如，在一台运行 Windows 7 家庭版的笔记本计算机上运行的 Apache Web 服务器，可能需要 15 台计算机，每台计算机运行大约 10 个不同的命令窗口，同时 ping 通，使得 Web 服务器停止响应合法请求。当然，上述选择策略与你通常选择 Web 服务器的策略是背道而驰的，真正的 Web 服务器不会在装有 Windows 7 家庭版（甚至 Windows 10）的简易笔记本计算机上运行。同样，实际的 DoS 攻击使用的是更为复杂的方法。但是，这个简单练习演示了 DoS 攻击的基本原理：只需要向目标计算机发送足够多的数据包，使它不再能够响应合法请求。重要的是，我们要意识到这仅仅是一个例证。对于现代服务器而言，实际上很多服务器都托管在集群（cluster）或服务器农场（server farm）中，上述这种确切的例证对现代的目标机器可能是无效的。

通常情况下，用于 DoS 攻击的方法比此处提供的例子要复杂得多。例如，黑客可能会开发一种小型病毒，其唯一目的是感染尽可能多的计算机，然后使每台被感染的计算机对目标机器发起 DoS 攻击。一旦病毒被传播，所有感染该病毒的计算机就会开始对目标系统进行洪泛攻击。这种 DoS 攻击很容易做到，而且很难被阻止。利用多台不同的计算机发起的 DoS 攻击，称为分布式拒绝服务（Distributed Denial of Service，DDoS）攻击。

无论采用何种方法或工具（本章将会介绍多种），DoS 和 DDoS 攻击正变得越来越普遍。网络安全公司 Calyptix Security 的报告称，2018 年第一季度 DoS 和 DDoS 攻击创造了新纪录⊖。2018 年 2 月 28 日，历史上规模最大的 DDoS 攻击之一袭击了 GitHub 网站，峰值为 1.3Tbit/s，该记录仅在 5 天后就被打破。

DoS 攻击还有其他的威胁趋势，一篇报告称，在 2022 年 1 月，超过 17% 的 DoS 攻击受害者成为勒索赎金绑架案的首要目标⊜。2022 年的另一份报告详细介绍了应用层增加的 DDoS 攻击，并称这些是对 OSI 参考模型应用层的攻击⊜。

分布式反射拒绝服务攻击

如前所述，DDoS 攻击变得越来越普遍。此类攻击大多都依赖使用各种机器（服务器或工作站）来攻击目标。分布式反射拒绝服务攻击（distributed reflection denial of service attack）是 DoS 攻击的一种特殊类型，它与所有的此类攻击一样，是黑客通过获得大量机器以攻击所选定的目标而实现的。但是，它的工作方式与其他 DoS 攻击还是略有不同的。此方法不是让计算机攻击目标，而是欺骗 Internet 路由器攻击目标。

Internet 骨干网上的许多路由器都在端口 179 上进行通信。分布式反射拒绝服务攻击正是利用了该通信线路获取路由器的控制权，进而攻击目标系统。此类攻击之所以特别邪恶，是因为它不需要以任何方式破坏所涉及的路由器。攻击者不需要在路由器上安装任何软件，即可使其参与攻击。攻击者将数据包流发送到请求连接的各个路由器，这些数据包已被攻击者更改，因此它们看起来像是来自目标系统的 IP 地址。路由器通过启动与目标系统的连接来进行响应，这样，多个路由器的大量连接将命中同一目标系统，从而使得此目标系统无法被访问。

4.4　用于 DoS 攻击的常用工具

与本书讨论到的任何安全问题一样，你会发现黑客使用大量的工具进行攻击。在 DoS 领域也不例外。尽管对所有这些工具进行分类或讨论远远超出了本书的范围，但是仅对其中一些工具进行简要的介绍还是非常有用的。

4.4.1　LOIC

低轨道离子加农炮（Low Orbit Ion Cannon，LOIC）是在 DoS 攻击中广泛使用的工具之一。它有一个非常易于使用的图形用户界面，如图 4.2 所示。

该工具使用起来非常简单，它仅要求用户输入目标 URL 或 IP 地址，然后就可以开始进行攻击了。幸运的是，该工具无法隐藏攻击者的地址，因此追溯攻击的来源也相对比较容易。它是一个较老的工具，但今天却仍被广泛使用。有一个与此类似的工具，被称为高轨道离子加农炮（High Orbit Ion Cannon，HOIC）。

⊖　https://www.calyptix.com/top-threats/ddos-attacks-2018-new-records-and-trends/.

⊜　https://blog.cloudflare.com/ddos-attack-trends-for-2022-q1/.

⊜　https://www.f5.com/labs/articles/threat-intelligence/2022-application-protection-report-ddos-attack-trends.

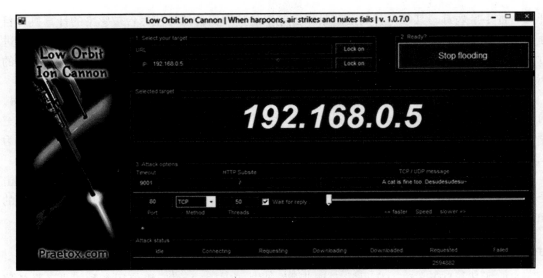

图 4.2　LOIC

4.4.2　XOIC

XOIC 与 LOIC 类似，它具有三种攻击模式，如图 4.3 所示，你可以发送消息、执行简要的测试，或发起 DoS 攻击。

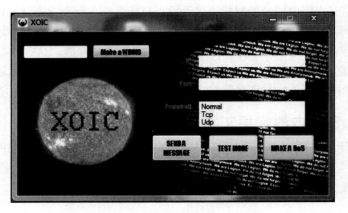

图 4.3　XOIC

XOIC 与 LOIC 一样也很易于使用。它有一个点击式的图形用户界面，即使是攻击技能有限的攻击者也可以使用它来发起 DoS 攻击。

4.4.3　TFN 和 TFN2K

TFN（Tribal Flood Network）和 TFN2K 是最古老的两种 DoS 攻击工具，目前使用已经不再那么广泛了。出于历史原因，在这里介绍一下它们。TFN2K 是 TFN 的更新版本，同时支持 Windows Server 和 UNIX 平台（并且可以轻松移植到其他平台），它所具有的一些功能（包括发送诱饵信息以避免被跟踪）使得对其进行检测比以往更加困难。使用 TFN2K 的行家可以利用很多代理资源协同攻击一个或多个目标。此外，TFN 和 TFN2K 可以执行很多种类的攻击，例如 UDP 洪泛攻击、ICMP 洪泛攻击和 TCP SYN 洪泛攻击（在本章后面将对这些攻击进行讨论）。

TFN2K 在以下两个方面发挥着作用。首先，主控系统上有一个命令驱动的客户端。其次，代理系统上运行着一个守护进程。其攻击的工作流程如下：

（1）主控系统指示其代理系统攻击指定目标的列表。

（2）代理系统做出响应，它通过向目标发送大量数据包发起洪泛攻击。

> **注意**
>
> 　术语"主控"（master）和"从机"（slave）的使用仅与行业规范和标准中使用的官方术语相关，绝不会背弃培生（Pearson）致力于促进多样性、公平性和包容性的承诺，同时消除我们所服务的全球学习者群体中的偏见和打破陈规定型的观念。

使用此工具，由主服务器协调的多个代理可以在攻击过程中协同工作，以破坏对目标系统的访问。此外，攻击者的许多"安全"功能使得针对 TFN2K 的有效对策的开发变得非常复杂，这些功能表现在：

- 主控 – 代理（master-to-agent）系统之间的通信数据经过加密，可以与任意数量的诱饵数据包混合使用。
- 主控 – 代理（master-to-agent）系统之间的通信数据以及攻击数据，都可以借助随机的 TCP、UDP 和 ICMP 数据包发送。
- 主控系统可以伪造其 IP 地址。

4.4.4　Stacheldraht

Stacheldraht 并没有像前面所提到的 DoS 工具那样广为人知。Stacheldraht，德语为"铁丝网"的意思，是一种 DDoS 攻击工具，它将 Trinoo DDoS 工具（另一种常见的工具）的功能与 TFN DDoS 攻击工具的源代码结合在一起。与 TFN2K 一样，它增加了攻击者与 Stacheldraht 主机之间的通信加密和代理的自动更新功能。

Stacheldraht 可以执行各种攻击，包括 UDP 洪泛、ICMP 洪泛、TCP SYN 洪泛和 Smurf 攻击，它还可以检测并自动启用源地址伪造。

4.5　DoS 的弱点

从攻击者的角度来看，任何 DoS 攻击的弱点在于必须持续发送大量的数据包，一旦停止发送数据包，目标系统就会恢复正常。但是，DoS/DDoS 攻击通常与另一种攻击形式结合使用，例如使用在 TCP 劫持中禁用连接的一端，或阻止服务器之间的身份认证或日志记录。

如果黑客使用分布式攻击，一旦受感染的计算机的管理员或所有者意识到其计算机已被感染，他们将采取措施删除病毒，从而使得攻击停止。如果黑客试图从她自己的机器发起攻击，她必须明白每个数据包都有可能被追踪到它的来源，这意味着进行 DoS 攻击的单个黑客大概率会被当局捕获。因此，DDoS 攻击正迅速成为最常见的 DoS 攻击类型，关于 DDoS 攻击的细节将在本章后面讨论。

4.6　特定的 DoS 攻击

DoS 攻击的基本概念并不复杂，攻击者真正面临的问题是如何能够在执行攻击后不被抓住。本章接下来的几节将对一些特定类型的 DoS 攻击进行讨论，并研究某些特定的案例。这些信息应该会有助于你更深入地了解这种特定的 Internet 威胁。

4.6.1　TCP SYN 洪泛攻击

这种攻击对大多数目标不再有效，但它作为 DoS 攻击历史上的经典之作值得简要讨论一下。这种特殊的攻击依赖于黑客对服务器连接方式的了解。当你在网络中使用 TCP 启动客户端和服务器之间的会话时，带有 1bit 标志位的 SYN（或同步）包将被发送到服务器，该数据包要求目标服务器进行同步通信。随后，服务器将分配适当的资源，并向客户端发送设置了 SYN（同步）和 ACK（确认）标志的数据包。然后，客户端计算机对 ACK 标志位进行设置以完成响应。此过程称为三次握手，可总结为如下步骤：

（1）客户端发送设置了 SYN 标志的数据包。

（2）服务器为客户端分配资源，然后利用设置了 SYN 和 ACK 标志位的数据包进行响应。

（3）客户端以设置了 ACK 标志位的数据包作为响应。

Web 服务器上已经发生过许多众所周知的 SYN 洪泛攻击。这种攻击类型如此流行的原因是，所有连接到 Internet 的计算机都参与 TCP 通信，而任何参与 TCP 通信的计算机都很容易受到 DoS 攻击。TCP 通信方式显然是 Web 服务器容易受到此类攻击的全部原因，阻止 DoS 攻击的最简单方法是利用防火墙规则（我们将在第 9 章中详细讨论防火墙），正确地配置防火墙可以防止 SYN 洪泛攻击。在单独一台服务器上你可以利用一些方法和技术防御这些攻击。基本防御技术有以下几种：

- 微块（micro block）
- SYN cookie
- RST cookie
- 上游过滤
- SPI 防火墙

其中的一些方法与其他方法相比需要更复杂的技术，这里只对这些方法进行简单的讨论。当你希望受托保护的系统免受这些形式的攻击时，可以选择最适合你的网络环境和专业水平的方法，之后再进一步检查系统。具体的实现方式取决于 Web 服务器所使用的操作系统，你需要查阅操作系统文档或访问相应的网站，查找有关实现这些方法的确切说明。

1. 微块

微块（micro block）的工作方式是给 SYN 对象简单地分配一个微记录（micro-record），而不是分配完整的连接对象（整个缓冲区段）。在这样的工作方式下，传入的 SYN 对象最多被分配 16 个字节的空间，从而使洪泛整个系统变得更加困难。这种方法有点晦涩难懂，现在也不像以前那样被广泛使用。事实上，它并不能阻止 DoS 攻击，只是减轻了攻击的影响。

> **注意**
>
> 许多网络管理员仅依靠防火墙来阻止 DoS 攻击，而并不对单个服务器采取任何补救措施，其实可以考虑将这两种方法结合起来。你应该利用配置良好的防火墙来阻止各种 DoS 攻击，但是你还应该考虑在单个服务器上采取一些缓解措施。

2. SYN cookie

顾名思义，SYN cookie 将使用 cookie，然而它与许多网站上使用的标准 cookie 不同。利用这种方法，系统将不会立即在内存中为握手过程创建缓冲区空间，相反，它首先发送一个 SYN + ACK（开始握手过程的确认信号）包。SYN + ACK 中包含着精心构造的 cookie，cookie 中包括利用请求连接的客户端计算机的 IP 地址、端口号和其他信息生成的哈希值。当客户端以正常的 ACK（确认）响应时，该响应中将包含来自该 cookie 的信息，随后服务器会对其进行验证。因此，在握手过程的第三阶段之前，系统不会分配任何内存，这使得系统能够继续正常运行。通常来讲，利用这种方法我们看到的唯一影响是禁用大窗口（即发送的数据包数不能过大）。然而，在 SYN cookie 中使用加密哈希值相当耗费资源，因此预计有大量传入连接的系统管理员可能不会选择使用这种防御技术。

> **供参考的小知识：哈希值**
>
> 　　哈希值是由文本字符串生成的一个数字。哈希值的字符长度远远小于文本本身的长度，并且它是由公式生成的，因此不同文本生成相同哈希值的可能性非常小。在安全方面，哈希值用于确保传输的消息未被篡改。发送方生成消息的哈希值，对其进行加密，然后与消息一起发送。接收方解密消息和哈希值，根据接收到的消息生成另一个哈希值，然后对二者进行比较。如果它们相同，则该消息很有可能没有被篡改过。我们将在第 8 章中更加详细地讨论哈希值。

3. RST cookie

有一种比 SYN cookie 更易于实现的 cookie 方法，它就是 RST cookie。在这种方法中，服务器先将错误的 SYN+ACK 包发送回客户端。随后，客户端将生成一个 RST 数据包，告知服务器数据包存在问题。因为客户端返回了一个告知服务器发送的 SYN+ACK 包存在错误的数据包，所以服务器知道客户端请求是合法的，并且将以正常方式接受来自该客户端的传入连接。此方法的缺点是可能会导致较旧的 Windows 计算机以及利用防火墙保护通信的计算机出现问题。

4. 上游过滤

ISP 通常使用一个称为上游过滤的过程，该过程主要包括检查流量以确定它是否是 DoS 攻击的一部分，进而阻止可疑流量。

5. SPI 防火墙

现今，大多数防火墙都使用全状态数据包检查（Stateful Packet Inspection，SPI）技术。这些类型的防火墙不仅利用规则检测每个数据包，同时还维护着客户端与服务器之间的通信状态。因此，它们能够意识到多个 SYN 数据包是来自同一个 IP 地址的，并阻止它们。这是今天 SYN 洪泛攻击较少的主要原因之一。此外，下一代防火墙（NGFW）还结合了传统防火墙和一些其他的功能，例如应用程序防火墙或入侵检测系统 / 入侵预防系统（IDS/IPS）。

4.6.2　Smurf IP 攻击

数据包放大（Smurf）攻击是一种常见的 DoS 攻击方式。ICMP（Internet 控制报文协议）

数据包被发送到网络的广播地址，由于它是广播的，因此它通过将数据包回显到网络主机以进行响应，然后再发送到伪造的源地址。而且，伪造的源地址可能在 Internet 上的任何地方，而不仅仅是在本地子网上。如果黑客可以连续地发送此类数据包，则将导致网络本身对其一台或多台目标服务器执行 DoS 攻击。这种攻击方式很巧妙，而且很简单。黑客面临的唯一问题是如何对目标网络启动数据包发送，而通过某些软件（例如，病毒或特洛伊木马）可以完成发送数据包的任务。

在 Smurf 攻击中，涉及三方的人 / 系统：攻击者、受害者和中间人（他也可能是受害者）。攻击者首先将 ICMP 回显请求数据包发送到中间人的 IP 广播地址。由于此消息已发送到 IP 广播地址，因此中间人的网络上的许多计算机都将收到此请求的数据包，并发送 ICMP 回显应答数据包。如果网络上的所有计算机都响应此请求，将会使网络变得拥塞，而且还有可能出现运行中断（outage）。

攻击者通过创建伪造的数据包（包含受害者的欺骗源地址）来影响第三方（预定的受害者）。因此，当中间人网络上的所有计算机开始响应回显请求时，这些响应将洪泛受害者的网络，使其变得拥塞，甚至可能导致网络的不可用。图 4.4 说明了这种攻击。

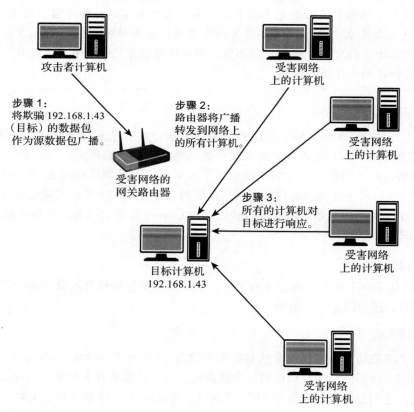

图 4.4   Smurf 攻击

Smurf 攻击是一些恶意方可以利用的创造性的一个范例，有时可以将它视为与生物自身免疫性疾病等效。患有此类疾病的人，免疫系统将会攻击他自身的身体。在 Smurf 攻击中，网络在它自己的系统中执行 DoS 攻击。这种方法的巧妙之处说明了为什么要重视网络中的系统安全性，以及以创造性的思维和前瞻性的方式进行工作的重要性。对计算机进行攻击的人都是具有创造力的，并且总是能想出新的技术。如果你的防御措施不能比攻击者的攻击更有创造力和智慧，那么你的系统受到威胁仅仅是时间问题。

有几种方法可以保护你的系统免受此问题的影响。一种是防范特洛伊木马，在后面的章节中将对特洛伊木马攻击进行更多介绍。不过，制定禁止员工下载应用程序的策略也将非常有效。此外，拥有足够强大的杀毒软件也可以保护你的系统免遭特洛伊木马（Trojan Horse）攻击，从而防止 Smurf 攻击。如第 2 章中所述，你必须使用代理服务器。如果你的网络内部IP 地址是未知的，那么在 Smurf 攻击中定位目标 IP 地址就变得更加困难。当然，你可以采取的最显而易见的缓解措施是在防火墙处阻止所有入站广播数据包。能够保护你的系统的最佳方法可能就是结合这些防御措施，同时禁止定向广播并为主机及时打补丁，使它拒绝响应任何的定向广播。

Smurf 攻击有一个名为 Fraggle 的变体。除了专门使用端口 7（回显）和端口 19（仅仅发送字符的服务）作为广播地址以欺骗目标受害计算机的源 IP 地址之外，Fraggle 的工作方式与 Smurf 非常相似。

4.6.3　UDP 洪泛攻击

正如第 2 章所述，UDP 是一种无连接协议，即在传输数据之前不需要建立连接过程。在 UDP 洪泛攻击中，攻击者将 UDP 数据包发送到目标系统上的随机端口。当目标系统收到UDP 数据包时，它将自动确定目标端口正在等待哪些应用程序。在这种情况下，由于端口上没有等待的应用程序，因此目标系统将生成"目的地不可达"的 ICMP 数据包，并尝试将它发送回伪造的源地址。如果有足够多的 UDP 数据包传递到目标端口上，则系统将会过载，因为它会尝试确定正在等待的应用程序（根本不存在），然后生成并发送回数据包。

4.6.4　ICMP 洪泛攻击

ICMP 洪泛攻击（ICMP flood attack）有两种基本类型：洪泛攻击（flood）和核攻击（nuke）。通常，ICMP 洪泛攻击是通过广播大量 ping 或 UDP 数据包来完成的。与其他的洪泛攻击一样，它将大量的数据发送到目标系统，使其速度变慢。如果可以迫使它足够慢，则目标系统将超时（即，发送响应的速度不够快）并与 Internet 断开连接。ICMP 核攻击则是利用特定操作系统中的已知漏洞。攻击者发送一个信息包，并且他明确地知道目标系统上的操作系统无法对它进行处理。在许多情况下，这将导致目标系统被完全锁定。

与以往的计算机相比，这种攻击对现代计算机的有效性要差得多。现在，即使是低端的台式 PC 也具有 4GB（或更多）的 RAM 和双核（dual-core）处理器，这让通过产生足够的ping 使计算机脱机变得异常困难。但是，它曾经是一种非常常见的 DoS 攻击形式。

4.6.5　致命的 ping

回顾第 2 章的内容，我们可以知道 TCP 数据包的大小是有限制的。在某些情况下，仅仅发送过大的数据包就有可能会导致目标计算机关闭，此操作称为致命的 ping（Ping of Death，PoD）。它的原理就是使目标系统过载。黑客仅发送了一个 ping 命令，但他使用的数据包非常之大，因此可以关闭某些计算机。

这种攻击与本章前面讨论的测试 ping 的课堂示例非常相似。两种方式的目标都是使目标系统过载并使它停止响应。PoD 可以破坏那些无法处理大数据包的系统。实际上，如果此攻击成功，那么服务器将会被完全关闭。当然，服务器还可以重新启动。

针对 PoD 的唯一真正的安全措施是确保对所有操作系统和软件定期打补丁。这种攻击依赖于特定的操作系统（或应用程序）处理异常大的 TCP 数据包的方式中的漏洞。在发现此类漏洞后，供应商通常会发布补丁程序。PoD 仅是其中的一个原因，仍存在许多其他的原因使得所有系统上的补丁程序都必须保持及时更新。

通过适当地结合防火墙与 IDS/IPS 或下一代防火墙，可以缓解大多数拒绝服务攻击。在第 9 章中，我们将更加详细地讨论安全设备和软件。

4.6.6　泪滴攻击

在泪滴攻击（teardrop attack）中，攻击者发送的是消息片段，两个片段之间的重叠方式使得无法在不破坏单个数据包头的情况下正确地重组它们。因此，当受害系统试图重构消息的时候，该消息将被销毁，这将导致目标系统停止工作或崩溃。基本的泪滴攻击有多种变体，例如 TearDrop2、Boink、targa、Nestea Boink、NewTear 和 SYNdrop。

4.6.7　DHCP 饥饿

如果网络中存在足够多的请求可以将它拥塞，那么攻击者就能在有限的时间内完全耗尽 DHCP 服务器分配的地址空间。这种 DoS 攻击被称为 DHCP 饥饿（DHCP starvation）。攻击者可以使用 The Gobbler 之类的工具来轻松地实现此类攻击。

4.6.8　HTTP POST DoS 攻击

HTTP POST DoS 攻击涉及慢速发送合法的 HTTP POST 消息。POST 消息中包括内容长度（content length），它表示消息发送时要遵循的大小。在这种攻击中，攻击者以极慢的速度发送消息的实际正文。等该消息发送完成时，Web 服务器早已被挂起。对于更强大的服务器，攻击者需要同时发送多个 HTTP POST 消息。

4.6.9　PDoS 攻击

永久拒绝服务攻击（Permanent Denial of Service，PDoS）严重损坏系统，以至于受害计算机需要重新安装操作系统，甚至需要新的硬件。这种类型的攻击（有时被称为 phlashing 攻击）通常涉及对设备固件的 DoS 攻击。

4.6.10　注册信息表拒绝服务攻击

攻击者可以创建一个程序，使得该程序重复提交注册信息表（registration），从而将大量虚假用户添加到应用程序中。这也是许多注册网站使用验证码（CAPTCHA）的原因之一。

4.6.11　登录拒绝服务攻击

攻击者可能会持续向需要身份认证的计算机发送登录请求，从而使它无法使用或响应速度过慢，导致登录过载。然而，许多网站都使用验证码来阻止自动登录拒绝服务攻击。

4.6.12　着陆攻击

着陆攻击（land attack）可能是理念上最简单的攻击。攻击者发送的伪造数据包具有相同的源 IP 地址和目的 IP 地址（目标的 IP 地址）。该方法通过使目标系统尝试向自身发送消息或从自身发送消息而令它陷入"疯狂"。受害系统通常会造成混乱，进而崩溃或重新启动。现代计算机不易受到此种攻击，但出于历史原因，我们在此对这种攻击方式进行了介绍。

4.6.13　DDoS 攻击

也许当今最常见的 DoS 攻击形式是分布式拒绝服务（DDoS）攻击，它通过利用大量计算机攻击目标系统而实现。一种典型的 DDoS 攻击方法是利用特洛伊木马，它可以使受感染的计算机在特定的日期和时间攻击一个指定的目标。使用这种方法对任何目标执行 DDoS 攻击都非常有效。在这种攻击方式中，攻击者无法直接控制这些受感染的计算机。它们只是被某种恶意软件感染，导致在特定的日期和时间参与攻击。

另一种方法就是利用僵尸网络来组织攻击。僵尸网络（Botnet）是被攻击者破坏的计算机网络，表明攻击者控制了整个受感染的网络系统，这通常是通过木马的传播来完成的。但是，与刚才提到的 DDoS 攻击形式不同，攻击者可以直接控制僵尸网络中的攻击机器。

4.6.14　yo-yo 攻击

yo-yo 攻击是一种针对使用自动扩容的云托管应用程序的 DoS 攻击。攻击者实质上是对目标进行洪泛攻击，导致云托管服务扩容以处理增加的流量。然后，攻击者停止攻击，等待云主机缩容，再继续攻击。云服务通常会因为扩容处理更多带宽而收费，因此 yo-yo 攻击会增加目标的成本。

4.6.15　登录攻击

攻击者可以通过应用程序中的漏洞枚举用户名，使用有效的用户名和不正确的口令对网站进行身份认证，账户在尝试次数达到规定值时被锁定。此时，合法用户将无法使用该网站。

另一种登录攻击需要攻击者不断发送要求表示层访问身份认证机制的登录请求，从而使它不可用或响应速度过慢。

许多网站使用验证码来阻止 DoS 攻击。如果每次登录都要求用户输入验证码，那么自动化工具将无法执行 DoS 攻击。

4.6.16　CLDAP 反射

面向无连接的轻量级目录访问协议（Connectionless Lightweight Directory Access Protocol，CLDAP）是 RFC 3352[⊖]中编纂的行业标准，该协议使用的是 UDP，并为连接到网络的新主机分配 IP 地址。在 CLDAP 反射攻击中，攻击者常通过大量的 CLDAP 请求拥塞网络。

4.6.17　降级服务攻击

虽然首字母缩写同为 DoS，但降级服务攻击与拒绝服务攻击是有一点不同的。攻击者的目标是微暴发的网站，这种攻击不使目标网站崩溃而使它响应变慢。它通常需要持续进行，从而使目标服务连续降级。

⊖　https://datatracker.ietf.org/doc/html/rfc3352.

4.6.18　CC 攻击

在 CC（Challenge Collapsar）攻击中，攻击者向目标 Web 服务器频繁发送 HTTP 请求。这些请求包括要求目标网站使用耗时的数据库操作的统一资源标识符，目的就是耗尽目标网站的资源。

4.6.19　EDoS

2022 年的一份报告预测，一种叫作经济可持续拒绝攻击（Economic Denial of Sustainability，EDoS）的新型攻击将在不久的将来成为一个更突出的问题[○]，其目的是破坏或中断云资源的可用性。这种攻击可能包含发送虚假请求的自动程序，常用于基础设施即服务中。

4.7　DoS 攻击的实际案例

前面已经用大量的篇幅介绍了实现各种 DoS 攻击的基础知识。到现在为止，你应该对 DoS 攻击是什么有了深刻理解，并且对它的工作原理也有了基本了解。现在我们开始对这种攻击的具体实例进行讨论。本节将应用你所学到的理论知识，并提供实际的应用案例。

4.7.1　Google 攻击

2020 年 10 月，谷歌（Google）遭到了一场的破纪录的 UDP 放大攻击。该攻击使用多个网络每秒欺骗 1.67 亿个数据包（mps）。

4.7.2　AWS 攻击

2020 年，亚马逊云服务遭到了大规模的 CLDAP 反射攻击。该攻击使用全球 Mirai 僵尸网络每秒发送 1720 万个请求。

4.7.3　《波士顿环球报》攻击

2017 年 11 月 8 日，《波士顿环球报》遭到了针对 Bostonglobe 的大规模 DDoS 攻击，受攻击的网站包括 bostonglobe.com 和公司拥有的其他网站。这次攻击还造成了公司的电话中断。最终，该公司的 Internet 服务提供商实施了反 DDoS 措施（如限制带宽），才阻止了攻击。

4.7.4　内存缓存攻击

2017 年 2 月，一种新的 DDoS 攻击载体出现了。攻击者使用数据库缓存系统（memcache）放大流量，使用此方法可以将请求放大几千倍。前面提到的 GitHub 攻击就涉及内存缓存攻击。

4.7.5　DDoS 勒索

2015 年 11 月，澳大利亚公司 FastMail 成为 DDoS 攻击的受害者。刚开始，系统遭到了攻击并导致离线。在第二次袭击后，受害者收到了赎金的要求，攻击者要求他们支付 20 比特币以中止攻击。此前，Protonmail 也遭受过类似的攻击，也被要求支付赎金以中止攻击。

○　https://www.tripwire.com/state-of-security/security-data-protection/cloud/edos-the-next-big-threat-to-your-cloud/.

4.7.6　Mirai

Mirai 是一款恶意软件，它可以将基于 Linux 的计算机变成可用于 DDoS 攻击的僵尸网络。它在 2016 年 8 月首次被发现。该恶意软件针对的是物联网（IoT）设备，并将设备作为 DDoS 攻击的工具。

4.8　如何防御 DoS 攻击

没有可以阻止所有 DoS 攻击的明确的方法，就像没有可以防止黑客攻击的明确的方法一样。但是，你可以采取一些措施将危险降至最低。前面我们已经提到了一些方法，例如 SYN cookie 和 RST cookie。在本节中，我们将研究一些使你的系统不易受到 DoS 攻击的措施。

你要注意的第一件事是这些攻击是如何进行的。一种可能是通过发送 ICMP 数据包在 Internet 上发送错误消息，或者由 ping 和 traceroute 实用程序来实现 Dos 攻击。如果系统有防火墙（肯定有一个防火墙），那么只需要对它进行配置以拒绝来自网络外部的 ICMP 数据包，这将是保护网络免受 DoS 攻击的重要一步。由于 DoS/DDoS 攻击可以通过多种协议执行，因此你也可以将防火墙配置为完全禁止任何传入流量，而不管它发生在哪个协议或端口上。这一做法看似激进，但肯定能够保持安全。

> **实践**
>
> 　　**阻塞 ICMP 数据包**：ICMP 数据包从外部进入内部网络的合法理由很少（有些人会说，没有很好的理由），因此，阻塞此类数据包通常被用作防御 DoS 攻击策略的一部分，这也将使得你的网络更难被攻击者扫描到（我们将在第 12 章中看到这一点）。

我们也可以通过 netstat 之类的工具检测来自某些 DoS 工具（例如 TFN2K）的威胁信息。这些工具大多都可以配置为查找 SYN_RECEIVED 状态，它表示着可能存在 SYN 洪泛攻击。

如果网络足够大，可以容纳内部路由器，则可以将这些路由器配置为禁止来自网络外的任何流量。这样，即使数据包经过防火墙，它们也不会在整个网络中传播。在所有路由器上还应该禁用定向 IP 广播，阻止路由器将广播包发送到网络上的所有计算机，从而阻止许多的 DoS 攻击。另外，你可以在路由器上安装过滤器，以验证外部数据包确实具有外部 IP 地址，以及内部数据包具有内部 IP 地址。

由于许多分布式 DoS 攻击都依赖于"肉鸡"作为发起点，因此减少此类攻击的一种方法是保护计算机免受病毒攻击和特洛伊木马的侵害。稍后的章节我将更详细地讨论此问题，但目前有 3 点非常重要：

- 始终使用病毒扫描软件并保持更新。
- 始终更新操作系统和软件补丁程序。
- 制定组织策略，规定除非 IT 人员清理下载内容，否则员工无法将任何内容下载到计算机上。

黑洞和沉库是经常用于缓解 DoS 和 DDoS 攻击的技术。如果确定流量为 DoS 攻击，则将其发送到一个黑洞（black hole）（即不存在的服务器 / 接口）。这通常是由 Internet 服务提供商完成的。沉库（sinkhole）则是用于分析流量并拒绝错误数据包的 IP 地址。流量将被发送到沉库，以便对其进行分析。

此外，入侵防御系统（IPS）通常用于检查流量并阻止拒绝服务攻击。

如前所述，这些方法都不能使你的网络完全免受 DoS 攻击的威胁或成为 DoS 攻击的发起点，但是它们将有助于减少发生这种攻击的可能性。Internet 提供商提供的黑洞和沉库与网络上的 IPS 结合使用可以提供合理的保护，美国系统网络安全协会网站 www.sans.org/dosstep/ 提供了有关此方案的良好资源，在这个网站上还有一些有关防止 DoS 攻击的精良技术。

4.9　本章小结

DoS 攻击是 Internet 上最常见的攻击之一，它们易于执行，不需要攻击者精心设计，并且可能对目标系统造成破坏性的影响。只有病毒攻击比 Dos 攻击更为普遍（而且，在某些情况下，病毒可能是 DoS 攻击的来源）。在本章练习中，你将学习如何阻止 DoS 攻击。

4.10　技能测试

选择题

1. 在考虑系统可能遭受的攻击时，了解到哪些攻击最常见是非常重要的一点。以下哪项是系统上最常见、最简单的攻击之一？
   A. 拒绝服务攻击　　　　B. 缓冲区溢出　　　　C. 会话攻击　　　　D. 口令破解

2. 所有的 DoS 攻击都是基于系统的工作负载能力。因此，衡量系统的工作负载至关重要。以下哪项不能用来定义计算机的工作负载？
   A. 并发用户数　　　　B. 储存容量　　　　C. 最大电压　　　　D. 网络连接速度

3. 你将多台计算机同时发起的 DoS 攻击称为什么？
   A. 广域攻击　　　　B. Smurf 攻击　　　　C. SYN 洪泛　　　　D. DDoS 攻击

4. 了解不同类型的 DoS 攻击以及这些攻击的特征至关重要。请问保持连接半开是哪种攻击的特征？
   A. Smurf 攻击　　　　B. 部分攻击　　　　C. SYN 洪泛攻击　　　　D. DDoS 攻击

5. 尽管存在多种实施 DoS 攻击的方法，但是它们都基于相同的思想。DoS 攻击背后的基本理念是什么？
   A. 计算机不能很好地处理 TCP 数据包　　　　B. 计算机只能处理有限的负载
   C. 计算机无法处理大量的 TCP 通信　　　　D. 计算机无法处理较大负载

6. 从攻击者的角度来看，DoS 攻击最主要的弱点是什么？
   A. 攻击通常不会成功　　B. 攻击难以执行　　　　C. 攻击很容易制止　　　　D. 攻击必须持续

7. 最常见的 DoS 攻击类型是什么？
   A. 分布式拒绝服务　　B. Smurf 攻击　　　　C. SYN 洪泛　　　　D 致命的 ping

8. 许多对策可以帮助抵抗 DoS 攻击。能够防御 SYN 洪泛攻击的三种方法是什么？
   A. SYN cookie、RST cookie 和堆栈调整　　B. SYN cookie、DoS cookie 和堆栈调整
   C. DoS cookie、RST cookie 和堆栈删除　　D. DoS cookie、SYN cookie 和堆栈删除

9. 胡安正在向其公司的安全运营商解释各种 DoS 攻击。本章中提到的哪一种攻击会导致网络在自己的服务器上执行 DoS 攻击？
   A. SYN 洪泛　　　　B. 致命的 ping　　　　C. Smurf 攻击　　　　D. DDoS 攻击

10. 依赖于将哈希值返回请求客户端的防御措施的名称是什么？
    A. 堆栈调整　　　　B. RST cookie　　　　C. SYN cookie　　　　D. 哈希调整

11. 哪种类型的防御依赖于向客户端发送不正确的 SYN / ACK 包？
　　A. 堆栈调整　　　　B. RST cookie　　　　C. SYN cookie　　　　D. 哈希调整

12. 当你试图向新来的安全技术人员解释各种 DoS 攻击时，你要确保她可以区分这些不同的攻击并注意到特定的攻击迹象。哪种防御方式依赖于更改服务器，以便未完成的握手更快地超时？
　　A. 堆栈调整　　　　B. RST cookie　　　　C. SYN cookie　　　　D. 哈希调整

13. 哪种类型的攻击依赖于发送的数据包对于服务器而言太大而导致无法处理？
　　A. 致命的 ping　　　B. Smurf 攻击　　　　C. Slammer 攻击　　　D. DDoS 攻击

14. 你想确保你的团队可以识别各种 DoS 攻击媒介。请问哪种类型的攻击使用受害者自己的网络路由器对目标进行 DoS 攻击？
　　A. 致命的 ping　　　B. Smurf 攻击　　　　C. Slammer 攻击　　　D. DDoS 攻击

15. 如果你是一名网站开发人员，并且担心 DoS 攻击，你可以在网站本身实现什么样的缓解技术？
　　A. 带宽遏流　　　　B. Web 应用防火墙　　C. HTTPS 加密　　　D. CAPTCHA

16. 保护内部路由器的安全为什么可以令你免受 DoS 攻击？
　　A. 如果内部路由器是安全的，攻击就不会发生
　　B. 由于攻击源网络外部，因此保护内部路由器也无济于事
　　C. 保护路由器仅能阻止基于路由器的 DoS 攻击
　　D. 它将防止攻击在网段之间传播

17. 你可以对内部网络路由器采取哪些措施以防御 DoS 攻击？
　　A. 禁止所有未加密的流量　　　　　　　B. 禁止所有来自网络外部的流量
　　C. 禁止所有来自网络内部的流量　　　　D. 禁止所有来自不可信来源的流量

18. 多萝西是一名网络管理员，她的系统一直在遭受使用自动程序向其公司云资源发送虚假请求的攻击，该攻击会导致这些资源不可用，如何最好地描述这种攻击？
　　A. PDoS　　　　　　B. DDoS　　　　　　C. EDoS　　　　　　D. DoS

19. 没有哪种缓解攻击的策略是完美的，而且你至少需要允许一些流量进出网络，否则你的网络没有任何用处。你可以使用防火墙做什么来至少抵御一些 DoS 攻击？
　　A. 阻止所有传入流量　　　　　　　　　B. 阻止所有传入的 TCP 数据包
　　C. 阻止所有端口 80 上的传入流量　　　D. 阻止所有传入的 ICMP 数据包

20. 你正在尝试识别所有潜在的 DoS 攻击媒介，同时你希望减轻这些攻击媒介的影响。请回答为什么防范特洛伊木马攻击可以减少 DoS 攻击？
　　A. 许多拒绝服务攻击是通过使用特洛伊木马来让毫无戒心的机器执行 DoS 攻击的
　　B. 如果你可以阻止特洛伊木马攻击，那么你也将可以停止 DoS 攻击
　　C. 特洛伊木马经常会打开端口，从而允许 DoS 攻击
　　D. 特洛伊木马与 DoS 攻击具有几乎相同的效果

练习

练习 4.1：执行 DoS 攻击

请注意，此练习最好在实验室环境中完成，因为那里有多台机器可供使用。

1. 设置一台机器（最好是容量非常有限的机器）运行小型 Web 服务器（你可以从 www.apache.

org 免费下载适用于 Windows 或 Linux 的 Apache）。

2. 在多台计算机上使用 ping 实用程序，尝试对该 Web 服务器执行简单的 DoS 攻击。通过命令 ping -l 65000 -w0 -t< 目标地址 >，使其他计算机开始对目标计算机进行持续的 ping 攻击，尝试完成此操作。

3. 你一次只能向"攻击"中添加 1～3 台实验室计算机（从一个开始，然后一点点的增加）。

4. 随着你添加更多的计算机，另一台计算机显示目标服务器的主页需要花费的时间也随之增加。同时，请注意服务器的阈值（即该服务器完全停止响应的时候）。

练习 4.2：阻止 SYN 洪泛攻击

请注意，这是进阶练习，一些学生可能希望进行分组学习。

1. 在网页或操作系统的文档中搜索有关 RST cookie 或 SYN cookie 实现的说明文档。

2. 在你自己的计算机或由导师指定的计算机上按照这些说明进行操作。以下这些网站可能会对你有所帮助：

- Linux: https://www.rootinstall.com/tutorial/how-to-prevent-syn-flood-attacks-in-linux/
- Windows: https://learn.microsoft.com/en-us/answers/questions/144446/synattackprotect.html
- Both Linux and Windows: https://purplesec.us/prevent-syn-flood-attack/

练习 4.3：设置防火墙

本练习仅适用于有权访问实验室防火墙的学生。

1. 利用防火墙文档，了解如何阻止 ICMP 数据包。

2. 设置防火墙以阻止这些数据包。

练习 4.4：设置路由器

本练习仅适用于可以使用实验室路由器的学生。

1. 利用路由器文档，了解如何阻止所有并非源自你自己网络的流量。

2. 设置路由器以阻止该流量。

项目

项目 4.1：采用替代防御方法

1. 使用 Web 或其他研究工具，搜索防御一般 DoS 攻击或特定类型的 DoS 攻击的替代方法。除了本章已经提到的防御措施以外，其他任何防御措施都可以。

2. 撰写有关此防御技术的简短论文。

项目 4.2：防御特定的拒绝服务攻击

1. 使用 Web 或其他工具，查找过去 6 个月内发生的 DoS 攻击。你可以在 www.f-secure.com 上找到一些资源。

2. 说明这些攻击是如何进行的。

3. 简要说明你如何防御特定的 DoS 攻击。

项目 4.3：针对 DoS 攻击加强 TCP 堆栈

请注意，此项目需要访问实验室的计算机。这也将是一个漫长的项目，需要学生进行一些研究。

1. 使用手册、供应商文档和其他资源，找到一种改善 TCP 通信以帮助防御 DoS 攻击的方法。

2. 利用此信息，在实验室计算机上实施以上方法之一。

案例研究

　　露娜·辛格是负责中型公司网络安全的网络管理员。该公司已经建立了防火墙，其网络被路由器分隔成多个部分，并且在所有计算机上都更新了杀毒软件。露娜希望再采取一些额外的防范措施来防止 DoS 攻击。她采取了以下措施：

- 调整防火墙，不允许传入任何的 ICMP 数据包。
- 更改 Web 服务器，使其使用 SYN cookie。

现在考虑如下的问题：

1. 她的防范措施是否存在问题？如果存在，有什么问题？
2. 你会建议露娜采取哪些其他的措施？

恶意软件

本章学习目标

学习本章并完成章末的技能测试题目之后，你应该能够

- 了解病毒（蠕虫）及其传播方式，包括著名的病毒，例如 WannaCry、Rombertik 和 Petya 等。
- 掌握一些有关典型病毒暴发的实用知识。
- 了解杀毒软件的运行方式。
- 了解什么是特洛伊木马及其运行方式。
- 掌握几种典型的特洛伊木马攻击的实用知识。
- 掌握缓冲区溢出攻击的概念。
- 理解什么是间谍软件，以及它是如何进入目标系统的。
- 通过良好实践、杀毒软件和反间谍软件来防御各种攻击。

5.1　引言

在第 4 章中，我们研究了拒绝服务（DoS）攻击，它是一种特别常见且容易实施的攻击。在本章中，我们将通过分析其他几种攻击来继续研究存在的安全威胁。首先需要了解病毒的暴发过程。我们的讨论将集中在病毒攻击的方式和原因上，包括通过特洛伊木马部署的攻击。本章不是"如何创建自己的病毒"的教程，而是介绍这些攻击相关的概念并对一些具体案例进行研究。

其次，本章还将探讨病毒、蠕虫、缓冲区溢出攻击、间谍软件和其他几种形式的恶意软件。每一种恶意软件都提供了一种独特的攻击方式，而每一种攻击方式都是系统防护中需要考虑的。通过对恶意代码攻击方式的进一步了解，你可以提高抵御此类攻击的能力。在本章末的练习中，你将有机会研究病毒的预防方法，并尝试使用 McAfee、Norton、AVG、Bitdefender、Kaspersky、Malwarebytes 和其他杀毒供应商的杀毒软件。

在继续介绍之前，我们要记住两个重要的事实。第一个事实是，本章中描述的类别在实际的恶意软件中并不总是特别清晰。例如，一款恶意软件可能结合了病毒功能和间谍软件功能，还可能被用来发起 DoS 攻击。学习和理解恶意软件的类别仍然很重要，但是你还需要意识到，许多现实世界中的恶意软件示例都与几个类别重叠。第二个事实是，恶意软件的世界是动态的，事情正在快速地变化着。我们将着眼于一些值得研究的特定示例，因为它们在恶意软件的发展历史上具有突出的地位。然而，始终掌握恶意软件的当前趋势，并不断检查最新的恶意软件暴发，这才是一个好主意。

5.2　病毒

根据定义，计算机病毒（computer virus）是一种可以自我复制的程序。一些资料将病毒定义为必须附加到另一个文件（例如可执行文件）才能运行的文件。但是，这并不准确。一般来讲，病毒还会具有其他一些令人不快的功能，但是自我复制和快速传播是病毒的标志

性特征。通常，这种增长本身就可能成为受感染网络的问题。任何快速传播的病毒都会降低网络的功能和响应速度。仅仅是超过网络设计承载的流量负载，就可以使网络暂时无法运行。臭名昭著的 ILOVEYOU 病毒实际上没有负面的有效载荷（payload），但是它所产生的大量电子邮件使许多网络陷入瘫痪。

5.2.1　病毒的传播方式

病毒的传播方式并不很多，主要有两种。第一种方式很简单，就是将病毒自身通过电子邮件发送给你的电子邮件通讯录中的每个人。另一种方式是，扫描计算机上是否有网络连接，然后将自身复制到计算机可以访问的网络中的其他计算机上。病毒也可以驻留在便携式媒体上，例如 USB 设备、CD 或 DVD。可以使用合法文件掩盖病毒，在这种情况下，它称为特洛伊木马。有时，一个网站感染了病毒，当有人访问该网站时，其使用的计算机就会被感染。

到目前为止，电子邮件方法是最常见的病毒传播方法，而 Microsoft Outlook 可能是最常受到此类病毒攻击的电子邮件程序。原因并非 Outlook 中的安全漏洞，而是 Outlook 使用的简便性。所有 Microsoft Office 产品都经过了精心设计，为某个业务编写软件的合法程序员可以访问许多应用程序的内部对象，从而轻松创建与 Microsoft Office 套件中的应用程序集成的应用程序。例如，程序员可以编写一个应用程序，该应用程序能够访问 Word 文档，导入 Excel 电子表格，然后使用 Outlook 自动地将生成的文档通过电子邮件发送给利益相关方。Microsoft 在简化这个过程方面做得很好，通常只需要最少的编程即可完成这些任务。使用 Outlook，只需要不到五行代码即可引用 Outlook 发送电子邮件。这意味着程序可以让 Outlook 在用户不知情的情况下发送电子邮件。Internet 上有许多代码示例可以准确地说明如何做到这一点，并且它们是免费的。因此，不需要非常熟练的程序员就能访问你的 Outlook 通讯簿并自动发送电子邮件。从本质上讲，Outlook 编程的简便性就是为什么存在如此多针对 Outlook 的病毒攻击的原因。

尽管绝大多数病毒攻击都是通过利用受害者现有的电子邮件软件进行传播的，但某些病毒暴发仍使用其他方法进行传播，例如其内部电子邮件引擎。另一种病毒传播方法是使病毒简单地在网络上复制自身。通过多种途径传播病毒变得越来越普遍。

传递病毒的方法可能非常简单，并且更多地取决于终端用户的疏忽，而不是病毒编写者的技能。诱使用户访问他们不应该访问或不应该打开的网站和文件是一种常见的传播病毒的方法，并且完全不需要编程技能。不管病毒到达"家门口"（doorstep）的方式如何，一旦病毒进入系统，它都将尝试传播，并且在许多情况下，也将尝试对你的系统造成一些破坏。一旦病毒进入你的系统，它就可以执行任何合法程序允许执行的操作，因此它可能会删除文件、更改系统设置或造成其他危害。

5.2.2　病毒类型

病毒有许多不同类型，可以根据病毒的传播方法或在目标计算机上的活动对病毒进行分类。在本节中，我们将简要介绍一些主要的病毒类型。

- **宏（macro）病毒**：宏病毒感染 Office 文档中的宏。许多办公产品（包括 Microsoft Office）都允许用户编写称为宏的微型程序。这些宏也可以写成病毒的形式。在某些业务应用程序中，宏病毒被写入宏。例如，Microsoft Office 允许用户编写宏以自动执行某些任务。Microsoft Outlook 的设计使程序员可以使用称为 Visual Basic for Applications（VBA）的 Visual Basic 编程语言的子集来编写脚本。实际上，所有 Microsoft Office 产品都内置了此脚本语言。程序员也可以使用 VBScript 语言，这两种语言都很容易学习。如果将此类脚本附加到电子邮件，并且收件人正在使用 Outlook，则可以执行该脚本。执行该脚本可以做很多事情，包括扫描通讯簿、查找地址、发送电子邮件、删除电子邮件等。

- **引导扇区**（boot sector）**病毒**：顾名思义，这种类型的病毒会感染驱动器的引导扇区。杀毒软件很难找到这种病毒，因为大多数杀毒软件在操作系统内运行，而不是在引导扇区运行。
- **复合型**（multi-partite）**病毒**：复合型病毒以多种方式攻击计算机，例如，感染硬盘的启动扇区和一个或多个文件。
- **加壳**（armored）**病毒**：加壳病毒使用难以分析的技术。代码置乱（code confusion）就是这样的一种方法。这样写的代码，就算病毒被拆解，代码也不会很容易被跟踪。压缩代码是保护病毒的另一种方法。
- **稀疏感染者**（sparse infector）**病毒**：稀疏感染者病毒试图通过偶尔执行其恶意活动来逃避检测。对于稀疏感染者病毒，用户会在短时间内看到症状，然后在接下去的一段时间看不到症状。在某些情况下，稀疏感染者病毒会针对特定程序，但病毒只会在目标程序运行的第 10 次或第 20 次执行。或者，稀疏感染者病毒可能会突然爆发活动，然后处于休眠状态一段时间。稀疏感染者病毒有多种变体，但是基本原理是相同的：减少攻击的频率，从而减少被检测到的机会。
- **多态**（polymorphic）**病毒**：多态病毒会不时地更改其形式，以避免被杀毒软件检测到。
- **变形**（metamorphic）**病毒**：变形病毒是多态病毒的特例，它会定期完全自我重写。这种病毒非常罕见。
- **内存驻留**（memory resident）**病毒**：内存驻留病毒加载到内存中。如果此病毒是由主机应用程序启动的，那么即使在主机应用程序卸载并停止执行之后，内存驻留病毒仍会在内存中激活。

这些典型病毒定义了病毒的一般行为。当然还有其他类型，但它们包含在这些典型病毒中。例如，*空穴病毒*（cavity virus），也称为*空间填充病毒*（space filler virus），在现存文件中查找漏洞以插入病毒代码。上述列出的任何一种病毒都能将自身安装为空穴病毒。另外，覆盖病毒会完全覆盖一个现存文件（通常是系统文件）。

5.2.3 病毒示例

病毒攻击的威胁不可夸大。虽然有许多网页提供有关病毒的信息，但我认为，只有少数网页能够始终如一地提供有关病毒暴发的最新、最可靠、最详细的信息。任何安全从业人员都希望定期访问和咨询这些站点。你可以在以下网站上阅读有关任何病毒过去或现在的更多信息：

- https://www.csoonline.com/article/3295877/what-is-malware-viruses-worms-trojans-and-beyond.html
- https://us.norton.com/internetsecurity-malware-virus-faq.html

- https://www.us-cert.gov/publications/virus-basics
- https://www.cm-alliance.com/cybersecurity-blog/5-major-ransomware-attacks-of-2022
- https://www.makeuseof.com/most-notorious-malware-attacks-ever/

以下将介绍许多实际的病毒暴发情况。我们将分析最近出现的病毒，以及过去 10 年或以上的一些示例。这应该使你对病毒在现实世界中的行为有一个相当完整的了解。

1. Black Basta

Black Basta 是在 2022 年 4 月首次被发现的勒索软件，这款勒索软件值得注意的一个细微差别是在 Linux 和 Windows 上都有变体。在 Windows 域控制器上，Black Basta 将创建一个组策略来禁用 Windows Defender 和其他杀毒软件，这是病毒十分恶劣的地方。另外，它还会窃取数据并加密以索要赎金。如果不支付赎金，攻击者将开始泄露数据。

2. Titanium

2019 年 11 月，卡巴斯基实验室报道的 Titanium 是一种 APT（高级持续威胁）后门恶意软件。APT 是持续进行的简单高级攻击。Titanium 可在多个阶段中安装，大部分隐藏在载体图像文件（通常是 PNG 文件）中。一旦进入计算机，它就会窃取计算机上的文件，使其成为间谍软件（正如您将在本章中看到的，恶意软件通常属于多个类别）。它还会更改受感染计算机上的配置设置，并从远程服务器接收命令。

3. WannaCry

这是 2017 年的大新闻。2017 年 3 月，WannaCry 在全球掀起了一场风暴。但是，基于多个原因，很多年来人们一直还在研究这种病毒。该病毒值得关注的第一个原因是，针对病毒利用的漏洞已经开发出了补丁程序，并且该补丁程序已经使用了数周。这说明了为什么打补丁是网络安全非常重要的组成部分。

WannaCry 病毒具有一个奇怪的功能：它具有一个内置的杀伤开关（kill switch）。如果注册了特定的 URL，它将杀死 WannaCry 病毒。一个名叫马库斯·哈钦斯（Marcus Hutchins）的人无意中发现了 kill switch 并停止了 WannaCry。哈钦斯最初被誉为英雄，但后来因开发和出售银行木马恶意软件而被联邦调查局（FBI）逮捕（与 WannaCry 无关）。

4. Petya

Petya 于 2016 年首次被发现，并一直持续到 2018 年。它以 Windows 计算机为目标，感染引导扇区并加密硬盘驱动器的文件系统。然后，它要求以比特币付款。这是综合了多种功能的病毒的绝佳案例。该病毒的名称来自 1995 年詹姆斯·邦德（James Bond）的电影《黄金眼》，电影中 Petya 是苏联的武器卫星之一。

5. Shamoon

Shamoon 病毒于 2012 年首次被发现，2017 年又出现了一个变体。Shamoon 是一个间谍软件，它将本地的文件上传给攻击者后再将文件删除。该病毒攻击了沙特阿美石油公司（Saudi Aramco）的工作站，一个名为"正义之剑"（cutting sword of justice）的组织声称对该攻击负责。

6. Rombertik

Rombertik 在 2015 年制造了一场浩劫。该恶意软件使用浏览器读取网站的用户凭证

（credential）。它通常作为电子邮件的附件被发送。更糟糕的是，在某些情况下，Rombertik 可能会覆盖硬盘驱动器上的主引导记录（Master Boot Record，MBR），使计算机无法启动，或者开始加密用户主目录中的文件。

7. Gameover ZeuS

Gameover ZeuS 是一种创建对等（peer-to-peer）僵尸网络的病毒。本质上，它在受感染的计算机与指令控制计算机之间建立了加密通信，从而使攻击者可以控制各种受感染的计算机。指令控制计算机是僵尸网络中用来控制其他计算机的计算机，它们是管理僵尸网络的中央节点。2014 年，美国司法部暂时关闭与指令控制计算机的通信。然后在 2015 年，联邦调查局宣布悬赏 300 万美元，捉拿涉嫌参与 Gameover ZeuS 病毒攻击的叶夫根尼·博加乔夫（Evgeniy Bogachev）。

8. CryptoLocker 和 CryptoWall

臭名昭著的 CryptoLocker 是众所周知的勒索软件案例之一，它于 2013 年首次被发现。CryptoLocker 利用非对称加密来锁定用户的文件。现在，人们已检测到 CryptoLocker 的多个变体。

2014 年 8 月首次被发现的 CryptoWall 是 CryptoLocker 的变体，它在直观上和行为上与 CryptoLocker 都非常相似。然而，除了加密敏感文件外，它还可以与指令控制服务器通信，甚至可以对受感染机器进行截屏（screenshot）。2015 年 3 月，一个 CryptoWall 的变体被发现与间谍软件 TSPY FAREIT.YOI 捆绑在一起，除了保存用于勒索的文件外，该变体实际上还从受感染的系统中窃取凭据。

9. IoT 恶意软件

随着 IoT 设备的广泛应用，这些设备逐渐成为恶意软件的攻击目标也就不足为奇了。或许最广为人知的 IoT 恶意软件是 Marai。整个 2016 年，Marai 感染了运行 Linux 的 IoT 设备，并将它们变成了可以远程控制的自动程序，这些设备随后被用来执行分布式拒绝服务攻击。

值得注意的是，Mirai 不是第一个攻击 IoT 设备的恶意软件。从 2014 年到 2016 年，BASHLITE 一直在攻击 IoT 设备。这个恶意软件用 C 语言编写，可以编译成一系列的体系结构和操作系统，主要被用来发起拒绝服务攻击。

10. 亚特兰大勒索软件攻击

2018 年 3 月，佐治亚州（Georgia）的亚特兰大市（Atlanta）遭受了勒索软件的袭击。该市的许多系统受到影响，包括公用事业、法院和其他重要系统。两名伊朗黑客 Faramarz Savandi 和 Mohammed Mansouri 被指控实施了此次攻击。值得注意的是，这次攻击有 2 个原因。首先，它使用了 SamSam 勒索软件，该软件不是通过网络钓鱼而是通过蛮力攻击口令来获得系统的访问权限。其次，亚特兰大以前曾因未能在安全方面投入足够的资金而受到批评，并且在攻击发生前两个月的一次审计中发现了 1500~2000 个漏洞。

11. Mindware

2022 年，Mindware 成为一个巨大的威胁。2022 年 3 月和 4 月，这种勒索软件的攻击开始被人们注意到。在其他目标中，Mindware 被用来对付非营利性的心理健康服务提供者。它除了是勒索软件外，还会窃取数据。Mindware 将窃取的金融业和制造业受害者的数据发布到 Internet 上。每个 Mindware 有效载荷都针对特定目标进行配置，这在勒索软件领域十分罕见。一旦目标被感染，有效载荷就会发出一条硬编码勒索软件通知来索要赎金，并阻止目标绕过勒索软件。

12. Thanatos

Thanatos 勒索软件在 2018 年首次被发现。它首先对文件进行加密并在桌面上放置一个 readme.txt 文件。该文件有一条简短的信息，指示受害者支付比特币以释放他们的文件，密钥实际上隐藏在由攻击者控制的远程服务器上。与之前的勒索软件攻击不同的是，即使受害者支付了赎金，Thanatos 背后的攻击者通常也不会解密文件。

13. Clop

Clop（有时用 0 而不是 o 拼写，即 Cl0p）于 2019 年首次被发现，是 2016 年首次出现的 CryptoMix 勒索软件家族的变体。Clop 在 2021 年开始广泛出现，除了加密文件，还阻塞了约 600 个 Windows 进程。截至 2021 年 11 月，预估已有受害者向 Clop 支付了 5 亿美元的赎金。Clop 的新变体正在攻击整个网络，一个有趣的地方是它作为勒索软件即服务进行操作。荷兰的马斯特里赫特大学（Maastricht University）曾遭受过这种攻击。

14. FakeAV

尽管 FakeAV 病毒已经存在了好几年，但是还是值得研究的。该病毒于 2012 年 7 月首次出现，影响的 Windows 系统的范围从 Windows 95 到 Windows 10 和 Windows Server 2016。这是一种假冒的杀毒软件（因此名为 FakeAV），会弹出假病毒警告。它不是第一个这样伪造的杀毒恶意软件，但它却是最成功的一个案例。

15. MacDefender

MacDefender 是专门针对 Mac 计算机的。很长一段时间以来，大多数专家都认为苹果产品相对来说没有病毒，只是因为其产品没有足够的市场份额来吸引病毒编写者的注意力。许多人怀疑，如果苹果获得更大的市场份额，它也将开始遭受更多的病毒攻击，事实证明的确如此。

MacDefender 病毒最早出现在 2011 年初，而今天仍然可见到其变体。它被嵌入在某些网页中，当用户访问这些网页时，它会为其提供一份伪造的病毒扫描，告知其系统有一个病毒，需要对其进行修复，而"修复程序"实际上是下载病毒。该病毒的目的是使终端用户购买 MacDefender 这款"杀毒"产品。假的杀毒攻击（也称为恐吓软件）已变得越来越普遍。

16. Kedi RAT

2017 年 9 月，Kedi RAT（远程访问木马）病毒通过网络钓鱼电子邮件进行传播。一旦病毒进入受感染的系统，它将窃取数据，然后通过 Gmail 账户以电子邮件的方式发送数据。它专门尝试识别受感染系统上的个人或财务数据以便出售。

17. Sobig 病毒

Sobig 于 2003 年首次被发现，它不是最近的病毒，但它是一款相当经典的病毒，因为它受到了媒体的广泛关注并造成了极大的危害。该病毒使用一种多模式方法进行传播，也就是说，它使用了多种机制来传播和感染新机器。它将自身复制到网络上的任何共享驱动器，并将自身通过电子邮件发送给地址簿中的每个人。因此，Sobig 的毒性特别强，这也是研究它的重要所在。

> **供参考的小知识：毒性病毒**
>
> 术语 **"毒性"**（virulent），在计算机病毒中的含义与在生物病毒中的含义实质上是相同的：它是一种衡量感染传播的速度以及感染新目标的容易程度的指标。

如果一个人在网络上不幸地打开了一封包含 Sobig 病毒的电子邮件，则不仅他的机器将被感染，而且该人可以访问的网络上的所有共享驱动器也将被感染。但是，Sobig 与大多数电子邮件分发的病毒攻击一样，在电子邮件主题或标题中都有明显的标志，该标志可将病毒感染的电子邮件识别出来。电子邮件中将带有一些诱人的标题，例如"这是样本"或"文档"，以激起你的好奇心。随着你打开附件，病毒会将自身复制到 Windows 系统目录中。

这种特殊的病毒传播如此之远，感染了如此多的网络，以至于仅仅是病毒的多次复制就足以使一些网络瘫痪。该病毒不会破坏文件或损坏系统，但会产生巨大流量，使受感染的网络陷入困境。病毒本身并不复杂。然而，Sobig 一旦问世，许多变体就开始出现，使情况变得更复杂。Sobig 某些变体的影响之一是从 Internet 下载文件，这将引发打印问题，一些网络打印机会开始打印垃圾邮件。Sobig.E 变体甚至会写入 Windows 注册表，从而使其自身在计算机启动时加载。这些复杂的特征表明，创建者知道如何访问 Windows 注册表、访问共享驱动器、更改 Windows 启动设置和访问 Outlook。

这就提出了病毒变体及其发生方式的问题。就生物病毒而言，基因密码中的突变会导致出现新的病毒株，而自然选择的压力使其中的某些株进化为全新的病毒。显然，生物学方法与计算机病毒不同。对于计算机病毒，一些怀有恶意的程序员会获得病毒的副本（也许是她自己的计算机被感染了），然后对它进行逆向工程。与传统的编译程序不同，由于许多病毒攻击都以附加到电子邮件的脚本的形式出现，因此这些攻击的源代码易于读取和更改。不怀好意的程序员只需要获取原始的病毒代码，并进行一些更改，就可以重新发布变体。通常，因为创造病毒而被捕的人实际上是变体的开发人员，他们缺乏原始病毒编写者的技能，因此很容易被抓住。

18. Shlayer

2018 年首次被发现的 Shlayer 病毒利用的是一个直到 2021 年 4 月才修补的漏洞，但实际上，其感染高峰出现在补丁发布前的几周。该病毒以 macOS 为目标，并专门作为安装多种其他恶意程序的第一步所使用的下载器来操作。

19. Mimail 病毒

Mimail 是另一种仍然值得研究的较老的病毒。Mimail 病毒没有像 Sobig 那样受到媒体的广泛关注，但是它具有一些有趣的特征。该病毒不仅从你的通讯录中收集电子邮件地址，而且还从计算机中的其他文档中收集电子邮件地址。因此，如果你的硬盘驱动器上有 Word 文档，并且该文档中包含电子邮件地址，则 Mimail 就会找到它。这种策略意味着 Mimail 会比其他许多病毒传播得更远。并且 Mimail 拥有自己的内置电子邮件引擎，因此不必"依托"（piggyback）你的电子邮件客户端。无论你使用什么电子邮件软件，它都可能传播。

以上两个不同于大多数病毒的地方让研究计算机病毒的人对 Mimail 很感兴趣。有多种技术可让你以编程方式打开和处理计算机上的文件。但是，大多数病毒攻击都不使用它们。扫描文档中的电子邮件地址表明病毒编写者具有一定水平的技能和创造力。在作者看来，Mimail 应该不是业余爱好者的作品，只有具有专业级编程技能的人才能完成它。

20. 非病毒病毒

在过去的几年中，另一种新型病毒已开始流行，这就是"非病毒病毒"（nonvirus virus），或者简单地说，这是一个骗局。黑客没有实际地编写病毒，而是向他拥有的每个地址发送电子邮件。该电子邮件声称来自某个著名的杀毒中心，并警告说一种新的病毒正在传播。该电子邮件指示人们从其计算机上删除某些文件以清除病毒。但是，该文件并不是真正的病毒，而是计算机系统的一部分。jdbgmgr.exe 病毒骗局就使用此方案。它鼓励读者删除系统实际需要的文件。令人惊讶的是，许多人遵循了此建议，并且他们不仅删除了文件，而且还立即通过电子邮件发送给朋友和同事，警告他们从计算机中删除文件。

> **供参考的小知识：莫里斯 Internet 蠕虫**
>
> 莫里斯（Morris）蠕虫是有史以来最早通过 Internet 分发的计算机蠕虫之一，并且无疑是第一个引起媒体广泛关注的蠕虫。

罗伯特·塔潘·莫里斯（Robert Tappan Morris, Jr.）当时是康奈尔大学的学生，他编写了该蠕虫，并于 1988 年 11 月 2 日在麻省理工学院系统中将其启动。莫里斯实际上并不打算用该蠕虫造成损害。相反，他希望蠕虫揭示它所利用的程序中的错误。但是，代码中的错误使个人计算机多次受到感染，蠕虫成为一种威胁。每次额外的"感染"都会在被感染的计算机上产生一个新进程。在某个时刻，受感染计算机上运行的大量进程将计算机的速度降低到无法使用的程度。至少有 6000 台 UNIX 计算机感染了该蠕虫。

莫里斯因违反 1986 年的《计算机欺诈和滥用法案》而被定罪，被判处罚款 10 000 美元、缓刑 3 年和 400 个小时的社区服务。但是，该蠕虫的最大影响也许是它促使了计算机应急响应小组（CERT）的成立。CERT（www.cert.org）是卡内基梅隆大学发起的组织，是安全公告、信息和指南的存储库。CERT 是任何安全专业人员都应该熟悉的资源。

21. Flame

如果没有对 Flame 的讨论，那么对现代病毒的讨论就不完整。该病毒于 2012 年首次出现，主要针对 Windows 操作系统。据媒体报道，它是由美国政府专门设计用于间谍活动的，这一点比较引人注目。2012 年 5 月在包括伊朗政府网站在内的多个地方被发现。Flame 是一款间谍软件，可以监视网络流量并获取受感染系统的截屏。

22. 最早的病毒

1971 年，鲍勃·托马斯（Bob Thomas）创造了名为 Creeper 的病毒，它被广泛认为是第一个计算机病毒。它通过 ARPANET（Internet 的前身）传播，并显示一条内容为"我是爬山虎，如果可以的话，抓住我！"的信息。另一个名为"Reaper"的程序是用来删除 Creeper 的。

Wabbit 病毒是在 1974 年被发现的，自我复制了多个副本，因此对受感染计算机的性能产生了不利影响。

苹果病毒 1、2 和 3 是通用网络或公共领域中的第一批病毒。这些病毒于 1981 年在

Apple Ⅱ 操作系统上被发现，通过盗版的计算机游戏在得克萨斯农工大学（Texas A & M）传播。

5.2.4　病毒的影响

2018 年初，中国台湾最大的芯片制造商之一，同时也是苹果公司供应商的台湾积体电路制造股份有限公司（简称台积电）表示，它已受到影响计算机系统和制造工具的计算机病毒的攻击，估计造成的损失将超过 1.7 亿美元。新闻报道中没有描述这种特定的病毒，但是一家公司受到一种病毒的攻击并被它严重破坏就说明了计算机病毒的危害。

5.2.5　机器学习与恶意软件

任何新技术最终都会被无道德原则的个人和团体所利用，机器学习也不例外。2021 年的一篇关于机器学习网络攻击的论文指出 ⊖：

> 近年来，随着信息泄露事件的增加，针对受控信息的窃取攻击已成为一种新的网络安全威胁。由于先进分析技术的蓬勃发展和运用，新型窃取攻击利用机器学习（ML）算法来实现高成功率并对信息造成了大量的破坏。针对此类攻击的检测和防御具有挑战性和紧迫性，因此政府、组织和个人应高度重视基于 ML 的盗窃攻击。上述论文介绍了这种新型攻击的最新进展和相应的对策，它从三类目标受控信息的角度介绍了基于 ML 的窃取攻击，其中包括受控用户活动、受控 ML 模型相关信息和受控身份认证信息。它还通过总结最近的出版物来概括总体攻击方法，并得出了基于 ML 的窃取攻击的局限性和未来方向。此外，论文从检测、中断和隔离三个方面提出了建立有效保护措施的对策。

2020 年 12 月，熊猫安全公司发布了一篇在线文章 ⊜，警示人们未来的网络威胁可能包括会学习的恶意软件，这篇文章预测了自主学习的恶意软件在未来几年的使用情况，并猜测最早可能在 2024 年出现机器学习恶意软件的重大攻击事件。2019 年发表在 ZDNet 上的一篇文章 "Adversarial AI: Cybersecurity Battles Are Coming" ⊝描述了人工智能和 ML 在攻击中的预期用途，以及完全由人工智能执行攻击的可能性。

5.2.6　病毒的防御原则

你应该注意到所有病毒攻击（恶作剧除外）都有一个共同点：它们希望你打开某些类型的附件。病毒最常见的传播方式是作为电子邮件的附件。知道了这一点，你就可以遵循一些简单的规则来大大降低感染病毒的概率：

- 使用杀毒软件。McAfee 和 Norton（在章末所附的练习中进行了探讨）是两种使用最广泛的杀毒软件，但是，卡巴斯基（Kaspersky）和 AVG 也是不错的选择。每年花费约 30 美元来升级你的杀毒软件。每个杀毒产品都有支持者和反对者，我不会深入研究哪种更好。对于大多数用户而言，四个主要的杀毒程序中的任何一个都将是有效的。我每隔一段时间就会轮换使用其中的一个，这样我就可以对它们保持熟悉感。
- 如果你对于一个附件不确定，请不要打开它。

⊖　https://arxiv.org/abs/2102.07969.

⊜　https://www.pandasecurity.com/en/mediacenter/security/cyberthreats-learning-malware/.

⊝　https://www.zdnet.com/article/adversarial-ai-cybersecurity-battles-are-coming/.

- 你甚至可以与朋友和同事交换代码字（code word）。告诉他们，如果他们希望向你发送附件，则应在邮件标题中添加代码字。如果没有看到代码字，你将不会打开任何附件。
- 不要相信发送给你的"安全警报"。Microsoft 不会以这种方式发出警报。定期查看 Microsoft 网站以及前面提到的一些杀毒网站。

这些规则不会使你的系统具有 100% 的病毒防护能力，但它们对保护你的系统大有帮助。

5.3　特洛伊木马

回想一下前面的章节，特洛伊木马实际上是一个程序，它表面看起来无害，但实际上却具有恶意目的。我们已经看到了通过特洛伊木马传播的病毒。你可能会收到或下载看似无害的商业实用程序或游戏程序。更有可能的是，特洛伊木马只是附加到看起来无害的电子邮件的脚本中。当你运行该程序或打开附件时，它会执行与你想做的事情不同的其他事情。它可能会执行以下任一操作：

- 从一个网站上下载有害软件。
- 在你的计算机上安装键盘记录器或其他间谍软件。
- 删除文件。
- 打开后门供黑客使用。

病毒和特洛伊木马组合式攻击很常见。在这些情况下，特洛伊木马会像病毒一样传播。MyDoom 病毒在你的计算机上打开一个端口，该端口后来会被 doomjuice 病毒利用以发起攻击，这是典型的病毒和木马的组合。

木马也可以是专门针对个人精心制作的。如果黑客希望监视某个人，例如公司会计师，他可以制定一个程序专门吸引该人的注意。例如，如果他知道会计师是一个狂热的高尔夫球手，那么他可以编写一个程序计算差点（handicap）（高尔夫的术语）、列出最好的高尔夫球场，并将该程序发布在免费的 Web 服务器上。然后，他会给包括会计师在内的许多人发送电子邮件，向他们介绍该款免费软件。该软件一旦被安装，就能够检查当前登录人员的姓名。如果登录的名称与会计师的姓名匹配，则该软件就会在用户不知情的时候下载键盘记录器或其他监视应用程序。如果该软件没有损坏文件或没有自我复制，那么它可能在很长一段时间内都不会被发现。这些年来，已经出现了许多特洛伊木马程序，最早的也是最广为人知的一种是 Back Orifice。

> **供参考的小知识：病毒还是蠕虫？**
>
> 　　专家对病毒和蠕虫之间的区别存在分歧。一些专家将 MyDoom（以及我们将在后面讨论的 Sasser）称为蠕虫，因为它不需要人工干预即可传播。但是，我将病毒定义为可以自我复制的任何文件，将蠕虫定义为可以在没有人为干扰的情况下传播的程序。这也是安全专家中最常见的定义。

这样的一个程序实际上是在任何一个有能力的程序员的技能范围内的，这也是许多组织都禁止将任何软件下载到公司计算机上的原因之一。我不知道以这种方式定制的特洛伊木马的任何实例。但是，重要的是要记住，那些制造病毒攻击的人往往是具有创新能力的人。

同样重要的是要注意，创建特洛伊木马程序并不需要编程技能。Internet 上有免费的工具，例如 eLiTeWrap，它允许用户组合两个程序——其中一个是隐藏的，另一个是不隐藏的。因此，你可以轻松地将病毒和比如扑克游戏这样的程序结合起来，最终用户只会看到扑克游戏，但是当扑克游戏运行时，它将启动病毒。

另一种要考虑的场景将是灾难性的。我们在不透露编程细节的情况下，将概述基本前提，以说明特洛伊木马的严重危害。想象一下一个小型应用程序，它显示了一系列赞美退伍军人的爱国的图片，该应用程序可能会在很多美国人中流行，特别是在军事、情报界或与国防相关的行业的人群中。现在假设这个程序只是在计算机上休眠了一段时间，它不需要像病毒一样进行复制，因为计算机用户可能会将其发送给许多同伴。在某个特定的日期和时间，该软件将连接到它可以驱动的任何驱动器（包括网络驱动器），并开始删除所有文件。如果将这种特洛伊木马在通用网络上释放出来，则在 30 天内可能会被运送到成千上万，甚至上百万台计算机中。然后，这些计算机将开始删除文件和文件夹，这将是一场难以想象的灾难。

计算机用户（包括应该对此更了解的专业人员）通常会从 Internet 下载各种内容，例如有趣的视频和可爱的游戏。员工每次下载某种性质的东西时，都有机会下载特洛伊木马。即使不是统计学家也意识到，如果员工持续这种做法的时间足够长，他们最终会下载一个特洛伊木马到公司的机器上。如果他们这样做了，希望这种病毒不会像上文所描述的那样邪恶。

由于特洛伊木马通常由用户自己安装，因此这个攻击的安全对策是防止终端用户下载和安装。从执法角度来看，对涉及特洛伊木马的犯罪行为的调查将涉及对计算机硬盘驱动器进行取证扫描，以查找特洛伊木马本身。

有许多工具（有些可以免费下载）可以帮助人们创建特洛伊木马。我在渗透测试课程中使用的一种工具是 eLiTeWrap，它用起来很简单。本质上，它可以将任何两个程序绑定在一起。使用这种工具，任何人都可以将病毒或间谍软件绑定到诸如共享软件扑克游戏之类的无害程序上，这将导致许多人下载他们认为是免费的游戏，并在不知不觉中将恶意软件安装在自己的系统上。

eLiTeWrap 工具是一个命令行工具，但是它使用起来很简单。只需要按照以下步骤操作：

（1）输入要运行的可见文件。

（2）输入操作：

- 仅打包
- 打包和执行、可见的、异步的。
- 打包和执行、隐藏的、异步的。
- 打包并执行、可见的、同步的。
- 打包和执行、隐藏的、同步的。
- 仅执行、可见的、异步的。
- 仅执行、隐藏的、异步的。
- 仅执行、可见的、同步的。
- 仅执行、隐藏的、同步的。

（3）输入命令行。

（4）输入第二个文件（你正在秘密安装的项目）。

（5）输入操作。

（6）处理完文件后，按 Enter 键。

在图 5.1 中，你可以看到适用于教学实验室的演示。在此示例中，两个无害的程序被组合成一个特洛伊木马。选择的程序是简单的 Windows 实用程序，不会损害计算机。但是，它说明了将合法程序与恶意软件进行组合以交付给目标计算机的过程是非常容易的。

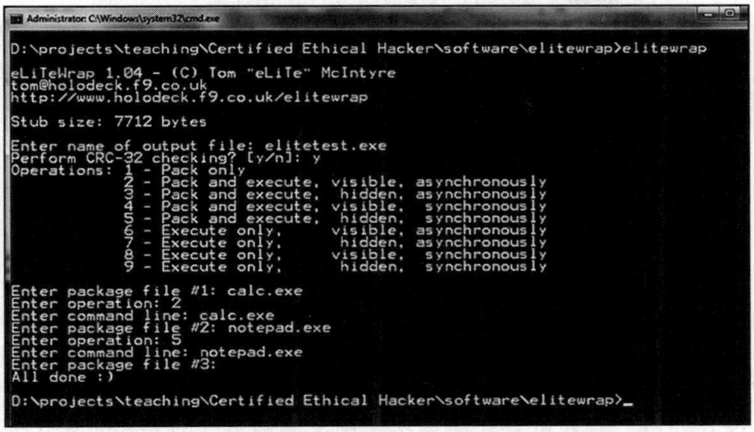

图 5.1　eLiTeWrap

此图旨在说明创建特洛伊木马是多么容易，而不是鼓励你这样做。重要的是要了解此过程易如反掌，这样你才能了解恶意软件的流行程度。任何附件或下载都应该以怀疑的态度对待。

5.4　缓冲区溢出攻击

你已经了解攻击目标系统的多种方法：拒绝服务、病毒和特洛伊木马。尽管这些攻击可能是最常见的，但它们并不是唯一的方法。攻击系统的另一种方法称为缓冲区溢出（buffer-overflow 或 buffer-overrun）攻击。

当有人试图在缓冲区中放入比其设计容量更多的数据时，就会发生缓冲区溢出攻击。任何与 Internet 或专用网络通信的程序都必须接收一些数据，这些数据至少临时地存储在称为缓冲区的内存中。如果编写应用程序的程序员很谨慎，则当你尝试将太多信息放入缓冲区时，该信息将被简单地截断或完全拒绝。考虑到目标系统上可能正在运行的应用程序的数量以及每个应用程序中的缓冲区的数量，使得至少有一个缓冲区没有被正确写入的可能性非常大，足以引起任何谨慎的人的关注。

熟悉编程技术的人可以编写一个程序，它可以故意向缓冲区写入超过缓冲区容量的内容。例如，如果缓冲区可以容纳 1024 个字节的数据，而你尝试用 2048 个字节填充，则计算机只需要将多余的 1024 个字节加载到内存中。如果这些额外的数据实际上是恶意程序，而它又刚刚被加载到内存中，那么它现在就可以在目标系统上运行。或者，也许犯罪者只是想洪泛目标计算机的内存，从而覆盖当前内存中的其他项目并导致它们崩溃。无论哪种方式，缓冲区溢出都是非常严重的攻击。

幸运的是，与 DoS 攻击和简单的 Microsoft Outlook 脚本病毒相比，缓冲区溢出攻击更难执行。要创建缓冲区溢出攻击，你必须具备某种编程语言（通常选择 C 或 C++）的良好使用知识，并且对目标操作系统/应用程序有足够的了解，以了解它是否具有缓冲区溢出漏洞以及如何利用该漏洞。

必须注意的是，现代操作系统和 Web 服务器通常不易受到常见的缓冲区溢出攻击。Windows 95 很容易受到影响，从 Windows 操作系统受到影响到现在已经有很多年了。当然，Windows 7、8 或 10 不会受到这种类型的攻击。但是，对于那些为在各种系统上运行而开发的自定义应用程序来说，情况不一定如此。启用 Internet 驱动的应用程序（包括但不限于 Web 应用程序）很可能容易受到缓冲区溢出攻击。

本质上，仅当程序员没有正确编程时，此漏洞才存在。如果所有程序都截断了多余的数据，则无法在该系统上执行缓冲区溢出。但是，如果程序不检查变量和数组的边界，并允许加载多余的数据，则该系统很容易发生缓冲区溢出。

Sasser 病毒 / 缓冲区溢出

Sasser 是一种较老的病毒，它演示了缓冲区溢出攻击的使用情况。Sasser 是一种组合攻击，它通过利用缓冲区溢出传播病毒（或蠕虫）。

Sasser 病毒通过利用 Windows 系统程序中的已知漏洞进行传播，它将自身作为 avserve. exe 复制到 Windows 目录中，并创建一个注册表项以在启动时自行加载。因此，一旦你的计算机被感染，你将在每次启动计算机时启动病毒。此病毒扫描随机 IP 地址，从 1068 端口开始监听连续的 TCP 端口，查找可利用的系统，即尚未打补丁来修复此漏洞的系统。一旦这样的系统被发现，蠕虫会通过在文件 LSASS.EXE 中溢出缓冲区操作来利用易受感染的系统，LSASS.EXE 是 Windows 操作系统的一部分。这个可执行文件是内置系统文件，是 Windows 的一部分。Sasser 还在 TCP 端口 5554 上充当 FTP 服务器，并且在 TCP 端口 9996 上创建一个远程 shell 文件。接下来，Sasser 在远程主机上创建一个名为 cmd.ftp 的 FTP 脚本并执行它。该 FTP 脚本指示目标受害者从受感染的主机下载并执行该蠕虫，受感染的主机在 TCP 端口 5554 上接受此 FTP 通信。这台计算机还会在 C 盘上创建一个名为 win.log 的文件，该文件包含本地主机的 IP 地址，并且在 Windows 系统目录中创建文件名为 # _up.exe 的 Sasser 病毒副本。示例如下所示：

- c:\WINDOWS\system32\12553_up.exe。
- c:\WINDOWS\system32\17923_up.exe。
- c:\WINDOWS\system32\29679_up.exe。

该病毒的副作用是它会导致计算机重新启动。反复重启而没有其他已知原因的计算机很可能感染了 Sasser 病毒。

这是另一种防范方式，可以通过多种方式轻松地防止 Sasser 病毒的感染。首先，如果你定期更新系统，则这些系统应该不容易受到此漏洞的影响。其次，如果确保网络的路由器或防火墙阻止了所涉及端口（9996 和 5554）上的通信，则可以防止 Sasser 所造成的大多数破坏。你的防火墙应该只允许指定端口上的通信，所有其他端口应该关闭。简而言之，如果你作为意识到了安全问题的网络管理员并正在采取谨慎的措施来保护网络，则你的网络将是安全的。但是，许多网络已受到此病毒的影响，这表明很多管理员没有接受过适当的计算机安全方面的培训。

5.5　间谍软件

在第 1 章中，间谍软件被视为计算机安全的威胁之一。但是，与其他某些形式的恶意软件相比，使用间谍软件对犯罪者而言需要更多的技术知识。犯罪者必须能够针对特定情况开发间谍软件或根据其需要对现有的间谍软件进行定制。然后，他必须能够在目标机器上安装间谍软件。

Web 网站使用 cookie 记录用户访问该网站的一些简要事实，间谍软件可以像 cookie 一样简单，或者它也可以是更隐蔽的类型，例如键盘记录器。回顾第 1 章，键盘记录器是一个程序，它记录你在键盘上进行的每一次击键。然后，间谍软件会将你的击键行为记录到间谍文件中，键盘记录器最常见的用途是捕获用户名和口令。此方法可以捕获你输入的每个用户名和口令、你键入的每个文档以及你可能键入的任何其他内容，间谍软件可以将这些数据存储在计算机上隐藏的一个小文件中，以供以后提取，或者以 TCP 数据包的形式发送到某个预定的地址。在某些情况下，甚至可以将该软件设置为等到几个小时后才能将该数据上传到某些服务器，或者使用你自己的电子邮件软件将数据发送到匿名电子邮件地址。还有一些键盘记录器会定期从你的计算机上获取屏幕截屏，记录计算机上打开的任何内容。无论采用哪种特定的操作模式，间谍软件都是一种可以在特定计算机上监视你的活动的软件。

5.5.1　间谍软件的合法使用

间谍软件也有一些完全合法的用途。一些雇主将间谍软件作为监视员工对公司技术使用情况的一种手段。许多公司选择监视组织内的电话、电子邮件或网络流量。请记住，计算机、网络和电话系统是公司或组织的财产，而不是员工的财产。通常人们认为这些技术仅用于工作目的，因此，公司的监视可能不会构成对隐私的侵犯。尽管法院坚持将这种监控作为公司的权利，但公司在启动这种级别的员工监视以及考虑对员工士气的潜在负面影响之前，请务必咨询相关律师。

父母还可以选择在家用计算机上使用这种软件来监视孩子在 Internet 上的活动。选择的软件通常是值得称赞的应用程序——保护其孩子免受网上"铁血战士"（predator）的影响。但是，与公司员工一样，这种做法可能会导致被监视的各方（即他们的孩子）产生强烈的负面反应，父母必须权衡网络对子女影响的风险与可能对孩子造成不信任感的风险。

5.5.2　间谍软件如何发送至目标系统

显然，间谍软件程序可以跟踪计算机上的所有活动，并且另一方可以通过许多不同的方法来获取这些信息。真正的问题是：间谍软件最初是如何进入到目标计算机系统的？最常见的方法是通过特洛伊木马。当你访问某个网站时，间谍软件可能会在后台下载。当然，如果雇主（或父母）正在安装间谍软件，则可以像组织安装其他应用程序一样公开地安装它。

5.5.3　Pegasus

Pegasus 间谍软件于 2016 年首次被发现，随后在 2022 年发现了其变体。这种间谍软件能感染 iPhone 和 Android 手机。随着我们对移动设备依赖性的增加，移动恶意软件应当与传统的计算机恶意软件一样被重视，2022 版的 Pegasus 能够追踪通话和位置、收集口令和阅读短信。Pegasus 之所以格外引人注意，是因为它最初是为以色列政府开发的。

5.5.4　获取间谍软件

前面已经提到可以从 Internet 上获得许多其他公用程序和工具，所以在 Internet 上免费或以极低的价格获得许多间谍软件产品也就不足为奇了。查看 Counterexploitation 网站（www.cexx.org）（如图 5.2 所示）可以了解 Internet 上已知的间谍软件产品的长列表以及删除它们的方法。SpywareGuide 网站（www.spywareguide.com）上也列出了一些间谍软件，如果你有令人信服的理由想监视某人的计算机活动，可以从 Internet 上获得它。图 5.3 显示了可从该站点获得的恶意软件类别，该站点上还列出了几个键盘记录器应用程序，如图 5.4

所示。这些应用程序包括著名的键盘记录器，例如 Absolute Keylogger、Tiny Keylogger 和 TypO，大多数软件可以免费下载或象征性地收费。

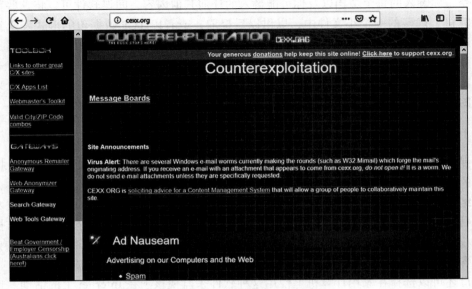

图 5.2　Counterexploitation 网站

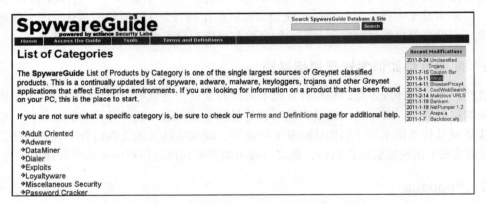

图 5.3　SpywareGuide 网站上的恶意软件类别

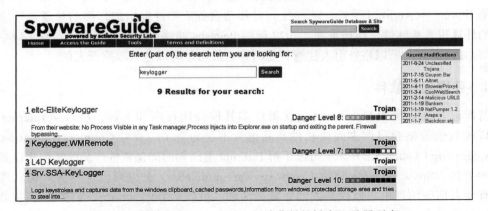

图 5.4　可通过 SpywareGuide 网站获得的键盘记录器列表

SpywareGuide 网站上还列出了一些著名的特洛伊木马（如图 5.5 所示），例如 2nd Thought 应用程序，该应用程序下载到用户的 PC 上，并在上边播放广告。这种特殊的间谍软件是在你访问特殊的网站时下载到计算机上的间谍软件，因为不会对你的系统或文件造成直接伤害，也不会从你的计算机中收集敏感信息所以它是良性的。然而，令人讨厌的是它会在你的机器上堆满不需要的广告，这种软件通常被称为广告软件。这些广告通常不能被常规的弹出窗口拦截器制止，因为它不是由访问的网站弹出的窗口，而是由计算机上运行的恶意软件弹出的。弹出窗口拦截器只能阻止你访问的网站打开新窗口，网站使用熟知的脚本技术来使浏览器打开一个窗口，弹出窗口拦截器会识别这些技术并阻止广告窗口的打开。然而在启动新浏览器时，广告软件能绕过弹出窗口拦截器。

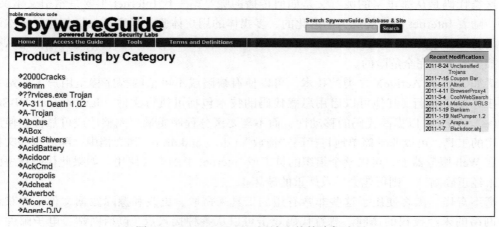

图 5.5　SpywareGuide 网站上的特洛伊木马

5.6　其他形式的恶意软件

在本章和前几章中，我们已经讨论了最主要的恶意软件的形式。然而，还有许多其他形式的攻击，探索这些内容超出了本书的范围，但是你应该意识到其他形式的恶意软件的存在，了解到这一点可以帮助你有效地保护你的系统。本节仅涉及几种其他形式的恶意软件。你应该经常参考本章末尾的练习和项目中讨论的网站，以便你可以随时了解最新的攻击和防御方式。

5.6.1　rootkit

rootkit 是黑客用来掩盖其入侵并获得计算机或计算机网络管理员级别的访问权限的工具集合。入侵者首先通过利用已知漏洞或破解口令来获得用户级别的访问权限，然后在计算机上安装 rootkit。接下去，rootkit 收集网络上其他计算机的用户 ID 和口令，从而为黑客提供 root 用户或特权访问权限。

rootkit 可能包含也可执行以下操作：
- 监控流量和按键。
- 在系统中创建后门提供给黑客使用。
- 更改日志文件。
- 攻击网络上的其他计算机。

● 更改现有系统工具以规避检测。

网络上的 rootkit 最早可以追溯到 1990 年代初期。当时，Sun 和 Linux 操作系统是黑客安装 rootkit 的主要目标。如今，rootkit 可用于许多操作系统，并且越来越难被检测到。

5.6.2　基于 Web 的恶意代码

基于 Web 的恶意代码（malicious web-based code），也称为基于 Web 的移动代码（web-based mobile code），仅指可移植到所有操作系统或平台（例如 HTTP、Java 等）的代码。"恶意"部分表示它是病毒、蠕虫、特洛伊木马或其他某种形式的恶意软件。简而言之，恶意代码并不关心操作系统是什么或正在使用什么浏览器，它会盲目地感染所有人。

这类代码是从哪里来的呢？又是如何传播的呢？第一代 Internet 主要是索引文本文件。但是，随着 Internet 已发展成为图形化的、多媒体的用户体验，程序员已经创建了脚本语言和新的应用程序技术，以实现更具交互性的体验。用脚本语言编写的程序运行范围是从有用的到拙劣的再到完全危险的。

诸如 Java 和 ActiveX 之类的技术，可以使有缺陷或不可信的程序移至用户工作站并在用户工作站上执行（其他可以启用恶意代码的技术包括可执行文件、JavaScript、VBScript 和插件）。Web 可以提高代码的移动性，而不需要区分程序质量、完整性或可靠性。使用一些可用的工具，可以非常简单地将代码"拖放"（drag and drop）到文档中，随后这些文档被放置在 Web 服务器上，可供整个组织的员工或 Internet 上的个人使用。如果此代码被恶意编程或未经正确测试，则可能会导致严重的破坏。

毫不奇怪，黑客使用了这些非常有用的工具来窃取、更改和擦除数据文件，并获得对企业网络的未经授权的访问。恶意代码攻击可以从各种接入点（包括网站、电子邮件中的 HTML 内容或公司内部网）渗透到公司网络和系统中。

如今，Internet 用户已经达到数十亿，新的恶意代码攻击几乎可以立即在整个公司中传播。恶意代码所造成的大部分损害都发生在第一次攻击发生后的前几个小时内——此时还没有时间采取对策。网络宕机或 IP 被盗导致的代价使恶意代码成为重中之重。

5.6.3　逻辑炸弹

逻辑炸弹是一种恶意软件，当满足特定条件时它会执行其恶意目的。最常见的因素是日期和时间。例如，逻辑炸弹可能会在某个日期 / 时间执行删除文件操作。2006 年 6 月，瑞士联合银行（UBS）系统管理员罗杰·杜罗尼奥（Roger Duronio）被指控使用逻辑炸弹破坏该公司的计算机网络。他的计划是利用逻辑炸弹造成的破坏来压低公司股价，因此他被指控犯有证券欺诈罪。杜罗尼奥随后被定罪，被判处有期徒刑 8 年零 1 个月，并令其向瑞士联合银行支付 310 万美元的赔偿。这个案例说明此问题不是一个新问题。

2017 年，佐治亚州亚特兰大市的密特什·达斯（Mittesh Das）被指控传播恶意代码的罪行，他意图对美军计算机造成损害。达斯在他的公司失去合同后制造了一个逻辑炸弹，该逻辑炸弹会删除美国陆军预备役部队工资系统中的文件。事件实际上发生在 2014 年。他被判处 2 年监禁，缓刑 3 年执行。

2016 年，尼米什·帕特尔（Nimesh Patel）制造了逻辑炸弹来攻击前任雇主的服务器。他涉嫌在任职结束后登录网络并上传恶意软件。该软件旨在从 Oracle 数据库中删除财务数据。

另一个例子发生在名为房利美（Fannie Mae）的抵押公司。2008 年 10 月 29 日，在公司系统中发现了逻辑炸弹。尽管这是一个比较早的示例，但它是逻辑炸弹历史上的重要例子。逻辑炸弹是由前承包商拉金德兰·马克瓦纳（Rajendrainh Makwana）植入的，当时公司与该承包商已终止了合作。该炸弹定于 2009 年 1 月 31 日被激活，试图彻底清除房利美公司的所有服务器。马克瓦纳因未经授权使用计算机而于 2009 年 1 月 27 日在马里兰州法院被起诉。2010 年 12 月 17 日，他被判罪，并被判处 41 个月监禁和 3 年缓刑。马克瓦纳是在被解雇之后网络管理员未取消他的网络访问权限之前植入了逻辑炸弹，这说明了确保终止前雇员账户的重要性，无论是非自愿解雇、退休还是自愿辞职，都必须立即将账户停用。

5.6.4　垃圾邮件

大多数人都非常熟悉垃圾邮件，它是不受欢迎的、主动发送给多个接收人的电子邮件。它通常用于营销目的，但也可以用于更恶意的目的。例如，垃圾邮件是传播病毒和蠕虫的常见工具。垃圾邮件还被用来发送给收件人，诱使其访问钓鱼网站，以窃取他们的身份。在最好的情况下，垃圾邮件是一种烦恼，而在最坏的情况下，它是间谍软件、病毒、蠕虫和网络钓鱼攻击的工具。

5.6.5　高级持续威胁

高级持续威胁（APT）是一个相对较新的术语，用于描述一个连续的攻击过程。它可能涉及黑客攻击、社会工程学、恶意软件或攻击组合。这种攻击必须是相对复杂的，因此术语中有"高级"二字，并且该攻击必须是持续进行的，因此术语中包含"持续"二字。

5.6.6　深度伪造

深度伪造（deep fake）不完全是恶意软件，但它们确实很适合按恶意软件讨论。深度伪造是看起来非常真实并可能会被误认为是真实的视频，它虽然不会伤害你的计算机或勒索你的文件，但的确会造成严重的中断。

更令人不安的是，机器学习在深度伪造中的应用越来越多。2022 年 5 月欧洲刑警组织的一篇题目为"Security Week"的文章认为深度伪造是一个日益严重的威胁[⊖]：

"目前的两个技术发展提高了深度伪造的质量，也增加了其威胁。其中第一个是生成对抗网络（GAN）的应用，GAN 有生成模型和判别模型这两种模型，判别模型根据原始数据集重复测试生成模型。"欧洲刑警组织写道，"根据这些测试的结果，模型不断改进，直到生成的内容与训练数据一样可能来自生成模型。"结果是产生人眼无法检测到、但处于攻击者控制之下的虚假图像。

第二个威胁来自 5G 带宽和云计算能力，允许实时操纵视频流。欧洲刑警组织写道："深度伪造技术可以应用于视频会议环境、实时流媒体视频服务和电视。"

5.7　检测与消除病毒和间谍软件

前面已经介绍了恶意软件的性质和它的破坏性，接下来讲如何检测并删除这些恶意软件。

5.7.1　杀毒软件

在本书中，我们讨论了运行病毒扫描软件的必要性。本节提供有关杀毒软件如何工作的

⊖　https://www.securityweek.com/deepfakes-are-growing-threat-cybersecurity-and-society-europol.

一些详细信息，以及有关主要病毒扫描软件包的信息。这些信息有助于你更好地了解杀毒软件是如何保护你的系统的，并帮助你做出有关购买和部署杀毒解决方案的明智决定。

杀毒软件可以有两种工作方式。第一种是寻找与已知病毒匹配的特征（或模式）。因此，保持对病毒软件的更新是很重要的，这样你就有了最新的病毒特征列表。

杀毒软件检查给定 PC 的另一种方法是查看可执行文件的行为。如果程序的行为与病毒活动一致，则杀毒软件可能会将其标记为病毒。此类活动可能包括以下内容：

- 试图复制自己。
- 尝试访问系统电子邮件程序的通讯录。
- 尝试在 Windows 中更改注册表设置。

图 5.6 显示了运行中的诺顿安全（Norton Security）杀毒软件。你可以看到病毒定义是最新的、已启用杀毒软件、已启用自动保护，并且还启用了 Internet 蠕虫保护。其他流行的杀毒软件具有许多相同的功能。

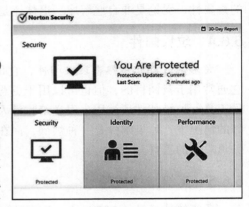

如今，大多数杀毒软件都提供了附加功能，例如能够警告用户已知的网络钓鱼网站、检测间谍软件和病毒，甚至检测可能的网络钓鱼企图。任何现代的杀毒产品都应该是一个全面的软件包，可以防止各种攻击，而不仅仅是阻止病毒。

图 5.6　Norton Security 界面

如前所述，有许多杀毒软件供应商。其中最著名的一些包括 McAfee、Bitdefender、Kaspersky、AVG 和 Malwarebytes。

McAfee 可为家庭用户和大型组织提供解决方案。McAfee 的所有产品都具有一些共同的功能，包括电子邮件扫描和文件扫描。它还扫描即时通信流量。图 5.7 显示了 McAfee 的屏幕截图。

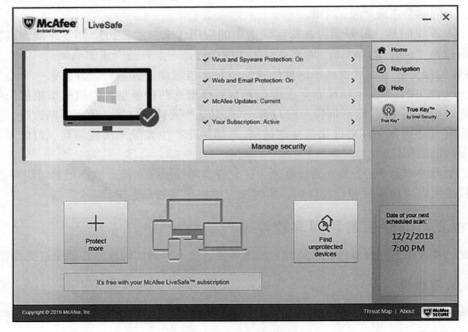

图 5.7　McAfee 杀毒界面

Avast（见图 5.8）是另一个广泛使用的杀毒产品。该产品可免费用于家庭、非商业用途，你可以从供应商的网站 www.avast.com 下载它。你还可以找到专业版本，专用于 UNIX 或 Linux 的版本以及专门用于服务器的版本。此外，Avast 还支持多种语言，包括英语、荷兰语、芬兰语、法语、德语、西班牙语、意大利语和匈牙利语。

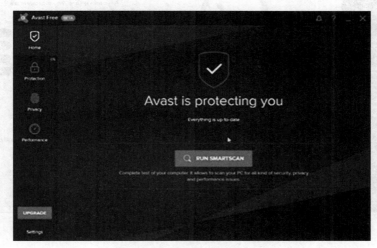

图 5.8　Avast 杀毒界面

AVG 杀毒软件（见图 5.9）已经非常流行，它有免费版和商业版。

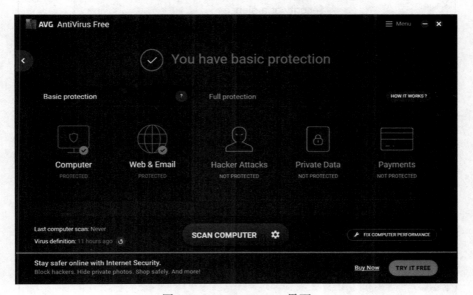

图 5.9　AVG AntiVirus 界面

Malwarebytes 是另一种广泛使用的杀毒产品。该产品可从网站 https://www.malware-bytes.com 获得，它既有免费版本，也有付费的高级版本。图 5.10 显示了 Malwarebytes 的杀毒界面。

Windows Defender 最初是作为 Windows Vista 和 Windows 7 的一部分发布的。在每个版本的 Windows 中，它的功能都有所增加。它是 Windows 操作系统的免费部分。图 5.11 显示了 Windows 10 的 Windows Defender 的主屏幕。

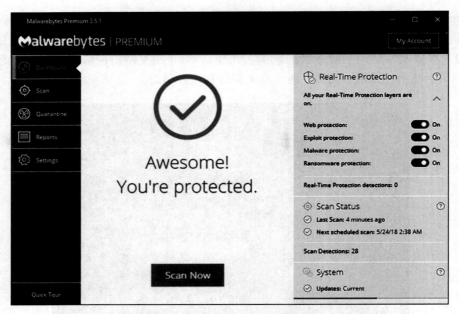

图 5.10 Malwarebytes 杀毒界面

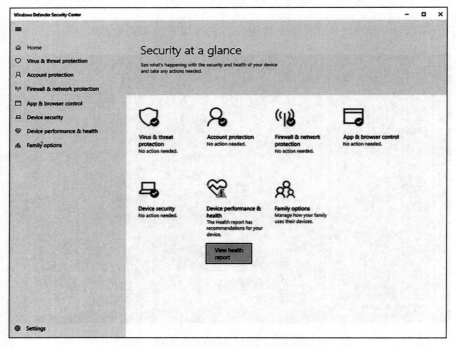

图 5.11 Windows Defender 主屏幕

5.7.2 反恶意软件和机器学习

机器学习在成为恶意软件一部分的同时也是防御恶意软件的组成部分。下述内容可以帮助解释目前的情况：

　　　静态恶意软件检测的新发展之一是将深度学习用于恶意软件检测的端到端机器学习中。这个设置完全跳过所有的特征工程，且不需要了解 PE 报头或可能指示 PE 恶意软件的其他特征的任何信息，只需要将原始字节流输入神经网络并进行训练[⊖]。目前，一些产品将机器学习作为其防病毒技术的一部分。这些产品包括：

- Cylance Smart Antivirus。
- Deep Instinct D-Client。
- Avast Antivirus。

5.7.3　修复步骤

　　　显然，降低恶意软件风险的关键步骤是运行最新的杀毒软件。我不支持任何特定的杀毒程序。McAfee、Norton、AVG、Kaspersky 和 Malwarebytes 都是知名产品。但是，我建议如果同时使用基于主机的杀毒软件和网络杀毒软件，则应使用来自两个不同供应商的产品。这样一来，一个错过的，另一个很可能会抓住。

　　　除了运行反恶意软件外，安全专业人员还可以采取特定步骤来降低恶意软件带来的风险。请注意，目标是减轻恶意软件的威胁。完全消除此类威胁是不可能的，但是你可以减少攻击的频率和破坏的严重程度。

　　　对终端用户进行培训是非常重要的。终端用户必须了解恶意软件的普遍性。网络上的所有用户都对附件和下载保持怀疑。当然，有些业务需求需要使用附加文件，但是你可以教育用户在打开任何附件之前考虑几个简单的问题：

- 是否期望此附件？来自你不认识的人的附件或你没有想到的人的附件必须始终被视为潜在的恶意软件。
- 电子邮件是否是具体的？例如"这些是我们昨天在会议上讨论的第三季度销售报告"。这样的细节往往表示附有真实文档的真实电子邮件。但是，应该怀疑那些听起来通用的电子邮件（例如"这是你的文档"）或试图说服用户必须紧急打开附件的电子邮件，它们可能是恶意软件。
- 你是否对电子邮件附件的真实性有疑问？如有疑问，请寻求技术支持。

采取这些简单措施将消除许多恶意软件的暴发。

　　　你可以采取更复杂的方法来使计算机几乎不受恶意软件的侵害。首先，在计算机上设置虚拟机。有多种虚拟机应用程序，例如 VMware 和 Oracle Box（免费）。然后，将其他操作系统（与主机运行的操作系统不同）安装到该虚拟机（VM）中。因此，如果你的主机是 Windows 10，则 VM 可以运行 Linux；如果你的主机是 Mac，则 VM 可以运行 Windows。现在，如果你在 VM 内浏览 Internet，则几乎不可能在主机上感染病毒。迄今为止，还没有病毒跳过虚拟机 / 主机壁垒，也没有病毒同时能感染多个操作系统。应当指出，Java 病毒和某些网页恶意软件可以感染不同系统上的浏览器。但是通常来说，为 Windows 编写的病毒不会影响 Mac 计算机，反之亦然。

5.8　本章小结

　　　显然，有多种方法可以攻击目标系统：使用 DoS 攻击、病毒 / 蠕虫、特洛伊木马、缓

⊖　Machine Learning for Cybersecurity Cookbook: Over 80 Recipes on How to Implement Machine Learning Algorithms for Building Security Systems Using Python.

冲区溢出攻击和间谍软件。每种类型的攻击都有许多不同的变体。黑客攻击系统的方法非常多，因此保护系统安全可能是一项相当复杂的任务。但是，显而易见，保护你的系统是绝对重要的。在接下来的练习中，你可以试用 Norton 和 McAfee 的杀毒程序。

　　贯穿本章的另一个主题是，许多（即使不是大多数攻击）攻击都是可以预防的。技能测试中的一部分练习将带你实践如何防止 Sasser 和 Sobig 病毒。在大多数情况下，对系统及时且定期打补丁、使用杀毒工具，以及禁用不需要的端口，都可以防止此类攻击。如此多的系统确实受到感染的事实表明，网络专业人员在计算机安全方面并不熟练，这是一个非常现实的问题。

5.9　技能测试

选择题

1. 约翰是一家中型大学的网络安全管理员。他正试图向新员工解释病毒是什么。以下哪项是对病毒的最佳定义？
   A. 对你的计算机造成危害的程序　　　　B. DoS 攻击中使用的程序
   C. 减慢网络速度的程序　　　　　　　　D. 自我复制的程序

2. 伊莎贝拉负责公司的网络安全，她担心病毒会损坏 IT 系统。病毒攻击最常见的危害是什么？
   A. 通过病毒流量降低网络速度　　　　　B. 删除文件
   C. 更改 Windows 注册表　　　　　　　　D. 损坏操作系统

3. 你正在尝试为你的组织制定策略以减轻病毒威胁。你想确保解决最常见的病毒传播方式。病毒传播的最常见方式是什么？
   A. 通过复制到共享文件夹　　　　　　　B. 通过电子邮件附件
   C. 通过 FTP　　　　　　　　　　　　　D. 通过从网站下载

4. 以下哪个是 Microsoft Outlook 经常成为病毒攻击目标的主要原因？
   A. 许多黑客都不喜欢 Microsoft　　　　B. Outlook 可以更快地复制病毒文件
   C. 编写访问 Outlook 内部机制的程序很容易　D. Outlook 比其他电子邮件系统更常用

5. 胡安是一家小型平面设计公司的网络管理员。2021 年 4 月，他的公司受到了一种病毒的攻击，这种病毒专门针对 macOS 且是其他恶意软件组件的第一步下载器。这是什么攻击？
   A. Schlayer　　　　B. Pegasus　　　　C. Mirai　　　　D. Sasser

6. 关于 WannaCry 病毒，安全从业人员特别感兴趣的因素是什么？
   A. 可以通过良好的补丁程序管理来避免　B. 它删除了关键系统文件
   C. 很难防范　　　　　　　　　　　　　D. 它非常复杂

7. 有史以来检测到的第一个病毒的名称是什么？
   A. Creeper　　　　B. Wabbit　　　　C. Mimail　　　　D. 未命名

8. 伊丽莎白在公司的一个系统上发现了恶意软件，该恶意软件阻止了约 600 个 Windows 进程，并要求支付赎金。伊丽莎白发现了什么？
   A. Thanatos　　　　B. Clop　　　　C. Kedi RAT　　　　D. Schlayer

9. 穆罕默德在他的网络上发现了恶意软件，该恶意软件对要求支付赎金的文件进行了加密，还阻止了约 600 个 Windows 进程。穆罕默德发现了什么恶意软件？
   A. Schlayer　　　　B. Thanatos　　　　C. Clop　　　　D. Pegasus

10. 任何人都可以使用以下哪种方法来防御病毒攻击？
    A. 设置防火墙 　　　　　　　　　　　　B. 使用加密传输
    C. 使用安全的电子邮件软件 　　　　　　D. 切勿打开未知的电子邮件附件

11. 你正在尝试开发在公司中减轻病毒威胁的方法。以下哪项是发送和接收附件的最安全方式？
    A. 使用一个代码字表明附件是合法的 　　B. 仅发送电子表格附件
    C. 使用加密 　　　　　　　　　　　　　D. 在打开附件之前使用杀毒软件

12. 雪莉试图教会新员工如何处理通过电子邮件发送的安全警报。关于通过电子邮件发送的安全警报，以下哪项是正确的？
    A. 你必须遵循它们 　　　　　　　　　　B. 大多数公司不通过电子邮件发送警报
    C. 你可以信任安全警报上的附件 　　　　D. 大多数公司通过电子邮件发送警报

13. 特洛伊木马可能会执行以下哪个操作？
    A. 为恶意软件打开后门 　　　　　　　　B. 更改你的内存配置
    C. 更改计算机上的端口 　　　　　　　　D. 更改你的 IP 地址

14. 贾里德在介绍网络安全课程时向学生解释了各种攻击，他想确定他们是否完全了解了不同的攻击。缓冲区溢出攻击有什么作用？
    A. 它溢出有太多数据包的端口
    B. 它在电子邮件系统中放置的电子邮件超出了其容纳能力
    C. 它会溢出系统
    D. 它在缓冲区放入的数据超出了其容纳能力

15. 什么病毒利用缓冲区溢出？
    A.Sobig 病毒 　　　　B.Mimail 病毒 　　　　C.Sasser 病毒 　　　　D.Bagle 病毒

16. 你如何使用防火墙来防止病毒攻击？
    A. 你无法在防火墙上采取任何措施来阻止病毒攻击
    B. 关闭所有不需要的端口
    C. 关闭所有传入端口
    D. 以上都不正确

17. 马利克正在向新技术支持人员介绍各种恶意软件类型。他解释各种类型的恶意软件，以便他们可以识别它们。键盘记录器是哪种类型的恶意软件？
    A. 病毒 　　　　　　　B. 缓冲区溢出 　　　　C. 特洛伊木马 　　　　D. 间谍软件

18. 为了保护计算机免受病毒攻击，所有计算机用户应该采取以下哪一步？
    A. 购买并配置防火墙 　　　　　　　　　B. 关闭所有传入端口
    C. 使用非标准的电子邮件客户端 　　　　D. 安装并使用杀毒软件

19. 杀毒软件的主要工作方式是什么？
    A. 通过将文件与已知病毒档案列表进行对比 B. 通过阻止文件的自我复制
    C. 通过阻止所有未知文件 　　　　　　　D. 通过查看文件来了解类似病毒的行为

20. 杀毒软件还有什么其他工作方式？
    A. 通过将文件与已知病毒档案列表进行比较 B. 通过阻止文件的自我复制
    C. 通过阻止所有未知文件 　　　　　　　D. 通过查看文件来了解类似病毒的行为

练习

练习 5.1：使用 Norton Antivirus

1. 到 Norton AntiVirus 的网站（https://support.norton.com/sp/en/us/norton-download-install/ current/ info）并下载其软件的试用版。
2. 安装并运行软件。
3. 仔细研究这个应用程序，注意你喜欢和不喜欢的功能。

练习 5.2：使用 McAfee Antivirus

1. 到 McAfee 的杀毒网站（https://www.mcafee.com/en-us/antivirus.html）并下载其软件的试用版。
2. 安装并运行软件。
3. 仔细研究这个应用程序，注意你喜欢和不喜欢的功能。

练习 5.3：预防 Sasser

1. 使用 Web 或期刊上的资源，仔细研究 Sasser 病毒。你可能会发现网站 www.f-secure.com 和 Symantec 安全中心（https://www.symantec.com/security-center），这两个网站在练习中很有帮助。
2. 撰写一篇简短的文章，介绍 Sasser 的传播方式、造成的损害以及可以采取哪些措施来防止其传播。

练习 5.4：预防 Sobig

1. 使用 Web 或期刊上的资源，仔细研究 Sobig 病毒。你可能会发现网站 www.f-secure.com 和 Symantec 安全中心（https://www.symantec.com/security-center），这两个网站在练习中很有帮助。
2. 撰写一篇简短的文章，介绍 Sobig 的传播方式、造成的损害以及可以采取哪些措施来防止其传播。

练习 5.5：了解当前的病毒攻击

1. 使用 Web 或期刊上的资源，查找过去 90 天内传播的病毒。你可能会发现 www.f-secure.com 和 Symantec 安全中心（https://www.symantec.com/security-center），这两个网站在练习中很有帮助。
2. 撰写一篇简短的文章，介绍病毒的传播方式、造成的损害以及可以采取哪些措施来预杀毒。

项目

项目 5.1：杀毒策略

此活动也可以作为小组项目。

考虑到你在本章和前几章中学到的知识以及使用外部资源的情况，请为小型企业或学校编写杀毒策略。你的策略应包括技术建议以及程序准则。你可以选择参考在 Web 上找到的现有杀毒策略指南，以获取一些想法。但是，你不应该简单地复制这些杀毒策略。相反，你应该提出自己的想法。

项目5.2：最严重的病毒攻击

使用 Web、书籍或期刊上的资源，找到你认为的历史上最严重的病毒暴发。写一篇简短的文章描述这种攻击，并解释为什么你认为这种攻击是最严重的。它广泛地传播了吗？它的传播速度有多快？它造成了哪些损害？

项目5.3：为什么编写病毒？

关于人们为什么编写病毒，已经形成了许多假设。这些假设的范围从坦率的阴谋论到学术心理学。选择你认为最有可能的角度，写一篇论文解释为什么你认为人们会花时间和精力来编写病毒。

案例研究

乔健为一所学校负责管理 IT 安全。鉴于使用学校计算机的人数众多，乔健很难阻止病毒的攻击。乔健的预算相当合理，并且已经在每台计算机上都安装了杀毒软件。他还安装了一个防火墙，屏蔽了所有不需要的端口，此外，学校的安全策略是禁止从网上下载任何软件。请考虑以下问题：

1. 你认为乔健的网络免受病毒攻击的安全性如何？
2. 乔健在哪些地方没有设置安全保障？
3. 你对乔健有何建议？

黑客使用的技术

本章学习目标

学习本章并完成章末的技能测试题目之后，你应该能够

- 了解黑客使用的基本方法。
- 熟悉黑客使用的一些基本工具。
- 了解黑客的心理状态。
- 能解释具体的攻击方法。

6.1 引言

前 5 章介绍了基本的网络安全概念。本章将探讨黑客用来实施计算机犯罪的技术。如果你不知道对手所掌握的知识，那么很难真正保护你的网络。在进一步讨论之前，我们有必要认识到许多黑客并不是罪犯，他们通常只是通过探测系统的弱点来了解系统。甚至有的黑客还为组织工作，对组织的系统安全性进行测试，这被称为渗透测试，有时也称为白帽黑客攻击（white hat hacking）。渗透测试需要通过以下认证：

- **Offensive Security**：https://www.offensive-security.com/information-security-certifications/。
- **美国系统网络安全协会**（SANS Institute）：https://www.sans.org/cyber-security-courses/enterprise-penetration-testing/。
- **国际电子商务顾问局认证的道德黑客认证**（EC-Council's Certified Ethical Hacker）：www.eccouncil.org。

还有一本为白帽黑客准备的名为《2600》（www.2600.com）的杂志。许多计算机安全从业人员试图学习黑客技术，以增强他们的安全保障能力或者仅仅是为了满足他们的好奇心。这些技术本身并不等同于犯罪。然而，也有人利用黑客技术破坏系统以窃取数据、损害系统或实施其他网络犯罪，这些人通常被称为黑帽黑客或骇客（cracker）。

本章介绍的技术不仅能够让你了解到黑帽黑客是如何工作的，而且还展示了如何在自己的网络上执行渗透测试。通过在网络上尝试这些技术，你可以对其存在的漏洞进行评估。需要指出的是，只有在你非常熟悉这一章中所提及的技术并且得到了高级管理层的许可时，才可以这样做。

6.2 基本术语

在深入研究黑客世界之前，我们需要讨论黑客联盟中使用的一些基本术语。我们已经介绍了白帽黑客（white hat hacker）这个术语，它是用来描述一个出于法律和道德目的而使用黑客技术的人。我们还讨论了黑帽黑客（black hat hacker）和骇客（cracker）这两个术语，这两个词用来描述使用黑客技术进行非法活动的人。

还有一些你应该熟悉的其他术语。灰帽黑客指的是以前是黑帽黑客，现在变成了白帽黑客的人（基本上是指那些以前是罪犯，现在变成了道德黑客的人）。随着黑客工具在 Internet

上的泛滥，也有很多人下载了一些工具（我们将在本章中介绍其中的一些工具），并在没有真正理解这些工具的情况下执行一些网络攻击。这些人被称作脚本小子（script kiddy）（有时也拼写为 kiddy）。另一个重要的术语"飞客行为"则指的是侵入电话系统（早于侵入计算机系统）的行为。

通常渗透测试是为了模拟特定的对手或对手类型，这就是所谓的红队。与红队形成对比的是蓝队 (blue team)，这是一支试图阻止红队进攻的防守队伍。

6.3　侦察阶段

任何有经验的黑客都会在实际执行攻击之前收集目标信息。就像银行抢劫犯想知道银行的报警系统、保安人数、警察的响应时间等信息一样，黑帽黑客也想知道你的系统的安全性。你可能会感到惊讶的是，在 Internet 上可以轻松地找到许多信息，甚至不需要连接到目标系统。

6.3.1　被动扫描技术

黑客最容易做的事情之一就是检查目标组织的网站，企业通常可能会发布对攻击者非常有用的信息。例如，假设 XYZ 公司将约翰·多伊（John Doe）列为其 IT 经理。黑客可以浏览电子公告栏和讨论组，以查找 XYZ 公司中有关约翰·多伊的信息。攻击者可能会在鱼叉式网络钓鱼攻击（即针对特定个人或群体的网络钓鱼）中发现有用的信息，或者可能发现在社会工程学中有用的信息。例如，一些前雇员可能在网上抱怨说，约翰·多伊要求很高，而且解雇员工非常频繁。黑客就可以打电话给 XYZ 的某个人，声称他为约翰·多伊工作，并试图远程登录那个人的计算机来更新她的系统。过了一会儿后，黑客告诉那个人他忘记了约翰·多伊给他的口令，他非常担心如果不能完成这项任务就会被解雇，然后他就可以找那个人索取口令了。攻击者从网上收集的资料为他提供了足够的信息，使这种社会工程学攻击成为可能。

攻击者也可以扫描公告栏、聊天室、讨论组和其他地方，从目标组织的 IT 人员那里寻找问题。例如，如果管理员在讨论组中询问特定的服务器问题，这可能会为攻击者提供关于目标网络的有价值的信息。

攻击者利用网络寻找目标信息的另一种方式是通过招聘广告。例如，如果一家公司经常招聘 ASP.NET 开发人员，而从不招聘 PHP 或 Perl 的开发人员，那么该公司的 Web 应用程序很可能是用 ASP.NET 开发的，并且运行在 Windows 网络服务器（Internet 信息服务）上。这可以让攻击者只关注攻击方案中的一小部分——那些针对 ASP.NET 和 Windows 的攻击。

同样地，在招聘广告中也可以得到某些信息。例如，如果少于 200 名员工的小公司一年内有两次关于招聘网络管理员的广告，那么该公司很可能在最近失去了旧的管理员，因为小公司并不需要多个管理员。如果当前管理员是新来的，那么就意味着她可能不像以前的管理员那样熟悉公司的系统。而且，如果这种招聘新管理员的趋势持续数年，黑客就会猜测该公司的人员流动性很高，进而可能会利用其中存在的一些问题。

还有一些特定的网站可能会给攻击者提供有用的信息。例如，www.netcraft.com（如图 6.1 所示）提供了关于网站的信息。你可以查明站点正在运行的服务器类型，以及在某些情况下，服务器从上一次重新启动到现在运行的时长。

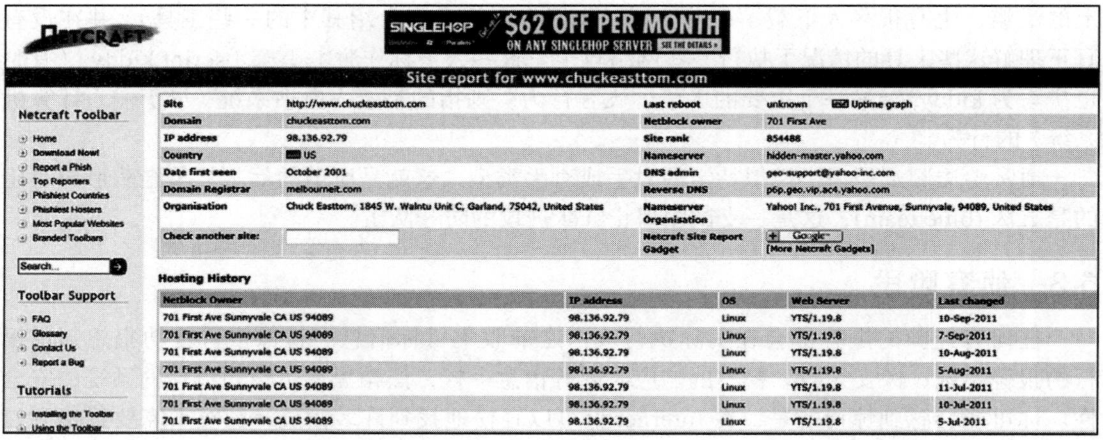

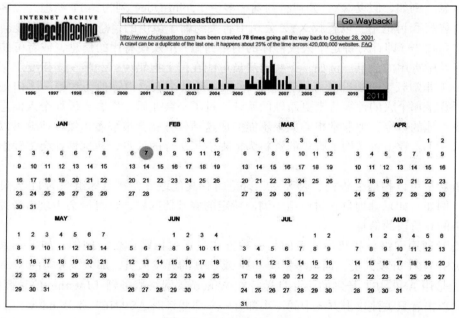

图 6.1   www.netcraft.com

另一个可能对攻击者有用的站点是 www.archive.org。该网站（如图 6.2 所示）将旧版本的网站存档，并由服务器遍历 Web，归档站点。网站存档的频率取决于它的受欢迎程度。

图 6.2   www.archive.org

6.3.2   主动扫描技术

前面提到的技术都是被动的，因为它们不需要攻击者连接到目标系统。由于攻击者实际上并没有连接到目标系统，所以入侵检测系统（IDS）不可能检测到扫描。主动扫描要可靠得多，但存在着被目标系统探测到的可能性。有以下几种类型的主动扫描。

1. 端口扫描

端口扫描是尝试连接目标系统上的每个网络端口并查看哪些端口已打开的过程。通常有 1024 个已知的端口与特定的服务相关联。例如，端口 161 与简单网络管理协议（Simple Network Management Protocol, SNMP）相关联。如果攻击者检测到目标系统上打开了 161 端口，他可能会决定尝试与 SNMP 相关的攻击。端口扫描还可以获得更多的信息。例如，端口 137、138 和 139 都与 NetBIOS 相关，NetBIOS 是一种非常古老的 Windows 网络通信方法，现在已经不再使用了。但是，需要 Windows 机器与 Linux 机器通信的系统通常还使用 NetBIOS，因此发现这些打开的端口可以揭示有关目标网络的一些信息。

在谷歌（Google）对"端口扫描器"（port scanner）一词进行一个简单搜索，你可以发现许多著名的、被广泛使用的且通常是免费的端口扫描器。不过，在黑客和安全界最受欢迎的端口扫描器是免费工具 Nmap（https://nmap.org），它有一个 Windows 版本，称为 Zenmap，如图 6.3 所示。

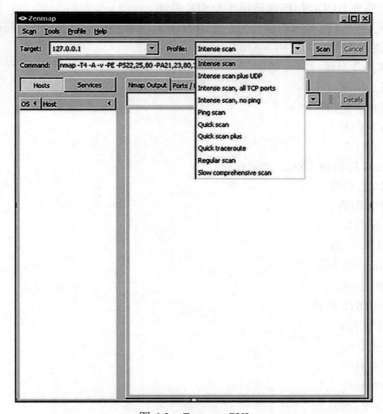

图 6.3　Zenmap GUI

Nmap 工具允许你自定义扫描，使其或多或少地隐蔽，并把某些特定的系统作为攻击目标。最常见的扫描类型如下：

- ping 扫描：该扫描只是向目标端口发送一个 ping 操作。为了阻止 ping 扫描，许多网络管理员会阻塞传入的 ICMP 包。
- 连接扫描：这是最可靠的扫描，也是最容易被检测到的扫描类型。使用这种类型的扫描，可以与目标系统建立完整的连接。
- SYN 扫描：这种扫描非常隐蔽。大多数系统接受 SYN（同步）请求。这种扫描类似于第 4 章中描述的 SYN 洪泛 DoS 攻击。在这种类型的扫描中，攻击者首先发送一个

SYN 包,当目标系统返回 SYN/ACK 包时却从不响应。但是,与 DoS 的 SYN 洪泛不同的是,在 SYN 扫描中,每个端口只发送一个包,这也被称为半开扫描(half-open scan)。

- **FIN 扫描**:这种扫描设置了 FIN(连接完成)标志。对于系统来说,接收到这样的数据包并不罕见,因此该扫描被认为是隐秘的。

由于每次扫描都会在目标机器上引起不同的响应,因此它会向端口扫描器反馈不同的信息:

- 在进行 FIN 扫描或 XMAS 扫描时,如果目标端口关闭,目标系统会返回一个 RST(reset)标志包。如果端口打开,将无响应。
- 在进行 SYN 扫描时如果端口关闭,则以 RST 响应;如果端口打开,则以 SYN/ACK 响应。
- ACK 扫描和 NULL 扫描仅适用于 UNIX 系统。

Nmap 还允许设置许多标志位(无论使用 Nmap 的命令行版本还是 Windows 版本)来自定义扫描。允许设置的标志位如下所示:

- -O 检测操作系统
- -sP ping 扫描
- -sT TCP 连接扫描
- -sS SYN 扫描
- -sF FIN 扫描
- -sX Xmas 树扫描(Xmas tree scan)
- -sN NULL 扫描
- -sU UDP 扫描
- -sO 协议扫描
- -sA ACK 扫描
- -sW Windows 扫描
- -sR RPC 扫描
- -sL List/DNS 扫描
- -sI 空闲扫描
- -Po 禁止 ping
- -PT TCP ping
- -PS SYN ping
- -PI ICMP ping
- -PB TCP 和 ICMP ping
- -PM ICMP 网络掩码
- -oN 正常输出
- -oX XML 输出
- -oG 可查询输出(greppable output)
- -oA 全部输出
- -T 定时⊖(timing)

⊖ 以下数字 0～5 代表由慢到快的扫描速度。——译者注

- -T0 偏执（paranoid）
- -T1 潜行（sneaking）
- -T2 礼貌（polite）
- -T3 正常（normal）
- -T4 攻击性（aggressive）
- -T5 疯狂（insane）

如你所见，利用 Nmap 的攻击者有许多可用选项，学习 Nmap 要花很多时间。

注意

> 当然，还有许多其他的端口扫描工具。我们关注 Nmap，因为它是免费的，并且被广泛使用，它还在国际电子商务顾问局认证的道德黑客认证 CEH、GPEN 认证（来自 SANS）和专业渗透测试工程师认证中占有重要地位。

大多数 Nmap 的设置选项都一目了然。但是，或许定时选项值得我们进行更深入的讨论。定时涉及发送扫描数据包的速度。实际上，发送数据包的速度越快，就越有可能被检测到。

以下是最基本的 Nmap 扫描：

```
nmap 192.168.1.1
```

以下是对一系列 IP 地址的扫描：

```
nmap 192.168.1.1-20
```

以下命令扫描用于检测操作系统、利用 TCP 扫描和利用 sneaking 速度：

```
nmap -O -PT -T1 192.168.1.1
```

2. 其他扫描

攻击者可以用多种扫描方式来探测你的网络，通过查看日志以寻找针对你的网络进行此类扫描的证据通常是比较好的方法。即使攻击者没有成功入侵系统，但他很可能会再次尝试。

以下是攻击者可能用来探测你的网络的一些扫描方式。

- **FIN 探测**：将 FIN 数据包发送到一个开放端口，并记录其响应。尽管 FIN 标志的标准（RFC 793）规定所要求的行为不被响应，但许多操作系统（如 Windows）仍会使用 RST 进行响应。
- **FTP 弹射扫描**：这种扫描会从 FTP 服务器上弹出扫描数据包，使得扫描更难跟踪。
- **SNMP 扫描**：简单网络管理协议（SNMP）是一种流行的网络远程监控和管理协议，用来报告服务和设备的状态，它使用一个代理系统和节点进行工作。SNMP 的设计使请求被发送到代理，而代理会返回响应，这里的请求和响应是指代理软件可以访问的配置变量。trap 用于表示可能感兴趣的事件，可以是从简单的重启到系统故障的任何事件。SNMP 使用的是驻留在网络设备上的配置变量的管理信息库（MIB）和 UDP 端口 161。

3. 漏洞评估

漏洞评估（vulnerability assessment）涉及对系统的评估，以检测它是否容易受到特定的攻击。尽管黑客可以使用漏洞评估工具来评估你的系统，但设计这些工具的目的是让你对自己的系统进行评估的。这些工具的使用并不是特别隐蔽，因此可能会被入侵检测系统检测到。事实上，网络管理员经常使用漏洞评估工具来测试自己的网络，这些工具将在第 11 章中介绍。

4. 枚举

在实际攻击之前通常使用的另一种技术是枚举（enumeration）。枚举是一个查明目标系统中内容的过程。如果目标是一个完整的网络，则攻击者将希望找出网络上的服务器、计算机和打印机。如果目标是特定的计算机，则攻击者将希望查明该系统上存在哪些用户和共享文件夹。使用谷歌搜索将帮助你找到许多枚举工具，最易于使用的是 Cain & Abel，如图 6.4 所示。

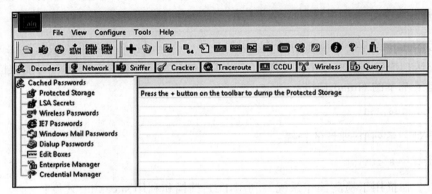

图 6.4　Cain & Abel

虽然我们在这里关注的是枚举，但是 Cain 和 Abel 可以做的远不止枚举。如果使用 Cain & Abel 进行枚举，只须单击 Network 选项卡，你将发现所有连接到你所在网络的机器（在枚举目标网络之前，显然需要获得一定的访问权限）。以下是一些其他的枚举工具，它们非常受黑客欢迎且在 Internet 上很容易被找到。

- Sid2User。
- Cheops（适用于 Linux ）。
- UserInfo。
- UserDump。
- DumpSec。
- Netcat。
- NBTDump。

这并不是一个详尽的列表，但它包括了一些广泛使用的枚举工具。为了防止被扫描，你应该使用以下方法：

- 注意你在 Internet 上发布了多少有关你所在机构及其网络的信息。
- 制定公司的安全策略，要求技术人员在使用公告栏、聊天室等获取技术数据时不得使用真实姓名或透露公司名称。
- 使用能够检测多次扫描的入侵检测系统。
- 阻止传入的 Internet 控制报文协议（ICMP）数据包。

上述这些技术不能使你的系统无法进行扫描和侦测，但它们会显著减少攻击者可以收集的信息量。

5. Shodan

Shodan（如图 6.5 所示）是攻击者和渗透测试人员都在使用的工具。网站 https：//www.shodan.io 本质上是一个关于漏洞的搜索引擎。为了使用它，你需要注册一个免费的账户，但是它对于试图识别漏洞的渗透测试人员来说是无价的。当然，该站点对攻击者来说也是无价的。

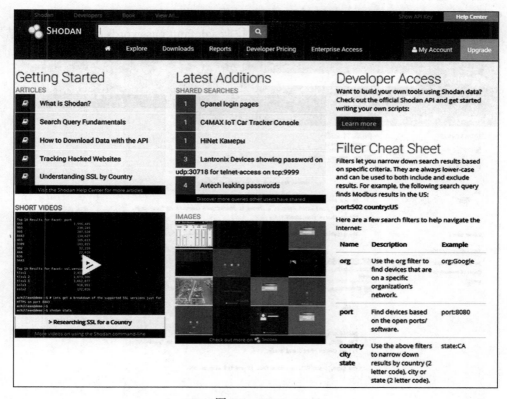

图 6.5　Shodan

在利用 Shodan.io 搜索时，你可以使用许多选项，这里给出了其中的一些例子。
- 搜索默认口令时，使用的术语如下。
  - 默认口令国家：美国。
  - 默认口令主机名：chuckeasttom.com。
  - 默认口令城市：芝加哥。
- 发现 Apache 服务器。
  - Apache 城市："旧金山"。
- 发现网络摄像头。
  - 网络摄像头城市：芝加哥。
  - OLD IIS。
  - "iis/5.0"。

除了上述列表这些搜索术语的例子，你还可以使用过滤器，包括以下几种。

- **城市**（city）：在特定的城市寻找设备。
- **国家**（country）：在特定国家寻找设备。
- **地理位置**（geo）：你可以传递它的坐标（即纬度和经度）。
- **主机名**（hostname）：查找与特定主机名匹配的值。
- **net**：基于 IP 或 /x CIDR 进行搜索。
- **操作系统**（OS）：基于操作系统进行搜索。
- **端口**：查找打开的特定端口。
- **从 / 到**（before/after）：在一段时间内找到结果。

例如，图 6.6 显示了搜索默认口令城市：达拉斯（default passwords city:dallas）的结果。

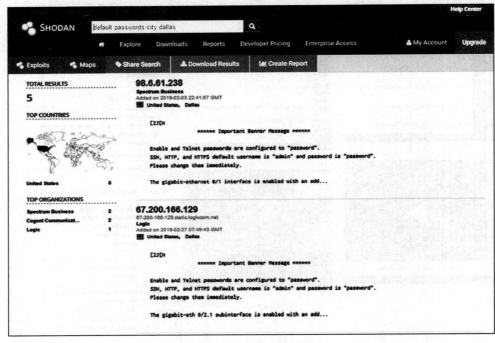

图 6.6　Shodan 搜索结果

在执行渗透测试时，最好通过 Shodan 搜索任何你能找到的公司域（company domain）。这可以对你的渗透测试工作起到指导性的作用。你可以将搜索范围限制在雇佣你进行渗透测试的客户的主机名或域名上，并使用 Shodan 来查找目标网络中的默认口令、旧的 Web 服务器、不安全的 Web 摄像头和其他漏洞。同样，你可以确信潜在的攻击者也会使用此工具。

6.4　实际攻击

前面已经讨论了攻击者是如何扫描目标系统的，现在让我们来看看一些常用的攻击方式。显然，这不是一个详尽的列表，但它为我们提供了对攻击所使用的方法的一些了解。在第 4 章中，我们讨论了拒绝服务（DoS）攻击和一些用来实施此类攻击的工具。在本节中，我们将介绍一些其他类型的攻击以及实现这些攻击的技术和工具。

6.4.1　SQL 脚本注入

SQL 脚本注入（SQL script injection）可能是针对网站攻击的最流行的类型。近年来，越来越多的网站已经采取了措施，以减轻这些攻击的危害，但不幸的是，许多网站仍然容易受到其影响。SQL 脚本注入攻击向 Web 应用程序传递结构化查询语言（Structured Query Language，SQL）命令，并让网站执行这些命令。

在进一步讨论 SQL 注入之前，我们必须先对 SQL 和关系数据库进行介绍。关系数据库以各种表之间的关系为基础，其结构包括表、主键和外键，以及关系：

- 每一行代表一个实体。
- 每一列代表一个属性。
- 每条记录都由一个被称为主键的唯一数字标识。
- 多个表利用外键连接，外键是另一个表中的主键。

你可以在图 6.7 中看到这些关系的一个示例。

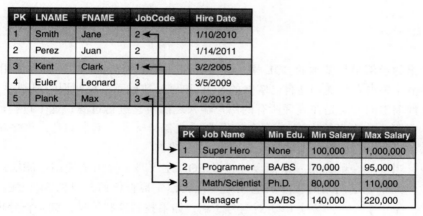

图 6.7　数据库关系

所有关系数据库都使用 SQL，包括 SELECT、UPDATE、DELETE、INSERT 和 WHERE 等命令。至少基本的查询语句非常容易理解和解释。

许多网站／应用程序都有一个输入用户名和口令的用户页面。用户名和口令必须在数据库中进行检查，以确定是否有效。不管数据库的类型是什么（Oracle、SQL Server、MySQL），它都使用 SQL。SQL 的格式和功能与英语非常相似。例如，要检查用户名和口令，可能需要查询数据库，查看用户表中是否有与输入的用户名和口令相匹配的条目。如果存在这样一个条目，则会有一个匹配。SQL 查询语句可能是这样的：

```
'SELECT * FROM tblUsers WHERE USERNAME = 'jdoe' AND PASSWORD = 'letmein'
```

这个查询存在的问题是，尽管它是有效的 SQL 语句，但它对用户名和口令进行了硬编码。对于一个真正的网站，你必须接受用户输入的所有用户名和口令字段，并进行检查，这是很容易做到的（不管用什么编程语言或脚本语言编写网站程序）。它看起来像是这样的：

```
'SELECT * FROM tblUsers WHERE USERNAME = '" + txtUsername.Text +' AND PASSWORD = '" +
txtPassword.Text +"'".
```

如果输入用户名 `jdoe` 和口令 `letmein`，此代码将变为以下 SQL 语句：

```
SELECT * FROM tblUsers WHERE USERNAME = 'jdoe' AND PASSWORD = 'letmein'
```

如果表 tblUsers 中存在一个用户名为 jdoe、口令为 letmein 的记录，那么这个用户将成功登录。如果不存在，则会出现错误。SQL 注入的工作原理是在一些 SQL 语句中放入用户名和口令中后使它始终为真。例如，假设你在用户名和口令框中输入 OR X=X，这将导致程序进行如下查询：

```
SELECT * FROM tblUsers WHERE USERNAME = ''OR X=X' AND PASSWORD = ''OR X=X'
```

注意，在 OR X=X 之前有一个单引号（'），它闭合了攻击者所知道的存在于代码中的开引号⊖。'' 本质上代表的是空白或 null，它告诉数据库如果用户名是空的，或者如果 X=X，并且口令是空的，又或者如果 X=X，则语句成立。仔细思考一下，你就会发现 X 总是等于 X，所以这个断言总是成立的。

'OR X=X' 是没有意义的，因为它是一个永远正确的断言。攻击者可能会尝试其他类似的语句，例如：

```
' or 'a' ='a
' or '1' ='1
' or (1=1)
```

这里给出的示例是最基本的 SQL 注入，但它却是最为常见的。你还可以使用 SQL 注入做更多的事情。攻击者仅受到她自己掌握的 SQL 和目标数据库系统知识的限制。

抵御这种攻击的方法是在处理所有的用户输入之前对它进行过滤，这个过程通常被称为输入验证，它阻止攻击者输入 SQL 命令，而非用户名和口令。不幸的是，许多站点并不过滤用户输入，因此，它们仍然很容易受到 SQL 注入攻击。

请记住，当我们在前面第一次简要地提及 SQL 注入时，提出了使用过滤输入可以防止这种攻击。例如，创建网站的程序员应该编写代码，先检查任何常见的 SQL 注入符号，如单引号（'）、百分号（%）、等号（=）或与号（&），如果找到这些符号，就停止处理并记录错误。这将防止很多的 SQL 注入攻击。虽然有一些方法可以绕过这些安全措施，但实施这些措施还是可以阻止许多 SQL 注入攻击。

6.4.2　跨站脚本

攻击者可以使用跨站脚本（cross-site scripting）将客户端脚本注入其他用户查看的 Web 页面中。这类攻击的关键点是攻击者将脚本输入到其他用户交互的区域。当用户访问站点的这一部分时，执行的将是攻击者的脚本，而不是预期的站点功能。例如，假设一个购物网站允许用户评论产品。攻击者可能不是输入评论，而是输入 JavaScript，将用户重定向到钓鱼网站。当另一个用户查看"评论"时，脚本执行并将用户带到新站点。同样地，通过简单地过滤所有的用户输入可以防止这种攻击。截至撰写本书时，所有主要的在线购物门户网站（如 Amazon.com）都对输入进行了过滤，从而避免受到这种攻击的影响。然而，许多较小的站点仍然很容易受到跨站脚本攻击的影响。

跨站脚本和 SQL 注入都说明了为什么所有 IT 人员（而不仅仅是安全管理员）都必须熟悉安全性要求。如果越来越多的 Web 开发人员更熟悉安全性要求，这两种攻击就不会被广泛传播。

⊖　这里是指使得单引号成对。——译者注

6.4.3　跨站请求伪造

跨站请求伪造（cross-site request forgery）可以被看作是跨站脚本的另一个方面。跨站脚本攻击基于用户对网站的信任，而跨站请求伪造攻击基于网站对用户的信任。网站认证的可信用户因为受到欺骗而向网站发送请求，这些请求可以用来对网站进行攻击。

6.4.4　目录遍历

目录遍历（directory traversal）允许攻击者访问受限的目录，例如包含应用程序源代码、配置文件和关键系统文件的目录，并执行 Web 服务器的根目录之外的命令。

攻击者可以使用"点－点－斜杠"（../）序列及其变化来操作引用文件的变量，如下所示：

```
http://www.example.com/process.aspx=../../../../some dir/some file
http://www.example.com/../../../../some dir/some file
```

6.4.5　cookie 投毒

许多 Web 应用程序在客户机上使用 cookie 保存信息（用户 ID、时间戳等）。例如，当用户登录到一个站点时，Web 的登录脚本可能会验证他的用户名和口令，并使用他的数字标识符设置 cookie。

当用户稍后检查其首选项时，另一个 Web 脚本（比如 preferences.asp）将会检索 cookie 并显示相应用户的信息记录。因为 cookie 并不总是加密的，所以它可以被修改。包含这种修改的攻击称为 cookie 投毒（cookie poisoning）。实际上，利用 JavaScript 可以修改、写入或读取 cookie。因此，这种类型的攻击可以与跨站脚本结合使用。

6.4.6　URL 劫持

URL 劫持（URL hijacking），也称为 typosquatting，涉及一个非常接近真实 URL 的假 URL。例如，我的网站是 www.Chuckeasttom.com，有些人可能会建立一个网站 www.Chuckeastom.com，这两个网址只差一个 t。

6.4.7　命令注入

命令注入攻击是指在易受攻击的应用程序中注入并执行攻击者指定的命令，该攻击是由于缺乏正确的输入数据验证（表单、cookie、HTTP 包头等）而产生的，攻击者可对它进行操纵。例如，在使用 Linux 时，你可以通过键入一个接一个的命令来执行两个命令，如下所示：

```
#cmd1 && cmd2
```

因此，易受攻击的应用程序可能会执行以下操作：

```
www.google.com && cat /etc/passwd
```

有时命令注入也被称为 shell 注入。

6.4.8　无线攻击

常用的无线攻击（wireless attack）有很多。例如，在双面恶魔攻击（evil twin attack）中，一个恶意的无线接入点（WAP）与你的一个合法接入点被设置成相同的 SSID。该恶意 WAP 就可能会对合法接入点执行拒绝服务攻击，使合法接入点无法响应用户，从而导致这些用户被重定向到该恶意 WAP。

另一种无线攻击是 WPS 攻击。Wi-Fi 保护设置（Wi-Fi Protected Setup，WPS）需要一个个人识别码（Personal Identification Number，PIN）才能连接到 WAP。WPS 攻击试图拦截传输中的 PIN，连接到 WAP，然后窃取 WPA2 的口令。

取消身份验证攻击（deauthentication attack）可能会导致合法的无线客户端从合法的无线 AP 或无线路由器中取消身份验证，以执行拒绝服务条件或使这些客户端与恶意 WAP 关联。

6.4.9　手机攻击

攻击手机的方式有很多，在这里我们对较为常见的攻击进行简要描述。

- Bluesnarfing：未经授权从蓝牙设备获取信息的行为。
- Blue jacking：使用蓝牙范围内的另一个蓝牙设备（根据蓝牙版本的不同，可能在 10m～240m 之间）未经请求主动地向目标发送信息的过程。
- Bluebugging：与 Bluesnarfing 类似，未经授权地访问和使用手机的所有功能。
- Pod slurping：通过将 iPod 等设备直接插入存储数据的计算机，非法地获取保密数据。

6.4.10　口令破解

当一个人可以物理地访问一台机器时，口令破解（password cracking）是最容易的，这并不像听起来那么难。许多组织（如大学）都有 kiosk 机器，人们可以在这些机器上以最低 / 访客权限使用系统。熟练的黑客可以利用这种访问获得进一步的访问权限。

1. 口令破解方法

口令破解有几种不同的方法。这里列出了最为常见的几种方法。

- **字典攻击**（dictionary attack）：将一个包含字典单词的文本文件加载到口令程序中，然后根据应用程序定位的用户账户运行。如果使用了简单的口令，可能容易被破解。字典攻击可以使用 LCP 和 Hashcat 等工具离线执行，也可以使用 Brutus 和 THC-Hydra 等工具在线执行。
- **混合攻击**（hybrid attack）：除了在字典单词中添加数字或符号外，这种攻击与字典攻击类似。许多人通常在当前口令的末尾添加一个数字来改变口令。例如，第一个月的口令是 Mike，第二个月的口令是 Mike2，第三个月的口令是 Mike3，依此类推。
- **彩虹表**（rainbow table）：口令通常以哈希值形式存储。哈希值不能被"反哈希"，但是，人们可以制作广泛使用的口令表并对它进行哈希运算。如果你可以访问口令的哈希值，就可以在彩虹表中搜索匹配项。
- **蛮力攻击**（brute-force attack）：这是最复杂也是最耗时的攻击形式。蛮力攻击可能耗费数周时间，具体取决于口令的长度和复杂性。

2. ophcrack

ophcrack 是一个非常流行的、破解 Windows 口令的工具，可以在网站 http://ophcrack. sourceforge.net 上下载。其工作原理基于对 Windows 口令工作原理的理解。Windows 口令存储在系统目录的一个哈希文件里，通常为 C:\WINDOWS\system32\config\ 中的一个 SAM 文件。SAM 是安全账户管理员（Security Account Manager）的缩写。口令以哈希值的形式存储（哈希值将在第 8 章中详细讨论）。Windows 所做的是对你输入的口令进行哈希，并将它与 SAM 文件中的哈希值进行比较。如果二者相同，则允许登录。为了防止有人复制 SAM 文件并试图蛮力攻击它，一旦 Windows 开始启动过程，操作系统就会锁定 SAM 文件。ophcrack 所做的是将它启动到 Linux 中，然后获得 SAM 文件，并在其中的哈希列表中对口令的哈希值进行搜索匹配。如果找到，那么在哈希表中匹配的文本就是口令。你可以在图 6.8 中看到 ophcrack。

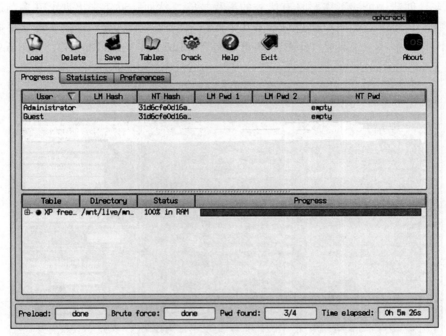

图 6.8　ophcrack

这个工具使用起来非常容易——只要将 ophcrack CD 放入机器并重新启动。在启动过程中，你可以按下 F12 来打开一个启动菜单，并告诉系统从 CD 启动，然后启动 ophcrack。需要注意的是，较长的口令通常不能被 ophcrack 破解。

假设 ophcrack 成功了（它并不是总能成功），攻击者可以用它做什么呢？她最多只能获得本地机器的管理账户（admin），而不是域账户。当然，可以通过 admin 来获得域访问权限。本章后面的"net user 脚本"部分将探讨获得域访问的一种方法。

3. 其他口令破解工具

正如你所猜测的那样，从 Internet 上可以获得许多口令破解工具，下面列出了一些常见的工具。

- Brutus：它可以对 Telnet、FTP、SMTP 和 Web 服务器执行远程字典攻击或蛮力攻击。
- John the Ripper：这个工具已经存在很多年了，它是一个有效的口令破解工具。
- WebCracker：这个简单的工具以用户名和口令的文本列表作为字典来实现基本的身份认证口令猜测。
- THC-Hydra：这个 Web 口令破解工具对于攻击多数常见的身份认证方案十分有用。

- Crack Station：该工具的网站为 https://crackstation.net，它尝试将哈希口令与彩虹表中的已知口令进行匹配。

6.5　创建恶意软件

本节将简要介绍如何创建恶意软件。在第 5 章中，我们学习了 eLiTeWrap 工具。在本节中，你会看到实际创建病毒的方法。但这绝不是在鼓励你创造这样的病毒，而是告诉你为什么这样的恶意软件如此普遍。

多年来，创造一个病毒需要具有优秀的编程技能。然而，近年来出现了许多制造病毒的工具，这些工具允许终端用户通过只单击几个按钮来创建一个病毒，这是病毒变得如此普遍的一个原因。其中一个工具是 TeraBIT 病毒制造者（TeraBIT Virus Maker），如图 6.9 所示。

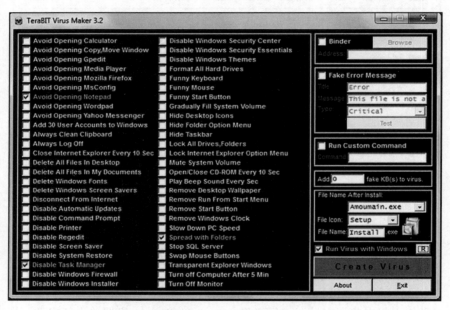

图 6.9　TeraBIT 病毒制造者

像这样的工具使得新手也可以很容易地创建病毒。当自动执行某些特定计算机攻击的工具变得流行时，就可以预料到会发生更多这样的攻击。

从选项里可以很容易地看到，TeraBIT 病毒制造者可以创建一些极具破坏性的恶意软件。重要的是，这个工具只是恶意软件创造者的选择之一。Internet 上有许多工具可以用来制造病毒，甚至还有勒索软件的开发工具。

制作恶意软件的一些常见实用程序如下：

- 山姆病毒发生器（Sam's Virus Generator）
- 网络蠕虫制造者（Internet Worm Maker Thing）
- JPS 病毒制造者（JPS Virus Maker）
- Deadlines 病毒制造者（Deadlines Virus Maker）
- Sonic Bat 病毒制造者（Sonic Bat Virus Creator）

除了这些工具，还有一些包含恶意代码目录的网站。任何具有一般编程能力的人都可以下载病毒代码并根据自己的需要修改恶意软件。你可以把这看作是一种网络武器的扩散。

网络武器的扩散是编写本节的主要原因。最重要的是,安全专业人员或者有抱负的安全专业人员需要意识到创建病毒是极其容易的。这意味着日后我们将会看到更多的病毒。当然,仍然有自定义编写的病毒,实际上,这些才是最有效的恶意软件。但是,工具和源代码的扩散意味着即使是那些技术水平极低的人也能制造病毒。

Windows 黑客技术

Microsoft Windows 系统无处不在,因此,针对该操作系统的攻击范围之广也就不足为奇了。在本节中,我们将简要了解其中的一部分。

1. 绕过哈希

我们将在第 8 章中详细讨论密码学中的哈希。现在只需要了解许多系统为什么将口令存储为密码学哈希形式——这样做是因为"反哈希"(unhash)是不可能实现的。

绕过哈希(pass the hash)攻击本质上利用了哈希的不可逆性。攻击者不是试图找出口令是什么,而是发送哈希值。如果攻击者可以获得有效的用户名和用户口令哈希值(只是哈希值——攻击者不知道实际的明文口令),那么攻击者就可以在不知道实际口令的情况下使用该哈希值。

Windows 应用程序要求用户输入口令,然后再依次对它们进行哈希处理。这通常可以通过 LsaLogonUser 这样的 API 来完成,将口令转换为 LM 哈希或 NT 哈希。绕过哈希将跳过应用程序并只发送哈希值。

2. net user 脚本

net user 脚本首先至少需要使用访客权限来访问目标计算机。这是基于许多组织将技术支持人员放在域管理员组中的事实。

攻击者编写以下两行脚本(显然,localaccountname 这个词应被替换为实际的本地账户名):

```
net user /domain /add localaccountname password
net group /domain "Domain Admins" /add Domain
```

攻击者将此脚本保存在 All Users 启动文件夹中。下次有域管理员权限的人登录到计算机时,此脚本将被执行,localaccountname 将成为域管理员。唯一的问题是,可能要过很久才会有具有这种权限的人登录这台计算机。为了加快这个过程,攻击者使系统出现问题(如禁用网卡),并且需要一定技术才能修复此问题。下一个登录的用户将无法访问网络或 Internet,并请求技术支持。技术人员很可能是域管理员组的成员。当技术人员登录到计算机来修复问题时,此脚本将会被执行(技术人员并不知道)。

这个特殊的漏洞说明了两个不同的安全问题。首先是最小特权(least privilege)的概念,即只允许每个用户拥有做自己工作所需要的最小权限(这一概念在第 1 章中进行了简要讨论)。技术人员不应该属于域管理员组,当他们不属于域管理员组时,net user 脚本攻击就不会成功。第二个问题是对机器的任何访问都应该受到控制。这种攻击只需要攻击者具有访客权限,并且只需要访问几分钟。从这个最小特权开始,熟练的攻击者可以继续前行并获得域管理权限。

3. 系统权限登录

系统权限登录(login as system)攻击要求对网络上的一台计算机进行物理访问。它不需要域，甚至不需要计算机登录凭证（credential）。要理解这种攻击，请先考虑一下，你上一次登录任何 Windows 计算机，甚至是 Windows 服务器时的情况。在登录文本框（用户名和口令）旁边，有一个辅助功能按钮，允许启动各种工具来帮助那些残疾用户。例如，你可以启动放大镜来放大文本。

在这种攻击中，攻击者将系统启动到存储在 CD 上的 Linux 系统上。然后，利用 FDISK 实用工具，攻击者可以定位 Windows 分区。在导航到 Windows\System32 目录后，攻击者首先对 magnify.exe 进行备份，可能将备份命名为 magnify.bak。然后她将 command.exe（命令提示符）重命名为 magnify.exe。

现在攻击者重启 Windows 操作系统。当登录界面出现时，攻击者单击"辅助功能"，然后使用放大镜。因为 command.exe 被重命名为 magnify.exe，所以攻击者实际上是在试图启动命令提示符。由于还没有用户登录，因此命令提示符将具有系统权限。此时，攻击者只受限于她对命令提示符执行命令的了解。

这种特殊的攻击说明了物理安全的必要性。如果攻击者有机会花 10 分钟独自操作你的 Windows 计算机，那么她很可能会找到攻破网络的方法。

6.6　渗透测试

正如本章开头所提到的，本章所描述的技术可以作为渗透测试的一部分。然而，渗透测试并不只是各种黑客技术的随机应用。通常，渗透测试是在漏洞评估的同时或之后进行的（第 11 章将详细讨论漏洞评估）。

渗透测试包括对目标网络进行系统探测，以识别网络中的弱点。渗透测试背后的理论是，客观地确定所给网络的安全级别的唯一方法是让有能力的测试人员尝试破坏其安全性。如本节所述，已经有了多种用来指导渗透测试的标准。

6.6.1　NIST 800-115

NIST 800-115 是美国国家标准与技术研究院（National Institute of Standards and Technology，NIST）为联邦信息系统（Federal Information System）发布的安全评估指南。评估包括渗透测试。NIST 800-115 对安全评估进行了描述，并将它分为四个阶段。

- 规划（planning）：在此阶段，测试工程师需要设定具体的测试目标。这通常与之前对目标网络进行的风险评估有关。
- 发现（discovery）：这个阶段需要使用多种工具（包括端口扫描器、漏洞扫描器和手动技术）来识别或发现目标网络中的问题。
- 攻击（attack）：现在攻击者可以利用发现阶段中找到的漏洞，尝试攻击目标网络。正是在这个阶段，渗透测试应用了我们在本章中讨论到的黑客技术。
- 报告（reporting）：最后一步是准备一份详细的报告，并把它交给聘请渗透测试工程师的人。报告中应该提及关于哪些漏洞被利用、它们是如何被利用的以及推荐哪些修复方式的详细信息。

尽管此方法只有四个阶段，但它们的内容相当广泛，包含许多子步骤。对于我们在本书中的学习目的来说，没有必要钻研 NIST 800-115 的所有细节。然而，这些全面的步骤为渗透测试提供了一个框架。请注意，在攻击阶段之前有两个步骤，即规划和发现，它们是至关重要的，你会在其他渗透测试标准中看到类似的步骤。

6.6.2　美国国家安全局信息评估方法

美国国家安全局（National Security Agency，NSA）主要负责美国联邦政府的信息安全。美国国家安全局制定了一套适用于任何信息系统的评估方法，包括安全审计、漏洞测试和渗透测试。该方法简述如下。

- 预评估（pre-assessment）。
  - 确定并管理客户的期望。
  - 了解组织信息的关键性。
- 确定客户的目标。
  - 确定系统边界。
- 与客户协调。
  - 请求文档（request documentation）。
- 现场（onsite）评估。
  - 召开开幕会议。
  - 收集和验证系统信息（通过面谈、系统演示和文档评审）。
  - 分析评估信息。
  - 提出初步建议。
  - 提交一份简报（out-brief）。
- 评估后。
  - 对文件进行附加审查。
  - 寻求帮助来理解你学到的东西。
- 报告的协调（和编写）。

这个步骤的总结很有趣。管理客户期望是关键的一步。重要的是让客户知道渗透测试可以做什么和不能做什么。预评估阶段决定了要做什么和这样做的期望是什么。

现场评估包括检查系统的过程，还包括向客户介绍你所发现内容的实质。然后，在第三阶段撰写并交付一份报告。同样有趣的是，在最后阶段还有一个涉及获取额外专业知识的子步骤。如果在渗透测试或安全审计中发现的内容超出了你的专业范围，那么咨询该领域的专家是一个明智的做法。

6.6.3　PCI 渗透测试标准

支付卡行业数据安全标准（Payment Card Industry Data Security Standard，PCI DSS）是处理信用卡的公司使用的一套标准。我们将在第 10 章中大致地介绍一下 PCI 标准。在本节中，我们将简要地介绍这些标准中有关渗透测试的部分。PCI DSS 要求 11.3.4 强制进行渗透测试，以验证分段控制和方法的可操作性和有效性，并确保它们将所有范围外（out-of-scope）的系统与持卡人数据环境中的系统隔离开。

PCI 标准建议在正常的工作时间测试独立的环境，而不是实时的生产环境。它建议进行包括社会工程学测试在内的渗透测试。

根据 PCI DSS 要求 11.3.1 和 PCIDSS 要求 11.3.2，渗透测试必须至少每年进行一次，并且在任何重大变化（例如，基础设施或应用程序升级或修改）或新系统组件安装之后也需要进行。与我们之前研究的模型一样，PCI DSS 有一些特定的步骤。

- **测试前工作**（pre-engagement）：定义范围、文件、参与规则、成功标准和对过去问题的回顾。
- **实际渗透测试**（actual penetration test）：应用黑客技术。
- **测试后工作**（post-engagement）：报告并提出补救措施的建议。

记住这些标准并不重要。重点是要了解渗透测试使用的黑客技术，而且渗透测试不仅仅是随机尝试攻击目标网络，它是一种用来验证目标网络的安全性的系统方法，而这种方法恰好包含了真正的黑客技术。

这本书的目的是介绍计算机安全，并没有深入地描述渗透测试的细节。更多的细节，你可以参考 *Penetration Testing Fundamentals: A Hands-On Guide to Reliable Security Audits*（Pearson）这本书。

6.7   暗网

暗网（dark web）是 Internet 的一个领域，只能通过洋葱路由访问。洋葱路由（The Onion Router，TOR）实质上是将数据包路由到世界各地，并通过代理服务器跳跃传输。每个包都使用多层加密方法进行加密，每个代理只能解密一层，然后将包发送给下一个代理。如果有人截获了两个代理之间传输的数据包，也只能确定前一个代理和下一个代理，而无法确定实际的起点或目的地，如图 6.10 所示。

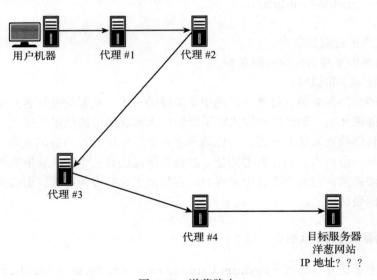

图 6.10   洋葱路由

这导致用户的位置很不容易被确定。例如，我坐在得克萨斯州普莱诺（Plano）的书房里，用 TOR 浏览器访问了 Yahoo.com。在图 6.11 中，雅虎认为我来自瑞典，并且用瑞典语展示了它的页面。

TOR 浏览器提供的匿名性，本质上并不是错误的或不道德的。许多人只是不希望在上网时被监视。然而，这种程度的匿名性确实会导致犯罪活动，以及一系列非法产品和服务在暗网上进行交易。

图 6.11　通过 TOR 浏览器访问 Yahoo

　　在暗网上活动可能存在危险，许多网站都充满了恶意软件。因此，你必须为暗网活动建立一个特定的环境——一个与主机操作系统完全隔离的虚拟机（这意味着不能共享剪贴板或文件夹）。虚拟机最好与主机运行不同的操作系统，这使得跨越虚拟机和主机的屏障变得更加困难。最后，该虚拟机只能用于暗网活动，不能用于其他目的。许多暗网研究者喜欢使用失忆症隐身直播系统（The Amnesiac Incognito Live System，TAILS）进行暗网活动，它可以从网站 https://tails.boum.org 上免费下载。

　　你应该注意到 TOR 已经更新并开始使用 Onion v3 了，许多网站正在将地址迁移到 Onion v3。截至 2021 年 10 月 15 日，所有在 TOR 浏览器中的 Onion v2 网站已被禁用，2022 年之前的链接可能不再有效。

　　对于那些想了解更多暗网技术相关信息的读者来说，最重要的是要了解节点的概念。下列对各种节点进行了介绍：

- **入口节点**（entry node）：入口节点是流量进入 TOR 网络的第一个节点，任何中继节点都可以作为入口节点。入口节点和中继节点在功能上没有区别，但从用户的角度来看有所不同。入口节点是具有用户真实身份的节点，这是入口节点所掌握的信息内容。入口节点只知道用户的身份和下一个节点的信息。由于完全前向安全性（perfect forward secrecy），它不知道通信的目的地。
- **中继节点**（relay node）：中继节点接受 TOR 连接，打开完全前向安全性的附加层，并将连接中继到前向路径链中的下一个节点。默认配置只在 TOR 电路的中间设置了一个节点，但你可以根据需要增加数量。请注意，随着中间节点数量的增加，连接的延迟也会增加。
- **出口节点**（exit node）：出口节点是与目的地通信的节点。同样，这个节点与上述两个节点没有什么不同，但当它与目的地服务器通信并将流量转发到 TOR 网络之外时，它充当目的地服务器的源。因此，出口节点总是被指责。出口节点始终是调查人员的目标。出口节点的所有者必须反复给出解释，以证明其服务器的合理性。
- **广播中继节点**（advertised relay node）：这些节点被称为广播节点，因为它们被列在目录服务器的列表中。它们是通过保持完全前向安全性来帮助 TOR 网络匿名化的真实节点，任何人都可以像 TOR 浏览器一样，通过查询这些节点来查看这些节点的标识。

- **网桥节点**（bridge node）：网桥节点和上述其他节点类似，只是它们没有被广播，这意味着网桥节点没有被列在目录服务器的列表中。如果网桥节点不在目录服务器的列表中，那么它们的用途是什么呢？拥有这些节点主要是为了向政府机构和 Internet 防火墙隐藏 TOR 流量。正如你所知道的那样，TOR 节点经常因为它在 TOR 网络上的活动而受到安全机构的指控。此外，由于 TOR 节点的身份在目录服务器上是公开的，因此很容易被阻止。网桥节点用于绕过对流量的阻止。如果将网桥节点用作入口节点，则很难在防火墙上找到并阻止流量，因为它们不在 TOR 目录服务器的列表中。使用网桥节点作为入口节点的主要挑战是，必须有人了解活跃的网桥服务器，并且必须在 TOR 浏览器上手动进行配置。

你可以在许多网站上找到出口节点的列表。以下是其中一些网站。

- https://www.dan.me.uk/tornodes。
- https://check.torproject.org/cgi-bin/TorBulkExitList.py?ip=1.1.1.1。
- https://www.dan.me.uk/tornodes（这个网站有额外的数据）。
- https://www.bigdatacloud.com/insights/tor-exit-nodes（这个站点也有出口节点的地理位置）。

6.8　本章小结

在本章中，我们仅仅研究了黑客使用的一些技术，这些技术和工具说明了各种安全措施的必要性。扫描技术说明了在防火墙上阻塞特定流量和运行 IDS 的必要性；SQL 注入攻击展示了为什么安全必须是应用程序开发的一部分。ophcrack 工具说明了为什么物理安全很重要、为什么最小特权原则很重要。将技术支持人员放入域管理员组违反了最小特权的原则，并使特权升级脚本成为可能。如果你希望更深入地研究黑客和渗透测试，可以阅读 *Penetration Testing Fundamentals: A Hands-On Guide to Reliable Security Audits*（Pearson）这本书。

6.9　技能测试

选择题

1. 伊丽莎白正在计算机安全课程中向学生们讲述基于网络的攻击。请问 SQL 注入攻击需要什么？

    A. 拥有数据库管理权限　　　　　　　　B. 创建一个始终为真的 SQL 语句

    C. 创建一个强制访问的 SQL 语句　　　　D. 理解网络编程

2. 胡安正在使用一个彩虹表来规避 Windows 计算机上的口令。彩虹表的最佳描述是什么？

    A. 预先计算的哈希表　　　　　　　　　B. 蛮力口令攻击

    C. 口令字典攻击　　　　　　　　　　　D. 多管齐下试图破解口令

3. 你现在正在负责电子商务系统的安全。为尽可能多地减轻攻击，应该如何对跨站脚本攻击进行防御？

    A. 过滤用户输入　　　　　　　　　　　B. 使用入侵检测系统

    C. 使用防火墙　　　　　　　　　　　　D. 这是无法避免的

4. 使用 Shodan.io 的优势是什么？
   A. 对企业来说是免费的   B. 它可以检查许多漏洞
   C. 它是为 Windows 系统设计的   D. 它包括了 IDS

5. 佩雷斯正在学习不同的口令破解工具，一个朋友向他推荐了 ophcrack。请问 ophcrack 需要攻击者做什么？
   A. 对机器进行物理访问   B. 获得域管理权限
   C. 使用社会工程学   D. 使用扫描工具

6. 如果你希望查看已从网站删除的项目，最好的方法是什么？
   A. 使用 Nessus   B. 使用 Nmap
   C. 使用 www.netcraft.com   D. 使用 www.archive.org

7. 马利克需要一个端口扫描器，这样他就可以扫描自己网络上打开的端口。下列哪个软件是流行的端口扫描器？
   A. Nessus   B. ophcrack   C. MBSA   D. Nmap

8. 简希望尽可能地减少攻击。一位同事建议她阻止 ICMP 数据包。阻止传入的 ICMP 数据包将阻止哪种类型的扫描？
   A. SYN   B. ping   C. FIN   D. 隐形

9. 了解网络安全术语是很重要的，包括网络安全中不同角色的术语。使用黑客技术从事非法活动的人的正确名称是什么？
   A. 黑客   B. 灰帽黑客   C. 飞客   D. 骇客

10. 侵入电话系统的人叫什么？
    A. 黑客   B. 灰帽黑客   C. 飞客   D. 骇客

11. 佩内洛普正在教授一门网络安全入门的课程，并试图向学生解释术语。哪个术语用来形容一个在不了解基本技术的情况下使用工具进行黑客攻击的人？
    A. 脚本小子   B. 灰帽黑客   C. 新手   D. 白帽黑客

12. 尝试列举出网络上所有服务器的过程的名称是什么？
    A. 端口扫描   B. 枚举   C. 漏洞扫描   D. 侦察

13. 特伦斯正在进行扫描。Windows 机器将对 FIN 扫描做出什么响应？
    A. ACK   B. 无响应   C. SYN   D. RST

14. 杰伦正在试图对自己的公司进行端口扫描。他想测试一下公司的安全系统是否能够检测到他的扫描。以下哪一项被认为是最为隐秘的端口扫描方法？
    A. SYN   B. 连接   C. ping   D. Nmap

15. 找出一个网站正在运行的服务器类型的最隐秘的方法是什么？
    A. 使用 Nmap   B. 使用 Cain & Abel
    C. 使用 www.netcraft.com   D. 使用 www.archive.org

练习

练习 6.1：使用 www.archive.org

这个练习将使用 www.archive.org。登录 www.archive.org，至少找到两个你的大学以前的网站版本。你能在网站上找到哪些现在已不存在的信息？

练习 6.2：使用 Nmap

这个练习将向你介绍 Nmap 工具。你应该下载并安装 Nmap，然后在你自己的计算机或指定的实验室计算机上至少运行三种不同的扫描（虽然扫描计算机并不违法，但它可能违反一些高校的安全策略。确保你只扫描指定的实验室计算机）。

练习 6.3：使用 ophcrack

将 ophcrack 下载到 CD 上，然后重新启动你的机器，利用 ophcrack CD 尝试破解本地口令（需要注意的是，你只能在自己的机器上或指定的实验室机器上做这件事，在其他机器上这样做可能会违反学院／大学／公司的安全策略）。

练习 6.4：使用 netcraft.com

访问 www.netcraft.com，至少选择三个不同的网站进行搜索。注意观察你能收集到的关于每个网站的信息。

项目

项目 6.1：被动扫描

选择一个当地组织，对它进行被动扫描。此过程应该包括搜索工作板块、组织本身的网站、用户组／公告栏、社交网站、www.archive.org 等。尽可能多地收集有关目标网络的信息。

项目 6.2：端口扫描器

使用你最喜欢的搜索引擎来搜索除 Nmap 以外的至少两个端口扫描器。下载并安装它们，然后在你自己的机器或指定的实验室计算机上试用它们。将这些工具与 Nmap 进行比较，它们更容易使用吗？能够得到更多的信息吗？

案例研究

简是一个黑客，企图侵入 XYZ 公司。她使用各种被动扫描技术，收集关于公司的信息。简从网络管理员在用户组的问题／评论中发现了公司使用的路由器型号。她还从公司网站上的人事目录中找到了一份完整的 IT 人员名单和他们的电话号码。此外，她还使用端口扫描了解到有哪些服务在运行。

基于上述场景，考虑以下问题：

1. 公司应该采取哪些合理的措施来防止简发现路由器型号和其他的公司硬件？

2. 公司应该采取什么措施来防止或至少降低端口扫描的有效性？

网络空间的工业间谍活动

本章学习目标

学习本章并完成章末的技能测试题目之后，你应该能够：

- 理解什么是工业间谍活动。
- 理解工业间谍活动的危险性。
- 理解用于工业间谍活动的低技术（low-technology）方法。
- 知道间谍软件在间谍活动中是如何使用的。
- 了解如何保护系统免受间谍活动的侵害。

7.1 引言

商业公司拥有宝贵的知识产权，包括商业秘密、营销数据或潜在的财务变动，这些数据可能非常有价值——这就引出了工业间谍的话题。当你听到间谍（espionage）一词时，可能会联想到许多令人兴奋的画面。但实际上，间谍活动通常比那些流行媒体描述的要乏味得多。间谍活动的最终目的是获取原本无法获得的信息。一般来说，间谍活动最好在尽可能少的宣传下进行。毕竟，信息才是目标。如果可能的话，最好是在目标组织甚至没有意识到其信息已被泄露的情况下就已经获取了该信息。

许多人认为这种间谍活动只会由类似于情报机构（如中央情报局、国家安全局、军情六处、联邦安全局等）的国际组织进行。虽然这些组织确实从事间谍活动，但它们肯定不是唯一从事间谍活动的组织。如前所述，经济目标也依赖于准确的数据，这些数据通常是敏感的数据。在涉及数十亿美元的情况下，一家私人公司可能成为工业间谍活动的目标，也可能成为行凶者。哪个公司不想确切地知道其竞争对手在做什么？事实上，企业或经济间谍活动正在增多。

工业间谍活动和情报机构活动之间的界限正在变得模糊。有许多针对西方国家的工业间谍案，似乎至少得到了外国情报部门的支持，科技公司通常是此类攻击的目标。事实上，已经有多个由国家政府发起的针对公司的工业间谍活动的报告。2022 年 5 月，*New York Law* 发表了一篇文章，介绍了由某国家政府主导的利用网络攻击获取公司敏感信息的事件⊖。

虽然多数专家认为经济间谍活动是一个日益严重的问题，但是很难准确评估这个问题到底有多严重。从事企业间谍活动的公司并不会承认它们的行为，即它们有明显这样做的原因。那些成为此类间谍活动受害者的公司通常也不愿披露这一事实。因为披露他们的安全受到侵害，可能会对他们的股票价值产生负面影响。在某些情况下，这样的安全性破坏也有可能使公司面临来自数据可能被泄露的客户的责任索赔。出于这些原因，企业往往不愿披露任何工业间谍活动。因为你想要保护你自己和你的公司，所以学习间谍活动的方法和保护方法

⊖ https://www.law.com/newyorklawjournal/2022/05/06/%C2%AD%C2%AD%C2%AD%C2%AD%C2%AD%C2%AD%C2%AD%C2%AD%C2%AD%C2%AD%C2%ADnation-state-sponsored-attacks-not-your-grandfathers-cyber-attacks/?slreturn=20220626171326.

是非常重要的。在本章末尾的练习中，你将使用到目前为止在本书中介绍的一些工具（反间谍软件、键盘记录器和屏幕捕获软件），以了解它们是如何工作的，从而意识到它们所带来的安全风险。

这是一个全球性的问题。2021 年，瑞典一家法院判定 Kristian Dimitrievski 从卡车和公共汽车制造商 Scania 窃取机密信息，并将这些信息出售给一名俄罗斯外交官[⊖]。

7.2 工业间谍活动

工业间谍活动（industrial espionage）是利用间谍技术发现具有经济价值的关键信息，这些数据可能包括竞争对手新项目的细节、竞争对手的客户名单、研究数据，或任何可能给间谍组织带来经济利益的信息。虽然企业间谍活动的基本原理与军事间谍活动不同，但企业间谍活动通常涉及的技术与情报机构使用的技术相同。经济间谍活动不仅使用与情报机构相同的技术，而且经常使用相同的人员。在一些事件中就有前情报人员被发现从事企业间谍活动的情况。当这些人把他们的技能和训练带到企业间谍的世界时，对计算机安全专家来说，情况就会变得特别困难。

> **实践**
>
> ### 带走敏感数据
>
> 尽管许多计算机专家和政府机构都在试图估计企业间谍活动的影响和传播范围，但企业间谍活动的本质使得无法对它进行准确的估计。不仅犯罪者不愿透露他们的罪行，而且受害者通常也不会透露该事件。然而，坊间证据表明，最常见的间谍活动形式是员工带着敏感数据辞职后，到另一家公司工作。在许多情况下，这些员工会选择在公司内部容易获得的数据，因此，这些数据的机密性被认为是一个"灰色区域"。例如，一个销售人员可能会带着一份打印出来的联系人和客户名单离开，这样他就可以代表下一个雇主去招揽他们。
>
> 与所有员工签署一份措辞严谨的保密和不竞争协议至关重要。最好是请一位专业律师来起草这份协议。此外，你可以考虑在终止员工的工作之前限制他对数据的访问。你还应该进行离职面谈，并考虑没收诸如公司电话簿等物品。这些东西乍一看可能微不足道，但可能包含对另一家公司有用的、对自己不利的数据。此外，U 盘、智能手机和其他技术提供了从公司获取数据的方法，因此某些公司限制这些设备的使用。

7.3 信息即资产

许多人习惯于将有形物体视为资产，因而他们很难意识到信息可能也是一种资产。公司每年在研发上花费数十亿美元，它发现的信息的价值至少是获取信息所花费的资源量加上信息所产生的经济收益的总和。例如，如果一家公司花费 20 万美元研究一个程序，而这个程序又将产生 100 万美元的收入，那么这些数据至少价值 120 万美元。你可以把这种经济收益用一个简单的方程式表示：

$$VI（信息价值）= C（生产成本）+ VG（获得的价值）$$

虽然有些人尚未完全认识到这个概念，但数据确实代表了一种宝贵的资产。当我们谈论

⊖ https://apnews.com/article/europe-business-russia-espionage-stockholm-9cbf938ce9dca9a7cffb8c30be29f857.

“信息时代”或我们的“信息化经济”时，重要的是要意识到这些术语不仅仅是流行词。信息是一种真正的商品，它与公司拥有的任何其他物品一样，都是一项经济资产。实际上，在大多数情况下，公司计算机上存储的数据比计算机系统本身的硬件和软件的价值要高得多。毫无疑问，数据比计算机硬件和软件更难替换。

要真正理解信息作为商品的概念，可以考虑一下获得大学学位的过程。你花费 4 年的时间坐在不同的教室里。你支付了一大笔钱，才有幸坐在那些房间里，听别人就各种各样的话题长篇大论。4 年后，你收到的唯一有形的东西就是一张纸（文凭）。当然，你可以用更少的成本和更少的努力得到一张纸。你实际支付的是你接收到的信息的价值。许多职业的价值也是如此，例如，医生、律师、工程师、顾问、经理等，人们都是向所有这些职业咨询他们的专家信息。信息本身就是有价值的商品。

由于两个原因，计算机系统中存储的数据具有很高的价值。首先，创建和分析数据需要花费大量时间和精力。如果你花了 6 个月的时间和一个 5 人的团队一起对信息进行收集和分析，那么这些信息的价值至少相当于这些人在这段时间里的薪水和福利。其次，除了需要花费时间和精力获取数据之外，数据通常还有其内在价值。如果数据是关于专有程序、发明或算法的，其价值是显而易见的。然而，任何可能提供竞争优势的数据本质上都是有价值的。例如，保险公司经常雇佣统计学家和精算师组成的团队，他们使用最新的技术来尝试预测与任何给定的潜在被保险人群体相关的风险。由此产生的统计信息对与之竞争的保险公司来说可能相当有价值，甚至客户联系人列表也有一定的内在价值。

因此，在你从事计算机安全领域的工作时，你应该始终记住，任何可能具有经济价值的数据对你的组织来说都是一项资产，而且这些数据对任何使用间谍活动没有道德约束的竞争者来说都是一个有吸引力的目标。如果你的公司管理层认为这种威胁不可能存在，那么他们就大错特错了。任何公司都可能成为企业间谍活动的受害者。你应该采取措施来保护有价值的信息，这个过程中的第一个关键步骤是资产识别。

资产识别（asset identification）是列出你认为支持你的组织的资产的过程。此列表应该包括那些直接影响日常运营的事情，以及那些与你公司的服务或产品相关的事情。CERT 网站⊖提供了一个非常有用的工作表，你可以使用它来逐项列出组织中的资产。在一个工作簿中包括许多其他有用的工作表，用于确保组织内的信息安全。如图 7.1 中的目录所示，此工作簿也是一个教程，可以引导你逐步了解信息安全方面的各种注意事项。

目录

- I. 简介 1
  - 欢迎语 1
  - 读者 3
- II. 资产管理 4
  - 概述 4
  - 资产管理计划 5
  - 识别资产 5
  - 记录资产 5
  - 管理资产 6
  - 小结 6

图 7.1　CERT 补充资源指南中的目录

⊖ https://www.us-cert.gov/sites/default/files/c3vp/crr_resources_guides/CRR_Resource_Guide-AM.pdf.

图 7.1 CERT 补充资源指南中的目录（续）

表 7.1 是 CERT 提供的工作表的一个变体。有了这张表，根据你在公司的知识和经验，可以按照以下步骤完成资产识别：

表 7.1 资产识别工作表信息

信息	系统	服务和应用程序	其他资产
…	…	…	…

（1）在表的第一列中，列出了信息资产。你应该列出公司中人员使用的信息类型，即人员完成工作所需的信息。例如产品设计、软件程序、系统设计、文档、客户订单和人员数据。

（2）对于第一列中的每个条目，在第二列中填写信息所在系统的名称。在每种情况下，都要问问自己员工需要执行哪些系统来完成他们的工作。

（3）对于第一列中的每个条目，在第三列中填写相关应用程序和服务的名称。在每种情况下，确定个人执行工作所需的应用程序或服务。

（4）在最后一列中，列出与其他三列直接相关或不相关的任何其他资产。例如带有客户信息的数据库、生产中使用的系统、用于生成文档的文字处理器、程序员使用的编译器以及人力资源系统。

当你按照表 7.1 的步骤填写完表格后，你将对组织的关键资产有了一个很好的了解。拥有这些信息，你将知道如何最好地投入防御工作。本章后面的内容会讨论一些具体的保护措施。

7.4 工业间谍活动的真实案例

现在你已经了解了企业间谍活动的概念，让我们来看看实际的案例。这些案例是在各种新闻来源中发现的真实世界的间谍活动。本节旨在让你了解实际发生的间谍活动的类型。请注意，虽然其中一些案例有些过时，但它们确实说明了工业间谍活动的方式。通常情况下，工业间谍事件的细节直到多年以后才可能会浮出水面。

7.4.1 事例 1：黑客群体

网络攻击经常被用于企业间谍活动。至少从 2018 年 11 月到 2021 年这段时间，黑客组织 RedCurl 与 30 起针对英国、德国、加拿大、挪威、俄罗斯和乌克兰公司的企业间谍攻击有关。这一群体倾向于使用自己定制的恶意软件和社会工程来访问敏感数据。

7.4.2　事例 2：公司对公司

2021 年 11 月，菲亚特克莱斯勒汽车公司指控通用汽车公司从事企业间谍活动，菲亚特克莱斯勒指责通用汽车在电子邮件中冒充菲亚特克莱斯勒的前雇员，通用汽车反过来指控菲亚特克莱斯勒参与贿赂和其他计划。这两家公司正在对彼此提起多起诉讼。

7.4.3　事例 3：优步

2017 年，一则优步科技公司（Uber Technologies Inc.）为了对一项据称是其商业间谍活动项目进行保密而支付 700 万美元的消息，被公之于众。该项目据称包括窃听、黑客攻击、贿赂和使用前情报官员，优步的工业间谍团队被称为"威胁行动小组"（threat operations unit）。前优步员工理查德·雅各布（Richard Jacob）的律师在法庭上披露了这一信息。

这一信息是在优步的竞争对手 Waymo 公司起诉前优步员工安东尼·莱万多斯基（Anthony Levandowsky）的过程中披露的。莱万多斯基窃取了 1.4 万份机密文件，并利用这些文件支持优步的自动驾驶项目。尽管此案的所有细节尚未得到证实，但此案确实说明了工业间谍活动可以变得多么极端。

7.4.4　工业间谍活动的趋势

虽然刚刚讨论的案例已经过去了多年，但问题的状况并没有减轻。事实上，根据 CNN 的报道，2015 年工业间谍案件增加了 53%。美国联邦调查局（FBI）对 165 家公司进行了调查，发现这些公司中有一半都是某种工业间谍活动的受害者，大量的工业间谍案件涉及内部威胁。

7.4.5　工业间谍与你

尽管存在工业间谍案，但大多数公司都会否认参与任何活动，甚至否认有间谍活动的任何迹象。然而，并非所有公司都对这个问题羞于提及。甲骨文公司（Oracle）首席执行官拉里·埃里森（Larry Ellison）曾公开为自己聘请私家侦探筛选 Microsoft 垃圾信息以获取有用信息的决定进行辩护。显然，间谍活动在现代商界是一个非常现实的问题。一个有经验的计算机安全专家应该意识到这个问题，并会采取适当的主动防御措施。

7.5　间谍活动是如何发生的

间谍活动有两种方式，一种简单、低技术含量的方法是让现任或前任员工简单地获取数据，或者让某人使用社会工程学方法（在第 3 章中讨论过）从毫无戒心的公司员工那里获取数据。第二种更偏向于技术的方法是让某个人使用间谍软件，其中包括使用 cookie 和键盘记录器，我们还将讨论其他技术方法。

7.5.1　低技术工业间谍活动

在没有计算机或 Internet 帮助的情况下，企业间谍活动也可能会发生。心怀不满的前任（或现任）员工可以复制敏感文件、泄露公司战略和计划，或者可能泄露敏感信息。实际上，不管使用的是不是技术方法，心怀不满的员工对任何组织来说都是最大的安全风险。如果员工愿意简单地移交信息，则企业间谍不必侵入系统即可获取敏感和机密信息。员工泄露信息的动机也各不相同。有些人从事这种行为是为了获得经济利益，其他人可能仅仅是因为对某些不公正的（真实的或想象的）事感到愤怒，而选择泄露公司机密。无论动机如何，任何组织都必须认识到这样一个事实：它的员工中的一些人可能对某些情况不满，并有可能泄露机密信息。

当然，一个人可以不借助现代技术而获得信息。但是，计算机技术（以及各种与计算机相关的策略）也可以协助企业进行间谍活动，即使只是以外围的方式。如图 7.2 和图 7.3 所示，某些工业间谍事件是犯罪者不需要什么技术就可以进行的。这一技术可以包括使用通用串行总线（USB）闪存驱动器、光盘（CD）或其他便携式媒体将信息带出组织。即便是心怀不满、希望破坏公司或为自己牟利的员工也会发现将大量数据刻录到 CD 上，装在上衣口袋里带走，要比复印数千份文件然后偷偷带出去更容易。而比普通钥匙链还小的新型 USB 闪存驱动器让企业间谍们梦想成真。这些驱动器可以插入任何 USB 端口并存储大量数据。在撰写本书时，人们可以轻松地购买到能够容纳 10TB 或更多数据的小型便携式设备。

图 7.2　低技术间谍活动是容易的

图 7.3　低技术间谍活动是便携的

　　虽然可以在不公开入侵系统的情况下从公司获取信息，但是请记住，如果你的系统是不安全的，那么完全有可能出现外部人员入侵你的系统并在没有员工作为共犯的情况下获取信息。除了这些方法之外，还可以使用其他低技术（low-tech）甚至是"无技术"（no-tech）的方法来提取信息。在第3章中已经详细讨论的社会工程学，是说服一个人放弃从而泄露他原本不愿透露的信息的过程。这种技术可以以多种方式应用于工业间谍活动中。

　　在工业间谍活动中，社会工程学的第一个应用也是最明显的应用是在直接对话中。在这种对话中，犯罪者试图让目标员工泄露敏感数据。如图7.4所示，员工经常会不经意地向供应商、卖主或销售人员泄露信息，而没有考虑到这些信息是重要的，也没有意识到它可能会被提供给任何人。攻击者只需要试着让目标说得比他应该说的更多。2022年5月，各情报机构警告称，外国间谍正在利用社交媒体开始社会工程尝试⊖。外国间谍可能会建立一个虚假的个人资料，自称是科学家，以便与从事敏感或机密项目的科学家交朋友。这样做的目的是首先与目标取得联系，然后随着时间的推移，讨好目标，最终访问敏感数据。

图7.4　社会工程学应用于低技术间谍活动

　　使用社会工程学的另一个有趣的方式是通过电子邮件。在规模大的组织中，一个人不可能认识所有的成员，所以一个聪明的工业间谍可以发送一封电子邮件，声称他来自其他部门，可能只是简单地询问敏感数据。例如，企业间谍可能伪造一封电子邮件，假装来自目标公司的法律办公室，要求提供某项研究项目的执行情况摘要。

　　⊖　https://buse.de/en/blog-en/labor-law/cybersecurity-geheimdienste-warnen-vor-industriespionage-ueber-social-media/.

计算机安全专家安德鲁·布林尼（Andrew Briney）曾说过："人是计算机安全的头号问题"。

7.5.2　用于工业间谍活动的间谍软件

显然，任何可以监视计算机活动的软件都可以用于工业间谍活动。2021 年 4 月的一篇文章描述了一个名为"工业间谍"的市场，该市场旨在买卖商业秘密。通常，攻击者会先持有数据以勒索赎金，然后出售数据——有时甚至在被害人支付了赎金之后[⊖]。实现监视的一种方法是通过间谍软件，我们在第 5 章中对此进行了详细的讨论。显然，对工业间谍来说，记录击键或截屏的软件或硬件将是最有用的。2021 年 8 月的一篇文章专门讨论了亚马逊首席执行官 Jeff Bezos 的智能手机被间谍软件盯上，数月来几兆字节的数据被泄露的事件。据称，具体采用的间谍软件是 Pegasus，它最初由一家以色列公司编写，供政府使用。

这类软件在间谍活动中的应用是显而易见的。间谍可以获取敏感文档的屏幕快照、捕获数据库的登录信息，或者捕获正在键入的敏感文档。这些方法中的任何一种都可以让间谍不受约束地访问包含间谍软件的机器上处理的所有数据。

7.5.3　用于工业间谍活动的隐写术

隐写术是一种将信息保密的方法。隐写术不是通过使用加密来隐藏消息，而是通过隐藏它们来保护通信。隐写术将信息隐藏在图像中，在某些情况下，图像也可以隐藏在其他图像中。隐写术（steganography）一词来自希腊文"steganos"，意为"被覆盖的"或"秘密的"。造字术（graphy）意为"书写"或"绘图"。目前有多种技术手段可以做到这一点，但最常见的是将数据隐藏在图像文件的最低有效位（least significant bit）中。数据可以隐藏在任何类型的数字文件中。

我们还应该注意到，在历史上一直有非技术性的隐藏消息的方法。以下是一些比较著名的例子。

- 在古希腊，送信的人将会被剃头，并在头上写上信息，然后让头发重新长出来。
- 1518 年，约翰内斯·特雷特米乌斯（Johannes Trithemius）写了一本关于密码学的书，书中描述了一种技术，该技术将特定列中的每一个字母当作一个单词来隐藏信息。

你可能认为完成隐写术需要大量的技术知识，但实际上，有许多软件包可以替你执行隐写术。QuickStego 和 Invisible Secrets 是两个非常容易使用的、可以完成隐写术的软件工具。MP3Stego 是一个免费的工具，它可将数据隐藏在 MP4 文件中。这些只是 Internet 上提供的一些工具。易于使用的廉价或免费工具的广泛传播，使得隐写术对任何组织都是一种威胁。

7.5.4　电话窃听和窃听器

当然，工业间谍活动也有可能使用电话窃听（phone tap）。电话窃听指的是在某一时刻将电话连接到电话线上并拦截呼叫的行为，这通常是在人们希望窃听的建筑物内的某个公用设施位置上完成的。显然，这类攻击要求攻击者进入或靠近房屋、破坏电话设备，并有能力窃听电话线路。

7.5.5　雇佣军间谍

2021 年的一篇文章讨论了雇佣军间谍公司，即私人监控公司[⊖]。许多此类公司声称只从

⊖　https://www.blackfog.com/industrial-spy-selling-stolen-data-to-competitors/.

⊖　https://www.reuters.com/technology/facebook-exposes-mercenary-spy-firms-that-targeted-48000-people-2021-12-16/.

事合法工作。然而，它们中的许多公司被指控从事非法活动。例如，黑立方（Black Cube）公司为哈维·韦恩斯坦（Harvey Weinstein）部署了间谍。

工业间谍活动可能涉及心怀不满的内部人员或间谍软件。然而，它也可能涉及"雇佣军间谍"（即可供雇佣的间谍）。这些人通常是经验丰富的调查人员，有时甚至是情报机构的前雇员。这意味着，看到不同国家在工业间谍活动中使用相同技术和工具，人们不应该感到惊讶。

New York Post 2022 年的一篇文章具体描述了一名前企业间谍是如何收集数据的[⊖]。他的技术主要依赖于社会工程，他的工具只不过是一部手机和一台笔记本计算机。

7.6 防范工业间谍活动

到目前为止，你应该已经意识到有多种方式可以威胁到组织宝贵的信息资产，那么你可以采取什么样的措施来降低这种危险呢？请注意，我说的是降低危险。你无法做到让任何系统、任何信息或任何人完全安全。你所能做的最好的事情就是努力达到一定程度的安全级别，从而使获取信息的成本高于信息的价值。

一种保护措施是使用反间谍软件。正如本书前面所提到的，许多杀毒软件也具有反间谍功能。这种软件与其他安全措施（如防火墙和入侵检测软件）相结合，可以极大降低外部人员破坏组织数据的可能性。此外，实施有助于指导员工安全使用计算机和 Internet 资源的组织策略（将在第 9 章中进行讨论）将使你的系统相对安全。如果将保护所有传输的策略添加到保护库中，则系统将尽可能地安全。然而，所有这些技术（防火墙、公司策略、反间谍软件、加密等）只会在员工不是间谍的情况下起作用。为了降低员工故意窃取或破坏信息的危险，你该怎么做？实际上，任何组织都可以采取多种措施来降低内部间谍活动带来的风险。你可以使用以下 12 种措施。

- 始终使用所有合理的网络安全措施：防火墙、入侵检测软件、反间谍软件、打补丁和更新操作系统，以及正确地使用安全策略。
- 只让公司员工访问他们在工作中绝对需要的数据，这个概念称为最小特权。公司授予员工恰好能完成他们工作任务需求的最小权限。使用"需要－知道"（need-to-know）的方法。人们不是想要阻止讨论或交流意见，但必须谨慎小心地对待敏感数据。
- 如果可能的话，为那些能够访问最敏感的数据的员工建立一个系统，在系统中对员工进行轮换或责任分工。这样，没有一个员工可以同时访问和控制所有关键数据。
- 限制组织中可移动存储媒体的数量（如 CD 刻录机和闪存驱动器），并控制对这些媒体的访问。记录此类媒体的每次使用情况及其所存储的内容。一些组织甚至禁止使用手机，因为大多数手机都允许用户拍摄物品并通过电子方式发送图片。
- 不允许员工将文档／媒体带回家。把资料带回家可能意味着一个非常敬业的员工在自己的休息时间内工作，也可能意味着一个公司间谍在复制重要的文档和信息。
- 粉碎文档并格式化旧的磁盘／磁带备份／CD。间谍常常能从垃圾堆里找到大量的情报。如果任何存储介质需要被丢弃，则应将其完全清除。消磁是硬盘和 USB 驱动器清除数据的一项好技术。
- 做员工背景调查。你必须能够信任你的员工，而这只能通过彻底的背景调查来做到。不要依赖"直觉"。你应该特别注意信息技术（IT）人员，他们的工作性质决定了他们可以接触到各种各样的资料。对于数据库管理员、网络管理员和网络安全专家等职位来说，这种审查最为重要。

- 当任何员工离开公司时，仔细扫描员工的计算机。查找是否有不恰当的数据保留在该计算机上的迹象。如果你有任何理由怀疑员工使用不当，那么就把机器封存起来，以便在之后的法律程序中作为证据。
- 将所有磁带备份、敏感文档和其他介质锁起来，并限制对它们的访问。
- 如果使用笔记本计算机，请加密硬盘驱动器。加密可以防范小偷从被盗的笔记本计算机中提取可用的数据。市场上的许多产品都可以完成这种加密，包括以下几种。
  - VeraCrypt（如图 7.5 所示）是一个用于加密驱动器、文件夹或分区的免费工具。这个工具非常易于使用，可以在 https://www.veracrypt.fr 网站上找到。还有其他几个类似的工具，它们大多数都是低成本的或免费的。

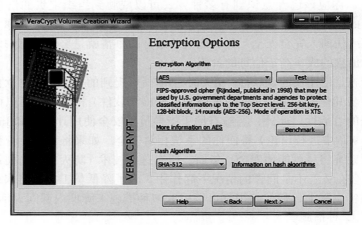

图 7.5   VeraCrypt

  - Microsoft Windows 操作系统包括两种加密方式。Windows 7 企业版或旗舰版均包含用于加密整个硬盘的 BitLocker，Windows 的更高版本（8、8.1、10）中也提供 Bitlocker。自 Windows 2000 以来的所有版本都包含用于加密特定文件或文件夹的加密文件系统（Encrypted File System，EFS）（如图 7.6 所示）。

  - DiskCryptor 是一个开源的驱动器加密应用程序，它支持 AES 和 Serpent（第 8 章会详细介绍）等算法。DiskCryptor 可以加密 USB 和 DVD 等外部设备。它可以从 https://diskcryptor.org 上获得。

  这份清单并不详尽。因此，强烈建议你在进行选择之前仔细检查各种加密产品。

- 让所有有权访问任何敏感信息的员工签署保密协议。有了这样的协议，雇主在前员工泄露敏感数据时可以有追索的权力。令人惊讶的是，许多雇主都不愿为这种相当简单的保护措施费心。签署保密协议是保护商业秘密的主要手段。

图 7.6   Windows 加密文件系统

- 开展安全意识培训。显然，员工教育是你能做的最重要的事情之一。一个组织应该有一些常规方法来定期就安全问题向员工提供建议。要做到这一点，一个最好的方法是在内部网站上发布公告。定期对员工进行培训也是一个好主意。这些方法不需要花费很长时间，也不需要对此进行深入了解，大多数非技术人员只需要了解安全概念即可。

不幸的是，采取这些简单的措施并不会让你完全免受企业间谍活动的影响。然而，使用这些策略将使任何此类攻击尝试变得更加困难。因此，你可以提高组织的数据安全性。

7.7　商业秘密

本章前面曾简要提及商业秘密，然而，这个话题值得更详细地讨论。本书作者曾作为专家证人参与了多起窃取商业秘密的案件。针对窃取商业秘密的指控所使用的辩护理由之一是该商业秘密未被确认。你至少应该对商业秘密进行标记，将相关文件标记为机密文件。虽然法院可能认定没有此类标记的信息是商业秘密，但适当地标记信息可以消除任何歧义。

针对窃取商业秘密指控的第二个辩护理由通常是数据没有得到妥善保护。从本质上讲，这里的逻辑是，如果一个人真的把某项数据视为商业秘密，那么它将受到比其他数据更严密的保护。

CSO 杂志推荐了几种可能保护商业秘密的做法[一]：

一旦对数据进行了分类和标记，根据使用情况的不同，就可能存在多种的保护措施，包括企业权限管理系统（Enterprise Rights Management System，ERMS）持久加密、文件加密、文件口令等。

文件口令是 *CSO* 杂志列出的保护商业秘密的措施之一。应该注意的是，*CSO* 杂志并不是建议一个组织必须实施所有的措施，而是从这些措施中选择适合该组织的选项。文件口令非常适合保护文件中的机密数据。

美国小企业管理局建议采取更简易的安全措施，例如将商业秘密锁在柜子里（如果是纸质版本）或限制访问计算机中的文件[二]。该建议指出：

2. 保护商业秘密

第一步是识别商业秘密，第二步是采取合理的保护措施。你不必把商业秘密放在诺克斯堡[三]中来保护它们，只需要将它们标记为"机密"并远离公众视线就足够了，因为在这种情况下这是合理的。但是，如果你不把纸张当作一个值得保守的秘密，那么仅仅在纸张上盖上"机密"印章并不能保护商业秘密。

- 对于纸张上的商业秘密，需要将其保存在上锁的文件柜中。
- 对于计算机上的商业机密，需要限制对电子文件的访问。

限制对计算机上文件的访问可通过计算机的口令来实现。如果文件口令也受到保护，就会进一步增强安全性，也可以通过文件或驱动器加密进一步增强安全性，但这不是必需的。

[一] https://www.csoonline.com/article/3268810/protecting-trade-secrets-technology-solutions-you-can-use.html.

[二] https://sba.thehartford.com/business-management/business-questions/keep-trade-secrets-safe/.

[三] 诺克斯堡位于美国肯塔基州路易斯维尔市西南约 50 公里处，自从 1940 年美国陆军装甲兵司令部搬到这里以后，诺克斯堡成为美国装甲力量最重要的军事训练基地，美联储的金库也设在这里。有 7 道电网围护，全副武装的保安，一道重达 24 吨的安全门，据估计诺克斯堡有大约 4570 吨的黄金。——译者注

一次关于如何保护商业秘密的律师座谈会就商业秘密的安全问题发表了如下看法[一]。

保护商业秘密的合理努力

原告必须证明商业秘密是具有（实际的或潜在的）经济价值的信息，这些信息并不为人所知，并且是为保持其秘密性而做出的合理努力的对象。通常，原告的商业秘密诉讼最明智的做法是证明该商业秘密是"合理努力"维护其秘密性的对象。保密要求在许多方面得到了体现或满足，包括：

- 限制对信息的访问（例如，将信息锁在金库等安全的地方，或采用计算机或网络安全措施）。
- 限制知道信息的人数。
- 让直接或间接知道或接触商业秘密的人员书面同意不披露信息（例如，签署保密协议（对于第三方）或保密或雇佣协议（对于员工和顾问/承包商））。
- 将与商业秘密有关的任何书面材料标记为机密和专有材料，如果口头披露，则视实际情况以书面形式跟进。

Contracting Excellence Journal 对保护商业秘密提出以下几点看法[二]。

1. 身份和访问管理

到目前为止，法院已经研究了商业秘密案件中一些非常基本的身份和访问保护形式，包括口令保护、"需要知道"（need to know）的访问和安全服务器存储。

2. 数据安全措施

在一些案例中，涉及如何存储或传输机密数据的特定网络安全保护措施被视为保护商业秘密的重要"合理努力"，例如 USB 使用限制措施以及电子和物理分发控制措施。

3. 周界和网络防御

竞争对手、"黑客行动主义者"（hacktivist）[三]、恶意的前雇员，甚至国家政府试图获取公司的商业秘密时，可能采取黑客攻击公司外部网络或内部设备的形式。为防止这种商业秘密泄露而采取的"合理措施"的证据包括防火墙、数据加密和在线使用限制。

4. 沟通

公司与员工在网络安全和商业秘密保护的其他方面进行沟通和培训是至关重要的最佳实践。一些法院已经承认，向员工提供某些类型的电子化通信是有益的"合理努力"，例如，弹出警告提示潜在风险。

5. 监控

显然，网络安全不是一劳永逸的，它需要长期监控、评价和改进。法院已经开始认可正在进行的网络安全监控中的一些内容与保护商业秘密有关，例如电子邮件监控。

这篇文章概述了保护商业秘密的合理网络安全措施，他们建议的要点包括使用防火墙、某种程度的数据加密、某种程度上的访问控制和限制访问。

[一] https://www.foley.com/files/uploads/AIPLA%20Article%20on%20DTSA%20and%20Reasonable%20Efforts%20to%20Protect%20Trade%20Secrets%2048.pdf.

[二] https://journal.iaccm.com/contracting-excellence-journal/protect-your-trade-secrets-using-cybersecurity.

[三] hacktivist 来源于"黑客"（hack）和"激进主义"（activism）这两个词的组合，是出于政治或社会动机而进行黑客攻击或闯入计算机系统的行为，实施黑客行动主义的人被称为黑客行动主义者。——译者注

7.8　工业间谍法

1996 年的 *Industrial Espionage Act* 是美国第一部将窃取商业秘密定为刑事犯罪的法律。该法律规定对违反者处以重大处罚。以下行文引自该法律[⊖]。

（a）意谋将为洲际、国际贸易生产的或处于该贸易中的产品的商业秘密转换为商业秘密的所有者以外任何人的经济利益，并故意实施下列违法行为损害该商业秘密所有者利益的任何人将被处以重大处罚：

（1）盗窃商业秘密，或者未经许可侵占、取得、带出、藏匿商业秘密，或者以伪造、阴谋、欺骗手段，获取商业秘密；

（2）对商业秘密，未经许可抄写、临摹、复制、草绘、绘制、拍摄、下载、上载、改变、破坏、影印、传送、递送、托送、邮寄，或用通信或口头传递；

（3）知道商业秘密是未经许可盗窃、侵占、获取或传递的结果，仍然接受、购买或占有商业秘密；

（4）上述（1）至（3）项行为的预备行为；

（5）上述（1）至（3）项行为的共谋行为，其共谋人之一的行为作用于该共谋之目的，处罚金，或 10 年以下有期徒刑，或二者并处；组织犯罪依（b）款规定。

7.9　鱼叉式网络钓鱼

正像你知道的那样，网络钓鱼（phishing）是为了窃取目标身份或破坏目标系统而试图从目标那里获取个人信息的过程。它常用的技术是发送大量电子邮件，诱使收件人点击一个自称是某个金融机构的网站但实际上是钓鱼网站的链接。

鱼叉式网络钓鱼（spear phishing）使用的技术与网络钓鱼相同，但是更有针对性。例如，如果攻击者想进入一个国防承包商的服务器，他可能会专门针对该公司的软件工程师和网络工程师制作电子邮件和网络钓鱼网站，这些电子邮件可以吸引特定的工程师群组，或者攻击者甚至可能花时间了解其中一些人的个人信息，并专门针对他们。这种方法曾被用来对付许多公司的高管。在 2010 年和 2011 年，这个问题开始显著增长。

鲸钓（whaling）也是网络钓鱼的一种形式，攻击者试图破坏与某个特定的、非常有价值的员工有关的信息。鲸钓所涉及的技术与网络钓鱼相同，但它是高度定制化的，它增加了单个目标受到欺骗的机会，并实际响应网络钓鱼的企图。

7.10　本章小结

从本章对工业间谍活动的考察中我们可以得出许多结论。第一个结论是，工业间谍活动确实发生了。上述的案例研究清楚地表明，工业间谍活动并非偏执的安全专家凭空想象出来的奇思幻想。这是现代商业的一个不幸，但又相当真实。如果你的公司管理层选择忽视这些危险，那么他们就是在自担风险。

从对工业间谍活动的简要研究中可以得出的第二个结论是，进行间谍活动有多种多样的方法。员工泄露机密信息可能是最常见的。然而，破坏信息系统，获取机密和潜在的有价值数据，是另一种日渐流行的方法。你应该非常想知道保护你的公司和你自己的最佳方法。在接下来的练习中，你可以运行屏幕捕获软件、键盘记录器和反间谍软件，了解更多有关间谍活动的策略以及如何应对它们的信息。

⊖　https://irp.fas.org/congress/1996_rpt/s104359.htm.

7.11 技能测试

选择题

1. 特伦斯试图向一群新的安全技术人员解释工业间谍活动。间谍活动的最终目的是什么？

    A. 颠覆敌对政府   B. 获得有价值的信息

    C. 颠覆竞争对手   D. 获得其他方式无法获得的信息

2. 为了真正了解工业间谍活动，你需要了解间谍的心态。对于一个试图从事间谍活动的间谍来说，最好的结果是什么？

    A. 在目标没有意识到的情况下获得信息   B. 不管目标是否意识到他这样做了，都要获取信息

    C. 获取信息并诋毁目标   D. 获取信息并对目标造成伤害

3. 企业 / 工业间谍活动通常的动机是什么？

    A. 思想   B. 政治   C. 经济   D. 复仇

4. 以下哪种类型的信息可能成为工业间谍活动的目标？

    A. 公司 IT 部门研制的新算法   B. 公司制订的新营销计划

    C. 公司所有客户的名单   D. 以上所有

5. 有关企业间谍活动的准确统计数据很难获得。原因之一是受害者往往不希望揭露此类犯罪，因为他们通常不希望事件公开。以下哪个可能是组织不愿意承认自己是企业间谍活动的受害者的原因？

    A. 这会让 IT 部门感到尴尬   B. 这会让首席执行官感到尴尬

    C. 这可能会导致股票价值下降   D. 这可能导致卷入刑事诉讼

6. 企业间谍和工业间谍活动有什么区别？

    A. 没有，它们是可互换的术语   B. 工业间谍活动仅指重工业，例如工厂

    C. 企业间谍活动仅指行政活动   D. 企业间谍活动仅指上市公司

7. 信息是宝贵的资产。为了确定应该投入多少精力来保护它，计算信息资产值是非常有用的。你可以使用什么公式来计算信息的价值？

    A. 产生信息所需的资源加上从信息中获得的资源

    B. 产生信息所需的资源乘以从信息中获得的资源

    C. 获取信息所需的时间加上获取信息所需的资金

    D. 获取信息所需的时间乘以获取信息所需的资金

8. 如果一家公司购买了高端 UNIX 服务器供其研发部门使用，那么系统中最有价值的部分可能是什么？

    A. 高端 UNIX 服务器   B. 服务器上的信息

    C. 用于保护服务器的设备   D. 存放服务器的房间

9. 信息对你的公司来说是一项资产是因为它：

    A. 是花费任意一笔金钱来生产的   B. 是花费昂贵的金钱来生产的

    C. 可能具有经济价值   D. 可能是花费大量金钱进行再生产的

10. 对任何公司来说最大的安全风险是什么？

    A. 心怀不满的员工   B. 黑客

    C. 工业间谍   D. 网络安全故障

11. 以下哪个选项是间谍软件的最佳定义？

    A. 协助企业间谍活动的软件   B. 监视计算机活动的软件

    C. 记录计算机击键的软件   D. 窃取数据的软件

12. 你可以期望获得的最高安全级别是什么？

    A. 某种程度的安全性，使得获取信息的成本高于信息的价值

    B. 与政府安全机构（例如中央情报局）相当的安全级别

    C. 阻止入侵成功率达到 92.5% 的安全级别

    D. 阻止入侵成功率达到 98.5% 的安全级别

13. 在防范工业间谍活动的背景下，你为什么要限制公司 CD 刻录机的数量并控制组织中的人访问它们？

    A. 员工可以使用此类媒体获取敏感数据　　　B. 员工可以使用此类媒体从公司复制软件

    C. CD 可能是间谍软件进入你系统的工具　　　D. CD 可能是病毒进入系统的媒体

14. 当员工离开公司时，为什么要扫描他的计算机？

    A. 在他离开之前检查工作流程　　　　　　　B. 检查公司间谍活动的迹象

    C. 检查非法软件　　　　　　　　　　　　　D. 检查色情内容

15. 在笔记本计算机上加密硬盘的原因是什么？

    A. 为了防范黑客在你在线时读取数据

    B. 确保数据传输的安全性

    C. 确保该计算机上的其他用户不会看到敏感数据

    D. 为防范小偷从被盗的笔记本计算机中获取数据

练习

练习题 7.1：了解工业间谍活动

1. 利用网络、图书馆、期刊或其他资源，查找本章未提及的工业或企业间谍活动案例。

2. 写一篇短文描述案件中的事实。虽然案件的当事人和刑事诉讼过程都值得关注，但你的讨论应集中在案件的技术层面。请务必说明案件中当事人是如何进行间谍活动的。

练习题 7.2：使用反间谍软件

    请注意，对于不同的反间谍软件，你可以重复进行此练习。对于任何对计算机安全感兴趣的人来说，熟悉多种反间谍软件产品都是一个好主意。

1. 去一个反间谍软件工具的网站（如果你需要更多的指导，请参阅第 5 章）。

2. 在供应商的网站上查找软件的使用说明。

3. 下载该软件的试用版。

4. 在计算机上安装软件。

5. 安装后，运行该程序。它发现了什么？记录你的结果。

6. 让实用程序删除或隔离它发现的所有内容。

练习题 7.3：了解键盘记录器

    请注意，此练习只能在你有明确许可的计算机上完成（而不是在公共计算机上）。

1. 使用网络查找并下载键盘记录器。以下网站可能会帮助你找到一个键盘记录器：www.kmint21.com/familykeylogger/ 和 www.blazingtools.com/bpk .html。

2. 在计算机上安装键盘记录器。

3. 检查键盘记录器在计算机上的行为。你是否注意到任何可能表明非法软件存在的迹象？

4. 运行你在练习 7.2 中下载的反间谍软件。反间谍软件是否检测到该键盘记录器？

练习题 7.4：屏幕捕获间谍软件

1. 使用网络查找并下载屏幕捕获间谍软件。网站 http://en.softonic.com/s/screen-capture-spy-software 可能对你选择合适的产品有所帮助。警告：由于你正在下载间谍软件，因此系统的杀毒 / 反间谍软件很可能会向你发出警告。
2. 在计算机上安装和配置应用程序。
3. 运行该应用程序，并注意它找到的内容。
4. 运行练习 7.2 中的反间谍软件，然后查看它是否检测到你的间谍软件程序。

练习题 7.5：了解基于硬件的键盘记录器

在本章以及第 5 章中，我们讨论了基于软件的键盘记录器。但是，也有基于硬件的键盘记录器。

1. 使用 Internet 了解有关基于硬件的键盘记录器的更多信息（你可以从搜索 "Keykatcher" 开始）。
2. 写一篇文章概述这些键盘记录器的工作方式，以及如何将它们用于安全或工业间谍活动。

项目

项目 7.1：防范企业间谍活动

使用本书中列出的网站（你也可以从第 1 章中的首选资源中选择）或其他资源，找到一组通用的计算机安全指南。写一篇简短的文章，将这些指南与本章中给出的指南进行比较。请记住，本章中的指南专门针对企业间谍活动，与通用的计算机安全无关。

项目 7.2：员工管理

写一篇简短的文章，描述管理员工的步骤，包括你认为组织应采取的、防范企业间谍活动的所有步骤。重要的是，你需要列出来源和理由来支持你的观点。

如果可能的话，你可以访问一家公司并与 IT 部门或人事部门的人员进行交谈，了解该公司如何处理诸如员工离职、职责轮换、数据访问控制等问题。将你在文章中所写的方法与这家公司所使用的方法进行比较。

项目 7.3：组织中的资产识别

使用表 7.1 或你自己设计的类似资产识别表，在你的组织（学校或企业）中识别最有价值的数据以及最有可能希望访问该数据的对象。然后写一个简短的指南，说明你如何保护这些数据。在该项目中，针对正在试图保护的特定类型的数据，你应该量身定制安全建议，以防范最有可能实施的工业间谍活动。

案例研究

大卫·多伊是 ABC 公司的网络管理员。大卫三次未升职，他直言不讳地表达了对这种情况的不满。事实上，他开始对整个组织经常发表负面意见。最终，大卫离职并开始了自己的咨询业务。在大卫离开六个月后，人们发现 ABC 公司的很多研究成果突然被竞争对手复制了。ABC 的高管怀疑大卫为这家竞争对手做过一些咨询工作，可能已经传递了敏感数据。然而，在大卫离开公司后，他的计算机已经被格式化并重新分配给了另一个人。ABC 没有证据表明大卫做错了什么。请你考虑以下问题：

1. 应该采取什么步骤来侦查大卫涉嫌的工业间谍活动？
2. 应该采取什么步骤来防范他犯下这种罪行？

加密技术

本章学习目标

学习本章并完成章末的技能测试题目之后，你应该能够：

- 解释加密的基本原理。
- 讨论现代密码学方法。
- 为你的组织选择适当的密码学方法。

8.1　引言

计算机和信息安全包含很多方面，加密（encryption）是安全问题中最关键的内容之一，它是一个对消息（或其他信息）进行置乱（scrambling）以使截获该消息的人不易读懂的过程。即使你拥有功能最好的防火墙、非常严格的安全策略、加固后的操作系统、杀毒软件、入侵检测软件、反间谍软件以及所有其他计算机安全措施，但是以原始明文形式发送数据，消息仍然是不安全的。

如果说网络安全专业人员对某个领域一直理解不足，那这个领域就是密码学。大多数网络安全专业人士只知道特定认证考试的内容，例如 CISSP 和 CompTIA Security+ 考试。然而，这些知识可能不足以让你做出重要的安全决策。你不需要重回大学取得数学学位并专门研究密码学，但你必须有足够的信息才能提出好的问题。

本章将帮你从管理者的角度理解密码学（cryptography）——一门关于加密和解密的艺术。注意，本章的内容不会使你成为密码学家。事实上，仅仅读几本有关加密的书并不能达到这么高的目标。相反，本章旨在为你提供加密的基本概念、加密的基本原理，以及足够的信息，以便你可以明智地决定在你的组织中采用何种加密方案。你将学习加密的历史和基本概念，在完成本章末的练习之后，你会学到足够的知识，至少能够提出正确的专业问题。我们也会描述一些技术细节，但是本章的目的是让你对相关概念有一个广泛了解。

必须认识到，密码学中的某些概念可能很难理解，但其基本思想还是可以很容易地被大多数读者理解的。可能有些概念你理解起来比较困难，这是很正常的，不必担心。你可能需要多次阅读本章的某些内容才能充分理解它们。

我们将介绍某些密码算法的实际计算过程。例如，我们将向你展示 DES 和 RSA 的过程。本书不会深入探讨每一种可用的密码算法，但会对其中的一些算法进行详细描述，这对读者来说是很有用的。

对于安全从业人员或有志于成为安全从业人员的人来说，拥有关于密码算法的深入知识并不是至关重要的。在本章中，我们介绍的一些概念可能很难掌握，特别是关于非对称密码的概念，如果你在初次阅读时没有完全理解它们（尤其是与数学基础相关的概念），这是可以接受的。与本书中的其他内容相比，本章中的一些主题可能需要付出更多的研究和精力。在第 9 章中，你将会看到密码的一些应用，例如 SSL / TLS、数字证书和虚拟专用网。

8.2 密码学基础

密码学的目的不是隐藏消息的存在，而是隐藏消息的含义，此过程被称为加密（encryption）。为了使消息难以理解，消息被特定的算法进行了置乱，这种特定算法需要事先在发信人和预期的收信人之间达成一致。因此，收信人可以反转置乱协议并使消息可理解。这个反转置乱协议的过程称为解密（decryption）。使用加密 / 解密的优势在于，对于不知道置乱协议或约定的人来说，很难重新构建消息。

当前使用的密码有两种基本类型：对称（symmetric）密码和非对称（asymmetric）密码。对称密码使用相同的密钥来加密消息和解密消息，而非对称密码中加密消息的密钥与解密消息的密钥不同，这听起来可能有些奇怪，你可能想知道这是怎么实现的。在本章的后面，我们将详细探讨其工作原理。目前重要的是要理解对称密码学和非对称密码学的基本概念。

8.3 加密的历史

加密可能与书面交流一样古老，其基本概念实际上非常简单：以某种方式改变消息使敌人无法轻易阅读，但是目标收信人却可以轻松地对它进行解码。在本节中，我们将研究历史上的一些加密方法。应当指出，它们是非常古老的方法，已经不能用于今天的安全通信。本节讨论的方法即使是业余爱好者也很容易破解。但是，研究它们对于理解密码学的概念非常有用，而不必结合复杂的数学知识。在更复杂的加密方法中往往需要更复杂的数学基础知识。

> **供参考的小知识：密码学家（cryptographers）**
>
> 加密是一个非常广泛和复杂的研究领域。即使是业余密码学爱好者，通常也需要一些数学训练，并且已经研究密码算法多年。

如果你有兴趣了解更多的密码学历史（超过了我们这里给出内容的范围），那么你可能需要阅读其他有关该主题的书籍。表 8.1 展示了密码学的简要历史。

表 8.1 密码学的简要历史

时间	密码学
公元前 500 年～公元前 600 年	Atbash 密码
公元前 10 年	波利比乌斯棋盘（polybius square）
公元前 45 年～公元 45 年	凯撒密码
公元 50 年～公元 120 年	Scytale 密码
1553 年	Vigenère 密码
1910 年～1940 年	Enigma 密码
1976 年	DES 和 Diffie-Hellman
1977 年	RSA
1985 年	椭圆曲线密码学
1993 年	Blowfish 密码
1998 年	Rijndael 密码发布
2001 年	Rijndael 密码被选为 AES

此外，你还可以访问以下网站。

● **斯坦福大学的密码学历史网站**：http://cs.stanford.edu/people/eroberts/courses/soco/projects/public-key-cryptography/history.html。

- **Cryptography.org**：http://cryptography.org。
- **SANS 的密码学历史**：https://www.sans.org/reading-room/whitepapers/vpns/pager/730。

理解本书描述的简单方法以及上述网站中列出的其他方法，可以使你了解密码的工作原理以及加密一个消息涉及的相关内容。无论你是否继续研究现代的、复杂的加密方法，从概念上理解加密是如何工作的是很重要的。原则上，理解加密的基本工作原理将有助于你更好地理解在现实世界中遇到的任何加密方法中的概念。可汗学院（Khan Academy）开设了在线密码学课程，很适合初学者学习使用。

8.3.1　凯撒密码

最早的加密方法之一是凯撒（Caesar）密码。据称这种方法曾被古罗马的凯撒使用过，并因此得名。实际上，它很简单，你为文本中的字母选择一个移位的数字，例如，假设文本是：

A cat

并且你选择按两个字母右移位，则消息变为：

C ecv

或者，如果你选择按三个字母右移位，它将变为：

D fdw

尤利乌斯·凯撒（Julius Caesar）被认为使用了向右移位三个字母的方式。但是，你可以选择任何你想要的移位模式，你可以向右或向左移动任意数量的字母数。凯撒密码因为非常简单，所以是开始研究加密的好例子，但是它非常容易被破解。众所周知，任何一种语言都有特定的字母频率和单词频率，这意味着某些字母比其他字母使用得更频繁。在英语中，最常见的单字母单词是 A，最常见的三个字母的单词是 the，单单这两个规则就能帮助你解密凯撒密码。例如，如果你看到一连串看似无意义的字母消息，并注意到消息中经常重复出现三个字母的单词，你可能会很容易猜测这个词是 the，这种猜测极有可能是正确的。此外，如果你经常在文本中发现一个单字母的单词，它最有可能是字母 A。于是你已经找到了 A、T、H 和 E 的替换方案。现在，你可以翻译该消息中的所有这些字母，并尝试推测其余字母，还可以简单地分析用于替代字母 A、T、H 和 E 的字母并得出用于此消息的替换密码。解密此类型消息甚至不需要计算机，一个没有密码学背景的人，只用纸和笔就可以在不到 10 分钟的时间内完成破解。还有其他规则可以帮助更容易地破解这种密码，例如，英语中两个最常见的双字母组合是 ee 和 oo，这使你更容易地进行破解工作。

凯撒密码可以被轻易破解的另一原因是一个称为密钥空间的问题，密钥空间是指可用密钥的数量。当凯撒密码被应用于英文字母时，只有 26 个可能的密钥（因为英语字母表中只有 26 个字母），这意味着你可以尝试每个可能的密钥（+1，+2，+3，…，+26），直到某一个起作用为止。尝试所有可能的密钥的攻击方式称为**蛮力攻击**（brute-force attack）。

你选择的替换方案（例如 +2，+1）称为字母替换表（substitution alphabet）（例如，B 替代 A、U 替代 T）。因此，凯撒密码也称为单字母表替换（mono-alphabet substitution）密码，这意味着它使用单个替换表进行加密。还存在其他单字母替换算法，但是凯撒密码是最广为人知的。

8.3.2   Atbash 密码

在古代，希伯来（Hebrew）学者使用 Atbash 替代密码来加密宗教文献，例如耶利米书（Jeremiah）。应用此密码非常简单：只须颠倒字母表中的字母顺序即可。按照现代标准，这是一个非常原始且易于破解的密码。

Atbash 密码将字母表中的第一个字母替换为最后一个字母，第二个字母替换为倒数第二个字母，依此类推。因此，它只是颠倒了字母表。例如，在英语中，A 变成 Z、B 变成 Y、C 变成 X，依此类推。当然，希伯来人使用了不同的字母表，其中 א（aleph）是第一个字母，ת（tav）是最后一个字母。但是，我们可以用英语举例说明：

Attack at dawn

变成：

Zggzxp zg wzdm

可见，A 是字母表中的第 1 个字母，它被换成 Z，T 是字母表中第 19 个字母（倒数第 7 个字母），它被换成 G（字母表中第 7 个字母），继续此过程，直到将整个消息全部被加密为止。

要解密消息，只需要简单地逆转上述过程，即 Z 变为 A、Y 变为 B，依此类推。这显然是一个相当简单的密码，并且现在已经没人使用了。但是，它说明了基本的密码学概念：对明文进行一些变换，使得那些没有密钥的人难以阅读。像凯撒密码一样，Atbash 密码也是单表替换密码，因此明文中的每个字母与密文中的每个字母存在直接的、一对一的关系，这意味着用于破解凯撒密码的字母频率和单词频率问题同样可用于破解 Atbash 密码。

8.3.3   多字母表替换密码

对凯撒密码进行了微小改进后，就出现了多字母表替换密码（multi-alphabet substitution）。在这种方案中，你选择多个数字来移动字母（即，多个字母替代表）。例如，如果选择三个替换字母表[⊖]（+2、–2、+3），则

A CAT

变成：

C ADV

请注意，第四个字母又从 +2 开始，你可以看到第一个字母 A 被换为 C，第二个字母 A 被换为 D，这使得解密更加困难。尽管多字母表替换密码比凯撒密码更难解密，但也并不是太难，仅仅使用笔和纸再加一点点耐心即可解密。如果使用计算机则会破解得更快。实际上，今天没有人还会使用这种方法来发送任何真正机密的消息，因为这种加密方式被认为是非常弱的。

多字母表替换密码曾经在一段时间内被认为是非常安全的。实际上，它有一个特殊的版本被称为维吉尼亚（Vigenère）密码，在 19 世纪和 20 世纪初期使用该版本。Vigenère 密码于 1553 年由吉奥万·巴蒂斯塔·贝拉索（Giovan Battista Bellaso）提出。它通过使用一系列基于关键字（keyword）字母的不同凯撒密码来加密字母文本。图 8.1 显示了 Vigenère 密码表。

⊖ 原文为 12、22、13，译者修改为 +2、–2、+3。——译者注

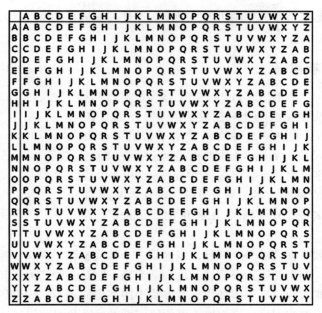

图 8.1　Vigenère 密码

　　将顶部的关键字字母与左侧的明文字母匹配，即可找到密文字母。例如，使用图 8.1 中所示的方案，用关键字 horse 加密单词 cat，得到的密文为 jok。

8.3.4　栅栏密码

　　到目前为止，我们研究过的所有密码都是替换密码，古典密码的另一种方法是换位密码，栅栏密码（rail fence）可能是最广为人知的换位密码。你只需要将待加密消息中的字母写在不同的行上即可。例如，"attack at dawn" 的写法是：

　　a t c a d w

　　　t a k t a n

接下来，你像往常一样从左到右记录文本，从而产生：

　　atcadwtaktan

为了解密消息，收信人必须将其写成行：

　　a t c a d w

　　　t a k t a n

然后收信人就可以重构原始消息。大多数文本以两行为例，但你可以使用任意数量的行来完成此操作。

8.3.5　密码棒

　　密码棒（Scytale）是已知的第一种密码学装置。这个密码使用了一个带羊皮纸的圆柱体，如果收到羊皮纸的人有正确直径的圆柱体，那么当羊皮纸被缠绕在圆柱体上时，信息就可以被读出了。然而，如果使用了不同直径的圆柱体，或者如果只是找到了羊皮纸而没有圆柱体，那么信息看起来将是一个随机的字母串。这种装置最早由斯巴达人使用，后来广泛被希腊人使用。

8.3.6 波利比乌斯密码

波利比乌斯密码（Polybius cipher；也称为波利比乌斯方块）是由希腊历史学家波利比乌斯发明的（约公元前 200 年～公元前 118 年）。显然，这种密码使用了希腊字母表，但我们将把它用于英语。如图 8.2 中的网格所示，在波利比乌斯密码中，每个字母由两个数字表示（Mollin，2000）。这两个数字是该字母在网格上的 x 和 y 坐标。例如，A 是 11，T 是 44，C 是 13，K 是 25。因此，加密单词"attack"，将得到 114444111325。

	1	2	3	4	5
1	A	B	C	D	E
2	F	G	H	I/J	K
3	L	M	N	O	P
4	Q	R	S	T	U
5	V	W	X	Y	Z

图 8.2 波利比乌斯方块

尽管使用两个数字来表示一个字母，但这是一个替代密码，密文仍然保留了明文语言中的字母和单词频率。如果使用标准的波利比乌斯方块，它是一种广为人知的密码，即使不使用任何频率分析也非常容易破解。如果想对方块中的字母使用不同的编码，则要求发送方和接收方提前共享特定的波利比乌斯方块，以便他们可以发送和阅读信息。

值得注意的是，历史学家波利比乌斯在建立这种密码时，实际上是通过火炬发送代码的。站在山顶上的信使可以举起代表字母的火把，从而发送消息。在山顶上安排一系列这样的信使，每个信使都将信息传递给下一个信使，这使得通信可以跨越相当长的距离，比任何徒步或骑马的信使都快得多。

8.3.7 Enigma 密码

在讨论密码学时，Enigma 密码是一个不可回避的话题。人们普遍误认为 Enigma 是一台机器，但实际上它是一类机器。最初版本的 Enigma 是由德国工程师亚瑟·谢尔比乌斯（Arthur Scherbius）在第一次世界大战末期发明的，供几个不同的军队使用。

波兰密码分析学家马里安·雷耶夫斯基（Marian Rejewski）、杰尔兹·罗佐基（Jerzy Rozycki）和亨里克·佐加尔斯基（Henryk Zygalski）破解了一些使用某个版本的 Enigma 加密的军事消息，他们基本上是对一台工作中的 Enigma 机进行了逆向工程，并使用得到的信息来开发用于破解 Enigma 密码的工具，包括一种叫作密码炸弹（cryptologic bomb）的工具。

图 8.3 Enigma 机

Enigma 机的核心是转子（或转盘），转子们以环形排列，上面有 26 个字母。转子之间互相对齐。本质上，每个转子都代表一个单表替换密码。你可以将 Enigma 视为一种机械的多字母表替换密码。Enigma 机的操作员获得明文消息后，将它输入 Enigma 机。对于输入的每个字母，Enigma 机会根据不同的替换表输出不同的密文字母。收信人输入密文，只要两台 Enigma 机具有相同的转子设置，收信人的机器就将输出正确的明文。图 8.3 是 Enigma 机的图片。

实际上，Enigma 机有数种变体。海军 Enigma 机最终由在著名的布莱切利公园（Bletchley

Park）工作的英国密码学家破解。艾伦·图灵（Alan Turing）和一个分析团队最终能够破译海军 Enigma 机。许多历史学家声称，该破译使第二次世界大战缩短了两年之久。2014 年，这个故事被改编成电影《模仿游戏》。

8.3.8　二进制运算

大多数对称密码使用称为异或（XOR）的二进制运算。在研究现代对称密码之前，我们将回顾基本的二进制数学。对于二进制数（仅由 0 和 1 组成的数）的各种运算，程序员和学过编程的人是熟悉的。但为了那些不熟悉它们的人，下面进行简要说明。使用二进制数时，有三种在普通数学中找不到的运算：与（AND）运算，或（OR）运算和异或（XOR）运算，我们依次对它们进行说明。

1. "与" 运算

要执行与运算，你需要逐位比较两个二进制数（操作数）。如果两个位都是 1，则结果为 1，否则结果为 0。示例如下：

```
 1 1 0 1
 1 0 0 1
---------
 1 0 0 1
```

2. "或" 运算

或运算检查操作数对应位置上的两个位是否有一个为 1，或两个都为 1，如果是这样的话，那么结果为 1，否则结果为 0。示例如下：

```
 1 1 0 1
 1 0 0 1
---------
 1 1 0 1
```

3. "异或" 运算

异或运算在加密操作中非常重要，它检查操作数对应位置上的两个位的值是否相同，如果相同，那么结果为 0，否则结果为 1。示例如下：

```
 1 1 0 1
 1 0 0 1
---------
 0 1 0 0
```

异或具有一个非常有趣的特性，即可逆性。如果将异或运算的结果与第二个操作数异或，则可得到第一个操作数。如果将异或运算的结果与第一个操作数异或，则将得到第二个操作数：

```
 0 1 0 0
 1 0 0 1
---------
 1 1 0 1
```

使用异或操作的二进制加密为一些相当简单的加密算法打开了大门。将任何消息转换为二进制数，然后与某个密钥进行异或，此密钥是一个随机的（或至少是尽可能随机的）二进制位串。将消息转换为二进制数实际上可通过简单的两步过程来完成。首先，将消息转换为 ASCII 码，然后将这些 ASCII 码转换为二进制数。每个字母或数字将生成一个 8 位的二进制数。然后，你可以使用任意给定长度的随机二进制位串作为密钥，将你的消息与密钥异或得到密文，密文与密钥再次异或将恢复原始消息。这种方法易于使用，非常适合计算机专业的学生。但是，对于真正安全的通信而言，其实际效果不佳，因为仍然存在潜在的字母频率和单词频率问题，这些问题可提供有用线索，即使是业余密码学家也可以使用这些线索来解密消息。然而，此方法确实有助于理解单密钥加密（single-key encryption）的概念，单密钥加密将在下一节中详细讨论。虽然简单地对消息进行异或如今并不常用，但单密钥加密方法已广泛使用，二进制运算在单密钥加密过程中广泛应用。

对称密码通常使用两种基本操作：替换和换位。替换通过将密钥与明文消息进行异或来实现，换位则通过交换文本分组来实现。

8.4　现代密码学方法

现代密码学方法（以及计算机）使得密码学成为一门相当先进的科学。到目前为止，你所读到的有关密码学的信息都只是出于教学目的。正如多次提到的那样，如果你实现了任何上述加密方案，也不会得到一个真正安全的系统。你可能会觉得这被夸大了。然而，准确地了解加密方案的有效性是至关重要的。现在是时候讨论目前实际应用的一些方案了。

在深入讨论该主题之前，让我们从一些基本定义开始。

- **密钥**（key）：与明文结合在一起的位串，用于对明文进行加密。密钥在某些情况下是随机数，在其他情况下则可能是某些数学运算的结果。
- **明文**（plain text）：未加密的文本。
- **密文**（cipher text）：加密后的文本。
- **算法**（algorithm）：完成某项任务的数学过程。

8.4.1　单密钥（对称）加密

基本上，单密钥加密（single-key encryption）意味着加密和解密使用同一密钥，也称为对称密钥加密（symmetric key encryption）或对称密码。对称密码算法有两种：流密码（stream cipher）和分组密码（block cipher）。流密码将数据加密为位流，一次加密一位。分组密码将数据分成多个分组（通常每个分组 64 位，但是较新的算法有时使用 128 位的分组），并一次加密一个分组的数据。

1. DES

数据加密标准（Data Encryption Standard，DES）由 IBM 在 20 世纪 70 年代初期开发，并于 1976 年发布。虽然它已经过时，不再被认为是安全的，但是，有两个原因值得我们研究它：第一，DES 是第一个现代对称密码；第二，DES 的基本结构（通常被称为 Feistel 函数或 Feistel 密码结构）仍然在许多现代密码算法中使用。DES 是一种分组密码，它将明文划分为 64 位的分组，并对每个分组进行加密。其基本概念如下：

> **供参考的小知识：分组密码和流密码**
>
> 　　将密钥应用于明文进行加密并生成密文时，必须选择如何应用密钥和算法。在分组密码中，密钥应用于分组（通常每个分组为 64 位）。这与一次加密一位的流密码不同。
> 　　1. 数据被切分为 64 位的分组。
> 　　2. 每个分组被均分为 32 位的两半。
> 　　3. 一半通过轮函数（round function）进行替换和异或操作。
> 　　4. 交换 32 位的两半。
> 　　5. 重复以上过程 16 次（16 轮）。

　　在 DES 发布时，它是一个了不起的发明。即使在今天，该算法仍然有效。但是，其密钥长度太短（56 位），不足以抵抗现代计算机的蛮力攻击。许多密码学教材和大学课程都使用 DES 作为基本模板来研究分组密码，我们同样也将这样做，并且比本章中的其他大多数算法更关注 DES。

　　对于安全和加密领域的新手来说，前面列出的简短事实就足够了。但是，对于那些想深入钻研的人，需要研究一下 DES 算法的细节。DES 将 56 位的密钥应用于 64 位的分组之上。实际上它有 64 位密钥，但是这 64 位的每个字节中有 1 位用于纠错，仅保留 56 位充当实际密钥。

　　DES 是一个 Feistel 密码，共有 16 轮，并且每轮都有一个 48 位的轮密钥。Feistel 密码（或 Feistel 函数）的名字来自其发明者霍斯特·菲斯特尔（Horst Feistel：也是 DES 的主要发明者）。所有 Feistel 密码的工作方式都相同：将分组分为两半，应用轮函数处理其中一半，然后交换这两半——这是每轮要完成的任务。不同 Feistel 密码之间的主要差别在于轮函数的处理过程不同。

　　首先需要解决的问题是密钥编排（key schedule）。密钥编排在所有分组密码中都会用到。DES 的密钥编排是一个简单的算法，它根据初始密钥生成两个位串，并从中为每一轮生成一个略有不同的轮密钥。为达到此目的，DES 基于 56 位的初始密钥，在每轮中对它们进行排列。因此，每轮都将使用不同的轮密钥，但是它们都是基于初始密钥的。为了生成轮密钥，首先将 56 位的初始密钥均分成 28 位的两部分，然后在每一轮中将这两部分循环移动 1 或 2 位，以使为每一轮生成不同轮密钥。在密钥编排算法为每一轮生成轮密钥的过程中，初始密钥的两部分被循环移动了特定的位数。最终结果是，DES 中 16 轮的每一轮使用的轮密钥实际上与上一轮使用的轮密钥略有不同。所有现代对称密码都会进行这种操作来提高安全性。

　　一旦为当前轮生成了轮密钥，下一步就是将初始分组的一半输入到轮函数中进行处理。回想一下，分组被分成 32 位的两半，而轮密钥为 48 位，这意味着轮密钥与"分组的一半"大小不匹配，你不能将 48 位的轮密钥与 32 位的"分组的一半"进行异或，除非忽略轮密钥中的 16 位。但如果这样做，你将会缩短轮密钥的位数，从而降低安全性，因此这不是一个好的选择。因此，32 位的"分组的一半"需要扩展为 48 位，然后再与轮密钥进行异或，这是通过复制一些位来实现的。

　　扩展过程实际上非常简单，将要扩展的 32 位分为 4 位的片段，再复制每个片段两端的位。32 除以 4 等于 8，所以会产生 8 个 4 位的片段，复制每个片段的首尾两位，则会将 16 位添加到原始的 32 位中，总共得到 48 位。

必须记住，要复制的是每个片段的首尾两位，这在后面的轮函数处理中非常重要。举个例子，假设要扩展的 32 位值如下：

11110011010101111111111111000101011001

将其分为 8 个片段，每个片段 4 位，如下所示：

1111 0011 0101 1111 1111 0001 0101 1001

现在，复制每个片段的首尾两位，你将会看到：

1111 变成 111111

0011 变成 000111

0101 变成 001011

1111 变成 111111

1111 变成 111111

0001 变成 000011

0101 变成 001011

1001 变成 110011

将得到的 48 位位串与 48 位轮密钥进行异或，现在你已经用完了轮密钥。轮密钥的唯一目的是与 32 位的"分组的一半"进行异或，然后就可将其丢弃了，在下一轮将使用下一个 48 位的轮密钥，正如我们之前介绍过的密钥编排所述。

现在我们有了异或操作的 48 位输出，但这似乎仍然行不通，我们不是只需要 32 位吗？现在将 48 位分成 8 个片段，每个片段 6 位。每个 6 位的片段将被输入到 S 盒（substitution box）中，并且仅输出 4 位。

6 位片段用作 S 盒的输入，S 盒是一种表格，它接受输入并产生一个基于该输入的输出。换句话说，它是一个替换盒，它用新值替换输入值。DES 有八个不同的 S 盒，表 8.2 是其中一个：

表 8.2　DES 的 S 盒示例

		输入的中间 4 位														
		0000	0001	0010	0011	0100	0101	0110	0111	1000	1001	1010	1011	1100	1101	1110	1111
其他位	00	0010	1100	0100	0001	0111	1010	1011	0110	1000	0101	0011	1111	1101	0000	1110	1001
	01	1110	1011	0010	1100	0100	0111	1101	0001	0101	0000	1111	1010	0011	1001	1000	0110
	10	0100	0010	0001	1011	1010	1101	0111	1000	1111	1001	1100	0101	0110	0011	0000	1110
	11	1011	1000	1100	0111	0001	1110	0010	1101	0110	1111	0000	1001	1010	0100	0101	0011

S 盒实际上只是一个硬编码的查找表。两端的 2 位显示在行标题中，中间的 4 位显示在列标题中，两者的交点就是 S 盒的输出。例如，使用我们前面例子中的数字，第一个片段为 111111。因此，在行标题中找到 11，在列标题中找 1111，结果值的二进制为 0011，十进制为 3。

回想一下，在扩展阶段，我们只是复制了每个片段的首尾两位，所以当我们在 S 盒阶段删除最外面的位时，不会丢失任何数据。

由于每个 S 盒都输出 4 位，并且有 8 个 S 盒，因此结果为 32 位。将这 32 位与原始分组的另一半进行异或运算。注意，我们并没有对原始分组的另一半进行任何变换。最后交换这两半。

如果你是密码学初学者，即使有解释，上述内容可能仍然会让你感到困惑。许多读者可能需要多次阅读此部分内容，才能充分理解它。

2. 3DES

为代替 DES，人们提出了三重 DES（3DES）。当时，密码学界在寻找 DES 的可行代替方案，3DES 是在此过程中作为权宜之计提出的。实际上，3DES 使用三个不同的密钥对明文进行三次 DES 加密，因此命名为 3DES。

3DES 存在仅使用两个密钥的变体。首先使用密钥 A 对明文进行加密，然后使用密钥 B 对得到的密文进行加密，接着，重用密钥 A 对得到的密文进行加密。这种重用的原因是创建良好的密码学密钥需要耗费大量的计算资源。

3. AES

人们最终选择了高级加密标准（Advanced Encryption Standard，AES）来代替 DES。AES 是一种分组密码，分组长度为 128 位，密钥长度可以为 128 位、192 位或 256 位。美国政府选择 AES 替代 DES，现在 AES 已成为应用最广泛的对称密码算法。

AES 也称为 Rijndael 分组密码，它经过 5 年的评选过程，在 15 种竞争算法中脱颖而出，于 2001 年被正式指定为 DES 的替代。AES 在 FIPS197 中被正式定义。其他赢得评选的算法包括 Twofish 等著名算法。AES 极其重要，它在世界范围内被广泛使用，也许是使用最广泛的对称密码。在本章的所有算法中，AES 是需要重点学习的算法。

如前所述，AES 可以具有三种不同的密钥长度：128 位、192 位或 256 位。对应的三种不同 AES 实现分别称为 AES 128，AES 192 和 AES 256。分组长度也可以是 128 位、192 位或 256 位。应该注意的是，原始的 Rijndael 密码允许可变的分组长度和可变的密钥长度（以 32 位为增量）。但是，美国政府在制定 AES 标准时，指定密钥长度可为 128 位、192 位或 256 位，而分组长度只能为 128 位。

AES 算法由两位比利时密码学家约翰·德门（John Daemen）和文斯特·雷曼（Vincent Rijmen）开发。约翰·德门曾广泛从事分组密码、流密码和密码学哈希函数的密码分析。对于那些不熟悉安全的人，以上给出的简要说明已经足够。但是，我们将更详细地讨论 AES 算法。就像前面讨论 DES 算法的细节一样，一些读者在第一遍阅读时也许会感到困惑，可能需要多次阅读这些内容。

Rijndael 使用的不是 Feistel 网络，而是替代 – 置换矩阵（substitution-permutation matrix）。首先将 128 位明文分组放入 4×4 字节的矩阵（称为状态矩阵）中，状态矩阵随着算法逐步执行而变化。第一步是将明文分组转换为二进制，然后将它们放入状态矩阵中，如图 8.4 所示。

11011001	01110010	10110000	11101010
01011111	00011001	11011001	10011001
10011100	11011101	00011101	11111101
11011001	10001001	11011001	10001001

图 8.4　Rijndael 状态矩阵

将原始明文格式的二进制形式放入 4×4 字节的状态矩阵中后，算法就包括以下一些在各轮中使用的相对简单的过程：

- AddRoundKey：在此过程中，状态矩阵的每个字节均与轮密钥进行异或运算。与 DES 一样，AES 也有一个密钥编排算法，该算法在每轮中都会略微更改轮密钥。
- SubBytes：涉及对输入字节（即 AddRoundKey 过程的输出字节）的替换，此过程状态矩阵的内容经过 S 盒处理，每个 S 盒输入 8 位的值，输出 8 位的值。
- ShiftRows：这是一个转换步骤，其中状态矩阵的每一行都循环移动固定的字节数。

在此过程中，第一行保持不变，第二行中的每个字节向左移动 1 个字节（最左字节移到最右），第三行的每个字节向左移动 2 个字节，第四行的每个字节向左移动 3 个字节，同样，最左字节移到最右，如图 8.5 所示。请注意，在此图中，字节是用它们的行号和一个字母来标记的，例如 1a、1b、1c、1d。

初始状态矩阵

1a	1b	1c	1d
2a	2b	2c	2d
3a	3b	3c	3d
4a	4b	4c	4d

经过 ShiftRows 后的状态矩阵

1a	1b	1c	1d
2b	2c	2d	2a
3c	3d	3a	3b
4d	4a	4b	4c

图 8.5   ShiftRows

- MixColumns：这是一个混合操作，它对状态矩阵的列进行操作，合并每列中的 4 个字节。在 MixColumns 流程中，将状态矩阵的每一列乘上一个固定的多项式。状态矩阵中的每一列都被视为有限域 GF(2^8) 上的一个多项式，将其乘以一个固定多项式 $c(x) = 3x^3 + x^2 + x + 2 \pmod{x^4 + 1}$。MixColumns 过程也可以看作是在有限域 GF(2^8) 上与特定的最大距离可分（Maximum Distance Separable，MDS）矩阵相乘。

上述过程在 Rijndael 密码中被执行多轮。当密钥长度为 128 位时，共执行 10 轮；当密钥长度为 192 位时，共执行 12 轮；当密钥长度为 256 位时共执行 14 轮。

如果你没有数学背景，最后几步可能会让你有些困惑。你可能会问诸如"什么是有限域？"和"什么是固定多项式？"之类的问题。下一节将提供理解这一点所需的简要数学知识。

4. AES 相关数学概念

群（group）是一种代数系统，由一个集合、一个单位元、一种运算及其逆运算组成。基本上，群会将数学运算（例如加法）限制在特定数字集合上。存在几种特殊类型的群，简要描述如下：

- 阿贝尔群（abelian group），又称交换群（commutative group），在普通群定义的基础上加了一个额外的公理：$a + b = b + a$（如果群运算为加法）或 $ab = ba$（如果群运算是乘法）。
- 循环群（cyclic group）中存在称为生成元的元素，群中所有元素都可以表示为生成元的幂。循环群中的生成元可能有多个。
- 环（ring）是一种代数系统，由一个集合、一个单位元、两种运算组成，且第一种运算是可逆的。
- 域（field）是一种代数系统，由一个集合、两种运算及其对应的单位元组成，且这二种运算都是可逆的。

这里我们可引入 Galois 群或 Galois 域的概念。对任意素数 p，Galois 域 GF(p) 中具有 p 个元素，它们是模整数 p 的剩余类。素数 p 定义了这个域。注意，本书仅对上述概念做了一个简短的描述，并且不再深入介绍细节。为了更深入地研究，需要系统地学习群论。

5. Blowfish

Blowfish 是一种对称分组密码，它使用 32~448 位之间的可变长度的密钥。Blowfish 由布鲁斯·施奈尔（Bruce Schneier）于 1993 年设计。它经过了密码学界的广泛分析，并获得了广泛的认可。Blowfish 也是一种非商业（免费）的产品，因此，它对预算受限的组织来说是很有吸引力的。

6. RC4

我们前面讨论的所有对称算法都是分组密码。RC4 是流密码，由罗纳德·李维斯特（Ron Rivest）开发。RC 是 Ron's Cipher（有时也称为 Rivest's Cipher）的缩写。还有其他的 RC 密码版本，例如 RC5 和 RC6。

7. Serpent

Serpent 是一种分组密码，其分组长度为 128 位，密钥长度可为 128 位、192 位或 256 位，这与 AES 非常相似。同样与 AES 类似的是，该算法也基于替代 – 置换网络。它有 32 轮操作，每轮处理四个 32 位的字（words）。共有 8 个 4 位到 4 位的 S 盒，每轮并行应用其中一个 S 盒 32 次。Serpent 的设计使所有操作都可以并行执行，这使它没能被选为 DES 的替代。在 Serpent 被提出时，许多计算机都难以实现并行处理。但是，现代计算机在并行处理方面没有问题，因此 Serpent 再次成为一个有吸引力的选择。

8. Skipjack

按照最初的分类，Skipjack 算法是由美国国家安全局（NSA）为审查加密芯片（clipper chip）所开发的。审查加密芯片是具有内置加密功能的芯片，但是，其解密密钥被保存在密钥托管机构中。如果执法部门需要，可以在没有计算机主人合作的情况下解密数据，这一功能有很大争议。Skipjack 使用 80 位密钥加密或解密 64 位数据分组，它是 32 轮的非平衡 Feistel 网络。非平衡 Feistel 网络表示一个 Feistel 密码中每个分组的两半明文长度是不一样的。例如，一个 64 位的分组可能被划分为 48 位的一半和 16 位的另一半，而不是均为 32 位的两半。

8.4.2　对称方法的改进

理解对称密码是如何实现的，与理解对称密码本身一样重要。有一些常见的对称密码运行模式可以影响对称密码的功能。

1. ECB 模式

最基本的加密模式是电码本（Electronic Code Book，ECB）模式。使用 ECB 模式时，一条消息被切分为多个分组，并分别加密每个分组。问题是，如果你用相同的密钥多次加密相同的明文，那么你将总是得到相同的密文。这为攻击者提供了一个入口点，用以分析密码并尝试找到密钥。换句话说，ECB 只是按原样使用密码，并未尝试提高其安全性。

2. CBC 模式

使用密文分组链接（Cipher Block Chaining，CBC）模式时，每个明文分组在加密前都与前一个密文分组进行异或。这意味着在最终的密文中随机性会显著提高，使它比 ECB 模式安全得多。CBC 模式是使用得最为广泛的模式。

如果通信双方都支持 CBC 模式，那么确实就没有必要使用 ECB 模式了。CBC 模式可以很好地抵抗已知明文攻击（known plain text attack），这是一种密码分析方法，我们将在本章后面的内容中进行研究。

CBC 模式的唯一问题与第一个明文分组有关，第一个明文分组没有前一个密文分组与之异或。通常引入一个初始向量（Initialization Vector，IV）与第一个明文分组进行异或，IV 一般是一个伪随机数，与密钥类似。通常，IV 仅使用一次，因此称为 nonce（number used only once，只使用一次的数字）。CBC 模式实际上已经很古老了，它是由 IBM 在 1976 年提出的。

3. PCBC 模式

传播密文分组链接（Propagating Cipher Block Chaining，PCBC）模式的设计目标是：当解密时，若密文发生微小变化将无限期传播；同样，加密时，若明文发生微小变化也将无限期传播。此方法有时被称为明文密码分组链接（plaintext cipher block chaining）。PCBC 模式是 CBC 操作模式的一种变体。值得指出的是，PCBC 加密模式尚未作为联邦标准发布。

4. CFB 模式

在密文反馈（Cipher FeedBack，CFB）模式中，前一个密文分组被加密，然后将产生的密文与明文分组进行异或得到当前密文分组。从本质上讲，它会自动递推，这增加了密文的随机性。CFB 模式与 CBC 模式非常相似，但它们的目的有点不同。CFB 模式的目标是将分组密码转换为流密码。输出反馈模式（Output FeedBack，OFB）是另一种用于将分组密码转换为同步流密码的方法。

5. Galois/CTR 模式

Galois 计数器模式（Galois Counter Mode，GCM）使用具有 Galois 消息鉴别码的计数器（CounTeR，CTR）模式。CTR 模式由 Whitfield Diffie 和 Martin Hellman 于 1979 年提出，用于将分组密码转换为流密码。CTR 模式与 Galois 域乘法相结合，用于生成消息鉴别证码，这就是 GCM 模式。

8.5 公钥（非对称）加密

公钥加密（public key encryption）本质上与单密钥加密相反。在公钥加密算法中，一个密钥（称为公钥）用于加密消息，另一个密钥（称为私钥）用于解密消息。你可以自由分发你的公钥，以便任何人都可以加密要发送给你的消息，但只有你拥有私钥，只有你才能解密消息。不同的非对称算法，其密钥创建和应用背后的数学原理会有所不同。我们将在本节后面的部分讨论 RSA 的数学原理。应该指出，许多公钥算法在某种程度上依赖于大素数、因子分解和数论。

密码学中通常使用虚拟人物 Alice 和 Bob 来说明非对称密码。如果 Alice 想向 Bob 发送消息，她将使用 Bob 的公钥对该消息进行加密。地球上的其他人是否也拥有 Bob 的公钥并不重要，Bob 的公钥无法解密消息，只有 Bob 的私钥可以解密消息，如图 8.6 所示。

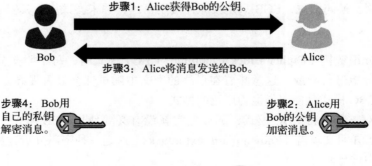

图 8.6 公钥密码

公钥加密非常重要，因为它不存在任何与密钥分发有关的问题。使用对称密钥加密，你必须将密钥副本发送给你要与之加密通信的每个人。如果该密钥丢失或被复制，则其他人可能能够解密所有消息。使用公钥加密，你可以将公钥自由分发到整个世界，但是只有你才能解密使用该公钥加密的消息。

8.5.1 RSA

RSA 是一种广泛使用的加密算法，如果要讨论密码学（特别是公钥密码学），那么至少要对 RSA 进行一些讨论。RSA 是 1977 年由三个数学家提出的，他们是罗纳德·李维斯特（Ron Rivest）、阿迪·萨莫尔（Adi Shamir）和伦纳德·阿德曼（Leonard Adleman），RSA 的名称源自每个数学家姓氏的第一个字母。让我们看一下 RSA 中涉及的数学知识（应该指出，对于大多数安全从业人员而言，了解该算法或其他算法背后的数学原理并不是很重要，但是有些读者可能会对更深入的密码学感兴趣，这些数学原理将是一个很好的起点）。

为了理解 RSA，你需要了解一些基本的数学概念，我们罗列如下。

- **素数**：素数只能被自身和 1 整除。因此，2、3、5、7、11、13、17 和 23 都是素数。请注意，1 本身被视为特殊情况，而不是素数。
- **互素**：如果两个整数没有公因数，则称它们互素。例如，8 的因数（不包括特殊值 1）为 2 和 4，9 的因数为 3，8 和 9 没有公因数，因此它们是互素的。
- **欧拉函数**：正整数 n 的欧拉函数等于比 n 小且与 n 互素的正整数的个数。例如，考虑数字 10，由于 2 是 10 的因数，因此不与 10 互素；但是 3 与 10 互素；而 4 不与 10 互素，因为 4 和 10 有公因数 2；5 也不与 10 互素，因为 5 是 10 的因数；6 也不与 10 互素，因为 6 和 10 有公因数 2；7 是素数，因此它与 10 互素；8 不与 10 互素，因为 8 和 10 有公因数 2；9 与 10 互素。因此，3、7 和 9 都与 10 互素，再加上特殊值 1，即 10 的欧拉函数为 4。莱昂哈德·欧拉（Leonhard Euler）同样也证明了如果 n 为素数，那么 n 的欧拉函数为 $n-1$。所以，7 的欧拉函数为 6，13 的欧拉函数为 12。
- **素数乘积的欧拉函数**[⊖][⊖]：现在，我们可以轻松计算任何数字的欧拉函数，我们还知道任何素数 n 的欧拉函数都为 $n-1$。但是如何计算两个素数的乘积的欧拉函数？例如，5 和 7 相乘得 35。当然，我们可以遍历所有小于 35 的正整数，数一下其中与 35 互素的数字有多少个。但是，数字越大这个过程就越烦琐。例如，对于一个 20 位的数字，几乎不可能手动计算它的欧拉函数。幸运的是，欧拉证明了两个不相等的素数（记为 p 和 q）的乘积的欧拉函数等于 $(p-1)\times(q-1)$，例如，5 和 7 的乘积的欧拉函数为 4×6，即 35 的欧拉函数为 24。
- **模数**：这是 RSA 需要的最后一个数学概念。有几种方法可以解释这个概念，我们将使用其中两个。首先，从程序员的角度来看，模运算是将两个数相除，但仅取余数。程序员经常使用符号 % 表示模运算，因此，10%3 结果为 1，即 10 除以 3 的余数为 1。但这实际上并不是模运算的数学解释。大致来说，模运算采用加法和减法将结果限制在某个值之内。实际上，我们一生都在进行模运算，却没有意识到它。考虑一个时间点，当你说下午 2 点，你真正的意思是 14 mod 12（或 14 除以 12，只取余数 2）点。或者如果现在是下午 2 点（实际上是 14 点），你告诉我你会在 36 小时内给我打电话，我要做的是计算（14 + 36）mod 12 或 50 mod 12，结果是凌晨 2 点。

⊖ 对原书的名称稍做修改。——译者注

现在，如果你理解了这些基本运算，那么就可以学习 RSA 了。如果还没完全理解，那么在继续后面的内容之前请重新阅读前一节（可能需要阅读多遍）。

要创建 RSA 密钥，首先要生成两个大的随机素数 p 和 q，它们的位数要尽量接近。你需要选择 p 和 q 的位数，使它们的乘积为指定的位数（如 2048 位、4096 位等）。

然后，将 p 和 q 相乘得到 n，即 $n = pq$。

下一步，计算 n 的欧拉函数，即素数 p 和 q 乘积的欧拉函数，依据前面介绍的素数乘积的欧拉函数，它等于素数 p 和 q 欧拉函数的乘积，即 $\varphi(n) = (p-1)(q-1)$[⊖]。

接下来，我们选择另一个数字 e，e 要与 $\varphi(n)$ 互素，而且值要比较小。

这样，密钥生成几乎完成了。接着我们计算一个数字 d，使得 d 与 e 的乘积模 $\varphi(n)$ 后的值为 1，即 $de \pmod{\varphi(n)} = 1$。（请记住：模运算表示将两个数相除取余数，例如，8 模 3 值为 2。）

现在，你将发布 e 和 n 作为公钥，保留 d 作为私钥。加密时，你只需计算明文 m 的 e 次幂模 n 的值，即密文 $c = m^e \pmod{n}$。解密时，计算密文 c 的 d 次幂模 n 的值，即解密后的明文 $m = c^d \pmod{n}$。

e 用于加密，d 用于解密。如果你感觉有点复杂，那么必须意识到许多从事网络安全工作的人并不一定熟悉 RSA 算法（或与之相关的任何其他密码算法）的实际计算过程。但是，如果你想更深入地研究密码学，那么这些内容将是一个很好的起点。它涉及一些基本数论的知识，尤其是关于素数的知识。除此之外，还有其他基于不同原理的非对称密码算法。例如，椭圆曲线公钥密码算法。

让我们看一个可能有助于你理解的示例。当然，RSA 使用非常大的整数。为了易于理解，在这个例子中，我们将使用较小的整数。

选择两个不同的素数，例如 $p = 61$ 和 $q = 53$。计算 $n = pq$：

$$n = 61 \times 53 = 3233$$

再计算 $\varphi(n) = (p-1)(q-1)$：

$$\varphi(3233) = (61-1)(53-1) = 3120$$

选择与 3120 互素的 e，$1 < e < 3120$。选择与 3120 互素的数 e 时，我们只须检查 e 不是 3120 的因数即可。令 $e = 17$，计算 d，通过模乘的逆运算可以得到 $d = 2753$。

于是公钥为（$n = 3233$，$e = 17$）。对于填充后的明文消息 m，加密函数为：

$$m^{17} \pmod{3233}$$

私钥为：

$$(n = 3233, \ d = 2753)$$

对于密文 c，解密函数为：

$$c^{2753} \pmod{3233}$$

对于那些不熟悉 RSA 或初学密码学的读者，使用更小的数字再举一个例子可能会有所帮助，如下所示。

选择素数：$p = 17$，$q = 11$。

计算 $n = pq = 17 \times 11 = 187$。

⊖ 这里用到如下概念：一个正整数的欧拉函数是指小于且与其互素的正整数的个数，我们这里涉及的整数是素数，因此其欧拉函数为该数减 1，例如素数 7 有 6 个小于 7 且与其互素的正整数，即 1、2、3、4、5 和 6，因此 7 的欧拉函数就是 6。素数乘积的欧拉函数等于每个素数欧拉函数的乘积。实际上，任意两个不相等的互素数乘积的欧拉函数等于每一个数的欧拉函数的乘积。

计算 n 的欧拉函数 $\varphi(n) = (p-1)(q-1) = 16 \times 10 = 160$。

选择 e：e 要与 160 互素，不妨选择 $e = 7$。

计算 d：$de = 1 \pmod{160}$ 并且 $d < 160$，因为 $23 \times 7 = 161 = 10 \times 160 + 1$，所以 $d = 23$。

发布公钥：（187，7）。

保密私钥：（187，23）。

8.5.2　Diffie-Hellman

迪菲 – 赫尔曼（Diffie-Hellman）是第一个被公开描述的非对称算法。它实际上是一种密码协议，允许通信双方在不安全信道上建立共享密钥。换句话说，Diffie-Hellman 通常用于让通信双方通过某些不安全的媒体（例如，Internet）交换对称密钥。它是由威特菲尔德·迪菲（Whitfield Diffie）和马丁·赫尔曼（Martin Hellman）在 1976 年提出的。

密码学家可能面临的一个问题是，大部分成果都是保密的。你可能费了九牛二虎之力创造出了某种奇妙成果，但你不能发表它。更糟糕的是，可能几年后，其他人会提出类似的成果，将它发表，并获得了所有荣誉。Diffie-Hellman 的情况恰好就是如此。事实证明，英国情报局的马尔科姆·J. 威廉姆森（Malcolm J. Williamson）早在几年前就已经提出过一种类似的方法，但未发表。

以下内容供对 Diffie-Hellman 中使用的实际数学原理有更多兴趣的人阅读。系统有两个参数，称为 p 和 g（Rescorla，1996）。参数 p 是素数，参数 g（通常称为生成元）是一个小于 p 的整数，它满足以下性质：对于 1 和 $p-1$ 之间（包括 1 和 $p-1$）的每个数 n，都存在一个整数 k，使得 $n = g^k \pmod{p}$。让我们以 Alice 和 Bob 交换密钥的例子来说明 Diffie-Hellman 的原理。

Alice 生成随机私钥 a，Bob 生成随机私钥 b，a 和 b 都属于同一整数集合。

他们使用参数 p 和 g 以及它们的私钥来导出它们的公钥。Alice 的公钥是 $g^a \pmod{p}$，Bob 的公钥是 $g^b \pmod{p}$。

他们交换各自的公钥。

Alice 计算 $g^{ab} = (g^b)^a \pmod{p}$，Bob 计算 $g^{ba} = (g^a)^b \pmod{p}$。

因为 $g^{ab} = g^{ba} = k$，所以 Alice 和 Bob 现在有了一个共享的密钥 k。

该过程如图 8.7 所示。

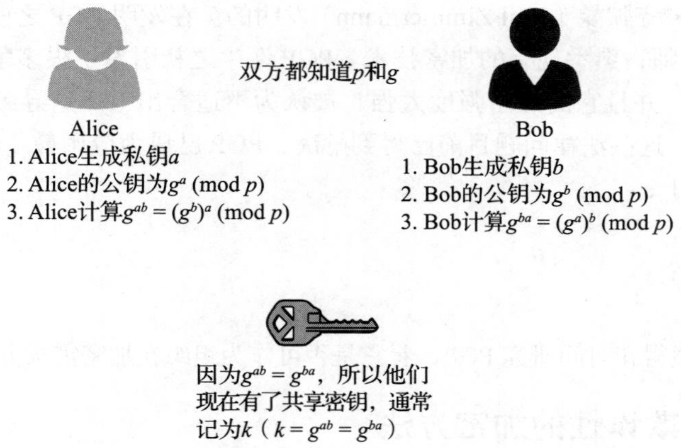

双方都知道 p 和 g

Alice
1. Alice 生成私钥 a
2. Alice 的公钥为 $g^a \pmod{p}$
3. Alice 计算 $g^{ab} = (g^b)^a \pmod{p}$

Bob
1. Bob 生成私钥 b
2. Bob 的公钥为 $g^b \pmod{p}$
3. Bob 计算 $g^{ba} = (g^a)^b \pmod{p}$

因为 $g^{ab} = g^{ba}$，所以他们现在有了共享密钥，通常记为 k（$k = g^{ab} = g^{ba}$）

图 8.7　Diffie-Hellman

人们对 Diffie-Hellman 进行了一些改进，其中最有影响力的是 Elgamal 和 MQV。Elgamal 以其发明者塔希尔·盖莫尔（Taher Elgamal）的名字命名。MQV 于 1995 年被提出，并以其发明者阿尔弗雷德·梅内泽斯（Alfred Menezes）、Minghua Qu 和斯科特·凡斯通（Scott Vanstone）的名字命名。MQV 已被加入公钥标准 IEEE P1363 和 NIST 的 SP800-56A 标准中。

8.5.3   椭圆曲线密码学

椭圆曲线密码算法由维克多·米勒（Victor Miller）和尼尔·科布利茨（Neal Koblitz）于 1985 年首次提出。椭圆曲线密码学（Elliptic Curve Cryptography，ECC）基于以下事实：对椭圆曲线上的一个公开基点，求椭圆曲线上某随机点的离散对数在计算上是不可能的。对于信息安全的入门书籍来说，该算法背后的数学知识太多了。然而，如果你有兴趣，可以参阅网站

http://arstechnica.com/security/2013/10/a-relatively-easy-to-understand-primer-on-elliptic-curve-cryptography/。

ECC 有很多变体，例如 ECC-DH（ECC Diffie-Hellman）和 ECC-DSA（ECC 数字签名算法）。ECC 的真正优势在于，使用较短的密钥即可实现与其他密码（如 RSA）一样的安全性。例如，密钥长度为 384 位的 ECC 与密钥长度为 2048 位 RSA 一样安全。

8.6   PGP

优良保密协议（Pretty Good Privacy，PGP）是一种公钥密码系统。它应用广泛，大多数专家都认为它非常安全。PGP 有几种软件实现，可作为免费软件用于大多数桌面操作系统中。有用于 MSN Messenger 的 PGP 插件，还有许多用于其他流行通信软件的 PGP 插件。使用 Yahoo! 或 Google 简单搜索一下 PGP，将帮助你找到它们。

> **供参考的小知识："陈旧的"密码**
>
> PGP 已经被使用了几十年了，你可能想知道它是否已过时。与其他技术不同，密码技术可能越陈旧越好。使用"最新的"加密方法通常是不明智的，原因很简单，那就是它未经证实。而较旧的加密方法（只要它尚未被破解）通常是一个不错的选择，因为它已经经历了专家和动机不良者的多年测评与破解尝试。有时计算机从业人员很难理解这一点，因为在计算机行业中通常首选最新技术。

PGP 是由菲尔·齐默曼（Phil Zimmermann）发明的。在发明 PGP 之前，齐默曼是一个从业 20 年的软件工程师，熟悉现有的加密技术。PGP 诞生之初引发了很多争议，因为政府没有便捷的手段介入它，并且它的加密强度太强，被认为不适合出口。这导致齐默曼经历了三年的政府调查。但是，这些法律问题目前已得到解决，PGP 已成为应用最广泛的加密方法之一。

PGP 的特征如下：

- 公钥加密。
- 被认为很安全。
- 免费。

这些事实使你值得花时间研究 PGP，看它是否可作为组织在加密需求方面的可能解决方案。

8.7   合法的与欺诈性的加密方法

本章前面讨论的加密方法只是广泛使用的现代加密方法中的几种。还有数十种其他加密

方法，有些是免费的，有些是受专利保护且每年出售获利的。但是，必须要意识到计算机这一特定行业充满了欺诈和套路。在搜索引擎中搜一下"加密"，就可以找到大量号称最新、最优秀且"牢不可破"的加密方法的广告。如果你不熟悉加密技术，那么如何区分合法的加密方法与欺诈性的加密方法呢？

那些广告中有许多欺诈性的密码学承诺，即使不是密码专家，也能避开这些欺诈性承诺，它们具有如下特征。

- **牢不可破**：任何具有加密经验的人都知道，没有牢不可破的密码。有些密码尚未破解，有些密码很难被破解。但是，当有人声称某种方法"牢不可破"时，就值得怀疑了。
- **认证**：其实，加密方法没有公认的认证流程。因此，公司声称的任何"认证"都是毫无价值的。
- **没有经验的人**：当一家公司正在销售一种新的加密方法时，要问一问其工作人员有什么经验，其密码学家是否有数学、加密和算法方面的背景。如果没有，他是否已将其方法提交给同行评审期刊的专家？或者，他是否至少愿意透露自己的方法是如何工作的，以便可以对该方法进行公正的判断。如前所述，PGP 的发明者就拥有数十年的软件工程和加密经验。

奥古斯特·柯克霍夫（Auguste Kerckhoffs）在十九世纪提出了著名的 Kerckhoffs 原则，即密码的安全性仅取决于密钥的保密性，而不取决于算法的保密性。克劳德·香农（Claude Shannon）将之改写为："在设计系统时，应该假设敌人最终将完全熟悉这个系统。"这称为香农格言，基本上表达了与 Kerckhoffs 原则相同的思想。

在 Kerckhoffs 原则/香农格言的基础上，不妨提出以下推论："对尚未发表和未经充分评审的任何密码算法都应该保持警惕，密码算法只有经过了广泛的同行评审后才可以考虑使用。"本书作者首先在 *Modern Cryptography: Applied Mathematics for Encryption and Information Security* 这本书中提出了这个推论。

8.8　数字签名

数字签名（digital signature）不是用来保证消息的机密性的，而是用来保证是谁发送了消息，这称为不可否认性（nonrepudiation）。本质上，不可否认性意味着证明谁是发信人。数字签名实际上很简单，但也很巧妙，只需要反转非对称加密过程。回想一下，在非对称加密中，公钥（任何人都可以访问）用于加密发送给收信人的消息，私钥（保密并私有）可以解密它。在数字签名中，发信人使用他的私钥加密消息，如果收信人能够使用发信人的公钥对其进行解密，那么它一定是由所声称的发信人发送的，此过程如图 8.8 所示。

图 8.8　数字签名

8.9 哈希

哈希（hash）是一种特殊类型的密码算法。首先，它是单向的，这意味着你无法反向哈希。其次，对于任意输入值，总是产生固定长度的输出值，哈希函数的输出值称为哈希值或摘要（digest）。最后，没有碰撞。两个不同的输入值输入同一哈希算法时，如果产生相同的输出值，就称发生了碰撞。理想情况下，我们希望没有碰撞。但是实际情况是，使用固定长度的输出，碰撞总是可能发生的。所以设计哈希函数的目标之一是使碰撞发生的概率极低，从而不必担心它发生。

哈希是 Windows 存储口令的方式。例如，如果你的口令是 password，Windows 将首先对它进行哈希处理，并生成类似如下内容：

0BD181063899C9239016320B50D3E896693A96DF

然后，Windows 将它存储在 Windows 系统目录中的安全账户管理器（Security Accounts Manager，SAM）文件中。登录时，Windows 无法对口令进行反向哈希（记住，哈希是单向的）。因此，Windows 要做的是对你输入的任何口令进行哈希处理，然后比较结果与 SAM 文件中的内容是否匹配，如果两者完全匹配，则允许登录。

存储 Windows 口令只是哈希的一种应用。它还有其他应用，例如，在计算机取证时，通常在开始取证检查之前先对硬盘进行哈希处理。取证检查完成后，再次对其进行哈希处理，以查看是否有任何有意或无意的更改。如果第二个哈希值与第一个哈希值匹配，就意味没有更改。

有多种哈希算法，最常见的两个是 MD5 和 SHA（最初是 SHA-1，后来其更高版本越来越普遍）

8.9.1 MD5

MD5 是 RFC 1321 中指定的 128 位哈希算法。它是罗纳德·李维斯特（Ron Rivest）在 1991 年设计的，用于替代较早的哈希算法 MD4。MD5 产生一个 128 位的哈希值（或摘要）。已经发现其抗碰撞能力不如 SHA。

8.9.2 SHA

安全哈希算法（Secure Hash Algorithm，SHA）可能是当今使用最广泛的哈希算法。现在有几个版本的 SHA。SHA 的所有版本均被视为安全且无碰撞[○]。

- SHA-1：是一个 160 位的哈希算法，类似于早期的 MD5 算法。它由 NSA 设计并作为数字签名算法（DSA）的一部分。
- SHA-2：实际上是两个类似的哈希函数，它们具有不同的分组大小，分别称为 SHA-256 和 SHA-512。它们的字长也不同，SHA-256 使用 32 字节（256 位）的字长，SHA-512 使用 64 字节（512 位）的字长。它们都有截短的版本，分别称为 SHA-224 和 SHA-384。SHA-2 也是由 NSA 设计的。
- SHA-3：是 2012 年 10 月提出的最新 SHA 版本[○]。

○ SHA-1 和 SHA-2 已经被发现存在碰撞。——译者注
○ SHA-3 于 2015 年 8 月在 FIPS PUB 202 中被正式标准化。——译者注

8.9.3　RIPEMD

RACE 原始完整性校验消息摘要（RACE Integrity Primitives Evaluation Message Digest，RIPEMD）是由汉斯·多伯丁（Hans Dobbertin）、安托万·博塞拉（Antoon Bosselaers）和巴特·普雷内尔（Bart Preneel）提出的 160 位哈希算法。现在有 128 位、256 位和 320 位三种版本的 RIPEMD，分别称为 RIPEMD-128、RIPEMD-256 和 RIPEMD-320，它们都可用来替换原始的 RIPEMD，因为原始的 RIPEMD 被发现存在碰撞问题。

8.10　MAC 与 HMAC

哈希值可用于几种与安全性相关的功能，其中之一是口令存储，我们已经讨论过这一点（我们将在本章后面看到更多内容）。

可通过发送消息的哈希值来查看消息在传输过程中是否被意外更改。如果消息在传输过程中被更改了，那么收信人可以比较收到的哈希值与发信人计算出的哈希值是否相同，从而检测消息的更改。但是，如果有人故意篡改消息，删除原始哈希值，然后重新计算一个哈希值的话，显然，单靠哈希算法无法检测出这种情况。

消息认证码（Message Authentication Code，MAC）是检测故意篡改消息的一种方法。MAC 通常也称为带密钥的密码学哈希函数（keyed cryptographic hash function），这个名字表明了它是如何工作的。MAC 的一种实现方法是基于哈希的消息认证码（Hash-based Message Authentication Code，HMAC）。假设你使用 MD5 验证消息的完整性，要想检测故意篡改消息的攻击者，发信人和收信人都必须事先交换适当长度（在本例中为 128 位）的密钥。发信人对消息进行哈希处理，然后将哈希值与密钥进行异或，收信人对收到的消息进行哈希处理，同样将计算出的哈希值与密钥异或，然后双方交换并比较这两个与密钥异或后的哈希值。如果攻击者篡改消息后只是简单地重新计算哈希值，他将没有密钥与之进行异或（或者可能他根本不知道应该对哈希值进行异或）。因此，攻击者创建的内容与收信人计算的哈希值不匹配，攻击者对消息的篡改行为会被检测出来。

MAC 还有其他变体。例如，可以使用对称密码的 CBC 模式，将最后一个密文分组用作MAC，这种 MAC 称为 CBC-MAC。

彩虹表

由于 Windows 和许多其他系统用哈希值存储口令，因此许多人对如何破解哈希值产生了兴趣。如前所述，由于哈希不可逆，因此无法反向哈希。1980 年，马丁·赫尔曼（Martin Hellman）描述了一种密码分析技术，可以通过使用存储在内存中的预计算数据来降低密码分析耗时。在 1982 年之前，李维斯特（Rivest）对这项技术进行了改进。基本上，此类口令破解程序都在处理在某个特定字符空间内的所有口令可能值的预计算哈希表，特定字符空间可以为 a～z 或 a～z 和 A～Z 或 a～z、A～Z 和 0～9 等，而这种预计算的哈希表称为彩虹表。如果你在彩虹表中搜索给定的哈希值，则你找到的任何对应明文输入哈希算法时都会生成给定的哈希值。

显然，这样的彩虹表很快就会变得非常大。假设口令仅限键盘字符，则共有 52 个字母（26 个大写字母和 26 个小写字母）、10 个数字和大约 10 个符号，大约 72 个字符。可以想象，即使是 6 个字符的口令，也有大量可能的组合。而彩虹表的可能大小是受限制的，这就是较长的口令比较短的口令更安全的原因。

自彩虹表被提出以来，已经有一些用来阻止此类攻击的方法。最常见的是加盐（salting），即对数据进行安全加密或在哈希前，先对其添加随机比特。哈希通常需要加盐以防止彩虹表攻击。

加盐本质上是将盐与要哈希的消息混合在一起。举个例子，你的口令是：

pass001

用二进制表示：

01110000 01100001 01110011 01110011 00110000 00110000 00110001

加盐算法将周期性地插入比特。假设在这个例子中，我们每隔 4 比特插入一个比特 1，将得到：

0111100001 0110100011 0111100111 0111100111 0011100001 0011100001 0011100011

如果将其转换为文本，则会得到：

xZ7◆◆#

所有这些操作对最终用户都是透明的，最终用户甚至不知道发生了加盐，或加的是什么盐。但是，使用彩虹表获取口令的攻击者将获得错误的口令。

8.11 隐写术

隐写术（steganography）是一种以隐匿方式书写消息的艺术和科学。使用隐写术后，除了发信人和预期收信人之外，没有人会感知到消息的存在。这是一种通过模糊达成的安全。通常，消息会隐藏在其他文件（例如数字图片或音频文件）中以抵抗检测。

与单使用加密相比，隐写术的优势在于消息不会引起人们的注意。如果攻击者不知道一条消息存在，那么他将不会尝试对其进行解密。在许多应用场景下，消息先被加密，然后再通过隐写术来隐藏。

隐写术最常见的实现是使用文件中的最低有效位来存储数据。通过更改最低有效位，你可以隐藏多余数据，而不需要以任何容易被注意到的方式更改原始文件。

你应该了解隐写术的一些基本术语：

- 有效载荷（payload）是要秘密通信的数据。换句话说，它是你希望隐藏的消息。
- 载体（carrier）是一种信号、流或数据文件，有效载荷被隐藏在其中。
- 信道（channel）是所使用的介质，可能是照片，视频或音频文件。

如今，隐写术最常见的实现方式是使用最低有效位。每个文件的基本单元都有一定数量的位。例如，Windows 中的一种图像文件使用 24 位来表示一个像素，如果你更改这些位中的最低有效位时，裸眼不会察觉到这种更改，所以你可以将信息隐藏在图像文件的最低有效位中。通过最低有效位替换，载体文件中的某些位被替换了。

8.11.1 隐写术的历史

在现代，隐写术涉及对文件进行数字处理以隐藏消息。然而消息隐藏的概念并不新鲜，历史上出现过许多方法：

- 在古希腊，人们剃光一个使者的头，在他的头上写一条信息，然后让他的头发长回来。显然，此方法需要一些时间。

- 1518 年，约翰尼斯·特里特米乌斯（Johannes Trithemius）写了一本有关密码学的书，描述了一种通过将每个字母作为特定列中的单词来处理的方式来隐藏消息。
- 第二次世界大战期间，法国盟军使用隐形墨水在信使的背上写字并寄出了信息。
- 微点（microdot）是嵌入在其他文件中的打印字符间距内的图像或未显影胶片，据说是冷战期间间谍使用过的。
- 同样在冷战期间，美国中央情报局使用各种设备隐藏消息。例如，他们开发了一种烟斗，该烟斗的空间很小，可以隐藏微缩胶卷，但仍然可以抽烟。

在近代，计算机出现之前，人们还使用其他方法来隐藏消息。

8.11.2　隐写术的方法和工具

有许多工具可用于实现隐写术，许多是免费的或至少有免费试用版。这里列出了其中一些工具。

- QuickStego：易于使用，但功能非常有限。
- Invisible Secrets：更具鲁棒性，有免费版和商业版。
- MP3Stego：专门用于在 MP3 文件中隐藏有效载荷。
- Stealth Files 4：适用于声音文件、视频文件和图像文件。
- Snow：在空白处隐藏数据。
- StegVideo：在视频序列中隐藏数据。
- Invisible Secrets：一种非常通用的隐写术工具，具有多种选项。

8.12　密码分析

密码分析是一项艰巨的任务，它实质上涉及寻找破解某种加密技术的方法。而且，与你在电影中看到的不同，这是一项非常耗时的任务，通常只会部分成功。密码分析可以使用任何方法来解密，只要它比简单的蛮力攻击更有效（请记住，蛮力攻击意味着只需要尝试所有可能的密钥即可）。密码分析成功并不一定会破解目标密码。实际上，找到任何关于目标密码或密钥的信息都被认为是成功的。成功的密码分析有如下几种类型。

- **完全破解**：攻击者找到密钥。
- **全局推演**：攻击者找到功能上等效的加密和解密算法，但没有找到密钥。
- **局部推演**：攻击者找到以前不知道的明文片段（或密文）。
- **信息推演**：攻击者获得了一些以前不知道的有关明文（或密文）的信息熵。
- **区分算法**：攻击者可以找出一段密文是用何种算法加密的。

有关于密码分析的专著可供参考。本节的目的只是为了给你提供一些该领域的基本概念，使你有一个基本的了解。当然还存在其他方法，本节并未讨论。

8.12.1　频率分析

频率分析是破解大多数经典密码的基本工具，但对现代对称或非对称密码学无效。它基于以下事实：一些字母和字母组合比其他字母或字母组合出现得更频繁。在所有语言中，都会有某些字母比其他字母出现的频率更高。通过检查这些频率，你可以得出一些有关密钥的信息。在英语中，单词 the 和 and 是两个最常用的三字母的单词，最常见的单字母的单词是 I 和 a，如果你在一个单词中同时看到两个相同的字母，那么它很可能是 ee 或 oo。

8.12.2 现代密码分析方法

破解现代密码的任务相当艰巨，成功的程度取决于一系列综合资源，包括计算能力、时间和数据。如果你有无限量的这些资源中的任何一个，你就可以破解任何现代密码，但是你不会拥有无限量的资源。

以下各节描述了用于破解分组密码的基本方法。还有本书范围以外的其他方法，例如差分密码分析和线性密码分析，仅为了解基本的计算安全性的话，你不必掌握这些方法。

1. 已知明文攻击

已知明文攻击（known plain text attack）利用已知明文及其对应的密文样本来尝试确定有关所用密钥的信息。获得已知明文样本比你想象的要容易，例如，很多人（包括我自己在内）都在电子邮件中使用标准签名档，如果你曾经收到我的电子邮件，你会知道我的签名档是什么。如果你拦截了我发送的加密电子邮件，则可以比较已知的签名档和加密电子邮件的末尾，然后，你将拥有一个已知明文及其对应的密文。已知明文攻击的成功往往需要大量的已知明文样本。

2. 选择明文攻击

选择明文攻击（chosen plain text attack）与已知明文攻击紧密相关，但在选择明文攻击中，攻击者找到了一种方法来加密自己选择的消息，这可以使攻击者尝试找出所使用的密钥，从而解密其他用该密钥加密的消息。这种方法可能很难，但并非不可能。它需要大量的选择明文样本才能成功。

3. 唯密文攻击

使用唯密文攻击（cipher text only attack）时，攻击者只能访问密文。唯密文攻击比已知明文攻击更有可能发生，但它也是最困难的攻击类型。如果可以找到对应的明文，或者更进一步找到密钥的话，唯密文攻击被认为是完全成功的。获得有关底层明文的任何信息也被认为是某种程度的成功。

4. 相关密钥攻击

相关密钥攻击（related-key attack）类似于选择明文攻击，但是攻击者可以获取用两个不同密钥加密的密文。如果你可以获得明文及其对应的密文，那么这实际上是一种非常有用的攻击方法。

8.13 量子计算密码学

量子计算是最近与密码学最相关的研究主题之一。在这里，我们先解释一下量子计算，然后再看一下它对密码学的影响。

量子计算的本质问题是代表两个以上状态的能力。当前经典的计算机技术使用比特位，位只能表示二进制值。而量子位（qubit）可通过单个光子的极化来存储数据。光子的两个基本状态是水平极化和垂直极化，但是，量子力学允许两种状态叠加——这对于经典的比特位来说是根本不可能的。表示量子位的两个状态的量子符号为 |0> 和 |1>，分别表示水平极化和垂直极化，量子位涉及这两个基本状态的叠加，该叠加表示为 $|\psi> = \alpha|0> + \beta|1>$。本质上，经典比特位可以表示 1 或 0，量子位可以表示 1、0 或这两个量子位状态的任意量子叠加值，

可以产生更强大的计算能力。

　　与你可能听到的相反，当前的量子计算还没有达到实用阶段。当今最先进的量子系统只有 20～50 个量子位，并且只能在很短的时间内维持数据状态，它们是为科学研究设计的，尚不适合运行实际的计算程序。但是，许多专家认为，十年之内将出现可行的、实用的量子计算机。这对于密码学意味着什么？皮特·休尔（Peter Shor）在 1995 年发表了 Shor 算法，证明了量子计算机将能够在比传统计算机短得多的时间内分解大整数。量子计算机可以在多项式时间内分解整数 N，实际时间复杂度为 $O(\log N)$，这比最有效的已知经典大整数分解算法（广义数域筛法，其时间复杂度为亚指数级）快得多，而 RSA 就是建立在大整数分解的困难性之上的。量子计算机有望在求解离散对数问题方面同样有效，Diffie-Hellman、MQV、Elgamal 和 ECC 都建立在离散对数问题的困难性之上的。

　　这意味着当量子计算机成为现实时，当前的非对称（公钥）密码算法将过时。那时，电子商务、VPN 和许多其他应用程序将不再安全。美国国家标准与技术研究院（NIST）已经在努力寻找量子安全的密码学标准[⊖]，该项研究已经于 2022 年左右完成，选择的算法如下所示。

- CRYSTALS-KYBER：用于公钥加密和密钥建立算法（有关 CRYSTALS-KYBER，请参阅 https://pq-crystals.org/kyber/）。
- CRYSTALS-DILITHIUM 用于数字签名。
- FALCON 用于数字签名。
- SPHINCS+ 用于数字签名。

8.14　本章小结

　　计算机安全的基本要素是加密，发送未加密的敏感数据是愚蠢的。本章介绍了密码学工作原理的基本概念。需要记住的最重要的一点是，最终，不是你的计算机或网络会受到破坏，而是你的数据会受到破坏。传输时加密数据是任何安全计划的组成部分。

　　在本章末的练习中，你将练习使用不同的密码方法，并学习有关多种加密方法的更多知识。

8.15　技能测试

选择题

1. 了解密码学的概念和应用很重要，下列哪项最准确地定义了加密？
   A. 更改消息，使它只能被目标收信人阅读　　B. 使用复杂的数学方法掩盖消息
   C. 使用复杂的数学方法更改消息　　　　　　D. 将密钥应用于消息以使它隐藏
2. 下列哪项是本章中讨论的最古老的加密方法？
   A.PGP　　　　　　B. 多字母表替换密码　C. 凯撒密码　　　　　D.Cryptic 密码
3. 许多古典密码容易理解但不安全，简单的替代密码的主要问题是什么？
   A. 不使用复杂的数学　　　　　　　　B. 很容易被现代计算机破解
   C. 太简单了　　　　　　　　　　　　D. 保持了字母和单词的频率

⊖　https://www.nist.gov/news-events/news/2019/01/nist-reveals-26-algorithms-advancing-post-quantum-crypto-semifinals.

4. 经典密码可通过增加多次移位（多个替换字母表）来改进。下列哪种密码使用了两个或更多不同的移位替换？

    A. 凯撒密码   B. 多字母表替换密码 C.DES   D. PGP

5. 下列哪种二进制运算可用于简单（但不安全）的加密方法，且实际上是现代对称密码的一部分？

    A. 移位   B. 或   C. 异或   D. 位交换

6. 为什么二进制数学加密不安全？

    A. 它不会更改字母或单词的频率   B. 它未改变消息

    C. 它太简单了   D. 它的数学原理有缺陷

7. 关于二进制运算和加密，下列哪项最正确？

    A. 它们完全没有用   B. 它们可以构成可行的加密方法的一部分

    C. 它们仅用作教学演示加密方法   D. 它们可以提供安全的加密

8. 什么是 PGP？

    A. Pretty Good Privacy，一种公钥加密方法 B.Pretty Good Protection，一种公钥加密方法

    C. Pretty Good Privacy，一种对称密钥加密方法 D.Pretty Good Protection，一种对称密钥加密方法

9. 对于大多数电子邮件客户端，可以使用下列哪种方法作为插件？

    A. DES   B. RSA   C. 凯撒密码   D. PGP

10. 下列哪个是使用 64 位分组的对称密码算法？

    A. RSA   B. DES   C. PGP   D. Blowfish

11. 使用 64 位分组的对称密码算法的优点是什么？

    A. 速度很快   B. 不可破解   C. 使用非对称密钥   D. 很复杂

12. DES 算法的密钥长度是多少？

    A.64 位   B.128 位   C.56 位   D.256 位

13. 下列哪种类型的密码可使用不同的密钥来加密和解密消息？

    A. 私钥密码   B. 公钥密码   C. 对称密码   D. 安全密码

14. 下列哪种算法使用可变长度的对称密钥？

    A. Blowfish   B. 凯撒   C.DES   D.RSA

15. 选用加密方法时，应该最注意什么？

    A. 算法的复杂性   B. 卖方承诺的真实性

    C. 算法速度   D. 算法在实践中被使用的时间

16. 如果一种密码在广告中声称它是牢不可破的，下列哪项是最有可能的事实？

    A. 它可能适合军事用途   B. 它对于你的组织来说可能太昂贵了

    C. 它的安全性可能被夸大了   D. 它可能是你要使用的一种密码

17. 关于经过认证的加密方法，下列哪项最正确？

    A. 是你应该使用的唯一方法   B. 取决于认证级别

    C. 这取决于认证证书的来源   D. 根本没有经过认证的加密方法

18. 关于新的加密方法，下列哪项最正确？

    A. 在它们被证实之前，请勿使用它们 B. 可以使用它们，但必须谨慎

    C. 仅在获得认证的情况下使用它们   D. 仅当它们被评为牢不可破时才使用它们

练习

练习 8.1：使用凯撒密码

此练习非常适合分组或课堂练习。

1. 用普通英文写一个句子。
2. 使用你自己设计的凯撒密码对它进行加密。
3. 将它传递给小组或班级中的另一个人。
4. 测试该人需要多长时间才能破解加密。
5. （可选）计算全班破解凯撒密码的平均时间。

练习 8.2：使用多字母表替换密码

此练习也适用于分组进行，最好与练习 8.1 结合进行。

1. 用普通英文写一个句子。
2. 使用你自己设计的多字母表替换密码对它进行加密。
3. 将它传递给小组或班级中的另一个人。
4. 测试该人需要多长时间才能破解加密。
5. （可选）计算全班的平均破解时间，并将它与凯撒密码的全班平均破解时间进行比较。

练习 8.3：使用 PGP

1. 为你喜欢的电子邮件客户端下载 PGP 插件。在网络上搜索 PGP 和你的电子邮件客户端（即 PGP 和 Outlook，或 PGP 和 Eudora）就能找到安装包及其说明。
2. 安装并配置 PGP 模块。
3. 与同学合作，来回发送加密的邮件。

练习 8.4：寻找好的加密解决方案

1. 在网络上搜索各种商用加密算法。
2. 找到你认为可能是"万能"的一种算法。
3. 写一篇简短的论文，解释你的观点。

项目

项目 8.1：RSA 加密

使用 Web 或其他资源，撰写有关 RSA 的简短论文，介绍其历史、方法及应用。具有足够数学背景的学生可以选择更深入地研究 RSA 算法的数学基础。

项目 8.2：编程实现凯撒密码

该项目适合于具有一定编程背景的学生。

用你喜欢的（或老师指定的）任何语言编写一个简单的可执行程序，实现凯撒密码。在本章中，你不仅了解了该密码的工作原理，而且学习了在任何标准编程语言中使用 ASCII 码实现该密码的思路。

项目 8.3：其他加密方法

写一篇简短的论文，介绍本章中未提到的任何加密方法。在论文中，描述该算法的历史和起源，并将它与其他知名算法进行比较。

　　简·多伊负责选择适合其公司的加密方法，其公司的业务为保险销售。公司发送的数据是敏感数据，但不是军事数据或机密数据。简·多伊研究了各种方法，她最终选择了 RSA 的一种商业实现。这是最佳选择吗？请给出理由。

计算机安全技术

本章学习目标

学习本章并完成章末的技能测试题目之后，你应该能够：

- 根据杀毒软件的工作方式来评估其有效性。
- 为给定的组织选择最佳的防火墙类型。
- 了解反间谍软件的方法。
- 使用入侵检测系统来检测系统中存在的问题。
- 了解蜜罐技术。

9.1 引言

在本书中，我们讨论了计算机安全的各个方面。学习到这里时，你应该对真正的威胁和适当的安全措施有所了解，包括了解各种形式的计算机攻击。但是，要想保证网络安全，还需要有关各种安全设备和安全软件的详细技术信息。本章将对这些主题进行探讨，并提供足够的细节，使你能够明智地决定要使用的产品类型。

本章描述的大多数设备已在本书前面的章节中提到并简要介绍过，本章的目的是更深入地研究这些设备的工作原理。对于打算最终从事计算机安全专业的人来说，这类信息特别有价值。仅具有计算机安全的理论知识是不够的，你必须具备一些实践技能。本章将是获得这些技能的良好起点，本章末尾的习题将为你提供实践机会，配置并评估各种类型的防火墙、入侵检测系统（IDS）和杀毒软件。

9.2 杀毒软件

众所周知，杀毒软件本质上是试图阻止病毒感染系统的软件。但是，多数读者并不熟悉杀毒软件的工作原理，在前面关于病毒的讨论中已简要讨论过这个主题，本章将对它进行详细说明。

通常，杀毒软件以两种方式工作。第一种方式，杀毒软件中有所有已知病毒的定义库，这是一个文件，其中列出已知病毒及其文件大小、属性和行为。通常，杀毒软件供应商提供的服务之一是定期更新这个库。病毒定义库的文件一般很小，通常称为 .dat（data 的缩写）文件。更新病毒定义库时，当前库文件被替换为供应商提供的最新版本。然后，杀毒软件可以扫描你的个人计算机、网络和你收到的电子邮件以检测是否包含已知病毒的文件。你的个人计算机上或电子邮件附件中的任何文件都将与病毒定义库对比，以查看是否存在匹配项。对于电子邮件，病毒扫描可以通过查找特定的邮件标题行和邮件内容来实现。病毒定义通常还包含有关病毒文件、文件大小等方面的细节信息，这些为病毒提供了完整特征码。

杀毒软件的第二种工作方式是查找类似病毒的行为，通过监视可疑文件是否正在执行病毒通常执行的操作（例如操纵注册表或浏览通讯录）来查找病毒。显然，第二种方式本质上是尽可能地推测。

9.2.1   杀毒软件的工作原理

让我们更详细地描述杀毒软件的工作方式。2022 年 *U.S.News & World Report* 中题为 " How Does Virus Scanner Work ？" 的文章指出，杀毒软件本质上是搜索已知病毒的特征或模式的软件⊖。注意，杀毒软件只有在保持更新时才可以正常工作。当然，它仅适用于检测已知病毒。

回想一下，杀毒软件的第二种工作方式是监视某些典型病毒的特定行为，包括任何尝试写入硬盘驱动器引导扇区、更改系统文件、自动执行电子邮件程序或自我复制等行为，尝试修改系统注册表（对于 Windows 系统）或更改任何系统配置也可能表明有病毒感染。

杀毒软件要监视的另一种特定行为是文件被执行后将保留在内存中，这称为终止并驻留（Terminate and Stay Resident，TSR）程序。一些合法程序也可以这样做，但该行为通常是病毒的迹象。此外，某些杀毒软件使用更复杂的方法，例如，扫描系统文件并监视任何试图修改这些文件的程序。

无论何种行为，杀毒软件都会使用特定的算法来评估给定的文件是否为病毒。应当指出，现代杀毒软件会扫描所有类型的恶意软件，包括特洛伊木马、间谍软件和病毒。

还有第三种方法，称为启发式扫描（heuristic scanning），该方法主要涉及检查文件，类似于特征扫描。但是，使用启发式扫描时，文件不必与特征完全匹配。启发式是指在算法分支时对各分支进行排序的函数，因此，启发式扫描会根据文件特征（而不是文件行为）来检查给定文件是否为病毒。

有必要区分按需杀毒软件和持续杀毒软件。持续杀毒软件在后台运行，不断检查个人计算机是否存在病毒迹象。按需杀毒软件仅在人工启动时运行。许多现代杀毒软件都同时提供这两种选择。

请记住，任何杀毒软件都会产生一些误报和漏报。当杀毒软件将正常文件判断为病毒时，就会出现误报。例如，合法程序可能会编辑注册表项或与你的电子邮件地址簿进行交互。当错误地认为病毒是合法程序时，就会出现漏报。

由于可能存在误报，因此建议你不要将病毒处置方式设置为"自动删除可疑病毒文件"，而是应该隔离它们，并通知计算机用户。

9.2.2   病毒扫描技术

通常，杀毒软件可以通过六种方法扫描病毒。其中一些扫描方法在上一节中提到过，这里统一描述如下。

- **电子邮件及其附件扫描**：由于病毒的主要传播方式是电子邮件，因此电子邮件及其附件扫描是任何杀毒软件最重要的功能。一些杀毒软件实际上会先在电子邮件服务器上检查你的电子邮件，然后再将其下载到计算机中。另一些杀毒软件先扫描计算机上的电子邮件及其附件，再将它们传递给你的电子邮件程序。无论哪种情况，电子邮件及其附件都应该在用户有机会打开它们并在系统上释放病毒之前得到扫描。

- **下载扫描**：你可以在任何时候通过 Web 链接或 FTP 程序从 Internet 上下载任何内容，但可能会下载到受感染的文件。下载扫描的工作原理类似于电子邮件及其附件扫描，但仅对你选择下载的文件起作用。

⊖   https://www.usnews.com/360-reviews/privacy/antivirus/how-does-antivirus-software-work.

- **文件扫描**：通过文件扫描，将检查系统中的文件是否与已知病毒匹配。这种扫描通常是按需扫描，而不是持续扫描。最好将你的杀毒软件设置为对计算机系统定期进行完整扫描。建议每周扫描一次，最好是在没有人正在使用计算机的时候扫描。
- **启发式扫描**：上一节中简要提到的启发式扫描可能是最先进的病毒扫描形式。因为它使用规则来确定文件或程序的行为是否像病毒，启发式扫描是检测未知新病毒的最佳方法之一。新病毒不在病毒定义库中，因此你必须检查其行为以确定它是否是病毒。但是，此过程并非万无一失，一些真正的病毒将被遗漏，同时某些非病毒文件可能被误判为病毒。
- **沙箱**：沙箱是指一个独立的区域，该区域与操作系统隔离，用来运行下载的程序或打开电子邮件附件，即使它被感染，也不会感染操作系统本身。
- **机器学习**：大多数杀毒软件供应商现在都在努力将机器学习算法用于杀毒软件中，这使得杀毒软件能够适应不断变化的攻击。机器学习技术才刚刚开始被使用，还没有得到很好的发展。

实现沙箱功能的一种办法是让操作系统在内存中预留受保护区域，以便执行可疑文件并监视其行为。这不是百分之百有效的，但是总比在操作系统中直接打开文件要安全。

一个相关的概念称为"消毒机"（sheep dip machine），这在公司网络中很有用。"消毒机"是被专门搭建并配置的一个与标准工作站相同的系统，但是它并不联网。可疑文件首先在"消毒机"上被打开，然后监视它一段时间，以检查是否有感染迹象。文件通过此项检查后，才可以在普通工作站上打开。

在家庭或小型办公室中执行此操作的一种简单方法是在计算机上安装虚拟机，首先在虚拟机中打开可疑的邮件附件或下载的文件，该虚拟机上可以运行杀毒软件。另外，你还可以更改虚拟机中的时间以检测逻辑炸弹。让可疑文件在虚拟机上保留一段时间后，再将它移回宿主机上。

供参考的小知识：主流商用杀毒软件的工作机制

大多数商用杀毒软件使用多种扫描方法，包括上面列出的大多数（如果不是全部）方法。从病毒防御角度来看，任何仅使用一种扫描方法的杀毒软件是不会有什么实用效果的。无论杀毒软件是否使用启发式扫描、下载扫描或电子邮件扫描等扫描方法，它们都有如下工作机制。

- **动态代码扫描**：现代网站经常嵌入主动代码，例如 Java Applet 和 ActiveX。这些技术可以提供良好的视觉效果。但是，它们也可能成为恶意代码的载体。在将它们下载到计算机之前扫描此类代码，是任何高质量杀毒软件的一项基本功能。
- **误报和漏报**：无论杀毒软件的类型如何，它们都偶尔会出现错误。其中存在两种类型的错误。第一种是将合法程序误判为病毒。例如，你可能有一个合法程序，它会优化 Windows 注册表或扫描你的电子邮件地址簿，将合法程序误判为病毒被称为误报。你的杀毒软件也可能无法识别病毒，这称为漏报。减少漏报的最佳方法是使你的杀毒软件保持更新。对于误报，建议你隔离可疑病毒文件，而不是将它自动删除。

从实际的病毒防御角度来看，任何只使用一种模式的杀毒软件都是毫无价值的。所谓模式就是杀毒软件的扫描方式，包括启发式扫描、下载扫描、电子邮件扫描等。

9.2.3　商用杀毒软件

有四个品牌的杀毒软件几乎在当今的杀毒市场中占据主导地位，通常商用杀毒软件公司也提供与商用版相比功能较少的免费版的杀毒软件。例如，可从 www.avg.com 获得 AVG AntiVirus 的商用版，但该公司还提供了 AVG AntiVirus 的免费版。McAfee（迈克菲）、Norton（诺顿）和 Kaspersky（卡巴斯基）是另外三个非常著名的杀毒软件供应商。这四种产品都是不错的选择，提供了许多可选功能选项，例如垃圾邮件过滤器和个人防火墙。家用计算机可选购四种产品中的任何一种，价格约为 30～60 美元（取决于可选功能）。此购买价格包括为期一年的病毒库更新服务，以使杀毒软件将能够识别所有已知病毒，包括购买后新出现的病毒。企业许可证可以覆盖整个网络。Malwarebytes 是另一个受欢迎的杀毒软件供应商，同样也提供免费版和商业版的杀毒软件。

当然，还有其他可用的杀毒解决方案。在网上可以轻松找到数个免费的杀毒软件。此处提到 McAfee、Norton、AVG、Malwarebytes 和 Kaspersky，因为它们是非常常用的，你很可能会经常遇到它们。我们提到这些著名的产品并不意味着不鼓励使用其他产品。但是，强烈建议坚持选用市场占有量大并且拥有良好支持的杀毒产品。

9.3　防火墙

防火墙（firewall）本质上是不同计算机或不同计算机系统之间的屏障。防火墙通常出现在网络边界处，但是，单独计算机上或网络的不同网段之间通常也有防火墙。防火墙最基本的功能是根据某些参数（例如数据包大小、源 IP 地址、协议和目标端口等）来过滤入站数据包。Linux 和 Windows（Windows XP 及其所有后续的 Windows 版本）都附带一个简单的防火墙。对于 Windows，Windows 7 中的防火墙已扩展为可处理入站和出站流量过滤，Windows 8 和 Windows 10 的防火墙功能没有重大改进。除了边界防火墙外，你还应该打开并配置个人计算机上的防火墙。

在企业环境中，你至少需要在网络边界处部署一个防火墙，可以是具有内置防火墙功能的路由器（思科公司就是一家以出售高质量路由器和防火墙而闻名的公司），也可以是一台运行防火墙软件的专用服务器。防火墙的选择非常重要，如果你缺乏做出决策的专业知识，那么应该去咨询专业人士。

9.3.1　防火墙的优点和局限性

无论哪种类型的防火墙（防火墙的类型将在下一节中介绍）本质上都是一种阻止特定流量的工具。防火墙规则集确定允许的流量和阻止的流量。显然，防火墙是安全策略的关键部分，我甚至无法想象一个没有防火墙的系统。但是，防火墙不是万能的，因为它无法阻止所有攻击。例如，防火墙不会阻止你下载特洛伊木马，也不能阻止内部攻击。但是，防火墙是阻止拒绝服务（DoS）攻击和防止黑客扫描网络内部详细信息的良好措施。

9.3.2　防火墙的类型和组件

防火墙有多种类型，每种类型又有多种变体。但是大多数防火墙都属于以下三大类之一：

- 数据包过滤。

- 全状态数据包检查防火墙。
- 应用网关。

以下各节将讨论每种类型，并评估每种类型的优缺点。

1. 数据包过滤

基本数据包过滤是防火墙最简单的形式。它查看数据包并检查每个数据包是否符合防火墙规则。例如，数据包过滤防火墙通常会考虑三个问题：

- 该数据包是否使用防火墙允许的协议？
- 该数据包是否发往防火墙允许的端口？
- 数据包是否来自防火墙未阻止的 IP 地址？

这是三个非常基本的规则。一些数据包过滤防火墙会检查其他规则，但是它不会检查来自同一源的前序数据包。本质上每个数据包都被视为独立事件，不会参考上下文，这使得数据包过滤防火墙易受某些 DoS 攻击（例如 SYN 洪泛攻击）。

2. 全状态数据包检查防火墙

全状态数据包检查防火墙将检查每个数据包，其拒绝访问或允许访问的决策不仅依赖于当前数据包，还依赖于会话中的前序数据包。因此，防火墙知道特定数据包的上下文，这使得此种防火墙不易受到 ping 洪泛攻击和 SYN 洪泛攻击的影响，也不易受到欺骗攻击。例如，如果防火墙检测到当前数据包是 ICMP 数据包，并且前面有几千个 ICMP 数据包持续地发自相同的源 IP，防火墙将判断出这是 DoS 攻击，并将阻止数据包。

全状态数据包检查防火墙还可以查看数据包的实际内容，从而可以实现一些非常高级的过滤功能。大多数高端防火墙使用全状态数据包检查方法。如果可能，我们推荐使用这种类型的防火墙。

3. 应用网关

应用网关（也称为应用代理、应用级代理、应用防火墙、代理服务器或代理网关）是一种在防火墙上运行的程序。当客户端（例如浏览器）与目标服务器（例如 Web 服务器）建立连接时，它将连接到应用网关。然后客户端与应用网关协商，以便获得对目标服务器的访问。实际上，应用网关与防火墙后的目标服务器建立连接并代表客户端进行操作，以隐藏和保护防火墙后面网络中的单个计算机。这个过程实际上创建了两个连接，一个是客户端和应用网关之间的连接，另一个是应用网关和目标服务器之间的连接。

连接建立后，应用网关将决定转发哪些数据包。由于所有的通信都是通过应用网关进行的，因此防火墙后面的计算机受到了保护。

本质上，应用网关适用于特定类型的应用程序，例如数据库或 Web 服务器。它能够检查所用协议（例如 HTTP）存在的异常行为，并阻止可通过其他类型防火墙的流量。应用网关通常也包含全状态数据包检查功能。

9.3.3 防火墙的配置方式

防火墙除了有各种类型，还有各种配置选项。防火墙类型告诉你它将如何评估流量，从而确定允许和不允许的内容。防火墙的配置方式让你了解如何针对受保护的网络设置防火墙。防火墙的主要配置 / 实现方式包括：

- 基于网络主机的防火墙。
- 双宿主主机。
- 基于路由器的防火墙。
- 屏蔽主机。

以下各小节将分别对它们进行讨论。

1. 基于网络主机的防火墙

基于网络主机的防火墙（network host-based firewall）是安装在现有计算机上的软件解决方案，该计算机已经有自己的操作系统了。使用这种类型的防火墙最重要的问题是过于依赖底层操作系统，因此，安装防火墙的计算机必须具有加固的操作系统。

2. 双宿主主机

双宿主主机（dual-homed host）是在至少具有两个网络接口的服务器上运行的防火墙。服务器充当网络与它连接的接口之间的路由器。为了完成这项工作，需要禁用自动路由功能，这意味着它不会直接将来自 Internet 的 IP 数据包路由到网络中，你可以选择路由哪些数据包以及如何路由它们。防火墙内部和外部的系统都可以与双宿主主机通信，但不能直接彼此通信。

3. 基于路由器的防火墙

如前所述，你可以在路由器上实现防火墙保护功能。在具有多层保护的大规模网络中，这通常是第一层保护。虽然可以在路由器上实现各种类型的防火墙，最常用的类型是数据包过滤防火墙。如果你在家里或小型办公室中使用宽带连接，那么可以用数据包过滤防火墙路由器替换宽带公司提供给你的路由器。近年来，基于路由器的防火墙已变得越来越普遍，实际上已成为当今最常用的防火墙类型。

4. 屏蔽主机

屏蔽主机实际上是防火墙的组合。在这种配置方式中，你可以组合使用堡垒主机和屏蔽路由器。屏蔽路由器通过允许或拒绝来自堡垒主机的特定流量来增加安全性，屏蔽路由器是通信的第一站，只有在屏蔽路由器允许通过时后继通信才能进行。

9.3.4 防火墙的类型

除了配置之外，还有许多不同类型的防火墙。使用不同的类型的防火墙可实现不同的目标。了解各种类型的防火墙在网络安全中非常重要。

1. 应用层防火墙和电路级网关

应用层防火墙和电路级网关都是工作在客户端和 Web 服务器之间的防火墙，并且代表客户端与服务器进行通信。它们代表通信参与方并且可以高速缓存频繁访问的页面。应用层防火墙和电路级网关提高了安全性，并防止直接进出网络。电路级别网关在 OSI 参考模型的会话层工作，可以监视 TCP 数据包。应用层防火墙可以检查应用层的数据包。应用层防火墙也可以过滤特定于应用程序的命令，并且可以被配置为 Web 代理。

2. WAF

顾名思义，Web 应用程序防火墙（Web Application Firewall，WAF）是专门用于保护网站的。它防止常见的 Web 攻击，如 SQL 注入、跨站脚本、参数篡改等。Cloudflare 对 WAF 的描述如下⊖：

> WAF 通过过滤和监控 Web 应用程序和 Internet 之间的 HTTP 流量来保护 Web 应用程序。它通常保护 Web 应用程序免受跨站伪造、跨站脚本（XSS）、文件包含和 SQL 注入等攻击。WAF 是七层协议防御（在 OSI 参考模型中），并不是被设计用于防御所有类型的攻击的。这种减轻攻击的方法通常是一个防御工具集的一部分，此防御工具集共同构建了针对一系列攻击向量的整体防御。

3. NGFW

下一代防火墙（NGFW）是一个通用术语，它是指具备了集成入侵检测系统、应用网关和深度数据包过滤等附加功能的全状态数据包检查防火墙的总称。

4. 黑名单 / 白名单

大多数防火墙允许你在黑名单或白名单之间进行选择。黑名单技术是一种安全措施，它允许用户访问除禁止名单之外的网站或 Internet 资源，这种禁止名单称为黑名单。黑名单是非常宽松的，因为用户只被阻止访问特定列表上的网站。

白名单技术阻止用户访问不在被批准的名单上的任何 Internet 资源，该被批准的名单称为白名单。白名单的限制性远远大于黑名单，因此它更安全。

黑名单技术的问题是，不可能知道并列出用户不应该访问的每个网站。不管黑名单有多完善，它都会允许一些不该访问的网站。白名单更安全，但对用户不那么友好。

9.3.5　商用的与免费的防火墙产品

有多种商用防火墙产品，其中一些是免费的。如果你想要的只是基本的数据包过滤解决方案，你可以从许多软件供应商处找到这样的解决方案。主流杀毒软件供应商（包括本章前面提到的供应商）通常提供防火墙软件，作为杀毒软件的捆绑选项。其他公司（例如 Zone Labs）出售防火墙和入侵检测系统（IDS）。路由器和集线器的主要制造商（例如思科公司）也提供防火墙产品。虽然很难确定每个人的具体安全需求，但至少建议在你的网络和 Internet 之间使用一个数据包过滤防火墙或代理网关——这仅仅是最低要求。

1. ZoneAlarm

Zone Labs 提供了 ZoneAlarm 安全套件，该套件包含用于 Internet 的全套安全工具，它提供了免费的个人防火墙解决方案，参见网站 https://www.zonealarm.com/software/free-firewall/。

2. Windows 10 的 Windows Defender 防火墙

Windows 10 附带了一个功能全面的防火墙，称为 Windows Defender 防火墙（事实上，Windows 已附带防火墙很多年了）。Windows Defender 防火墙可以阻止入站和出站数据包。要访问它，请单击开始按钮，然后键入 Firewall。图 9.1 显示了 Windows Defender 防火墙。

⊖ https://www.cloudflare.com/learning/ddos/glossary/web-application-firewall-waf/.

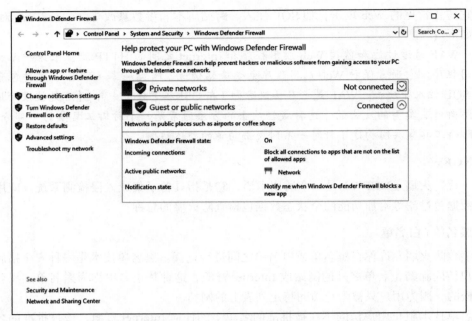

图 9.1　Windows 10 的 Windows Defender 防火墙

请注意，Windows Defender 防火墙看起来与 Windows 11、Windows Server 2012、Windows Server 2016、Windows Server 2019 中的防火墙非常相似，但与 Windows 7 中的防火墙不同。

从 Windows Server 2008 开始，Windows 的所有版本都包含全状态数据包检查防火墙。使用适用于 Windows 10 的 Windows Defender 防火墙，你可以为出站流量和入站流量设置不同的规则。例如，你的标准工作站可能会允许端口 80 上的 HTTP 流量出站，但可能不允许入站流量（除非你正在该工作站上运行一个网络服务器）。

你还可以为端口和应用程序设置规则，规则可以自定义，也可以从 Microsoft 提供的许多预定义规则中选择。你不仅可以选择允许或阻止一种连接，还可以选择仅在这个连接是由 IPsec 保护时才允许，这意味着你有三种连接选项。

规则可以允许或阻止给定的应用程序或端口。你还可以针对入站和出站流量设置规则，这些规则使你可以确定是否允许特定类型的通信。你可以为入站和出站流量设置不同的规则，你可以为单个端口（所有 65 554 个可用网络端口）和应用程序设置不同的规则。Windows 7 中防火墙规则给你提供了很大的灵活性。

最重要的是，你可以根据流量的来源来设置规则，你可以针对下面三种领域或范围设置规则。

- **域（domain）**：指在你的域中经过身份认证的计算机。
- **公共（public）**：指网络外部的计算机。相比于完全来自你域中另一台计算机的流量，你应该更加谨慎地对待外部流量。
- **私有（private）**：指来自你自己计算机的流量。

9.3.6　防火墙日志

防火墙是安全事件发生后追查原因的出色工具。几乎所有的防火墙，无论其类型或实现方式如何，都将记录活动日志。这些日志包含有助确定攻击来源和攻击方法的有用信息，或其他可能有助于确定攻击者或至少阻止以后使用相同技术进行攻击的数据。重视安全的网络管理员必须养成例行检查防火墙日志的习惯。

9.4 反间谍软件

如本书前面所述，反间谍软件会扫描你的计算机以查看在你的计算机上是否存在间谍软件。反间谍软件是计算机安全软件的重要组成部分，一直以来在很大程度上被人们忽视。即使在今天，一些人也仍然没有足够认真地对待或防范间谍软件。多数反间谍软件通过检查系统中是否存在已知的间谍软件文件来完成工作，简单地根据已知间谍软件列表来检查每个应用程序，这意味着你必须订阅某种服务，以获取间谍软件定义列表的定期更新。大多数杀毒解决方案现在也可以检测间谍软件。

在当今的 Internet 环境中，运行反间谍软件与运行杀毒软件一样重要，不这样做会导致严重的后果。个人数据或敏感的业务数据可能在你不知情的情况下轻易地从你的组织中泄露出去，而且，正如本书前面指出的那样，间谍软件完全有可能成为有目的的工业间谍活动的工具。

除了使用反间谍软件之外，也可以通过浏览器的安全设置来获得保护，如前面章节所述。另外，本书中多次提醒过要注意电子邮件附件和从 Internet 上下载的文件，还建议避免下载使用各种浏览器的"增强功能"，例如皮肤和工具栏。如果在组织中，应由组织制订策略来禁止此类下载。不幸的是，当今许多网站都需要某种插件（例如 Flash）才能正常工作。对于这种情况，最好是仅从可信的知名网站下载插件。

9.5 IDS

入侵检测系统（Intrusion Detection System）简称 IDS。在过去几年中，IDS 的使用已经变得更加广泛。本质上，IDS 检查所有主机 / 防火墙 / 系统上的入站和出站端口活动，寻找可能有入侵尝试的模式。例如，如果 IDS 发现一系列 ICMP 数据包按顺序依次发送给每个端口，这可能表明系统正在被网络扫描软件（如 Cerberus）扫描，此种扫描通常是尝试破坏系统安全性的前奏，知道有人正在准备入侵你的系统非常重要。

有专门描述 IDS 工作方式的书籍，本章不会涵盖那么多信息。但是，重要的是你要对这些系统的工作原理有基本的了解。

接下来的几节将介绍 IDS 的大致分类，然后介绍入侵检测的一些专门的方法。虽然介绍并不全面，但以下内容确实涵盖了最常用的术语。

9.5.1 IDS 分类

可以对 IDS 进行多种分类。最常见的 IDS 分类如下：
- 被动 IDS。
- 主动 IDS（也称为入侵防御系统或简称 IPS）。

1. 被动 IDS

被动 IDS 仅监视可疑活动并将其记录下来。在某些情况下，被动 IDS 可能会通知管理员。被动 IDS 是 IDS 的最基本类型。任何现代信息系统至少都应具有被动 IDS、防火墙、杀毒和其他基本安全保护措施。

2. 主动 IDS

主动 IDS（也称为 IPS）具有关闭可疑通信的附加功能。必须经过全面的风险分析才能决定是使用 IDS 还是使用 IPS。

就像杀毒软件一样，IDS 也可能会产生误报，它可能将合法流量误判为攻击。如果一个主动 IDS 通过监视阈值来判断是否发生攻击，某用户通常在上午 8 点和下午 5 点之间工作，并且占用较少的带宽。如果 IDS 检测到用户晚上 10 点正在使用 10 倍的正常带宽，它可能会认为这是一次攻击并关闭违规流量。但是，稍后可能会发现这是一个合法用户在加班完成第二天就要交付给客户的关键项目，而 IPS 对其进行了阻止，这就是误报的例子。

这是风险分析的一个绝佳示例。在决定你的组织是采用被动 IDS 还是采用 IPS 时，你必须在误报的危害和漏报的危害之间进行权衡。通常情况下，不同网段会具有不同风险状况，你可能会发现被动 IDS 适用于你的大多数网段，但最敏感的网段需要 IPS。

9.5.2　入侵识别方法

有两种可以识别入侵的方法。第一种方法基于特征码，与使用特征码的杀毒软件类似，但是，IDS 的特征码涵盖了恶意软件以外的问题。例如，某些 DoS 攻击具有可识别的特定的特征码。

第二种方法基于统计异常。本质上，任何似乎超出正常参数并且与给定参数差距太大的活动被视为可能的攻击。任何数量的活动都可以触发这种警报，例如带宽利用率突然增加或用户账户访问他们从未访问过的资源。

大多数 IDS 都同时使用这两种识别入侵的方法。选择 IDS 要考虑的主要因素是易用性和特征码库。当然还有其他需要考虑的因素，例如价格，但易用性和特征码库在选择 IDS 时是最重要的因素。

9.5.3　IDS 的组成元素

无论是主动 IDS 还是被动 IDS，无论是商用 IDS 还是开源 IDS，都有共同的组成元素：

- 传感器（sensor）是负责收集数据并将其传给分析器分析的 IDS 组件。
- 分析器（analyzer）是负责分析由传感器收集的数据的组件或过程。
- 管理器（manager）是 IDS 的管理接口，它是 IDS 的软件组件。
- 操作员（operator）是 IDS 的负责人。
- 通知（notification）是 IDS 管理器向 IDS 操作员报警的过程或方法。
- 活动（activity）代表操作员感兴趣的一个数据源，可能是攻击，也可能不是攻击。
- 事件（event）被认为是可疑的或可能的攻击的任何活动。
- 警报（alert）是从分析器发出的消息，它表明已经发生了某个事件。
- 数据源（data source）是原始信息，IDS 分析数据源以确定是否发生了事件。

所有这些元素都是 IDS 的一部分，并一起工作以捕获流量、分析流量并向 IDS 的操作员报告异常活动。IPS 具有额外的组成元素，这些元素使它可以关闭违规流量。

9.5.4　Snort

IDS 有许多供应商，每个供应商都有自己的优缺点。哪个 IDS 最适合你的环境取决于多种因素，包括网络环境、安全需求、直接操作 IDS 的人员的技能水平和预算限制等。Snort

是一种流行的开源 IDS，可以从 www.snort.org 免费下载。

我们将在本节中简要介绍 Snort。尽管它不是唯一可用的 IDS，但它是免费的，这使它成为许多人的首选。我们将逐步介绍 Windows 系统中 Snort 的基本配置。

首先访问 www.snort.org 并注册（免费），然后下载 Snort 安装程序和最新规则。确保你下载了扩展名为 .exe 的安装程序（.rpm 扩展名适用于 Linux 系统）。另外，某些版本的 Microsoft IE 浏览器不适合访问 Snort 网站，因此建议你使用其他浏览器，例如 Mozilla Firefox。

下载安装程序和规则后，就可以开始安装了，此过程很简单。有一个对话框询问你是否要支持数据库连接，在大多数实际应用场合下，你可能希望将 Snort 记录转储到某个数据库中。但是，出于演示目的，请选择"I Do Not Plan to Log to a Database"（我不打算登录数据库）。图 9.2 显示了安装选项。

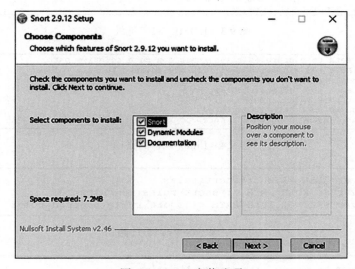

图 9.2　Snort 安装选项

除此之外，只需要使用所有默认设置即可。最后，安装程序还将尝试安装 WinPCAP。如果由于某种原因导致 WinPCAP 安装失败，则需要单独下载并安装它。WinPCAP 是用于捕获数据包的开源工具，所有 IDS 都依赖于捕获数据包。

将你从任何地方下载的规则复制到 C:\snort\rules 目录中，将配置文件从 C:\ snort\rules\etc\snort.conf 复制到 C:\ snort\etc 目录中。使用写字板（Wordpad）而不是记事本（Notepad）打开该配置文件（记事本不支持自动换行，并且配置文件在记事本中很难阅读）。

你需要将 HOME_NET any 中的 any 改为计算机的 IP 地址，如图 9.3 所示。在实际应用场合下，你还需要设置其他 IP 地址（用于 Web 服务器、SQL 服务器、DNS 服务器等）。

现在，你需要查找和更改规则路径，它们是 Linux 风格的路径，如图 9.4 所示。

你需要将它们更改为 Windows 风格的路径，如图 9.5 所示。

现在，你需要查找并更改库文件路径。这一点有些困难，因为 Windows 中的路径名和文件名有点特别。Linux 风格的库文件路径如图 9.6 所示。

```
################################################
# Step #1: Set the network variables.  For more information, see
README.variables
################################################

# Setup the network addresses you are protecting
var HOME_NET any

# Set up the external network addresses.  A good start may be
"any"
var EXTERNAL_NET any

# List of DNS servers on your network
var DNS_SERVERS $HOME_NET

# List of SMTP servers on your network
var SMTP_SERVERS $HOME_NET

# List of web servers on your network
var HTTP_SERVERS $HOME_NET

# List of sql servers on your network
var SQL_SERVERS $HOME_NET
```

图 9.3   HOME_NET 地址

```
# Path to your rules files (this can be a relative path)
# Note for Windows users:  You are advised to make this an
absolute path,
# such as:  c:\snort\rules
var RULE_PATH ../rules
var SO_RULE_PATH ../so_rules
var PREPROC_RULE_PATH ../preproc_rules
```

图 9.4   Linux 风格的路径

```
 var RULE_PATH c:\snort\rules
 var SO_RULE_PATH c:\snort\rules\so_rules
 var PREPROC_RULE_PATH c:\snort\rules\preproc_rules
```

图 9.5   Windows 风格的路径

```
# path to dynamic preprocessor libraries
dynamicpreprocessor directory
/usr/local/lib/snort_dynamicpreprocessor/

# path to base preprocessor engine
dynamicengine /usr/local/lib/snort_dynamicengine/libsf_engine.so

# path to dynamic rules libraries
# dynamicdetection directory /usr/local/lib/snort_dynamicrules
```

图 9.6   Linux 风格的库路径

你可以在图 9.7 中显示的文件夹中找到 Windows 路径名和文件名。

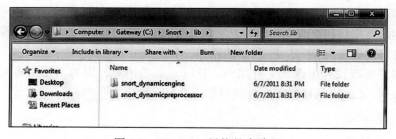

图 9.7   Windows 风格的库路径

> **注意**
>
> 　如果发现系统中没有特定的文件或路径，则需要确保它在配置文件中被注释掉。

　　找到参考数据路径，并将它从 Linux 风格的路径更改为 Windows 风格的路径，如图 9.8 所示。

```
# metadata reference data.  do not modify these lines
include C:\Snort\etc\classification.config
include C:\Snort\etc\reference.config
```

图 9.8　参考路径

　　这样就快完成安装了。现在在配置文件中搜索：

```
#output log_tcp dump
```

并在此行之后添加新行：

```
output alert_fast: alert.ids
```

> **注意**
>
> 　井号（#）表示注释。

　　现在，你需要使用命令行来启动 Snort。只需要导航至 C:\snort\bin，启动 Snort 有几种不同方法。表 9.1 列出了常见的方法。建议首先尝试最简单的方法。

表 9.1　Snort 命令

命令	作用
snort -v	作为数据包嗅探器启动 Snort，仅嗅探数据包头
snort -vd	作为数据包嗅探器启动 Snort，同时嗅探数据包正文和数据包头
snort -dev -l ./log	以日志记录模式启动 Snort，以便记录数据包
snort -dev -l ./log -h 192.168.1.1/24 -c snort.conf（将192.168.1.1/24换成你自己的IP地址）	以 IDS 模式启动 Snort

　　Snort 是免费且开源的，但许多人在开始使用它时会遇到很多困难。配置文件或启动命令行中的微小错误将导致它无法正确运行。本节的目的只是向你介绍 Snort。有关 Snort 的更多信息，请访问以下站点：

- **Snort 手册**：http://manual-snort-org.s3-website-us-east-1.amazonaws.com/。
- **编写 Snort 规则网站**：http://paginas.fe.up.pt/~mgi98020/pgr/writing_snort_rules.htm。

下面是一条简单的规则示例：

```
Alert tcp any any -> any 80 (content: "attackdetected"; msg: "Looks like an
    attack";)
```

　　左括号前的文本是规则标题，标题第一部分被称为规则动作。在以上示例中，Alert 是规则动作。规则动作可以包括以下内容：

- Alert。

- Log。
- Pass。
- Activate。
- Dynamic。

规则中的下一项是协议，在以上示例中，TCP 是协议。协议之后是源 IP 地址（包括掩码）。尽管以上示例中使用的是 any，但规则可以使用特定网络，例如为 192.168.1.0/16。接下来是目标 IP 地址（包括掩码），它也可以是特定网络或 any。规则头的最后一项是端口，在本例中，端口为 80。

可以尝试使用 Security Onion Linux 发行版（可以从 https://securityonion.net 下载）。Security Onion 是一个开源 Linux 发行版，包含入侵检测和日志管理工具，如 Snort、Suricata、Bro、Wazuh、Sguil、Squert、CyberChef、Zeek、Elasticsearch、Logstash 和 Kibana。

9.5.5 蜜罐

蜜罐是一种有趣的技术。本质上，它假设攻击者能够破坏你的网络安全性，因此最好将攻击者从有价值的数据上引开。蜜罐会创建包含伪造数据的服务器，例如包含伪造数据的 SQL 服务器或 Oracle 服务器，其安全性仅比真实服务器低一点。由于不会有真实的用户访问此服务器，因此一旦发现有人访问了此服务器，安装在它上的监视软件将发出警报。

蜜罐可以实现两个目标。第一，它将攻击者的注意力从你想要保护的数据上引开。第二，它提供了看似有趣和有价值的数据，导致攻击者保持与假服务器的连接，从而使你有时间尝试跟踪攻击者。蜜罐有商用解决方案，例如 Specter（www.specter.com），这些解决方案通常包括监视 / 跟踪软件，很容易安装使用。还可以访问 www.honeypots.org 以获得有关蜜罐的更多帮助信息。

蜜罐既可以是低交互的，也可以是高交互的。低交互蜜罐通过模拟运行在特定系统中的服务和程序来工作。如果攻击者执行了蜜罐预期之外的操作，蜜罐就会生成一个错误。

高交互蜜罐完美地模拟了一个计算机系统或网络，其思想是一个受控区域，攻击者可以在其中与看似真实的应用和程序进行交互。高交互蜜罐依赖于控制流量的边界设备，以便攻击者可以进入，但严格控制其出站活动。

9.5.6 数据库活动监视

数据库活动监视（Database Activity Monitoring，DAM）涉及监视和分析正在运行的数据库活动，它与数据库管理系统（DBMS）和 DBMS 审计独立、日志和监视不是一回事。数据库活动监视和预防（Database Activity Monitoring and Prevention，DAMP）是对 DAM 的扩展，不仅可以进行监视和警报，还可以阻止未经授权的活动。

Gartner 对 DAM 给出了一个较好的描述[⊖]：

> 数据库活动监视（DAM）是指一套工具，可用于支持识别和报告欺诈、非法或其他不良行为的能力，同时对用户操作和生产力产生最小的不良影响。这些工具包括分析与关系数据库管理系统（RDBMS）相关的用户活动，还包括诸如发现、分类、漏洞管理、应用级分析、入侵预防、支持非结构化数据安全、身份和访问管理

⊖ https://www.gartner.com/en/information-technology/glossary/database-activity-monitoring-dam.

集成以及风险管理之类的更全面的能力集合。

数据库活动监视通常使用两种方法中的一种来完成。第一种是基于内存的，在基于内存的场景中，DAM 本质上将轻量级传感器连接到数据库，并不断地轮询系统以收集正在执行的 SQL 语句。第二种方法是分析数据库事务日志。在这两种情况下，系统都在检查在目标系统上执行哪些 SQL 语句。

9.5.7 SIEM

安全信息和事件管理（SIEM）系统有助于协调网络中的安全活动。SIEM 系统的思想是聚合来自所有安全系统的日志（防火墙、IDS、IPS 等），然后监视和扫描这些日志。大多数安全从业者都深知分析日志的难度。日志变得很大，很难查看。拥有一个查看所有日志的系统，并在需要你直接关注的事件发生时提醒你，可以使安全管理工作更加简化。

CSO 杂志 2022 年的一篇文章给出了 SIEM 的定义[⊖]：

> SIEM 工具收集和汇总日志事件数据，以帮助识别和跟踪违规行为。它们是强大的系统，可使企业提供安全专业人员深入了解 IT 环境中正在发生的事情以及过去发生的相关事件的记录。

9.5.8 其他先发制人的技术

除了 IDS、杀毒软件、防火墙和蜜罐之外，还有一些先发制人的技术，管理员可以用来减少攻击者成功进行网络攻击的机会。

1. 入侵误导

入侵误导在重视安全的系统管理员中越来越流行，其本质非常简单：将入侵者误导到一个专门为观察入侵者而搭建的子系统中。通过欺骗入侵者，使他相信自己已经成功地访问到了系统资源，但实际上，他被定向到专门设计的环境中。在入侵者大逞其技的过程中，我们可观察他的行为，并为抓到他获得有价值的线索。

入侵误导通常通过蜜罐来完成。本质上，你建立了一个假系统，可能是一台看起来像整个子网的服务器，该系统看起来非常有吸引力，像是包含敏感数据（如人事档案）或有价值的数据（如账户数据或科研数据）。存储在该系统中的数据实际上是伪造的，该系统的真正目的是监视任何访问它的活动。由于没有合法用户会访问该系统，可以推定任何访问它的人都是入侵者。

2. 入侵威慑

入侵威慑是使系统看起来不像一个值得入侵的目标。简而言之，就是试图使入侵后可能获得的回报看起来远小于成功入侵要付出的代价。有几种策略可实现入侵威慑，一种策略是通过伪装掩盖系统的真实价值，即设法隐藏系统最有价值的部分；另一种策略是提高潜在入侵者被抓到的风险，这可以通过多种方式完成，包括明显地显示告警信息和正在监视的警告。通过这些策略，可大幅提高系统的可见安全性，即使系统的实际安全性尚未提高。

⊖ https://www.csoonline.com/article/2124604/what-is-siem-security-information-and-event-management-explained.html.

9.5.9　身份认证

用户登录系统时，系统需要对他进行身份认证（有时用户也需要对系统进行身份认证）。身份认证协议有很多，最常见的身份认证协议简要描述如下。

- **口令身份认证协议**（Password Authentication Protocol，PAP）：是最简单的身份认证协议，安全性最低。在 PAP 中，用户名和口令以未加密的明文格式发送，这显然是一个不能再使用的、过时的认证方法。但是，在计算机发展的早期，数据包嗅探器还没有被广泛使用，因此 PAP 的安全性在当时不是问题。

- **Shiva 口令身份认证协议**（Shiva Password Authentication Protocol，SPAP）：是 PAP 的扩展，可加密通过 Internet 发送的用户名和口令。

- **挑战握手身份认证协议**（Challenge Handshake Authentication Protocol，CHAP）：在用户登录后计算一个哈希值，然后与客户端系统共享该哈希值，服务器会定期质询客户端要求提供该哈希值（这是"挑战"部分），如果客户端无法提供，那就意味着通信过程已受到威胁。MS-CHAP 是 Microsoft 特定（Microsoft-specific）的 CHAP 的扩展。其基本步骤如下：

  1.握手阶段完成后，认证方（通常是服务器）向对方发送一个"挑战"信息。

  2.对方使用一个单向哈希函数计算"挑战"信息的哈希值，并作为响应发给认证方。

  3.认证方根据自己计算出来的哈希值来检查响应值，如果两者匹配，则确认身份认证；否则，应终止连接。

  4.认证方以随机的时间间隔向对方发送新的挑战并重复步骤 1～步骤 3。

  CHAP 的目标不仅是身份认证，而且还要定期进行身份重认证，从而防止会话劫持攻击。

- **可扩展身份认证协议**（Extensible Authentication Protocol，EAP）：是无线网络和 P2P 网络中经常使用的身份认证框架。它最初在 RFC 3748 中定义，但后来被更新了。它处理密钥和相关参数的传输。EAP 有数种版本，还有很多变体，包括以下几种。

  - **轻量级可扩展身份认证协议**（Lightweight Extensible Authentication Protocol，LEAP）：由思科公司开发，在无线通信中被广泛使用。许多 Microsoft 操作系统（包括 Windows 7 和更高版本的 Windows）都支持 LEAP。LEAP 使用修改版的 MS-CHAP。

  - **使用 TLS 的 EAP 协议，也称可扩展身份认证协议 – 传输层安全**（Extensible Authentication Protocol–Transport Layer Security，EAP-TLS）：传输层使用 TLS 协议来保护身份认证过程。EAP-TLS 的大多数实现都使用 X.509 数字证书来认证用户身份。

  - **受保护的可扩展身份认证协议**（Protected Extensible Authentication Protocol，PEAP）：通过经认证的 TLS 隧道对身份认证过程进行加密，PEAP 由包括思科、Microsoft 和 RSA 安全公司在内的厂商开发，最初包含在 Microsoft Windows XP 中。

- **Kerberos**：Kerberos 被广泛使用，尤其是在 Microsoft 操作系统中。它由麻省理工学院发明，从神话中守卫 Hades 城门的"三头犬"得名。Kerberos 系统有点复杂，但是基本过程可以简要描述。用户登录后，身份认证服务器将验证用户的身份，然后联系票证授予服务器（这两种服务器通常位于同一台计算机上），票证授予服务器将加密的票证发送给用户的机器。该票证将用户标识为已登录。然后，当用户需要访问网络上的某些资源时，用户的计算机将使用该票证访问目标计算机。需要对这些票证进行一系列的验证，这些票证的有效期相对较短。

1. Kerberos 概述

由于 Kerberos 的使用非常广泛，与其他身份认证方法相比，它值得进一步讨论。本节我们将更深入地了解 Kerberos，如果这是你第一次接触 Kerberos，你可能需要多次阅读本节内容才能真正消化它。虽然 Kerberos 有很多变体，但其基本过程如图 9.9 所示。请注意，图 9.9 仅描述了 Kerberos 的概要过程，省略了本节稍后将讨论的一些步骤。

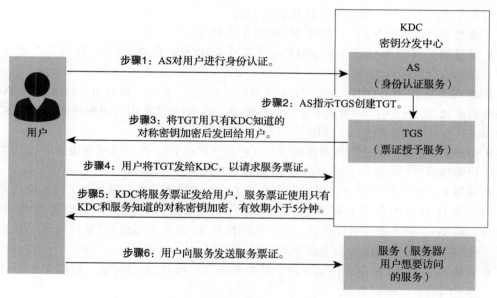

图 9.9　Kerberos

Kerberos 的元素如下所示。

- **主体**（principal）：Kerberos 可以将票证分配给主体，主体可以是服务器或客户端。
- **身份认证服务器**（Authentication Server，AS）：对主体进行授权并将其连接到票证授予服务器。
- **票证授予服务器**（Ticket Granting Server，TGS）：提供票证的服务器。
- **密钥分发中心**（Key Distribution Center，KDC）：提供初始票证并处理 TGS 请求的服务器。通常，它同时运行 AS 和 TGS。必须注意的是，Kerberos 是应用最广泛的身份认证协议。欧洲经常使用另一种身份认证协议——多供应商环境下应用的安全欧洲系统（Secure European System for Applications in a Multivendor Environment，SESAME）。

2. Kerberos 细则

本节提供描述 Kerberos 的更详细的知识。Kerberos 交互过程大部分由消息组成，消息在客户端和密钥分发中心（KDC）之间传送。我们用大写字母表示消息。首先，AS 通过用户口令的哈希值来为客户端生成客户端密钥，然后 AS 向客户端发送两条消息。

- **消息 A**：客户端与 TGS 之间的会话密钥。
- **消息 B**：票证授予票证（Ticket Granting Ticket，TGT），其中包含客户端 ID、客户端网络地址和有效期，还包含客户端与 TGS 之间的会话密钥[⊖]。

这两条消息都使用 AS 生成的客户端密钥加密。现在用户尝试使用从客户端输入的口令的哈希值生成密钥来解密消息 A。如果输入的口令与在 AS 的数据库中找到的口令不匹配，则其哈希值也不匹配，从而不能正确解密消息 A；如果成功解密消息 A，消息 A 包含的客户端与 TGS 之间的会话密钥可用于客户端与 TGS 通信。消息 B 除了使用客户端密钥加密之外，还使用 TGS 的密钥加密，所以客户端无法解密。请注意，TGS 的密钥实际上从未通过网络发送。

请求服务时，客户端将以下消息发送到 TGS。

- **消息 C**：由消息 B 的 TGT 和所请求服务的 ID 组成。
- **消息 D**：供 TGS 认证客户端身份（由客户端 ID 和时间戳组成），使用客户端与 TGS 之间的会话密钥加密。

在收到消息 C 和消息 D 之后，TGS 就可以从消息 C 中获得消息 B。TGS 使用 TGS 的密钥解密消息 B，这为 TGS 提供了客户端与 TGS 之间的会话密钥，使用此密钥，TGS 解密消息 D，并将以下两个消息发送到客户端。

- **消息 E**：是客户端访问服务器的票证（包括客户端 ID、客户端网络地址、有效期和客户端与服务器之间的会话密钥），使用服务的密钥进行加密。
- **消息 F**：是用客户端与 TGS 之间的会话密钥加密的客户端与服务器之间的会话密钥。

收到来自 TGS 的消息 E 和消息 F 后，客户端具有足够的信息向运行服务的服务器（Service Server，SS）进行身份认证。客户端连接到 SS 并发送消息 E（客户端访问服务器的票证，使用服务的密钥加密）以及以下新消息。

- **消息 G**：供 SS 认证客户端身份，其中包括客户端 ID 和时间戳，使用客户端与服务器之间的会话密钥加密。

SS 使用自己的密钥解密消息 E，以获得客户端与服务器之间的会话密钥。使用此会话密钥，SS 解密消息 G 并将以下消息发送给客户端以表明其真实身份和为客户端提供服务的意愿：

- **消息 H**：消息 G 中的时间戳。

客户端使用客户端与服务器之间的会话密钥解密消息 H，并检查时间戳是否正确。如果正确，则客户端可以信任服务器并可以开始向服务器发送服务请求，然后，服务器将请求的服务提供给客户端。

的确，以上过程非常复杂，它是有意设计成这样的。然而，你可能已经多次使用过该身份认证协议，只是你没有意识到它。这个协议是很常用的。

9.6　数字证书

你以前很可能听说过数字证书（digital certificate）一词。你想知道的第一件事可能是：

⊖　消息 B 由 TGT 和客户端与 TGS 之间的会话密钥组成。——译者注

数字证书是干什么的？回想一下第 8 章中我们关于非对称密码学的讨论。我们提到，公钥可以广泛传播，因为它仅用于加密发送给我们的消息。那么，如何为人们提供公钥？最常见的方法是通过数字证书。数字证书包含用户的公钥以及其他信息。但是，数字证书可以提供更多的功能。它可以提供一种手段，用于认证证书持有者拥有其声称的身份。

X.509 是数字证书格式和数字证书中包含的信息的国际标准，也是世界上最常见的数字证书类型。它是一个电子文件，内含由可信的第三方签名的公钥，可信的第三方称为证书颁发机构（Certificate Authority），简称 CA。

以下是 X.509 证书中的基本字段，还可以有其他可选信息。

- **版本**：此证书的 X.509 版本。
- **证书持有者的公钥**：获取某人公钥的主要途径是他的 X.509 证书。
- **序列号**：此证书的唯一标识符。
- **证书持有者的专有名称**：通常是域名或与证书相关联的邮件地址。
- **证书有效期**：最常见的有效期是一年。
- **证书颁发者的唯一名称**：颁发此证书的 CA。
- **颁发者的数字签名**：此字段和下一个字段用于验证证书。
- **签名算法标识符**：标识使用的数字签名算法。

让我们看看数字证书通常是如何工作的。假设你访问银行的网站，为了获取银行的公钥，你的浏览器将下载该银行的数字证书。但是有一个问题，有人可以建立一个假冒的网站，声称是你要访问的银行网站，他还可以生成伪造的数字证书，声称是银行的数字证书。如何通过数字证书识破这种骗术呢？你的浏览器将查看证书上列出的 CA，然后首先查询它是否是你的浏览器信任的 CA。如果是，那么你的浏览器会与该 CA 通信以获取该 CA 的公钥（回顾第 8 章，数字签名是使用私钥创建的，并使用公钥进行验证），浏览器使用该 CA 的公钥来验证证书上 CA 的签名。如果是伪造的证书，则数字签名验证失败。这意味着证书不仅为你提供证书持有者的公钥，而且还为你提供了一种通过可信的第三方来验证证书的方法。

应当注意，与 X.509 证书不同，PGP（Pretty Good Privacy）证书不由 CA 负责颁发，并且没有第三方验证机制。它们通常仅用于电子邮件通信。这是因为它们假设你知道要向谁发送电子邮件，所以不需要验证身份。

你还需要熟悉与数字证书相关的其他一些术语和概念。让我们从 CA（一个为你颁发数字证书的实体）开始。Comodo、Symantec、DigiCert、GoDaddy、Verisign 和 Thawte 都是知名的证书颁发机构。当你从这些供应商之一购买证书时，它首先会验证你的身份（可以简单地将你的信用卡号与你要购买证书的域名匹配，或者还有更复杂的方式）。

由于验证证书用户可能很耗时，因此许多 CA 会将该过程分流到注册机构（Registration Authority，RA），由它通知 CA 是否要颁发证书。

证书吊销列表（Certificate Revocation List，CRL）是 CA 颁发的失效证书列表。CRL 以两种主要方式进行分发：推模型和拉模型。在推模型中，CA 定期自动发送 CRL；在拉模型中，需要验证证书的人主动从 CA 下载 CRL。问题在于 CRL 不涉及实时检查，因此，较新做法是在线证书状态检查协议（Online Certificate Status checking Protocol，OCSP），通过该协议可以实时检查证书是否仍然有效。

9.7   SSL/TLS

银行网站和电子商务使用哪种加密方式？一般而言，对称算法速度更快，并且需要较短的密钥长度就可以与非对称算法一样安全。然而，对称算法存在如何安全交换密钥的问题。大多数电子商务解决方案使用非对称算法交换对称算法的密钥，然后使用对称算法对数据进行加密。

当访问以 HTTPS 而不是 HTTP 开头的网站时，浏览器和 Web 服务器之间的流量通过使用安全套接字层（Secure Sockets Layer，SSL）或传输层安全（Transport Layer Security，TLS）加密。SSL 和 TLS 都是非对称系统。

SSL 是这两种技术中较旧的一种，通过公钥密码实现传输层安全。SSL 由 Netscape 公司开发，用于通过 Internet 传输私人文档。按照惯例，需要 SSL 连接的 URL 请求以 HTTPS 而不是 HTTP 开头。SSL 有几种版本：

- 未发布的 v1（Netscape）。
- 1995 年发布的 v2（存在许多缺陷）。
- 1996 年发布的 v3（RFC 6101）。
- 1999 年发布的标准 TLS1.0（RFC 2246）。
- TLS 1.1，在 2006 年 4 月的 RFC 4346 中定义。
- TLS 1.2，在 2008 年 8 月的 RFC 5246 中定义（并基于早期的 TLS 1.1 规范）。
- TLS 1.3，在 2018 年 8 月的 RFC 8446 中定义。

图 9.10 显示了 SSL/TLS 连接建立的基本过程。

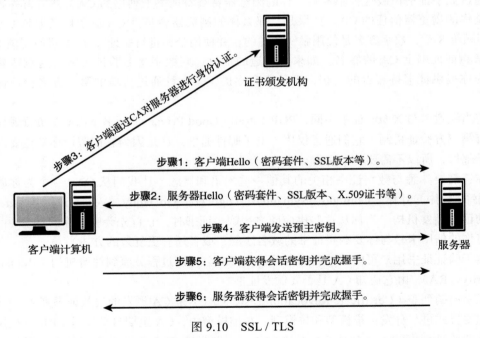

图 9.10   SSL / TLS

请注意，步骤 3 实际上并不涉及与 CA 的通信。计算机通常有一个证书存储区，其中包含已知和可信 CA 的数字证书。因此，客户端机器只需要检查自己的证书存储区的 CA 证书。

建立 SSL/TLS 连接的过程涉及以下几个复杂的步骤：

1. 客户端向服务器发送有关客户端加密功能的信息（密码套件），包括客户端支持的算法、用于消息完整性的哈希算法及相关信息。

2. 服务器通过选择客户端和服务器都支持的最佳加密算法和哈希算法并将其发给客户端来进行响应，服务器还向客户端发送自己的证书。如果客户端需要请求某种服务器资源，并且该资源需要对客户端进行身份认证，则服务器会重新请求客户端的证书。

3. 客户端使用服务器发来的信息对服务器进行身份认证。这意味着用适当的 CA 认证数字证书。如果认证失败，浏览器将警告用户无法信任证书；如果认证成功，则客户端进行下一步（但是，现代计算机都附带了主要 CA 的证书，它们通常位于计算机的证书存储区中，为了验证来自特定 CA 的证书，客户端计算机只需要从其自己的证书存储区中获取该 CA 的数字证书）。

4. 客户端使用迄今为止在握手中生成的所有数据，创建用于会话的预主密钥，并从接收到的服务器 X.509 证书中获取服务器公钥对其进行加密，然后将加密的预主密钥发送给服务器。

5. 如果服务器请求了客户端身份认证，则服务器还将认证客户端的 X.509 证书。在大多数电子商务和银行网站中不会发生这种情况。

6. 客户端和服务器都使用预主密钥来生成会话密钥。会话密钥是对称密钥（如 AES 密钥），在整个会话期间用于加密客户端和服务器之间传送的信息。

7. 客户端向服务器发送一条消息，通知服务器此后来自客户端的消息将用会话密钥加密。

8. 服务器向客户端发送一条消息，通知客户端此后来自服务器的消息将用会话密钥加密。

此过程不仅可以安全地交换对称密钥，还可以验证服务器身份或客户端身份（可选），这是安全 Web 通信的实现方式。

9.8　虚拟专用网

虚拟专用网（Virtual Private Network，VPN）可利用 Internet 创建远程用户或站点与中心位置之间的虚拟连接。往返数据包通过此连接进行加密。VPN 是对直接网络连接的模拟。

用于创建 VPN 的协议有三种：

- 点对点隧道协议（Point-to-Point Tunneling Protocol，PPTP）。
- 第 2 层隧道协议（Layer 2 Tunneling Protocol，L2TP）。
- Internet 协议安全（Internet Protocol security，IPsec）。

以下各节中将更深入地讨论这三种协议。

9.8.1　PPTP

点对点隧道协议（Point-to-Point Tunneling Protocol，PPTP）是 VPN 使用的三种协议中最古老的一种，它最初被设计为点对点协议（Point-to-Point Protocol，PPP）的安全扩展。PPTP 在 1996 年的 PPTP 论坛上作为一个标准被提出，该论坛由 Ascend Communications、ECI Telematics、Microsoft、3Com 和 US Robotics 等公司发起。在旧的 PPP 基础上，增加了

加密数据包和用户身份认证功能。PPTP 工作在 OSI 参考模型（见第 2 章）的数据链路层。

PPTP 提供了两种用户身份认证协议：可扩展身份认证协议（Extensible Authentication Protocol，EAP）和挑战握手身份认证协议（Challenge Handshake Authentication Protocol，CHAP）。EAP 实际上是为 PPTP 专门设计的，但并不是专用的。CHAP 包含三个子过程：客户端发送代码给服务器、服务器认证这个代码、服务器向客户端发送响应。在连接建立后，CHAP 还定期重新认证远程客户端。

PPTP 使用 Microsoft 点对点加密（Microsoft Point-to-Point Encryption，MPPE）对数据包进行加密。MPPE 实际上是 DES 的一个版本，DES 在许多情况下仍然有用，但是，应首选较新版本的 DES（如 3DES）。

9.8.2　L2TP

第 2 层隧道协议（Layer 2 Tunneling Protocol，L2TP）是为了增强 PPTP 的功能而专门设计的。L2TP 像 PPTP 一样工作在 OSI 参考模型的数据链路层。与 PPTP 相比，L2TP 有几处改进。首先，它提供了多种多样的身份认证方法：PPTP 只提供两种（CHAP 和 EAP），而 L2TP 提供了五种（CHAP、EAP、PAP、SPAP 和 MS-CHAP）。

其次，除了有更多的身份认证协议之外，L2TP 还提供了其他增强功能。PPTP 仅可在标准 IP 网络上工作，而 L2TP 可在 X.25（电话系统中的通用协议）和异步传输模式（Asynchronous Transfer Mode，ATM；一种高速网络技术）网络系统上工作。L2TP 还使用 IPsec 协议进行加密。

9.8.3　IPsec 协议

Internet 协议安全（Internet Protocol security，IPsec）是三种 VPN 协议中的最新协议。IPsec 协议和其他两种协议之间的差异之一是，它不仅加密数据包数据（见第 2 章中有关数据包的讨论），还加密包头信息。IPsec 协议还可以防止未经授权的数据包重传。这一点很重要，因为有一种网络攻击手段，黑客只需要获取传输中的第一个数据包，便可用来建立自己的传输。原因是第一个（或前几个）数据包往往包含登录数据，如果你可以重传该数据包（即使你无法破解这些数据包），也将发送有效的用户名和口令，然后就可以接着发送其他数据包了。防止未经授权的数据包重传可以防止这种情况的发生。

IPsec 协议有两种运行模式：传输模式，仅对有效载荷进行加密；隧道模式，数据和 IP 包头都被加密。以下是一些基本的 IPsec 术语：

- 身份认证头（Authentication header，AH）：为 IP 包提供无连接的完整性和数据源身份认证。
- 封装安全有效载荷（Encapsulating Security Payload，ESP）：提供了对数据包的源真实性、完整性和机密性保护，也可配置为仅提供加密服务或仅提供认证服务。
- 安全关联（Security Association，SA）：提供 AH 或 ESP 操作所需要的参数。SA 使用 ISAKMP 建立。
- Internet 安全关联和密钥管理协议（Internet Security Association and Key Management Protocol，ISAKMP）：提供了一个用于身份认证和密钥交换的框架。
- Internet 密钥交换（Internet Key Exchange，IKE）和 IKEv2：用于通过协商协议和算法并生成加密和身份认证所需的密钥来建立 SA。

本质上，在最初建立 IPsec 隧道的过程中会形成 SA。这些 SA 包含 IPsec 隧道将使用的加密算法和哈希算法（回想一下，我们在第 8 章中讨论了加密技术）等信息。IKE 主要关注的是建立这些 SA，ISAKMP 允许 IPsec 隧道的两端相互进行身份认证和密钥交换。

9.9　Wi-Fi 安全

无线网络已在当今普遍使用，无线网络的安全性很重要。Wi-Fi 安全协议共有三种，从最早的、最不安全的 WEP 协议到最新的最安全的 WPA3 协议。下面将分别进行简要描述。

9.9.1　WEP 协议

有线等效加密（Wired Equivalent Privacy，WEP）协议使用流密码 RC4 来加密数据，使用 CRC-32 校验码进行错误校验。标准 WEP 协议使用 40 位的密钥（称为 WEP-40）和 24 位的初始向量（Initialization Vector，IV）构成高效的 64 位加密，128 位 WEP 使用 24 位的 IV 和 104 位的密钥。

因为 RC4 是流密码，所以相同的密钥流绝不能被使用两次。WEP 的问题在于，提出 WEP 的委员会由非常优秀的计算机专业人员组成，他们认为自己足够了解密码学，但实际上并不是这样。他们重用了 IV，这完全破坏了使用 IV 的目的，并使协议易遭受攻击。在 YouTube 上简单搜索 "如何破解 WEP" 将找到大量有关破解 WEP 技术的视频。

9.9.2　WPA 协议

Wi-Fi 保护访问（Wi-Fi Protected Access，WPA）协议是对 WEP 协议的重大改进。首先，WPA 协议使用 AES，这是一种非常优秀的加密算法。此外，WPA 协议使用临时密钥完整性协议（Temporal Key Integrity Protocol，TKIP），它为每个数据包动态生成一个新密钥。因此，即使你破解了一个数据包的 WPA 密钥，也无法解密下一个数据包。

9.9.3　WPA2 协议

WPA2 协议是目前使用最广泛的 Wi-Fi 安全协议，你应该尽可能优先选用它。基于 IEEE 802.11i 标准的 WPA2 协议，提供了基于 AES 算法的计数器模式 – 密码块链接模式 – 消息认证码协议（Counter Mode-Cipher Block Chaining(CBC)-Message Authentication Code(MAC) Protocol，CCMP），它为无线数据帧提供了数据机密性、数据源身份认证和数据完整性服务（见第 8 章），CBC 模式可防范已知明文攻击。

MAC 码会保证信息完整性，并确保数据包在传输过程中不会被有意或无意地更改，这意味着 WPA2 协议可以非常好地保证信息的机密性和完整性。

9.9.4　WPA3 协议

WPA3 协议于 2018 年发布，具有许多有趣的功能，其中之一就是对往返无线接入点（Wireless Access Point，WAP）的所有流量进行加密。WPA3 还要求攻击者在尝试猜测每个口令时都需要与你的 Wi-Fi 进行交互，这使得蛮力攻击不太可能成功。

9.10　本章小结

网络和外部世界之间都必须有防火墙和代理服务器，这一点至关重要。同样重要的是，网络中的所有计算机（服务器和工作站也包含在内）都必须具有实时更新的病毒防护。考虑使用 IDS 和反间谍软件也是一个好主意。在接下来的练习中，你将有机会练习设置各种类型的防火墙和 IDS。

9.11 技能测试

选择题

1. 下列哪项是杀毒软件识别病毒的最常用方法？
   A. 将文件与已知病毒特征进行比较
   B. 使用复杂的规则查找类似病毒的行为
   C. 仅查找 TSR 程序
   D. 查找 TSR 程序或更改注册表的程序

2. 下列哪项是检查电子邮件中是否有病毒感染的一种方法？
   A. 阻止所有带有附件的电子邮件
   B. 阻止所有包含活动代码的电子邮件附件（例如，ActiveX 或脚本）
   C. 查找来自已知病毒攻击的邮件标题行
   D. 查找来自已知病毒源的电子邮件

3. 什么是 TSR 程序？
   A. Terminal Signal Registry 程序，可更改系统注册表
   B. Terminate and System Remove 程序，在执行完后系统会清除
   C. Terminate and Scan Remote 程序，在终止之前会扫描远程系统
   D. Terminate and Stay Resident 程序，在被关闭后仍驻留在内存中

4. 下列哪种扫描方法依赖复杂的规则来定义病毒？
   A. 基于规则的扫描（RBS）
   B. 启发式扫描
   C. TSR 扫描
   D. 基于逻辑的扫描（LBS）

5. 下列哪项不是防火墙的基本类型之一？
   A. 筛选防火墙
   B. 应用网关
   C. 启发式防火墙
   D. 电路级网关

6. 下列哪项是最基本的防火墙类型？
   A. 筛选防火墙
   B. 应用网关
   C. 启发式防火墙
   D. 电路级网关

7. 乔治负责中型网络的安全，他有二十多个生成日志的系统。在分析这些日志时，什么技术对他最有帮助？
   A. SIEM
   B. IDS/IPS
   C. NGFW
   D. PKI

8. SPI 代表什么？
   A. Stateful packet inspection（全状态数据包检查）
   B. System packet inspection（系统数据包检查）
   C. Stateful packet interception（全状态数据包拦截）
   D. System packet interception（系统数据包拦截）

9. 安装在现有服务器上的软件防火墙叫什么？
   A. 基于网络主机的防火墙
   B. 双宿主防火墙
   C. 基于路由器的防火墙
   D. 屏蔽主机

10. 基于网络主机的防火墙的主要缺点是什么？
    A. 安全性取决于基础操作系统
    B. 难以配置

　　　　C. 很容易被黑客入侵　　　　　　　　　　D. 非常昂贵

11. 阻止持续可疑活动的源 IP 地址的技术称为什么？

　　　A. 抢先阻止　　　　　B. 入侵误导　　　　　C. 主动误导　　　　　D. 入侵阻止

12. 旨在诱骗入侵者的伪造的系统称为什么？

　　　A. 蜜罐　　　　　　　B. 人造系统　　　　　C. 误导系统　　　　　D. 诱捕

13. 下列哪项可使系统对入侵者的吸引力降低？

　　　A. 入侵威慑　　　　　B. 入侵误导　　　　　C. 入侵伪装　　　　　D. 入侵避免

14. 大多数 IDS 软件中使用哪种方法？

　　　A. 异常检测　　　　　B. 抢先阻止　　　　　C. 入侵威慑　　　　　D. 渗透

15. 大多数反间谍软件是如何工作的？

　　　A. 使用启发式方法　　　　　　　　　　　　B. 搜索已知的间谍软件

　　　C. 与杀毒软件的工作方式相同　　　　　　　D. 通过查找 TSR cookie

练习

练习 9.1：设置防火墙

　　Microsoft Windows（自 XP 以来的每个 Windows 版本，包括 Windows 10）和 Linux 都内置某种形式的包过滤防火墙。如果你可以访问两种操作系统，最好在两种操作系统上都练习一下设置防火墙。

1. 阅读所使用操作系统的有关文档，确定想要过滤的数据包。
2. 设置防火墙对这些数据包进行过滤。

练习 9.2：基于路由器的防火墙

本练习适用于可以访问实验室中基于路由器的防火墙的学生。

1. 有关如何配置防火墙的说明，请查阅路由器的相关文档。
2. 配置基于路由器的防火墙，过滤你在练习 9.1 中选择过滤的相同的数据包。

练习 9.3：评估防火墙

　　写一篇简短论文，解释你认为基于路由器的防火墙和操作系统内置的防火墙哪种更好，说明你的理由。

练习 9.4：活动代码

　　查阅 Web 或其他资源，解释在什么情况下应该阻止活动代码（例如 ActiveX 脚本等），在什么情况下不应该阻止活动代码。写一篇简短论文以阐述你的立场。

练习 9.5：公司使用的硬件

　　访问公司的 IT 部门，并确定它在计算机系统防御中使用的硬件。除了软件防火墙外，公司是否还使用硬件防火墙？使用了什么形式的入侵检测软件？公司工作站中使用杀毒软件和反间谍软件了吗？写一份简短的报告，总结你的发现。

项目

项目 9.1：Microsoft 防火墙是如何工作的？

　　查阅 Microsoft 文档、Web 和其他资源，找出 Microsoft Windows 系统（无论你使用的是哪个版本）防火墙使用的技术。写一篇简短论文来解释这种技术的优点和缺点，并讨论你认为该技术适用于哪些场合，不适用于哪些场合。

项目 9.2：杀毒软件是如何工作的?

查阅来自供应商、Web 或其他资源的文档，找出 Norton AntiVirus 使用的技术和 McAfee 使用的技术。掌握了这些信息后，写一篇简短论文来比较两种技术的差异，并讨论它们分别更适用于哪种场合。

项目 9.3：使用 Snort

这是一个较大的项目，适合团队完成。

访问 Snort.org 的网站（www.snort.org）并下载 Snort。使用官方文档或其他资源，配置 Snort。接着运行端口扫描程序扫描配置了 Snort 的计算机，查看 Snort 是否能够检测到扫描。

案例研究

简·史密斯负责 ABC 公司的安全工作。她拥有购置安全解决方案的适当预算，目前她已经在网络边界上安装了基于路由器的防火墙，还在网络上的每台机器中都配置了商用杀毒软件。请考虑下列问题：

1. 你还建议她采取哪些保护措施?
2. 你会推荐其他防火墙吗? 请给出理由。

安全策略

本章学习目标

学习本章并完成章末的技能测试题目之后，你应该能够：

- 认识到安全策略的重要性。
- 理解各种安全策略及其基本原理。
- 了解良好的安全策略应该包括哪些要素。
- 创建网络管理的安全策略。
- 评估和改进现有的安全策略。

10.1 引言

到目前为止，在本书中，我们已经探讨了各种各样的网络威胁。在第 9 章中，针对这些攻击我们研究了各种技术性的防护措施。然而，事实是技术本身并不能解决所有的网络安全问题，有些问题是技术无法阻止的。请看下面的例子：

- 杀毒软件无法阻止用户手动打开附件，并随之将病毒释放出来。
- 如果前员工（可能对公司不满）仍然拥有工作口令，或者只是将写有口令的便利贴粘在计算机的显示器上，那么一个技术上号称多么安全的网络仍然是非常脆弱的。
- 如果公司中的服务器存放在几乎每个人都可以进入的房间中，那么这个服务器是不安全的。
- 如果终端用户容易受到社会工程学的影响，那么这个网络也是不安全的。

单靠技术本身无法解决安全问题的另一个原因是安全技术必须恰当地使用。我们将指导你使用一些安全策略（包括安全技术）来实现和管理计算机安全。在本章中，我们将研究计算机安全策略，包括创建良好安全策略的要素，以及说明如何创建良好网络安全策略的实例。

10.2 策略

安全策略（security policy）是一个文档，它定义了一个组织将如何处理某些方面的安全问题。关于终端用户的行为、IT 对事件的响应，或某个特定的问题和事件，组织都应该制定一些应对策略。

一个组织还可以创建一些满足法律规定的要求的安全策略，这种策略可以指导组织中的成员如何遵守法律法规。例如，当使用电子医疗记录软件时，安全策略应该告知医护人员应该如何遵守 HIPAA。

组织的安全策略也可以只是建议性的，向员工建议他们应该如何处理某些项目，而不要求合规性。例如，一项策略可能告知用户，从使用 Wi-Fi 热点的智能手机上发送电子邮件是不安全的，但不会禁止这样做。

10.3　重要标准

在创建安全策略时，应该参考许多行业标准。在我们深入研究策略制定和实施的各种细节之前，审查相关标准十分必要。

10.3.1　ISO 17799

ISO 17799 是关于如何制定安全策略的一个标准。策略通常不被人们视为令人激动的安全主题，但是，安全的核心是策略。因此，适当地制定安全策略是至关重要的。

ISO/IEC 17799：2005 描述了在以下信息安全管理领域中关于控制目标与控制的最佳实践：

- 安全策略。
- 信息安全组织。
- 资产管理。
- 人力资源安全。
- 物理及环境安全。
- 通信及运营管理。
- 访问控制。
- 信息系统的获取、开发和维护。
- 信息安全事件管理。
- 业务连续性管理。
- 合规性。

在制定策略时，最好熟悉这个标准，至少考虑一下这个标准的相关建议。让我们简要介绍一下其他标准。

10.3.2　NIST SP 800-53

美国国家标准与技术研究院（NIST）发布了许多与网络安全相关的标准。NIST SP 800-53（其中 SP 代表特殊出版物，但通常被省略）确定了 18 个安全控制类（见表 10.1）。在分析系统安全策略时，NIST 800-53 是一个很好的参考。

表 10.1　NIST 800-53 安全控制类

ID	控制类	ID	控制类
AC	访问控制	MP	介质保护
AT	意识和培训	PE	物理和环境保护
AU	审计和问责	PL	计划
CA	安全评估和授权	PS	人员安全
CM	配置管理	RA	风险评估
CP	应急计划	SA	系统和服务采购
IA	标识和鉴别	SC	系统和通信保护
IR	事件响应	SI	系统和信息完整性
MA	维护	PM	项目管理

10.3.3　ISO 27001

ISO/IEC 27001 要求管理：

- 系统地检查组织的信息安全风险，考虑威胁、漏洞和影响。
- 设计并实施一套连贯和全面的信息安全控制或其他形式的风险处理（如风险规避或风险转移），以解决那些被认为是不可接受的风险。
- 采用总体管理流程，确保信息安全控制持续满足组织的信息安全需求。

请注意，ISO 27001 的设计涵盖范围远不止 IT。

10.3.4　ISO 27002

ISO 27002 建议启动、实施和维护信息安全管理系统（Information Security Management System，ISMS）的最佳实践。本标准从几个介绍性章节开始提供有关术语和标准范围的指导。从第 5 章开始介绍了 ISMS 的重要主题。

- 第 5 章：信息安全政策。
- 第 6 章：信息安全组织。
- 第 7 章：人力资源安全。
- 第 8 章：资产管理。
- 第 9 章：访问控制。
- 第 10 章：密码学。
- 第 11 章：物质和环境安全。
- 第 12 章：操作安全：程序和职责。
- 第 13 章：通信安全。
- 第 14 章：系统采购、开发和维护。
- 第 15 章：供应商关系。
- 第 16 章：信息安全事件管理。
- 第 17 章：业务连续性管理中的信息安全。

10.4　定义用户策略

在讨论用户策略时，你必须牢记一个规则：应该为每个可预见的情况制定策略。如果你未能制定解决某个特定问题的策略，那么通常会导致该问题进一步恶化。有些事情对你来说看起来是常识，但对于那些在计算机网络或网络安全方面没有经验或没有训练的人而言，可能并非如此。

对许多组织来说，系统的滥用是一个主要问题。这个问题很大程度上是由于难以准确定义什么是滥用而造成的。有些事情可能是明显的滥用，比如员工在上班时间利用公司计算机搜索其他工作或浏览非法网站。但是，其他方面就不是那么明确了，比如一名员工利用午餐时间查找她打算购买的一辆汽车的信息。通常，良好的用户策略会明确地列出人们应该如何使用以及不应该如何使用系统。一个组织要使一项策略有效，它必须非常明确且相当具体。例如"计算机和 Internet 访问仅用于业务用途"之类的模糊表述是完全不够的，我建议采用一些更明确或更具有可执行性的规定，比如"计算机和 Internet 访问在工作时间内仅可用于业务目的。但是，员工可以在非工作时间（如休息时间、午餐时间和工作前）使用计算机或 Internet 用于个人用途。然而，这些使用必须符合 Internet 使用策略"。这种措辞是明确、直接和可执行的。

用户策略还涵盖了其他可能被滥用的领域，包括共享口令、复制数据、在员工吃饭时保留账户登录权限等。所有这些问题最终都会对你的网络安全产生重大影响，因此，必须在用户策略中明确说明。现在，我们将研究有效的用户策略必须涵盖的几个领域：

- 口令。
- Internet 的使用。
- 电子邮件的使用。
- 安装 / 卸载软件。
- 即时通信。
- 桌面配置。
- 自带设备（BYOD）。

10.4.1　口令

确保口令安全是至关重要的。第 8 章中我们讨论了合适的口令是强化操作系统安全的一部分。大多数资料表明，一个好的口令应该至少有八个字符长，使用数字和特殊字符，并且与终端用户没有明显的相关性。例如，达拉斯牛仔队的球迷最好不要使用 cowboys 或 godallas 这样的口令，而最好使用 %trEe987 或 123DoG\$\$ 这样的口令，因为这些口令不会反映个人兴趣，不容易被猜到。诸如最小口令长度、口令历史记录和口令复杂性等问题属于管理策略，而不属于用户策略。用户策略规定了终端用户的行为方式。为了提供可靠的安全性，我建议使用一个经过修改的包含数字和特殊字符的口令短语，这个短语很容易记住，但是需要修改，这样设计的口令不容易受到猜测或蛮力攻击的影响。例如，可以把" I like double cheese burgers"改成类似 IliK3doubl3ch33\$eburg3r\$ 这样的句子。注意，字母 e 被更改为 3，s 被更改为字符 \$，两个随机字母被大写。现在你有一个很复杂的 24 个字符的口令了。这很容易记住，并且很难被攻破。

但是，无论口令有多长或多复杂，如果口令被列在用户计算机显示器上的便利贴上，这都是不安全的。这一点似乎是显而易见的，但进入办公室并在显示器上或在办公桌最上面的抽屉里找到口令的情况并不少见。每个看门人或只是路过办公室的人都可以得到这个口令。

员工共享口令也很常见。例如，鲍勃下周要出城，所以他将口令留给了胡安，这样胡安就可以进入他的系统，查看他的电子邮件等。问题是现在两个人都有了口令。如果鲍勃不在的那一周，胡安生病了，并决定和雪莉共享口令，这样雪莉可以在胡安生病的时候继续检查系统，这时会发生什么呢？用不了多久，口令就会被许多人知道，以至于从安全的角度来看，该口令不再起作用。

管理策略需要解决诸如口令的最小长度、口令期限和口令历史记录等问题。系统管理员可以强制执行这些需求。但是，如果用户没有以一种安全的方式管理其口令，则上述方法都将无济于事。

所有这些描述都意味着你需要一个关于用户如何保护其口令的明确的策略。这些策略应该具体规定以下内容：

- 永远不要把口令写在容易被发现的地方。最好不要把它们写下来，但是如果必须要写的话，它们应该放在一个安全的地方，比如你家里的一个带锁的箱子里（而不是你办公室计算机旁边的带锁的箱子里）。
- 不要以任何理由与他人共享口令。
- 如果员工认为自己的口令已被泄露，则应该立即与 IT 部门联系，以便更改其口令，并且可以监视和跟踪使用旧口令的登录尝试。

10.4.2 Internet 的使用

大多数组织都为用户提供某种形式的 Internet 访问。这包括几个原因，最显而易见的原因是电子邮件。但是，这并不是在企业或学术机构中可以访问 Internet 的唯一原因。其他原因还包括 Web，甚至聊天室（不管你相信与否，聊天室可以并且正在被用于商务通信）。Internet 可以在任何组织中用于合法目的，但是它也会带来严重的安全问题。所以组织必须制定适当的策略来管理 Internet 技术的使用。

万维网（World Wide Web，WWW）拥有丰富的数据资源。在本书中，我们经常引用一些网站，在这些网站上你可以找到很多有价值的安全数据和有帮助的实用工具。同时，Internet 上也充斥着各种技术的有用教程。但是，即使是与技术无关的商业活动也可以通过 Web 提供服务。以下是一些合法使用 Web 的例子：

- 销售人员检查竞争对手的网站，了解竞争对手提供了哪些产品或服务，在网站的某些区域，甚至可能获得价格信息。
- 债权人检查企业的贝氏（AM Best）或标准普尔（Standard & Poor）评级，了解企业的财务状况如何。
- 商务旅行者因出行查询天气状况并获取旅行价格。
- 通过网络研讨会进行在线培训。
- 网络会议。
- 在线支付账单，或在某些情况下甚至可以在线提交监管和政府文件。

当然，在公司的网络上还有其他一些明显不合适的网络活动：

- 使用公司网络寻找新工作。
- 任何色情用途。
- 任何违反本地、州或联邦法律的使用。
- 使用公司网络开展你自己的业务（如果你参与了其他公司的业务，而不是本公司的业务）。

此外，还有一些灰色区域。有些活动可能对某些组织来说是可以接受的，但对其他组织来说则不然。这些活动可能包括：

- 在员工的午餐或休息时间上网购物。
- 在员工的午餐或休息时间上网阅读新闻。
- 浏览幽默娱乐网站。

某个人认为荒谬的事情可能对另一个人来说是正常的。重要的是，组织必须有非常清晰明确的策略，详细说明在工作期间如何使用网络是可接受的，如何使用是不可接受的。给出明确的示例说明什么是可接受的和什么是不可接受的，这一点很重要。你还应该记住，大多数代理服务器和防火墙都可以阻止某些网站，这将有助于防止员工滥用公司的 Web 连接。

10.4.3 电子邮件的使用

现在，大多数企业活动甚至学术活动都是通过电子邮件进行的。正如我们在前几章讨论的那样，电子邮件也恰好是病毒传播的主要媒介，这表明电子邮件的安全对于任何网络管理员来说都是一个重要的问题。

　　显然，你不能简单地阻止所有电子邮件的附件。但是，你可以为如何处理电子邮件附件建立一些指导原则。只有当附件符合下列条件时，用户才可以打开附件：

- 这是预期的附件（某个人向同事或客户请求发送的一些文件）。
- 如果并非预期的，那么附件来自一个已知的来源。如果是这样，请先向她发送电子邮件（或给她打电话）确认，询问她是否发送了附件。得到肯定以后，才可以打开它。
- 它应该是合法的业务文档（如电子表格、文档、演示文稿等）。

　　应当指出，有些人可能会发现这样的标准是不现实的。毫无疑问，这些指导原则并不方便做到。但是，由于附加到电子邮件中的病毒很流行，你必须小心谨慎地应用这些措施。许多人选择不按照这样的预防措施来试图避免病毒，这也是个人的选择。请你记住，每年都有数百万台计算机因此而感染某种病毒。

　　任何人都不要轻易打开符合以下任何条件的附件：

- 它来自未知的来源。
- 它是一些主动代码或可执行文件。
- 它是动画／电影。
- 电子邮件本身似乎不合法（似乎在诱使你打开附件，而不只是碰巧带有一个附件的合法的业务通信）。

　　如果终端用户存有任何疑问，那么她就不应该打开电子邮件。相反，她应该联系 IT 部门中指定的安全管理人员。接下来由专业人员将电子邮件的主题行与已知病毒进行比较，或者也可以亲自来检查电子邮件。然后，如果判断它是合法的，那么用户才可以打开附件。

> **供参考的小知识：关于附件**
>
> 　　在打开附件时，我经常遵循"谨言慎行不吃亏，轻率莽撞必后悔"（better safe than sorry）的格言。当有人转发给我一些笑话、图片、动画等在 Internet 上传播的内容时，我只是简单地把它们删除。那可能意味着我会错过许多幽默的图片和故事，但也表明我能避开许多病毒的攻击。你不妨考虑效仿这种做法。

10.4.4　安装／卸载软件

　　当我们谈到安装和卸载软件时，有一个绝对的回答：不应该允许终端用户在计算机上安装任何软件，包括壁纸、屏保、实用工具等。最好的方法是限制终端用户的登录权限，这样他们就无法安装任何内容。但是，这种方法应该与强有力的策略声明相结合，禁止在其 PC 上安装任何东西。如果他们希望安装一些东西，则应该首先由 IT 部门进行审核，获得批准后方可安装。此过程可能很麻烦，但这是必要的。某些组织甚至从终端用户使用的 PC 上删除或至少禁用了媒体驱动器（CD、USB 等），因此只能从 IT 部门放置在某些网络驱动器上的文件中进行安装。这一措施比大多数组织通常要求的更为极端，但是你应该意识到这个选项的必要性。事实上，Windows 允许管理员禁用新的 USB 设备。因此，管理员可以安装一些已获准用于公司事宜的 USB 设备，然后禁止添加任何其他设备。

10.4.5　即时通信

　　各种组织中的员工正在广泛使用即时通信（instant messaging），同时又在滥用即时通信。

在某些情况下，即时通信可以用于合法的业务目的。但是，这也确实构成了重大的安全风险，有些病毒专门通过即时通信进行传播。在一次事故中，病毒能够复制用户好友列表中的所有人以及所有对话的内容。因此，如果你感染了该病毒，那么你以为是私密的对话最终会传播给你认识的所有人，甚至包括你曾经发过短消息的人。

从纯粹的信息安全角度来看，即时通信也是一种威胁。如果没有公司的邮件服务器发送电子邮件的可追溯性，就没有任何办法可以阻止终端用户通过即时通信交换商业秘密或机密信息。我建议在组织内的所有计算机上禁止即时通信。如果你发现必须使用即时通信，就必须建立非常严格的指导原则，包括以下内容：

- 即时通信只能用于业务交流，不能用于个人对话。现在，这一要求可能有点难以实施，规则的实施通常是这样的。还有一些更常见的规则，如禁止个人浏览网页，这也很难执行。然而，制定这样的规则仍然是个好主意。如果你发现有人违规，可以参考禁止此类行为的公司的相关策略。但是，你应该意识到，你不会发现太多违反此规则的行为。

- 任何机密或私有商业信息都不应通过即时通信、短信或任何类型的消息 App 发送。除非发送此类信息绝对至关重要，并且该 App 具有强大的安全性，包括加密。Signal App 就是一款安全通信 App。

10.4.6　桌面配置

许多用户喜欢重新配置桌面，更改背景、屏幕保护程序、字体大小和分辨率。从理论上讲，这并不会构成安全隐患。仅仅改变你所使用的计算机的背景图像怎么会危及计算机的安全呢？但是，这种改变确实涉及其他安全问题。

第一个问题是背景图像的来源问题。终端用户常常从 Internet 上面下载图像。这意味着有可能感染病毒或特洛伊木马，特别是使用隐藏扩展名的病毒（例如，它的文件名可能看起来是 mypic.jpg，但实际上是 mypic.jpg.exe）。如果员工使用的背景或屏幕保护程序冒犯了其他员工，还会涉及人力资源 / 骚扰问题。考虑到这个原因，某些组织简单地决定禁止对系统配置进行任何更改。

第二个问题是技术上的原因。为了让用户能够更改屏幕保护程序、背景图像和分辨率，你必须赋予他们权限，允许他们更改你可能不希望更改的其他系统设置。但是图形显示选项并不与所有其他配置选项分离，允许用户改变他们的屏幕保护程序可能会为他们打开改变其他设置（如网卡配置或 Windows Internet 连接防火墙）的大门，这将危及安全。

10.4.7　自带设备

自带设备（Bring Your Own Device，BYOD）已成为大多数组织的一个重要问题。几乎所有（如果不是全部的话）员工都拥有自己的智能手机、平板计算机、智能手表和活动监控器，并将它们带入工作场所。这些设备连接到组织内的无线网络会引入大量新的安全问题，你不知道每个设备之前连接过什么网络、上面安装了什么软件，或者这些人使用的设备可能会泄露什么数据。

在高度安全的环境中，你有必要禁止使用个人拥有的设备。但是，对许多组织来说，这样的安全策略是不切实际的。一种解决方法是建立专用于 BYOD 的 Wi-Fi 网络，但不连接到公司的主要网络上；另一种方法是检测连接中的设备，如果该设备并非公司发行，则最大限度地限制其访问，但是这种方法在技术实现上更为复杂。

无论采取什么方法，你必须有一些关于个人设备的安全策略，因为它们已经无处不在。就在几年前，市面上出现了智能手机，但还没有智能手表，我很难预测未来会出现什么新的智能设备。

一个组织应该应用多种方法在自己的网络上处理用户使用的设备，下面列出了一些组织处理员工使用设备的方法（利用首字母缩略词表示）：

- CYOD（Choose Your Own Device）：公司列出可接受的设备（即满足公司安全要求的设备），并允许每位员工选择自己的设备。
- COPE（Company Owned/Personally Enabled 或 Company-Owned and Provided Equipment）：公司拥有并提供给员工使用的设备。这显然比 BYOD 或 CYOD 提供了更多的安全性，但成本也最高。
- COBO（Company Owned / Business Only）：这种模式提供了最大的安全性。公司拥有并操作设备，公司 IT 服务控制设备和设备的选项。

10.4.8　关于用户策略的最后一点想法

本节概述了适当和有效的用户策略。任何组织都必须实施可靠的用户策略。但是，除非你清楚地定义了违反这些策略的后果，否则这些策略将不会有效。许多组织发现详细说明多次事件发生逐步升级具体后果是有帮助的，例如：

- 第一次发生事故时，将受到口头警告。
- 第二次发生事故时，将受到书面警告。
- 第三次事故将导致停职或解约（在学术环境中，这可能是休学或开除）。

你必须清楚地列出后果，所有用户在被雇用时都应该签署用户策略的副本，以防止员工声称自己不了解这些策略。

> **警告**
>
> **解约或开除**
>
> 签署任何可能导致学校开除或工作终止（甚至降职）的安全策略，都应该首先得到你的法律顾问的批准。非法解雇或开除可能会产生严重的法律后果。我不是律师，也不是法律方面的专家，无法为你提供法律方面的建议。你应该就这些事情咨询律师。

同样重要的是，你要认识到滥用公司的网络还要付出另外一个代价：生产力下降。员工平均花费多少时间阅读个人电子邮件、进行非业务网络活动或即时通信？这很难说。但是，从非正式的角度来看，员工可以在任何一个工作日的上班时间访问 www.yahoo.com，然后单击其中一个新闻报道。在报道的底部，能够看到该报道的一个消息留言板，它列出了每条帖子的日期和时间。你可以查看到在工作时间内有多少帖子发表了，发帖的这些人不可能都失业、退休或生病待在家中。

我们应该明确一点：Internet 是人类历史上最伟大的交流工具，它可以对任何企业产生巨大的积极影响，我的几乎所有的商务活动都是通过 Web 进行的。然而，许多员工滥用他们的 Internet 权限，使用网络确实降低了那些不能自律的人的工作效率。以下是一些支持这一观点的研究：

- 2022 年的一篇报道称，多项研究表明 89% 的员工承认每天都在浪费时间[一]。通常情况下，广泛的互联网接人实际上会抑制而不是提高生产力。
- 俄亥俄州立大学的研究人员发现，经常使用 Facebook 的人的平均绩点（GPA）比不使用 Facebook 的人要低[二]。
- 多项研究表明，工作时使用 Facebook 会对工作效率产生负面影响。这些研究大多是几年前的事情，因为社交媒体影响工作效率已经是众所周知的事实[三]。

10.5　定义系统管理策略

除了为用户确定安全策略外，组织还必须为系统管理员定义一些明确的策略。一个组织必须拥有一个用于添加用户、删除用户、处理安全问题、更改系统等方面的流程或程序，也必须包括处理任何偏差的标准。

10.5.1　新员工

雇用新员工时，系统管理策略必须定义特定的步骤以保护公司安全。新员工必须被授予访问其工作职能范围内所需要的资源和应用程序的权限。访问权限的授予必须记录在案（可能是在日志中）。新员工必须接受一份有关公司的计算机安全和可接受的使用策略的副本，并签署一个确认收到此副本的文件，这一点也很重要。

在新员工开始工作之前，业务部门应该将员工将要开始工作的情况向 IT 部门（特别是网络管理部门）提出书面请求，在请求中明确该员工需要什么资源以及何时开始工作，并且应该有业务部门中有权批准此类请求的负责人的签名。接下去，网络管理员或网络安全管理员批准并签署同意该请求，在系统上新建用户并设置适当的用户权限，最后将请求的副本归档。

10.5.2　离职员工

当一名员工离职时，确保终止他的所有登录和他对所有系统的访问，这是至关重要的。不幸的是，太多的组织没有对这一安全问题给予足够的重视。你无法确定哪些员工对公司怀有恶意，哪些不会。在前雇员工作的最后一天关闭他所有的访问权限是必要的，包括对建筑的物理访问。如果一名前员工持有钥匙，并且心怀不满，你无法阻止他回来偷窃或破坏计算机设备。所以当员工离开公司时，你需要确保在他离开的最后一天执行以下操作：

- 禁用服务器、VPN、网络或其他资源的所有登录账户。
- 归还所有设施的钥匙。
- 关闭电子邮件、网络访问、无线网访问、手机等所有账户。
- 取消大型机资源的所有账户。
- 搜索员工的工作站硬盘。

最后一项似乎有些奇怪。但是，如果一名员工正在收集数据（例如公司的私有数据）或

○　https://www.zippia.com/advice/wasting-time-at-work-statistics/.

○　http://content.time.com/time/business/article/0,8599,1891111,00.html.

○　http://www.cnbc.com/2016/02/04/facebook-turns-12--trillions-in-time-wasted.html、http://www.riskmanagementmonitor.com/the-risks-of-social-media-decreased-worker-productivity/、http://www.shellypalmer.com/2011/05/social-media-use-drastically-reduces-work-productivity/.

进行任何其他不正当的活动，那么你需要立即搜索。如果你确实查到了这类活动的证据，你就需要保护工作站，在任何民事或刑事诉讼中可以将它作为证据。

在一些读者看来，这些做法可能有点极端。的确，对于绝大多数离职的员工来说，你不必担心任何问题。但是，如果没有养成在员工离职时确保访问安全的习惯，那么最终你可能会面临一个本来可以轻松避免的不幸局面。

10.5.3　变更请求

信息技术的本质是变化。不仅终端用户来来去去，需求也经常发生变化。业务部门请求访问不同的资源、服务器管理员升级软件和硬件、应用程序开发人员安装新软件、Web 开发人员更改网站，变化无时无刻不在发生。因此，拥有一个变更控制过程是很重要的。这个过程不仅能使变更顺利运行，而且还允许 IT 安全人员在变更实施之前检查所有潜在的安全问题。变更控制请求应该经过以下步骤：

- 业务部门中负责此项工作的经理签署批准请求，表示同意变更。换句话说，如果请求者的直接主管没有批准请求，那么执行变更请求过程是没有意义的。
- IT 部门的相关人员（数据库管理员、网络管理员、电子邮件管理员、云管理员）验证这一请求是否可以在技术上实现，是否符合预算限制且不违反 IT 策略。
- IT 安全团队验证此次变更不会引起安全问题，这在如今变得越来越重要。
- IT 部门的相关人员制订两个计划，一个计划是实现变更，另一个计划是在变更过程中发生某些故障时回滚到之前的状态。后一计划是非常关键的，而且经常被忽视。必须有某种机制来回滚变更，以防止它导致任何问题。
- 变更的日期和时间安排后，通知所有相关方。

你的变更控制过程可能与此不同，事实上，它可能更具体。然而，你要记住一个关键点，为了保证网络安全，在实现变更前你必须检查变更会带来哪些影响，如果没有这一步骤，你就不能进行变更。

变更管理活动需要频繁地进行，它是通过变更控制委员会（CCB）流程（有时也称为变更批准委员会（CAB）流程）来完成的。变更过程在本节前面已经详细介绍过，但是基本过程可以总结如下：

- 用一份 RFC（意见请求或变更请求）文档启动流程。
- 发送用于报批的 RFC。
- 设定流程的优先级。
- 将流程分配给参与变更的人员。
- 对决策形成文档。
- CAB 评估变更。
- 安排 RFC。
- 让变更所有者和请求者验证变更的成功实施。
- 审核 RFC。

此过程可能包括 CAB 的正式会议和大量文档，也可能是非正式的会议，并通过电子邮件发送给相关方。

实践

极端的变更控制

任何在 IT 行业有几年工作经验的人都可能会告诉你，当涉及更改控制时，有各种不同的方法。IT 团队在实施变更的过程中走向了不合理的极端，这是真正的问题。两个极端情况我都见过，在不使用涉及公司的真实名称的情况下，让我们讨论每个极端情况的真实案例。

软件咨询公司 X 是一家小型公司，为多家公司提供定制的财务应用程序。公司有不到 20 名开发人员，他们经常去全国各地的客户所在地出差。它的实际情况是：

- 没有任何应用程序的文档，甚至没有注释。
- 没有变更控制过程。当有人不喜欢服务器上的某个设置或网络配置的某个部分时，他直接对它进行更改。
- 没有处理前员工访问权限的过程。有一次，一个员工已经离职 6 个月了，但是她仍然拥有一个有效的登录账户。

现在，很明显，从几个角度来看，这种情况都令人担忧，不仅仅是从安全的角度。然而，这是一种极端情况，它会导致非常不安全的混乱环境。任何具有安全意识的网络管理员都倾向于走向与之相反的极端，这可能会对生产力产生负面影响。

B 公司拥有 2000 多名员工，其中 IT 人员约为 100 名。在这家公司中，官僚机构使 IT 部门不堪重负，以至于生产力受到严重影响。在一个案例中，一个网络服务器管理员需要一个数据库服务器上的数据库管理权限。但是，此过程花费了 3 个月的时间，期间 IT 部门经理和 CIO 之间进行了一次面对面的会议，又和数据库组的经理之间举行了两次电话会议并互通了十几封电子邮件。

B 公司复杂的变更控制流程严重影响了生产力。一些员工非正式地估计，即使是低级别的 IT 主管，也将 40% 的时间用于大小会议、在会议上做报告或为这些会议做准备。而且，在信息技术的阶梯上职位越高的人，在官僚活动上花费的时间也越多。

这两个案例都是为了说明你应避免在变更控制管理中走向两个极端。实施变更控制管理的目标仅仅是要有序、安全地管理变更，而不是阻碍生产力。

10.6　安全性破坏

不幸的是，现实情况是你的网络可能在某个时刻出现某种安全性破坏（Security Breach）。你可能成为拒绝服务（DoS）攻击的目标，你的系统可能感染了病毒，或者黑客可能会入侵并破坏或复制敏感数据。因此，你必须制订某种计划，以应对任何此类事件的发生。本书不能具体地告诉你如何处理每一个可能发生的事件，但是，我们可以讨论在通常情况下你应该遵循的一般准则。我们将研究每种主要的安全性破坏类型，以及你应该采取什么行动。

10.6.1　感染病毒

当病毒感染你的系统时，你应该立即隔离感染病毒的计算机，可能是一台也可能是多台。这意味着要从网络上断开计算机的网络连接。如果是子网，请拔下其交换机的连线或断开无线访问。隔离感染病毒的计算机（除非整个网络都被感染，在这种情况下，只需要关闭

路由器 /ISP 连接以使你与外界隔离，并防止病毒扩散到网络之外）。实施隔离后，你可以安全地执行以下步骤：

- 扫描并清理每一台受感染的机器。由于机器现在已经与网络断开，因此这将是一次手动扫描。
- 将该事件、清理系统所花费的时间 / 资源以及受影响的系统等信息记入日志。
- 如果确定系统已经清理完成，分阶段（一次几个）将它们联机。在每个阶段中，检查所有计算机，查看它们是否已经修复、更新并正确配置 / 运行杀毒软件。
- 将事件和你采取的行动通知相应的组织负责人。
- 在处理完病毒并通知了相关人员后，与相关的 IT 人员开会，讨论可以从这次事件中吸取什么教训，以及未来如何防止它再次发生。

10.6.2   DoS 攻击

如果你已经采取了本书前面列出的步骤（例如正确地配置路由器和防火墙以减少任何 DoS 攻击的影响），那么你已经减轻了 DoS 攻击造成的一些损失。此外，你需要考虑采取以下措施：

- 使用防火墙日志或 IDS 找出发起攻击的 IP 地址。留意该 IP 地址，然后（如果你的防火墙支持此功能，并且大多数情况都支持）拒绝该 IP 地址访问你的网络。
- 利用网络资源（interNIC.net 等）查找此 IP 地址的归属。
- 联系该组织并告知它发生的情况。
- 记录所有活动并通知相应的组织负责人。
- 在处理了 DoS 攻击并通知了适当的人员之后，与相关的 IT 员工开会，讨论可以从此次攻击中学到什么以及将来如何防止它再次发生。

10.6.3   黑客入侵

如果恶意黑客入侵了你的网络，你该怎么办？换句话说，事件响应的基本做法是什么？如果遭到黑客入侵，请你考虑采取以下措施：

- 立即复制所有受影响的系统（防火墙、目标服务器等）的日志作为证据。
- 立即扫描所有系统中的特洛伊木马、防火墙设置的更改、端口过滤器的更改、运行的新服务等。本质上，你需要执行一个紧急的审计，查看已经造成了什么损害。
- 记录一切。在你的所有文档中，这个文档必须是最详尽的。你需要指定哪些 IT 人员在什么时候采取什么操作。其中一些数据可能是以后法庭诉讼的一部分，所以绝对的准确性是必要的。最好将这段时间内进行的所有活动都记录下来，并至少让两个人对日志进行验证和签名。
- 更改所有受影响的口令。修复造成的任何损坏。
- 将发生的事情通知相关的业务负责人。
- 在你处理完这个漏洞并通知了相关人员后，你应该和相关的 IT 人员开会，讨论从这个漏洞中可以学到什么，以及如何防止将来这种情况再次发生。

以上这些只是一般准则，某些组织可能希望在发生某些安全性破坏时采取更具体的措施。你还应该记住，在本书中，当我们讨论网络安全中的各种威胁时，我们都提到了应该采取的特定步骤和策略。本章中的策略是对本书中已概述的所有策略的补充。不幸的是，一些组织没有应对紧急情况的计划。但是你必须至少具有一些可以实施的常规步骤，这是至关重要的。

10.7　定义访问控制

访问控制是安全策略的一个重要领域，它通常会在组织中产生一些争议。用户希望不受限制地访问网络上的任何数据或资源，而安全管理员则希望保护这些数据和资源，两者之间总是存在着矛盾。这意味着极端的策略是不切实际的，你不可能简单地完全锁定（lock down）每个资源，因为这样做会妨碍用户访问这些资源。反过来说，你也不能简单地允许任何人和每个人完全地访问所有内容。访问控制的核心是我们在第 1 章中介绍的最小特权的概念。根据这一概念，每个人都可以获得从事其工作所必需的最小权限——不多不少、恰当的。

最小特权的概念很简单：每个用户（包括 IT 人员）获得最少的访问权限，并且仍然可以有效地完成工作。不要问"为什么不让此人访问 X？"，而是问"为什么让此人访问 X？"，如果你没有很好的理由回答这个问题，那就不要访问，这是计算机安全的基本原则之一。访问某个资源的人越多，发生安全性破坏的可能性就越大。

与"最小特权"相关的另外一个概念是"默认拒绝"（implicit deny）。默认拒绝意味着在管理员显式地授权用户之前，系统默认所有用户都无权限访问网络资源。

职责分离、工作轮换和强制性休假也是与访问控制相关的重要概念。职责分离意味着没有人可以单独执行关键任务，至少需要两个人同时完成，这样可以防止因一个人不正确地使用关键功能而意外（或有意）地造成一些安全性破坏。工作轮换和强制性休假都可以确保完成指定工作的人员定期更换。这些做法使一个人利用其职位破坏安全性变得更加困难。

显然，我们必须在访问和安全之间进行权衡，这样的例子比比皆是。一个常见的例子涉及销售联系人的信息。显然，公司的营销部门需要访问这些数据。然而，如果你的竞争对手得到了你公司的所有联系人信息，会发生什么呢？他们肯定开始将目标转向你目前的客户名单。这就需要在安全和访问之间进行权衡。在这种情况下，你可能只允许销售人员访问其各自负责区域内的联系人。除了销售经理以外，任何人都不能完全地访问所有的营销数据。

10.8　开发策略

IT 部门中有很多程序员和网络开发人员。不幸的是，许多安全策略并没有解决安全编程问题。无论你的防火墙、代理服务器、病毒扫描和安全策略有多好，如果你的开发人员编写的代码有缺陷，就会出现安全漏洞。显然，安全编程可以作为单独的一个主题来讨论。尽管如此，我们可以考虑一个简短的清单来定义安全的开发策略。如果你的公司目前没有安全的编程计划，那么使用这个清单肯定比从零开始开发更好。它也可以作为一个起点，让你思考和谈论安全编程：

- 必须检查所有代码，特别是外部人员（承包商、咨询公司等）编写的代码，检查代码中是否存在后门／特洛伊木马。
- 所有缓冲区必须具有错误处理，以防止缓冲区溢出。
- 所有通信（如使用 TCP 套接字来发送消息）都必须遵守组织的安全通信准则。
- 所有代码都要文档化，记录打开哪个端口或完成哪种类型的通信，并且必须告知 IT 安全部门这些代码的用途和使用方式。

- 应该过滤所有输入，以查找可能导致攻击的条目，例如 SQL 注入攻击。
- 每个供应商都应该向你提供签名文件，以验证其代码中没有安全缺陷。

遵循这些指导原则并不能保证有缺陷的代码不会被引入到你的系统中，但是肯定会极大地降低这种可能性。尽管这些步骤非常简单，但是大多数组织所采取的却还要更少一些，这是一个很不幸的事实。如果你需要查看一些安全策略，那么美国系统网络安全协会网站（www.sans.org/security-resources/policies/）是一个好地方。

10.9　标准、指南和程序

与安全策略相关的是标准、指南和程序。所有这些文档都与安全策略相关，并且事实上都支持安全策略。标准是对所需要的操作水平的一般描述。例如，要求网络正常运行时间达到 99.5% 是一个标准。指南是关于如何达到某种标准的一般性建议。指南通常是比较宽泛的，有时是可选的（不是强制性的）。程序是关于如何处理特定问题的具体说明。

10.9.1　数据分类

对组织内的信息进行分类是至关重要的。分类过程在美国国防部（Department of Defense，DoD）的相关机构和组织中很常见，在民用部门不太常见。信息分类为员工处理数据提供了指导。分类可以简单地使用两个类别：

- 公共信息（public information）是可以公开分发给任何人的信息，对于谁可以查看数据没有任何限制。
- 私有信息（private information）仅供组织内部使用。泄露商业秘密、泄露公司战略、暴露员工或客户的个人私有数据，或者泄露你的组织不希望泄露的信息，这类信息可能使公司陷入困境。

这种两层的数据分类方法相当基础。大多数组织都会采用多个分类层次，每个级别均由信息泄露可能造成的损失来定义。接下来我们将研究美国国防部执行的许可等级，这些等级提供了对各个安全分类的一些见解，即使你在完全民用的环境中工作，查看美国国防部的方法也可以为你提供一些建议，指导你如何对数据进行分类，以及如何正确评估哪些人员应该具有访问权限。

10.9.2　美国国防部许可

机密（secret）和绝密（top secret）这两个术语有特定的含义。美国具有特定的分类体系。最底层的是秘密（confidential）。秘密信息一旦被披露，将会损害国家安全。机密信息是指如果被泄露，将会对国家安全造成严重损害的数据。绝密信息是指如果被披露，将会对国家安全造成特别严重损害的数据，它还有一个名称：绝密敏感隔离信息（Sensitive Compartmented Information，SCI）。

每一项许可（clearance）都需要不同等级的调查。一个机密许可需要一个完整的背景检查，包括犯罪记录、工作历史（过去的 7 年）、信用检查，并与不同的国家机构（美国的国土安全部、移民局、国务院等）共同检查。这种背景调查被称为国家机构对法律和信用的审查，简称为 NACLC（National Agency Check with Law and Credit）。机密许可中不一定会使用测谎仪。

如你所想，绝密的审查更为严格。它涉及单一范围背景调查（Single Scope Background

Investigation，SSBI)，这是一项完整的 NACLC，甚至追溯审查对象及其配偶至少 10 年。它还包括由训练有素的调查员进行主题访谈，还需要直接审查就业状况、受教育状况、出身和公民身份。调查至少需要 4 位推荐人，调查员将至少采访其中两位。绝密审查需要使用测谎仪，而且 SSBI 每 5 年重来一次。

SCI 只有在完整的 SSBI 完成后才会被分配。SCI 可能有自己的评估访问的过程，因此这里没有包括这部分内容的标准描述。

10.10　灾难恢复

在讨论灾难恢复之前，我们必须定义什么是灾难。灾难是任何严重破坏组织运行的事件。关键服务器上的硬盘崩溃是一场灾难，火灾、地震、电信服务提供商宕机、影响你的业务往来的罢工，以及黑客删除重要文件，这些也是灾难。任何严重破坏组织运行的事件都是灾难。

10.10.1　灾难恢复计划

灾难恢复计划（Disaster Recovery Plan，DRP）是在灾难发生后使业务恢复正常运行的计划。一个 DRP 应该包含若干条目。它必须解决人事问题，包括在需要时能够找到临时员工，以及能够联系到聘用的员工。它还包括为特定人员分配特定任务。同时，DRP 需要说明你的组织中谁负责以下工作：

- 寻找替代的场地设施。
- 将装备带到这些地点。
- 安装和配置软件。
- 在新地点上搭建网络。
- 与员工、供应商和客户联系。

以上这些条目只是 DRP 必须考虑解决的几个方面。

10.10.2　业务连续性计划

业务连续性计划（Business Continuity Plan，BCP）类似于 DRP，但侧重点不同。DRP 旨在使组织尽快恢复全部功能。BCP 旨在使最少的业务功能至少在某个级别上得到备份和运行，以便你可以进行某种类型的业务。例如，一个零售商店的信用卡处理系统宕机了，这时 DRP 关心的是让系统恢复并运行，而 BCP 关心的是先简单地取得一个临时解决方案，例如手动处理信用卡。

为了要成功地制定一个 BCP，你必须考虑在你的业务中哪些系统最重要，并在这些系统出现故障时有一个备用计划。备用计划不必是完美的，但是必须是实用的。

10.10.3　影响分析

在创建实际的 DRP 或 BCP 之前，你必须对已知的灾难可能造成的损失进行影响分析，这一过程称为业务影响分析（Business Impact Analysis）或业务影响评估（Business Impact Assessment），都简称为 BIA。我们考虑一个 Web 服务器崩溃时的情况，如果你的组织是一家电子商务企业，那么 Web 服务器崩溃将是一个非常严重的灾难。然而，如果你的公司是一家会计师事务所，而网站只是新客户找到你的一个途径，那么 Web 服务器崩溃就不那么重要了，当 Web 服务器宕机时，你仍然可以开展各种业务并获得收益。你应该制作一个电子表格，列出各种可能或者似乎可能发生的灾难，并为每种灾难做一个基本的业务影响分析。

对于 BIA，需要考虑的一个指标是最大可容忍停机时间（Maximum Tolerable Downtime，MTD），在造成灾难性后果并且业务不太可能恢复之前，系统可以停机多长时间？另一个要考虑的指标是平均修复时间（Mean Time To Repair，MTTR），如果给定的系统出现故障，修复它可能需要多长时间？这些因素可帮助你确定一个给定的灾难所造成的业务影响。

10.10.4　灾难恢复和业务连续性标准

在制订 DRP 和 BCP 时，有几个标准可能对你有帮助。熟悉现有的标准可以帮助你形成自己的 DRP 和 BCP：

- ISO 27035：此标准与事件响应有关。它需要一种结构化的、有计划的方法来检测和报告事件并做出响应。
- NIST 800-61：此标准与建立事件响应策略有关。它提供了有关事故响应小组、响应程序和相关项目的指南。

这两个都是在灾难恢复方面表现良好的通用标准，都可以为你制订自己的 DRP 提供依据。

10.10.5　容错

事实上，在某些时候，所有设备都会发生故障，因此容错（fault tolerance）显得非常重要。在最基本的级别上，服务器的容错性意味着备份。如果服务器出现故障，是否备份了数据以便还原？尽管数据库管理员可以使用多种不同类型的数据备份，但是从安全角度来看，需要考虑三种主要的备份类型。

- **完全备份**：全部更改。
- **差异备份**：自上次完全备份以来的所有更改。
- **增量备份**：自上次任何类型的备份以来的所有更改。

我们考虑这样一个场景：你在每天凌晨 2 点进行完全备份。但是你担心在下一次完全备份之前服务器可能会崩溃，所以你希望每 2 小时进行一次备份。你选择的备份类型将决定执行这些频繁备份的效率和恢复所需要的时间。因此，让我们考虑每种情况，以及如果系统在上午 10：05 崩溃会发生什么情况。

- **完全备份**：假设你在凌晨 4 点、早上 6 点……上午 10 点进行完全备份，然后假设系统崩溃。要恢复数据，你只需要恢复上一次在上午 10 点完成的完全备份，这使恢复变得更加简单。然而，每 2 小时进行一次完全备份是非常耗时且占用大量资源的，它将对服务器的性能产生显著的负面影响。
- **差异备份**：假设你在凌晨 4 点、早上 6 点……上午 10 点进行差异备份，然后假设系统崩溃。要恢复数据，你将需要还原上一次在凌晨 2 点完成的完全备份，以及在上午 10 点完成的最新的差异备份，这比完全备份策略稍微复杂一点。但是，每次执行备份时，这些差异备份将越来越大，因此它们将更加耗时且占用大量资源。尽管它们不会影响完全备份，但仍会降低网络速度。

- **增量备份**：假设你在凌晨 4 点、早上 6 点……上午 10 点进行增量备份，然后假设系统崩溃。要恢复数据，你需要还原上次凌晨 2 点完成的完全备份，然后再恢复此后的每个增量备份，并且必须按顺序恢复它们。这种类型的还原要复杂得多，但是每个增量备份都很小，并且不会花费很多时间或消耗很多资源。

由此可见，没有"最佳"备份策略，选择哪一种取决于组织的需要。无论选择哪种备份策略，你都必须定期对它进行测试。测试备份策略的唯一有效方法是将备份数据实际还原到测试机器上。

除了备份以外，容错性的另一个最基本的处理方法是 RAID，即独立磁盘冗余阵列（Redundant Array of Independent Disks，RAID）。RAID 允许你的服务器拥有多个硬盘驱动器，因此，如果主硬盘驱动器发生故障，系统仍然能够保证继续运行。主要的 RAID 级别描述如下。

- **RAID 0**（条带磁盘）：RAID 0 将数据分布在多个磁盘上，在任何给定时刻都能提高速度，但没有容错能力。
- **RAID 1**（镜像）：RAID 1 对磁盘内容进行镜像，以 1 : 1 的比例进行实时备份。
- **RAID 3 或 4**（具有专用奇偶校验的条带磁盘）：RAID 3 或 4 组合了三个或多个磁盘，可以在任何一个磁盘失效时保护数据。通过向阵列添加额外的磁盘并将它专门用于存储奇偶校验信息来实现容错。阵列的存储容量是减少一个磁盘后的容量。
- **RAID 5**（具有分布式奇偶校验的条带磁盘）：RAID 5 将三个或更多磁盘组合在一起，在任何一个磁盘失效时保护数据。它类似于 RAID 3，但奇偶校验不是存储在一个专用的驱动器上的。相反，奇偶校验信息散布在驱动器阵列中。阵列的存储容量是驱动器数量减去存储奇偶校验所需空间的函数。
- **RAID 6**（具有双重奇偶校验的条带磁盘）：RAID 6 组合了四个或更多磁盘，可以在任何两个磁盘失效时保护数据。
- **RAID 1+0**（或 10）：RAID 1+0 是一个镜像数据集（RAID 1），然后条带化（RAID 0），因此有 "1+0" 的名称。RAID 1+0 阵列至少需要四个驱动器：两个镜像驱动器存储一半的条带数据，另外两个镜像驱动器存储另一半数据。

未部署 RAID 1 的服务器基本可视做网络管理员的重大疏忽，RAID 5 在服务器中非常流行。

RAID 和备份策略是容错的基本问题，同时任何备份系统都提供了额外的容错能力，包括不间断电源、备用发电机和冗余的 Internet 连接。

10.11　零信任

CrowStrike 对零信任（Zero Trust）给出的定义如下[注]：

> 零信任是一个安全框架，要求组织网络内外的所有用户在被授予或保持对应用程序和数据的访问权限之前，都要经过身份鉴别、授权，并持续验证其安全配置和态势。零信任假设没有传统的网络边缘，网络可以是本地的、云上的，也可以是与任何地方的资源以及任何位置的工作者的组合或混合。

这是一个很好的定义。零信任是指没有特殊的或可信任的系统。每台计算机都被视为一

⊖　https://www.crowdstrike.com/cybersecurity-101/zero-trust-security/.

个从互联网连接的未知系统。你自己网络上的计算机并不是天然就受信任的。

Oracle 对零信任的描述如下[⊖]:

1. 所有数据源和计算服务都被视为资源。

2. 无论网络位置如何,所有通信都是安全的;网络位置并不意味着信任。

3. 对单个企业资源的访问权限是在每个连接的基础上授予的;在授予访问权限之前,对请求者是否受信任进行评估。

4. 对资源的访问由策略决定,包括用户身份和请求系统的可观察状态,并可能包括其他行为属性。

5. 企业确保其所有拥有和关联的系统处于最安全的状态,并监控系统以确保它们保持在尽可能安全的状态。

6. 对用户进行动态身份认证,并在允许访问之前严格执行;这是一个由访问、扫描和评估威胁、适应和持续身份认证组成的持续循环。

零信任管理方面的标准包括 NIST SP 800-207 和 NIST SP 800-205,熟悉这些标准将更容易实现零信任。

10.12 重要的法律

在不同的国家、州和省,都有许多计算机法律。熟悉与你的管辖范围相关的法律是很重要的。在这里我们逐一讨论对美国来说相对重要的法律。

10.12.1 HIPAA

《健康保险可移植性和责任法案》(简称为 HIPAA)是一项法规,它规定了个人医疗信息存储、使用和传输的国家标准和程序。HIPAA 于 1996 年通过并成为法律,它在医疗记录保存方面引起了很大的变化。

HIPAA 涵盖了三个领域,即患者记录的机密性、隐私性和安全性,并且是分阶段实施的,以便于顺利过渡。患者记录的机密性和隐私性必须在规定日期之前实现,其次是患者记录的安全性。医疗记录传输中的事务代码标准也必须在指定日期前完成。

违反 HIPAA 的惩罚非常严厉:根据具体情况,罚款最高可达 25 万美元。每个医疗机构必须指定一名安全人员。所有的相关方(如计费机构和医疗记录存储设施)都必须遵守这些规定。

10.12.2 萨班斯 – 奥克斯利法案

于 2002 年生效的《萨班斯 – 奥克斯利法案》对金融业务和公司治理的法规做出了重大修改。该法案以参议员保罗·萨班斯(Paul Sarbanes)和众议员迈克尔·奥克斯利(Michael Oxley)的名字命名,旨在使上市公司承担更多的责任。

《萨班斯 – 奥克斯利法案》主要针对财务问题,但同时也影响着负责存储公司电子记录的 IT 部门。法案规定,所有业务记录(包括电子记录和电子信息)必须保存"不少于五年"。不遵守规定的后果是罚款、监禁或两者兼而有之。

⊖ https://www.oracle.com/security/what-is-zero-trust.

10.12.3　支付卡行业数据安全标准

尽管支付卡行业数据安全标准（Payment Card Industry Data Security Standards，PCI DSS）不是法律，但是对任何 IT 安全专业人员来说，如果是为处理信用卡和借记卡业务的公司工作，那么他都应该熟悉这个标准。PCI DSS 是为各个组织制定的专有的信息安全标准，适用于处理来自各大公司的品牌信用卡，包括 Visa、MasterCard、American Express 和 Discover。

10.13　本章小结

在本章中，你应该已经了解到单纯的技术还不足以确保一个安全的网络。你必须具有清晰明确的安全策略，详细描述你的网络中的各种程序。这些策略应该包括员工对计算机资源的使用、新员工、即将离职的员工、访问权限、如何应对紧急情况，也应该包括应用程序和网站中的代码安全。

用户策略应该涵盖用户使用公司技术的所有方面。在某些情况下，例如在即时通信和 Web 的使用上，用户策略可能很难执行，但是仍然必须存在。如果你的用户策略未能覆盖特定的技术使用领域，那么你将很难对员工滥用技术的行为采取任何措施。

我们还了解到，不仅是终端用户需要用户策略，IT 管理人员也需要一个清楚地描述如何处理各种情况的策略。最令人关注的策略是如何处理新用户或现有用户的用户策略。另外，你还需要一个考虑周全的变更管理策略。

10.14　技能测试

选择题

1. 以下哪一项不需要制定组织策略？

    A. 杀毒软件不能阻止用户下载已感染病毒的文件

    B. 对于最安全的口令，如果贴在计算机边的便利贴上，那它就一点也不安全

    C. 终端用户通常不是特别聪明，任何事情都必须明确告知

    D. 技术性的安全措施取决于员工的执行

2. 格蕾丝是一名网络管理员，她正在尝试实现零信任体系结构。以下哪项标准对格蕾丝最有帮助？

    A. NIST 800-171   B. NIST 800-61   C. NIST 800-207   D. NIST 800-53

3. 以下哪一项不是用户口令策略的示例？

    A. 用户不能在自己的办公室中保留口令的副本

    B. 口令必须是八个字符长

    C. 用户只能与他的助手共享口令

    D. 口令不能与任何员工共享

4. 如果员工认为自己的口令已泄露给另一方，该怎么办？

    A. 如果是可信的员工或朋友，请忽略它   B. 立即更改口令

    C. 通知 IT 部门   D. 忽略它

5. 考虑安全控制时，什么标准最合适？

    A. ISO 27002   B. NIST 800-61   C. NIST 800-205   D. NIST 800-207

6. 下列哪一项是禁止用户安装软件的最佳理由？

    A. 他们可能没有正确安装，由此可能会导致工作站的安全问题

    B. 他们可能会安装规避安全的软件

    C. 软件安装通常很复杂，应该由专业人员来完成

    D. 如果用户的账户没有安装权限，则不会无意中在用户账户下安装特洛伊木马

7. 下列哪一项不是即时通信带来的重大安全风险？

    A. 员工可能会发送骚扰信息

    B. 员工可能会发送机密信息

    C. 病毒或蠕虫可能会通过即时通信感染工作站

    D. 即时通信程序实际上可能是特洛伊木马

8. 所有用户策略必须具备哪些条件才能有效？

    A. 它们必须由律师审核   B. 它们必须说明后果

    C. 它们必须经过公证   D. 它们必须妥善归档和维护

9. 下列哪一项是适合新员工的事件顺序？

    A. IT 部门收到关于新员工及请求资源的通知 > 员工被授予访问这些资源的权限 > 向员工简要介绍安全 / 可接受的使用方式 > 员工签字确认收到安全规则的副本

    B. IT 部门收到关于新员工及请求权限的通知 > 授权员工访问这些资源 > 员工签字确认收到安全规则的副本

    C. IT 部门收到关于新员工的通知并授予默认权限 > 向员工简要介绍安全 / 可接受的使用方式 > 员工签字确认收到安全规则的副本

    D. IT 部门收到关于新员工的通知并授予默认权限 > 员工签字确认收到安全规则的副本

10. 以下哪一项是适合员工离职的事件顺序？

    A. 通知 IT 部门离职 > 所有登录账户都被关闭 > 所有访问（物理和电子方式）均已关闭

    B. 通知 IT 部门离职 > 所有登录账户都被关闭 > 所有访问（物理和电子方式）均已关闭 > 员工的工作站已被搜索 / 扫描

    C. 通知 IT 部门离职 > 所有物理访问均已关闭 > 所有电子访问均已关闭

    D. 通知 IT 部门离职 > 所有电子访问均已关闭 > 所有物理访问均已关闭

11. 以下哪一项是变更请求的适当顺序？

    A. 业务部门经理请求变更 > IT 部门验证请求 > 请求已实现

    B. 业务部门经理请求变更 > IT 部门验证请求 > 安全部门验证请求 > 使用回滚计划调度请求 > 请求已实现

    C. 业务部门经理请求变更 > IT 部门验证请求 > 使用回滚计划调度请求 > 请求已实现

    D. 业务部门经理请求变更 > IT 部门验证请求 > 安全部门验证请求 > 请求已实现

12. 当发现一台机器被病毒感染时，第一步应该做什么？

    A. 记录事件   B. 扫描并清洁受感染的机器

    C. 通知相关管理层   D. 隔离受感染的机器

13. 访问控制的规则是什么？

    A. 授予你可以安全授予的最大访问权限   B. 授予工作需要的最少的访问权限

    C. 为所有用户授予标准访问权限   D. 严格限制大多数用户的访问权限

14. 在技术层面上解决所有的安全漏洞之后，最后要做的是什么？

A. 隔离受感染的计算机 　　　　　　B. 研究漏洞，了解如何防止它再次发生

C. 通知管理层 　　　　　　　　　　D. 记录事件

15. 以下哪一项应该在所有安全代码实施的项目列表中？

A. 检查所有代码是否存在后门或特洛伊木马，所有缓冲区都包含错误处理以防止缓冲区溢出，所有通信活动均已完整记录

B. 检查所有代码是否存在后门或特洛伊木马，所有缓冲区都包含错误处理以防止缓冲区溢出，所有通信均遵循组织的准则，所有通信活动均已完整记录

C. 检查所有代码是否存在后门或特洛伊木马，所有缓冲区都包含错误处理以防止缓冲区溢出，所有通信均遵循组织的准则

D. 检查所有代码是否存在后门或特洛伊木马，所有通信均遵循组织的准则，所有通信活动均已完整记录

练习

以下每一个练习都旨在给学生提供经验来编写某一部分的策略，把这些练习合在一起就可以为一所大学校园的计算机网络创建完整的安全策略。

练习 10.1：用户策略

使用本章提供的指南（以及其他需要的资源），创建一个定义用户策略的文档。策略应面向所有人员，明确规定可接受和不可接受的使用。你可能需要为管理人员、教师和学生制定单独的策略。

练习 10.2：新生策略

使用本章提供的指南（以及其他需要的资源），创建一个分步的 IT 安全策略，为学生创建新的用户账户。

策略应该定义学生可以访问哪些资源、不能访问哪些资源，以及访问权限的期限。

练习 10.3：学生离校策略

使用本章提供的指南（以及其他需要的资源），创建分步的 IT 安全策略，以处理过早离校（辍学、开除等）的学生的用户账户 / 权限。

你需要考虑特定的学生场景，例如作为教师助理的学生或在计算机实验室中作为实验室助理的学生，他们可以访问大多数学生无法访问的资源。

练习 10.4：新教师 / 行政人员策略

使用本章提供的指南（以及其他需要的资源），创建一个分步的 IT 安全策略，为教师或从事行政工作的人员创建新的用户账户。

该策略应该定义教师或行政人员可以访问哪些资源、不能访问哪些资源以及有哪些限制（提示：与学生策略不同，你不需要定义期限，因为它应该是期限不定的）。

练习 10.5：教师 / 行政人员离职策略

写一份关于如何处理教师离职（辞职、解雇、退休等）的策略，使用本章中的指南和任何其他你想要开始使用的资源。

你不仅要考虑关闭访问权限，还要考虑教师 / 行政人员在工作站中存在专有研究资料的可能性。

练习 10.6：学生实验室使用策略

考虑本章中的内容，创建一组在计算机实验室中可接受的计算机使用策略。确保在策略中包括了指定网络的使用、电子邮件的使用以及任何其他可接受的使用。详细说明不可接受的使用（例如，是否可以接受玩游戏）。

项目

项目 10.1：调查安全策略

1. 调查以下讨论安全策略的 Web 资源。
   - EarthLink 可接受的使用策略：www.earthlink.net/about/policies/use/。
   - 美国系统网络安全协会的安全策略：www.sans.org/resources/policies/。
   - 信息安全策略的关键元素：信息安全策略世界。
2. 总结这些安全策略建议的主题。特别注意这些建议与本章建议的不同之处或任何超出本章建议的地方。
3. 选择你认为最安全的策略建议，并说明理由。

项目 10.2：真实世界的安全策略

请求当地的企业或大学让你查看它们的安全策略，并仔细研究这些策略。

1. 总结这些策略建议的主题。特别注意这些建议与本章建议的不同之处或任何超出本章建议的地方。
2. 选择你认为最安全的策略建议，并说明理由。

项目 10.3：创建安全策略

注意：这个项目是一个小组项目。

在本书中，你已经学习了计算机安全，包括安全策略。在本章以及前面的练习和项目中，你已经研究了来自各种 Web 资源和一些实际组织的策略。

拓展你为练习创建的简要策略，为你的学院创建一份完整的安全工作策略。你需要添加管理策略、开发策略等。

案例研究

赫克托是一家国防承包商的安全管理员。这家公司的业务经常涉及高度敏感的机密材料。赫克托制定了离职员工策略，涉及本章所述的所有内容：

- 禁用任何服务器、VPN、网络或其他资源的所有登录账户。
- 归还公司设施的所有钥匙。
- 电子邮件、有线网、无线网、手机等所有账户均被关闭。
- 大型机资源的所有账户都被取消。
- 搜索员工使用的工作站硬盘。

考虑到这家公司工作的高度敏感性，你还可以在该策略中添加哪些措施？

网络扫描与漏洞扫描

本章学习目标

学习本章并完成章末的技能测试题目之后，你应该能够

- 了解如何保护系统。
- 探测系统的漏洞。
- 使用漏洞扫描工具。
- 评估可能的安全咨询。

11.1 引言

在这里，应该明确的是，对任何系统定期地进行漏洞评估是非常必要的。评估方法有多种，包括漏洞扫描（vulnerability scanning）、渗透测试（penetration testing）和审计（auditing）。本章将讨论在评估系统漏洞时应该采取的基本步骤。本章的目的是让对计算机安全感兴趣的新手开始考虑漏洞评估的问题，所以本章的内容并不对这个主题进行全面的探讨，也不能作为专家顾问的替代品。实际上，大多数安全主题，例如灾难恢复、加密和策略，都已经有了较为完整的内容。本章主要为你提供在漏洞评估方面可以遵循的基本行动方案，具体的细节取决于你的特定环境、预算、技能和安全需求。本章还将讨论扫描网络漏洞所用的各种工具。

到目前为止，你已经在本书中研究了单个计算机和网络所面临的多种威胁。你还了解了针对每种威胁的特定的防御措施。但是，你还没有看到一个全面的安全方法。在本章的第二部分，你将学习许多安全程序（security procedure），实施这些程序可以为你提供更为安全的计算环境。请注意，本章讨论的是为了保护系统安全而需要执行的总体概括的程序和步骤，而非特定的一步一步的具体技术。

11.2 评估系统的基础知识

对于那些不熟悉安全的人来说，要让他们知道从何处开始着手系统安全问题，这可能是一个艰巨的任务。为了使它简单又容易记住，我们可以将评估系统安全分为六个阶段，用六个 p 概括：

- 补丁（patch）。
- 端口（port）。
- 保护（protect）。
- 策略（policy）。
- 探测（probe）。
- 物理安全（physical）。

11.2.1 补丁

保证计算机安全的第一条规则是检查补丁。对于网络、家用计算机、笔记本计算机、

平板计算机、智能手机等设备来说，都是如此。操作系统、数据库管理系统、开发工具、Internet 浏览器等，所有的软件都需要检查补丁。在 Microsoft 环境中检查补丁很容易，因为 Microsoft 网站上有一个实用程序，可以用于在你的系统中扫描浏览器、操作系统或 Office 产品所需要的任何补丁程序。确保所有补丁程序都是最新的是安全的最基本原则。这应该是评估系统时的首要任务之一。

考虑补丁的类型也很重要。最重要的补丁标记为重要的（important）或关键的（critical）（Microsoft 将它们标记为"关键的"，但其他供应商可能使用其他名称进行标记）。这些被标记为"重要的"或者"关键的"补丁必须要应用到系统上，否则你的系统就是不安全的。除非你有一些令人信服的理由，否则就要应用这些推荐的补丁程序。标记为"可选的"补丁通常可以增强或纠正系统中的一些次要功能，对于系统安全而言不是必需的。没有更新这些补丁，并不能表明你的系统容易受到攻击。

虽然家庭用户可能会从自动修补中受益，但自动修补不适合网络管理员。补丁程序很可能会干扰某些自定义软件或某些系统的配置。因此，你需要先将补丁程序部署到测试系统，以确保它们不会破坏任何其他软件或配置。测试完成后，你才可以将补丁应用到生产网络。即使这样，补丁程序也应该分阶段实施，防止出现问题。这种做法并不代表你可以延迟应用补丁，相反，一旦推出了关键的补丁，你必须立即对它进行测试，以便将它应用到生产网络。

> **供参考的小知识：修补补丁和应用程序**
>
> 　　每当一个操作系统或应用程序有新的补丁程序时，就会有文档（有时在自述文件中，有时在下载的网站上）指出该补丁程序正在修复的内容，并列出与其他应用程序的任何已知的不利交互。在安装补丁之前，你应该经常阅读这个说明文档。在大多数情况下，问题很小，并且通常涉及一些模糊情况。然而，确保你所依赖的服务或应用程序不会受到不利影响始终是一件好事。

> **供参考的小知识：路由器上的端口**
>
> 　　在许多组织中，我们经常能够见到由安全意识不足而导致的安全缺陷——无法关闭路由器上的某些端口。尤其对大型组织来说，这是一个普遍问题，因为大型组织通常分布在广域网（WAN）上的多个位置。各个位置之间的路由器都应该针对这些端口进行过滤，但是通常却没有进行端口过滤。

一旦你把所有的补丁程序都更新至最新，下一步就是设置系统以确保它们保持实时更新。一种简单的方法是启动定期补丁程序审查，在此期间，系统在计划的时间内检查所有计算机的补丁程序。也有一些自动化解决方案可用于修补组织中的所有系统。你必须修补所有的计算机，而不只是服务器。

另一个重要的问题是何时修补补丁。对于家庭用户，我们通常建议打开自动修补程序，以便在有可用补丁程序后立即对其系统进行修补。但是，不建议网络管理员使用该方法，因为特定的补丁程序可能与网络上的某些软件不兼容。2022 年 5 月发生过一个典型案例，当时 Microsoft 的"patch Tuesday"补丁更新导致 Windows Active Directory 身份认证错误。

对此，Microsoft 表示[⊖]：

> 在域控制器上安装 2022 年 5 月 10 日发布的更新后，你可能会在服务器或客户端上看到网络策略服务器（Network Policy Server，NPS）、路由和远程访问服务（Routing and Remote Access Service，RRAS）、Radius、可扩展身份认证协议（Extensible Authentication Protocol，EAP）和受保护的可扩展身份认证协议（Protected Extensible Authentication Protocol，PEAP）等服务的身份认证失败。

因此，建议你在安装补丁程序之前首先准备一台与网络中的工作站配置相同的测试机器，然后在测试机器上安装补丁。测试补丁没问题之后，你才可以将它更新到生产网络。

11.2.2　端口

正如你在第 2 章中了解到的那样，所有通信都是通过某个端口进行的。任何你不需要使用的端口都应该关闭，服务器和单个工作站上任何不使用的服务都应该关闭。Windows（XP、Vista、7、8、10 和 11）和 Linux 都具有内置的端口过滤（port-filtering）功能。Windows 2000 专业版是第一个包含端口过滤功能的 Windows 操作系统，Windows XP 将它扩展为功能齐全的防火墙，Windows 7 在防火墙中添加了可以阻止流量传入和传出的功能并一直保留到 Windows 11。在第 9 章中，我们已经详细地讨论了如何在 Windows 中关闭服务和进行端口过滤。

你还应该关闭网络中所有路由器上未使用的端口。如果你所在的网络是较大的广域网的一部分，则可能有一台路由器将你连接到广域网，这台路由器的每个开放端口都是恶意软件或入侵者可能的进入途径。因此，当你关闭了路由器上所有不使用的端口时，也就消除了此类攻击影响你系统的机会。

实践

在 Windows 中关闭服务

对于未运行防火墙软件的单台计算机，你不用直接关闭端口，你只要关闭了服务也就关闭了相应的端口。例如，如果你不使用 FTP 服务，但看到 FTP 端口已打开，则可能是该计算机上正在运行 FTP 服务。在 Windows（7 或更高版本）或 Windows Server 2008（或更高版本）中，如果你具有管理员权限，则可以执行以下两个步骤来关闭不需要的服务：

1. 转到"控制面板"（Control Panel），然后双击"管理工具"（Administrative Tools）（请注意，在 Windows 7 和 Windows 8 中，转到"控制面板"，单击"系统和安全"（Systemand Security），然后再双击"管理工具"）。

2. 双击"服务"（Services）。你应该看到一个类似于图 11.1 所示的窗口。

图 11.1 中的窗口显示了计算机上安装的所有服务，无论它们是否正在运行。请注意，该窗口还显示了有关服务是否正在运行、是否自动启动等信息。在 Windows 系统中，可以通过选择单个服务来查看更多信息。双击任何版本的 Windows（Windows XP～Windows 11，Server 2003～Server 2016）中的单个服务时，你都能够看到一个类似

⊖　https://threatpost.com/microsofts-may-patch-tuesday-updates-cause-windows-ad-authentication-errors/179631/.

于图 11.2 的对话框，其中提供了有关该服务的详细信息。

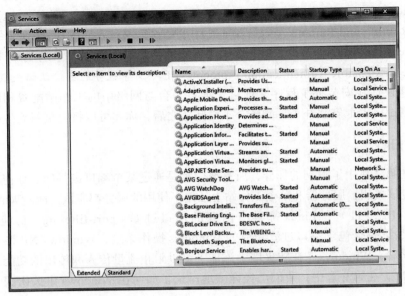

图 11.1　服务

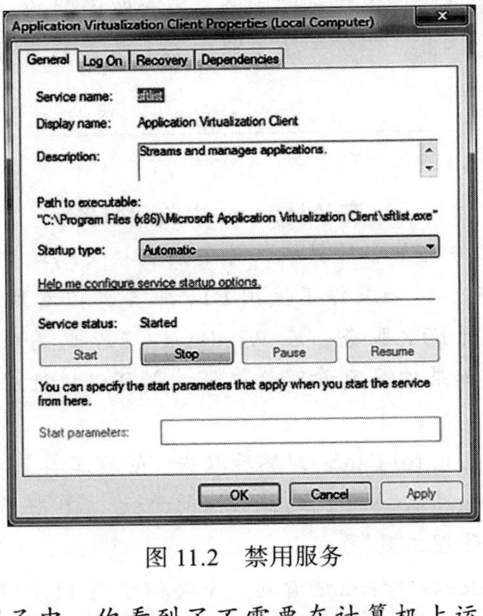

图 11.2　禁用服务

在图 11.1 所示的例子中，你看到了不需要在计算机上运行的一个服务。然后在图 11.2 中，你将看到如何禁用该服务。为了说明这个过程，接下来我们将逐步演示禁用此服务（但是，在关闭任何服务之前，你需要检查其他服务是否依赖于你将要关闭的服务。如果其他服务依赖于你即将关闭的服务，而你继续将它关闭，则将导致其他服务失败）。请按照以下步骤关闭服务：

1. 单击"依存关系"（Dependencies）选项卡。在本例中，服务没有依赖性。

2. 单击"常规"（General）选项卡。

3. 将启动类型更改为"禁用"（Disabled）。

4. 如有必要，请单击"服务状态"部分中的"停止"（Stop）按钮。显示的对话框应该类似于图 11.2。传真服务现在已关闭。

5. 单击"确定"（OK）以接受所做的编辑，然后关闭"属性"（Properties）对话框。关闭"服务"（Services）对话框和"管理工具"（Administrative Tools）对话框。

关闭不需要的端口和服务是计算机安全的必要且非常基本的原则之一。如前所述，每个打开的端口（以及正在运行的每个服务）都是黑客或病毒进入你的计算机的可能途径。因此，请记住以下重要规则：如果你不需要，请将它关闭并阻止。

当然，你应该确保你没有关闭你确实需要的服务。一些服务依赖于其他服务，所以关闭一些看似无关的服务也可能会导致你需要的服务停止运行。幸运的是，Windows 为你提供了有关哪些服务依赖于给定服务的信息。如果你不确定，请在关闭服务之前花时间研究一下。毕竟你不想禁用自己确实需要的软件和服务。

通常情况下，你将使用与生产工作站具有相同配置的系统进行测试。添加补丁或关闭服务都应该在测试系统上完成。如果没有问题，就可以将更改用于生产计算机。即使在使用测试系统之后，你也应该分阶段部署到生产环境，而不是一次部署整个网络，因为总是有可能发生一些问题。

列出所有正在运行的软件是一个最佳实践。你需要查找这些软件使用的端口和协议，并且仅允许这些端口和协议。你要牢记这些是传入流量的端口，这一点很重要。如果你的计算机未用作数据库服务器、Web 服务器或其他类型的服务器，并且计算机是独立运行的服务器，则你可以（并且应该）关闭所有端口。网络中的一些工作站可能需要为安装的网络实用程序打开一些端口。我们将在本章后面研究这些有趣的实用程序。

11.2.3　保护

评估系统安全的下一阶段是确保部署所有合理的防护软件和设备，这意味着你的网络与外部世界之间至少要有防火墙（见第 2 章）。你还应该考虑在防火墙和 Web 服务器上使用入侵检测系统（IDS；我们已在第 9 章中讨论了 Snort IDS）。一些安全专家认为 IDS 并非必要，没有 IDS 你也可以拥有一个安全的网络。但是，使用 IDS 是了解即将发生的攻击的唯一方法，并且有免费的、开源的 IDS，我强烈建议使用它们。防火墙和 IDS 可以为你的网络边界提供基本的安全保障，但是你还需要进行病毒扫描。每台机器（包括服务器）都必须安装定期更新的杀毒软件。一些报道已经指出，病毒感染是对大多数网络的最大威胁。如前所述，你最好在所有的系统上都安装反间谍软件，防止网络用户无意间在网络上运行间谍软件。

实践

寻找适当的防火墙

选择要使用的防火墙时，你有多种选择：你可以买一个非常便宜的、基于路由器的防火墙，用于高速 Internet 连接；你也可以买一个独立于数字用户线路（DSL）或有线路由器的路由器；你还可以买一个包含防火墙功能的 DSL 或有线路由器。以下网站可以帮助你找到有关这些选项的更多信息，并确定哪个最能满足你的需求。

- Linksys：http://www.linksys.com/cn/（注意：Linksys 是由思科公司（Cisco）出售的）。
- 防火墙指南（FirewallGuide）：www.firewallguide.com。
- CDW：https://www.cdw.com/content/cdw/en/articles/security/firewall-type-comparison.html。

除了可用的防火墙选项信息以外，你还可以在 Internet 上找到许多免费的或非常便宜的防火墙软件包。以下是可通过 Internet 使用的六种流行的防火墙的列表。

- 诺顿（Norton）个人防火墙：该产品价格低廉，可用于多种操作系统。可从网站 www.symantec.com 免费下载试用版。
- McAfee 个人防火墙：该产品的价格和基本功能与 Norton 个人防火墙相似。你可以在网站 http://us.mcafee.com 上找到有关该产品的更多信息。
- Comodo：本产品有免费版和商业版。参见 https://www.comodo.com/home/internet-security/firewall.php。
- ZoneAlarm：该产品也有免费版和商业版。参见 https://www.zonealarm.com/pc-protection/#fw-section。
- Bitdefender 全面安全：该产品包括防火墙和其他安全功能。参见 https://www.bitdefender.com/solutions/total-security.html?awc=2873_16592 05504_91a428fcb02 7d4a97b11ad7579cbaf9d。
- AFWall+：此防火墙适用于手机和平板计算机等 Android 设备。参见 https://play.google.com/store/apps/details?id=dev.ukanth.ufirewall&hl=en。

对于预算更灵活的中型或大型网络，你需要的不仅仅是个人防火墙，大多数主要的网络产品供应商在其产品中包括防火墙，思科（Cisco）路由器和瞻博（Juniper）路由器都包含防火墙功能。对于你的网络路由器和交换机，你应该查阅供应商文档，并确保正确配置了该设备附带的防火墙功能。

最后，Linux 具有称为 iptables 的内置防火墙。对于使用 Linux 的任何系统来说，这都是一个极好的解决方案。第一个广泛用于 Linux 的防火墙称为 ipchains。该产品很有效，但也有局限性。它是在 Linux 内核 2.2 版中首次引入的，并取代了 ipfwadm。iptables 服务（现在是 Linux 的主要防火墙）是在 Linux 内核 2.4 版中首次引入的。在大多数 Linux 系统上，iptables 被安装在 /usr/sbin/iptables。但是，如果安装中未包含它，则可以在以后添加。

11.2.4 策略

在第 10 章中我们已经详细讨论了安全策略，在这里简要回顾一下策略的某些层面。任何组织都必须清楚地制定有关计算机安全的策略，并且这些策略必须由管理层严格执行，这绝对是至关重要的。这些策略应该涵盖对组织内的计算机、Internet、电子邮件等计算机系统所有方面的可接受的使用，禁止员工在系统上安装任何软件，只有 IT 人员才能安装软件，并且只能在他们确认软件是安全的之后才能安装。

策略还应建议用户不要打开未知 / 意外的附件。我建议组织或部门中的人员使用代码字（code word）。如果该代码字未出现在电子邮件正文（或主题行）中，则他们就不要打开邮件的附件。大多数病毒攻击都是通过电子邮件附件传播的，这种电子邮件的主题行和正文是由病毒本身自动生成的。你所有合法的附件在主题行中都可以包含一个代码字；这个词不太可能出现在病毒发送的电子邮件的主题行中。仅此一项就可以防止你的用户无意中打开病毒。

　　策略还应明确划定谁有权访问哪些数据、如何执行备份以及在发生灾难的情况下如何恢复数据（通常称为灾难恢复计划）。数据访问必须仅限于实际需要访问数据的人员。例如，并非人力资源部门的所有人都需要访问所有员工的纪律档案。如果一场大火摧毁你的服务器和服务器上的所有数据，你的组织是否有计划解决？你从哪里获得新机器？具体由谁负责？是否有数据异地备份的副本？这些问题必须在灾难恢复计划中解决。

　　一个组织应该有一个有关口令的策略：可接受的最小长度、口令的生存期、口令历史记录和要避免使用的口令（例如与用户直接相关的任何单词）。例如，忠实于达拉斯牛仔队（Dallas Cowboys）的用户不应使用与该运动队有任何关系的口令。另外，与个人数据相关的口令（例如配偶的生日、孩子的名字或宠物的名字）都是不明智的选择。口令策略还可以包括口令建议或限制。

供参考的小知识：良好的口令

　　许多消息来源声称，一个好的口令至少应该包含 8 个（最好是 15 个）字符，包括字母、数字和字符，并结合使用大小写字母。在本书前面学习了彩虹表之后，你应该会意识到可能需要更长的口令。我通常推荐一个口令短语。首先从"cheese burgers from Burger King"之类的简单内容开始。现在将它们全部组合成一个单词，使用大写字母，然后将一些字母更改为数字，可能会得到这样的口令：! 1! k3ch33s3burg3rsfrombuRG3rk1ng。你可以轻松地记住这样的口令，但这个口令很难用彩虹表猜出甚至破解。

　　此外，一个口令不能长时间使用。在大多数情况下，每 90 天或 180 天进行口令更换是个不错的选择。有些环境对安全的要求更高一些，可能需要 30 天甚至更少的时间，Microsoft 建议 42 天（6 周）。这称为口令使用期限（password age）（当然，口令使用期限必须权衡用户对敏感信息或数据的访问权限。公司财务人员可能需要每周更改口令；核武器工程师可能需要每天更改口令；邮件业务员更改口令的频率则可能较低）。你可以在许多系统（包括 Windows）上进行设置，强制用户在一定时间后使用新口令。你还需要确保该用户不能仅仅重复使用旧的、已经使用过的口令，这称为口令历史记录（password history），在某些操作系统中也称为唯一性（uniqueness）。这里介绍一个比较好的经验法则：将口令的历史深度设置为 5，即该用户不能重复使用此前五个口令中的任何一个。此外，你可能需要实施最短口令使用期限，以防止用户过快更改口令五次就返回当前的口令。通常，建议口令使用期限至少为 1 天。

供参考的小知识：策略覆盖的范围应该有多广泛？

　　这个问题经常出现：策略覆盖的范围应该有多广泛？它们应该是简短的几页还是冗长的手册？不同的计算机安全专家有不同的看法。我的意见是，这些策略应该足够长，可以满足你的组织需求，但又不要太长以至于变得烦琐。简而言之，员工可能因策略手册过长而不去阅读，因此无法遵循。如果你绝对需要一份很长的策略手册，则可以为特殊的员工分组创建一些简短的手册分册，以增加阅读和遵守策略的机会。由 IT 安全部门的人员向新员工简要介绍组织的安全策略，这应该是一个好主意。

供参考的小知识：清单和策略

为了方便起见，也为了帮助你开始保护系统安全和建立良好的安全策略，美国系统网络安全协会网站提供了有关清单和策略的范例（www.sans.org/security-resources/policies/）。这些清单和策略都可以在配套的网站获得其电子文本。

最后，策略应该包括有关员工解雇时的具体说明。组织必须立即禁用该名员工的所有登录账户，并立即停止他对系统任何部分的任何物理访问。不幸的是，许多组织未能妥善解决这一问题，最终为心怀不满的前雇员提供了向前雇主报复的机会。

11.2.5 探测

探测网络是评估一个网络的重要步骤。我们将在本章后面讨论几个关于探测的问题。你必须定期探测你自己的网络是否存在安全漏洞。这应该是一个定期安排的事件——也许每季度探测一次，至少每年应该对你的网络安全进行一次全面的审计，当然，这也包括探测端口。但是，真正的安全审计还包括对安全策略、修补系统、维护的所有安全日志、处于安全职位的人员的人事档案等的审计。

11.2.6 物理安全

最后，你不能忽略物理安全。在无人看管的情况下，最坚固耐用的计算机也根本不安全。你必须开发一些策略或程序，管理计算机机房的锁定与开启，以及笔记本计算机、PDA和其他移动计算机设备。所有服务器必须位于上锁的且安全的房间内，并尽可能地控制访问服务器的人员数量。备份磁带应存放在防火的保险箱中。文档和旧的备份磁带应在废弃前销毁（例如，熔化磁带、磁化硬盘、粉碎 CD）。

对路由器和集线器的物理访问也应受到严格的控制。尽管一个组织拥有全球最高科技、最专业的信息安全，但将服务器留在未锁定的房间中且每个人都可以访问是后患无穷的。物理安全领域中最常见的错误之一，是将路由器或交换机放置在清洁室中。这意味着，除了你自己的安全人员和网络管理员之外，全部清洁人员都可以访问你的路由器或交换机，并且其中任何一个人都可能让门长时间处于打开的状态。

关于物理安全，你应该遵守以下的一些基本规则：

- **服务器机房**：存放服务器的机房应为建筑物中最耐火的房间。它应该具有坚固的门和锁，例如死栓。只有那些实际需要进入房间的人员才可以拥有一把钥匙。你可能还会考虑服务器机房日志，每个人进入机房和在机房待过多长时间都会记录下来。实际上电子锁可以记录哪些人进入了房间、何时进入以及何时离开。你可能还希望考虑在关键区域（例如服务器机房）使用生物特征识别锁。有关价格和可用性的更多详细信息，请咨询你所在地区的本地安全供应商。
- **工作站**：每个工作站都应该刻有识别标记。你需要定期清点它们。通常，在物理上不可能像服务器一样保护它们的安全，但是你可以采取一些措施来提高它们的安全性。

一些公司选择使用电缆将工作站连接到办公桌上，这可能是有效且比较经济的方式。

- **其他设备**：投影机、CD 刻录机、笔记本计算机等设备应该使用锁和钥匙妥善保管。任何员工使用这些零散设备都要签字，并应检查它是否处于正常工作状态，退回时是否所有部件齐全。

门上有合适的锁是很重要的。建议使用钥匙或刷卡来记录开门者和时间的锁。至少对于服务器机房等敏感区域，应进行这种物理访问记录。如今视频监控已经变得相当便宜，而且摄像头可以提供高清和夜视功能，并将数据备份到云端。这种系统甚至在家庭中也很常见。

11.3　保护计算机系统

在本节中，我们将检查单个工作站、服务器和网络的各种安全细节。但是，你应该知道，你不需要"重新发明轮子"，也就是没有必要从基本的工作做起。许多声誉良好的组织（包括以下组织）已经将关于如何逐步工作的指南或安全模板汇总在一起，可以在网络设置中使用。

- **美国国家安全局**（National Security Agency，NSA）：NSA 的网站 https://nsacyber. github.io/publications.html 提供了一些具体的网络安全指南。
- **互联网安全中心**（Center for Internet Security，CIS）：CIS（https://www.cisecurity.org）提供了许多安全指南和基准。
- **美国系统网络安全协会**（SANS）：SANS 网站 www.sans.org/resources/policies/ 提供了许多示范性的安全策略，可供下载并使用或修改它们。

你可以修改这些资源让它们适应你选定的组织，或者以它们为基础制定自己的安全策略。

你可以发现有些模板实现了一些安全预防措施，许多操作系统和应用程序（例如 Microsoft Windows 和 Microsoft Exchange）中都用到了这些模板。你可以为许多产品找到这些模板，然后将它们简单地安装在适当的计算机上。一些安全专家总是喜欢自己处理安全细节，但是许多管理员发现这些模板很实用，对于初学者来说它们是无价的。

- **Windows 安全模板**：https://support.microsoft.com/en-us/kb/816585。
- **一组 Windows 模板**：http://www.windowsecurity.com/articles-tutorials/misc_network_security/Understanding-Windows-Security-Templates.html。

这些模板的使用至少将为你的应用程序提供一个安全基线。

11.3.1　保护单个工作站

任何谨慎的个人都可以采取许多步骤来保护自己的计算机安全。网络上的家用计算机和工作站都应该采取这些步骤。以前，保护单台计算机是唯一可用的安全选项。后来，保护单台计算机和边界允许使用分层的安全措施。尽管某些网络管理员只是通过防火墙或代理服务器来保护边界，但我们通常认为你还应该保护组织中的每台计算机。这对于防止病毒攻击和你在第 4 章中了解的一些分布式拒绝服务攻击特别重要。

供参考的小知识：加固系统

加固系统指的是保护计算机系统免受黑客、恶意软件和其他入侵者侵害的过程。你可能会看到常用术语：**服务器加固**（server hardening）或**路由器加固**（router hardening）。

保护单台计算机安全的第一步，是确保正确地应用所有补丁。Microsoft 的网站上有提供一些实用的工具程序，可以在你的计算机上扫描 Windows 和 Microsoft Office 所需要的补丁程序，定期（至少每季度一次）进行此操作至关重要。此外，你应该检查其他软件供应商，看看它们是否具有类似的机制来更新其产品的补丁。令人惊讶的是，尽管补丁程序可以保护应用程序安全，保证应用程序的漏洞不被病毒利用，但仍然有这么多的病毒暴发！病毒暴发的范围如此之广，是因为太多的人根本无法确保定期给应用程序打补丁。对于家用计算机来说，定期给应用程序打补丁是安全策略中最为关键的一步，它将保护你免受旨在利用安全漏洞的多种攻击。对于网络中的单台工作站，这仍然是整体安全策略的重要组成部分，不可忽视。

保护单台计算机安全的第二步，是限制安装程序或更改计算机配置的能力。在网络环境中，这意味着大多数用户没有安装软件或更改系统设置的权限。只有网络管理员和指定的技术支持人员才具有该功能。在家庭环境中，这意味着只有一个或多个负责方（例如父母）才有权安装软件。

采取此特殊预防措施的原因之一是，防止用户在其计算机上意外地安装特洛伊木马或其他恶意软件。如果禁止某人安装软件，那么就不会无间安装诸如特洛伊木马、广告软件或其他恶意软件之类的不当软件。禁止用户更改计算机的配置也可以防止他们更改系统安全设置。新手级别的用户可能听说过以某种方式可以更改某些设置，他们可能会尝试这样做，而没有意识到他们的系统所面临的安全风险。

下面是一个不错的例子：新手针对 Windows Messenger 相关服务的安全设置的更改可能是不合理的。许多新手将 Messenger 服务应用于聊天室或即时通信，但实际上 Messenger 服务并不适用于此。相反，网络管理员会用它向网络上的所有人发送广播消息。不幸的是，一些广告软件程序也会使用该服务绕过弹出窗口拦截器，并向你投放广告。因此，有安全意识的人通常禁用该服务。你不会希望一个没有经验的人认为它是即时通信所需的，从而重新打开它。

在任何网络环境中，限制普通用户对计算机配置的操作绝对至关重要。没有这些限制，即使是好心的员工也可能办错事，最终损害计算机的安全。这一特殊步骤通常遇到来自组织的一些抵制。如果你负责系统的安全，你的责任是让决策者认识到为什么这一步是至关重要的。

保护单台计算机安全的第三步（本书前面已经讨论了），每台计算机都必须安装杀毒和反间谍软件。你还必须将它设置为定期自动更新其病毒定义。运行已更新的杀毒软件是任何安全解决方案的组成部分。反间谍软件和杀毒软件双管齐下的方法应该是单台计算机安全策略中的主要组成部分。一些分析人士认为，反间谍软件是一个不错的额外选择，但不是关键组件；另外一些分析人士则认为间谍软件迅速发展是一个问题，它最终可能会等于或超过病毒攻击的危险。

当然，如果你所使用的操作系统具有内置防火墙，那最好将它配置好并打开它。Windows（10 和 11）和 Linux 都具有内置的防火墙功能。打开它们并正确配置它们。你在执行此步骤时可能遇到的唯一重要问题是，大多数网络在关键服务器（例如 DNS 服务器）和单台计算机之间需要一定量的通信流量。配置防火墙时，你需要允许适当的流量通过。如果你在家，你可以简单地阻止所有进入的流量。如果你在网络上，那么你需要确定你允许的流量。

如本章前面所述，口令和物理安全是保护计算机安全的关键部分。你必须确保所有用户都使用至少八个字符长且由字母、数字和字符组成的口令。通常，你的口令策略是完整的，并确保所有员工都遵循它。这些做法将确保你的物理安全系统是健全的。

遵循这些准则不会使你所使用的计算机完全不受威胁，但是可以保证工作站尽可能地安全。请记住，即使在网络环境中，你也必须确保每台计算机以及边界的安全。

11.3.2　保护服务器安全

任何网络的核心都在于其服务器，包括数据库服务器、Web 服务器、DNS 服务器、文件和打印服务器等。这些服务器为网络的其余部分提供资源。通常，组织的最为关键的数据将存储在这些机器上。这代表着这些机器是对入侵者特别有吸引力的目标，因此保护它们至关重要。

本质上，要保护服务器的安全，你应该应用与保护工作站相同的步骤，然后再添加一些其他步骤。通常用户不会在这些服务器上频繁地输入文档或使用电子表格，因此，过分严格的限制也不太可能给终端用户带来与工作站相同的困难。

首先你必须遵循与工作站相同的步骤。每个服务器定期对其软件进行修补和更新。它必须安装病毒扫描软件，也许还包括反间谍软件。至关重要的是，通过物理方式登录和访问这些服务器，仅限于那些有明确需求的人。但是，对于服务器，你还应该执行其他步骤，而标准的工作站可能不执行这些步骤。

服务器安装的大多数操作系统（例如 Windows 2008 Server，Linux）都具有记录各种活动的能力。这些活动包括登录尝试失败、软件安装和其他活动。其次你需要确保已经打开日志记录功能，并记录可能构成安全风险的所有操作。然后，你必须确保定期检查这些日志。

请记住，服务器上的数据比实际计算机上的更有价值。因此，必须定期备份数据。通常，最好每天备份一次，但在某些情况下，每周备份一次就足够了。备份磁带应该保存在安全的异地位置（例如银行保险箱）或防火的保险箱中。与限制对服务器本身的访问一样，限制对这些备份磁带的访问至关重要。

使用任何计算机，都应该关闭所有不需要的服务。但是，对于服务器，你可能希望采取额外的步骤来卸载所有不需要的软件或操作系统组件，这意味着服务器运行不需要的任何东西都要删除掉。但是在继续之前请仔细考虑。显然，服务器不需要游戏和办公套件。但是，可能需要使用浏览器来更新补丁。

对于服务器，应该采取另一个步骤，而工作站则不需要。大多数服务器的操作系统都有内置账户。例如，Windows 具有内置的管理员、来宾和超级用户账户。任何想要尝试猜测口令的黑客都将从尝试猜测这些标准用户的口令开始。实际上，网络上有一些实用程序可以为那些企图冒充的入侵者自动执行此操作。首先，你应该使用不会反映出权限级别的名称来创建自己的账户。例如，禁用管理员账户并创建一个名为 basic_user 的账户。将 basic_user 设置为具有适当权限的管理员账户（当然，你仅将用户名和口令提供给需要拥有管理员特权的人员）。如果执行此操作，黑客一般不会立即猜测出此账户就是他想要破解的账户。请记住，黑客最终希望在目标系统上拥有管理员特权，隐藏那些具有特权的账户是防止黑客破坏系统安全的重要步骤。

> **供参考的小知识：处置旧的备份媒体**
>
> 　　不幸的是，许多网络管理员只是将旧的备份媒体扔进了垃圾箱。存有恶意目的的人如果回收了这些丢弃的媒体，就可以将它还原到自己的计算机上。这样一来，他们不必打扰你的系统就可以访问较旧的数据，也可以为他们提供有关当前安全实践的有价值的线索，具体得到多少数据取决于该媒体上的内容。因此，你应该彻底销毁旧媒体（磁带、DVD、硬盘）。对于 DVD，这意味着物理粉碎它；对于磁带，这意味着部分或完全熔化；硬盘应使用强力磁铁磁化。

　　Windows 的任何版本中都有多种注册表设置，更改这些设置可以提高系统安全。如果你使用扫描工具（例如 Cerberus），它将返回一个报告，指出你的注册表设置中的弱点。注册表设置中的哪些条目可能会导致安全问题？经常检查的一些条目包括。

- **登录**：如果你的注册表在登录界面的设置是显示上一个用户的姓名，则你已经为攻击者完成了一半的黑客工作。由于攻击者现在获取了用户名，因此只需要猜测口令即可。
- **默认共享**：默认情况下共享某些驱动器／文件夹。这种默认形式的共享会带来安全隐患。

　　这些只是 Windows 注册表中的一些潜在问题。诸如 Cerberus 之类的工具不仅会告诉你问题之所在，而且会提出纠正建议。要启动注册表编辑器，请转到"开始"(Start)，选择"运行"(Run)，然后输入"regedit"。接下来，你就可以编辑注册表了。

11.3.3　保护网络安全

　　显然，保护网络安全的第一步是保护网络内所有计算机（包括所有工作站和服务器）的安全。但是，这只是网络安全的一部分。到目前为止，你应该很清楚，使用防火墙和代理服务器也是网络安全中的关键要素。第 12 章将提供有关这些设备的更加详细的信息。目前，重要的是你要意识到网络需要防火墙和代理服务器。大多数专家还建议使用入侵检测系统（IDS），有许多的 IDS 可用，有些甚至是免费的。这些系统可以检测到诸如端口扫描之类的信息，这可能表明有人正在准备尝试破坏你的安全边界。

　　如果你所管理的网络很大，则可以考虑将网络划分为较小的网段，并在网段之间部署启用防火墙功能的路由器。当然，"大"是一个模糊的术语，你必须确定网络是否足够大以至于需要进行划分。这样，即使一个网段被破坏，也不会影响到你所在的整个网络。在划分后的系统中，你可以考虑将最重要的服务器（数据库、文件）放在安全的网段上。

　　由于 Web 服务器必须暴露于外界，并且是最常见的被攻击点，因此将它们与网络的其余部分分隔开是有意义的。许多网络管理员会在 Web 服务器和网络的其余部分之间部署第二个防火墙。这意味着，如果黑客利用你的 Web 服务器中的漏洞并获得 Web 服务器的访问权限，则他也无权访问你的整个网络。由此也提出了一个问题：Web 服务器应该包含哪些内容？答案就是仅存放你需要发布的网页，不得在服务器上存储任何数据、文档或其他信息，当然也不应该存储任何无关的软件。但操作系统和 Web 服务器软件都是需要安装的。如果你的工作需要的话，你可以添加一些其他项目（例如 IDS）。但是，服务器上运行的任何其他软件都有潜在的安全风险。

　　你应该考虑的另一个概念是 DMZ。DMZ 是指隔离区（DeMilitarized Zone）。它实际上涉及设置两个防火墙：一个外部防火墙和一个内部防火墙。外部必须访问的资源存储在两个防火墙之间的隔离区。外部防火墙相对宽松，内部防火墙非常严格。甚至一些路由器也有这个功能，路由器和防火墙设计在一个盒子中。通过将连接线插入某些端口，你可以在内部防火墙之后或 DMZ 之中添加设备，如图 11.3 所示。

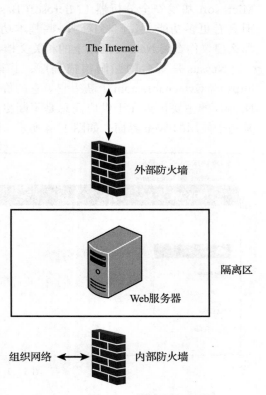

如本章前面所讨论的，你还必须具有指导用户如何使用系统的策略。如果用户因为粗心大意而破坏了系统安全，那么世界上最稳健（robust）的安全系统也是无用的。请记住，你必须有适当的用户手册来告知用户哪些操作是正确的、哪些操作是不正确的。

正如你采取措施来加固服务器（例如修补操作系统和关闭不需要的服务）一样，你也应该加固路由器。具体需要做什么取决于你所采用的路由器的制造商和型号，但是你应该遵循一些通用规则。

图 11.3　隔离区

- **使用强口令**：所有路由器都是可配置的。它们可通过编程进行配置。因此，你必须遵守在任何服务器和路由器上使用相同的口令策略，包括最小口令长度和复杂性、口令使用期限以及口令历史记录。如果你的路由器允许你加密口令（如思科公司和其他供应商所做的那样），那就请加密口令。
- **使用日志记录**：大多数路由器都允许进行日志记录。你应该打开并监视它，就像监视服务器日志一样。
- **安全规则**：你还应遵循一些基本的路由器安全规则。
  - 不是用户局域网（LAN）上的主机发出的地址解析协议（ARP）请求不要回答。
  - 如果网络上没有应用程序使用某个已知端口，则路由器上的这个端口也应该关闭。
  - 不是来自局域网内部的数据包不要转发。

这些规则仅仅是开始，接下来你需要参考供应商的文档以获取其他建议。你绝对需要多加注意保护路由器，就像保护服务器一样。以下链接对你可能会有所帮助。

- **路由器安全**：www.mavetju.org/networking/security.php。
- **思科路由器加固**：www.sans.org/rr/whitepapers/firewalls/794.php。

11.4　扫描网络

实际动手检查漏洞和缺陷是确保网络安全的唯一方法。在本节中，我们将介绍一些常用的漏洞扫描程序。对于任何网络管理员来说，这些工具都是无价之宝。

11.4.1　Nessus

Nessus（www.Nessus.org）是最早的网络漏洞扫描程序。以前有供个人使用的免费版本和商业版本，现在只能付费使用。Nessus 可能是当今使用最广泛的漏洞扫描程序，它不像 Microsoft 基线安全分析器（Microsoft Baseline Security Analyzer，MBSA）那样简单易用，但具有更多功能。我们将探讨一些基本功能。如果你有兴趣了解有关 Nessus 的更多信息，那么建议你查阅 Nessus 网站上的相关文档。

　　Nessus 是著名的漏洞扫描程序，其许可证费用每年超过 3300 美元，你可以从网站 https://www.tenable.com 上获得它。它的价格一直是许多渗透测试工程师选择使用它的障碍。Nessus 的主要优点在于供应商总是不断更新，可以扫描更多更新的漏洞。Nessus 还具有非常易于使用的 Web 界面，如图 11.4 所示。

图 11.4　Nessus 主界面

　　如果你选择"New Scan"（新扫描），就会出现许多选项，如图 11.5 所示。

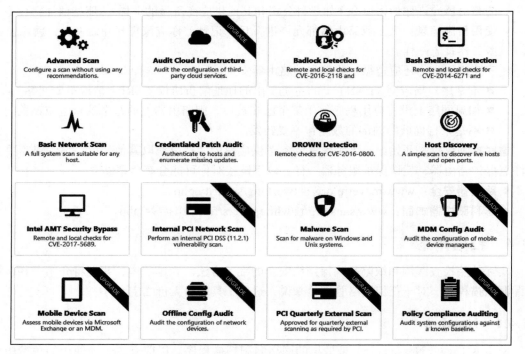

图 11.5　Nessus 扫描选项

你可以选择"Basic Network Scan"（基本网络扫描），查看许多直观的基本设置。你必须给你的扫描命名并选择需要扫描的 IP 地址范围，如图 11.6 所示。

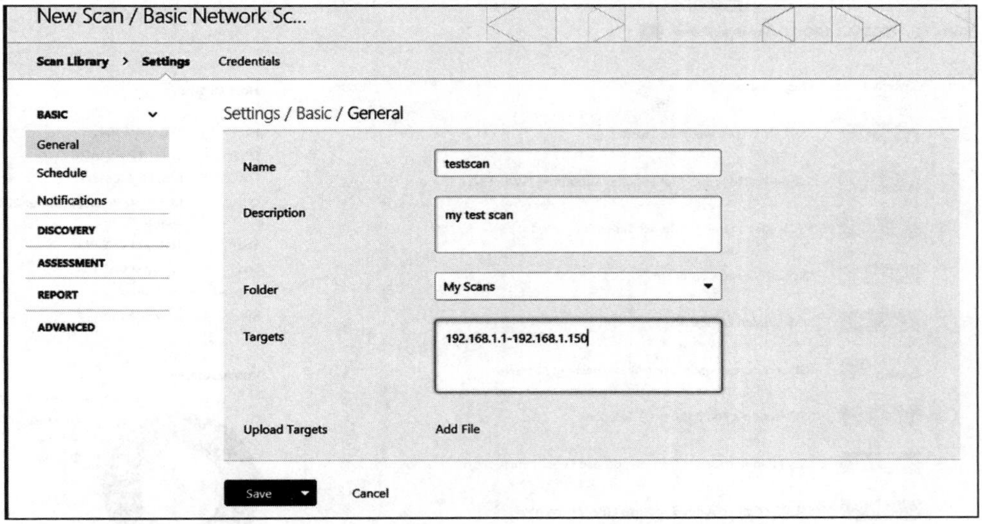

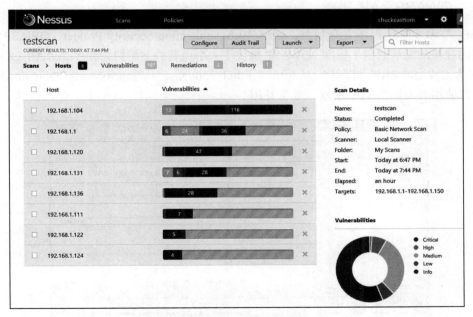

图 11.6　Nessus 基本网络扫描选项

接下来，你可以设置扫描时间表，既可以稍后运行，也可以立即启动。Nessus 扫描可能需要花费一些时间，因为它扫描得非常彻底。扫描结束后，结果井井有条地显示在一个界面中，如图 11.7 所示。

图 11.7　Nessus 扫描结果

然后，你还可以对结果中任何感兴趣的条目进行深入研究。如果你双击某个具体的 IP 地址，则可以看到该 IP 的详细信息，如图 11.8 所示。

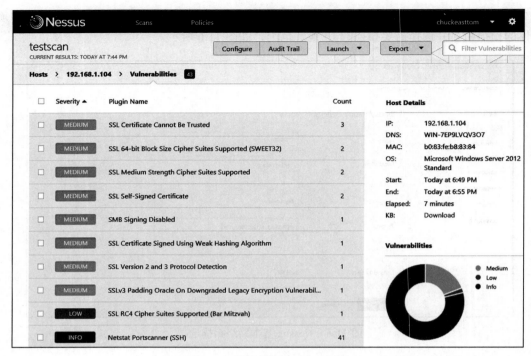

图 11.8   深入研究 Nessus 结果

最后，你可以双击任何一个条目，以获取有关问题以及如何进行补救的更多详细信息。

11.4.2   OWASP ZAP

开放式 Web 应用程序安全项目（Open Web Application Security Project，OWASP）针对 Web 应用程序的漏洞制定了标准。OWASP 提供了一个免费的漏洞扫描程序 Zed Attack Proxy，通常称为 OWASP ZAP，你可以从 https://github.com/zaproxy/zaproxy/wiki/Downloads 下载它。它的使用界面如图 11.9 所示，非常易用。

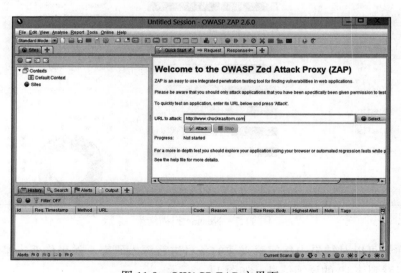

图 11.9   OWASP ZAP 主界面

你只需要在站点的 URL 位置键入你要扫描的网站，然后单击"Attack"（攻击）。片刻之后，结果将显示在界面底部。然后，你可以展开任何条目。如果你单击某个具体条目，则将加载其详细信息，如图 11.10 所示。

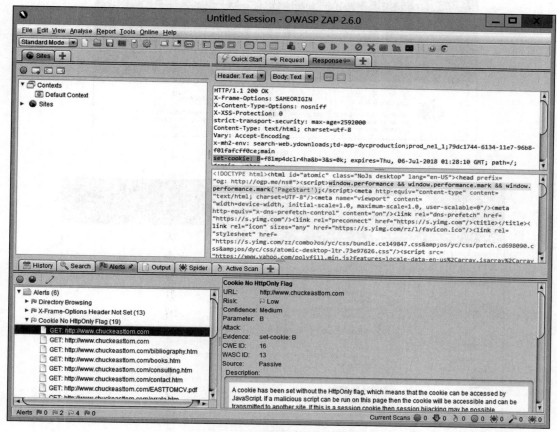

图 11.10　OWASP ZAP 的扫描结果

OWASP ZAP 是一个非常容易使用的工具，花几分钟即可掌握其基础操作。鉴于 OWASP 是跟踪 Web 应用程序漏洞的组织，因此它提供的扫描工具在测试网站漏洞方面肯定是一个非常好的程序。

11.4.3　Shodan

黑帽黑客和安全专家都广泛使用 Shodan。网站 https://www.shodan.io 本质上是一个漏洞搜索引擎。你需要注册一个免费账户才能使用它，但是对于试图识别漏洞的渗透测试工程师而言，这可能是非常宝贵的。当然，该网站对于攻击者来说也非常宝贵。你可以在图 11.11 中看到该网站的首页。

关于 Shodan 的详细内容我们已经在 6.3.2 节中介绍过了。在这里就不再赘述了。图 11.12 显示了搜索默认口令城市：Miami（迈阿密）的结果。

图 11.12 所示的搜索是使用 Shodan 的免费版本进行的。最近，Shodan 开始提供收费版本，起步价为 69 美元，并提供一些额外工具。还有一些企业会员资格，但价格较高。

图 11.11　Shodan 首页

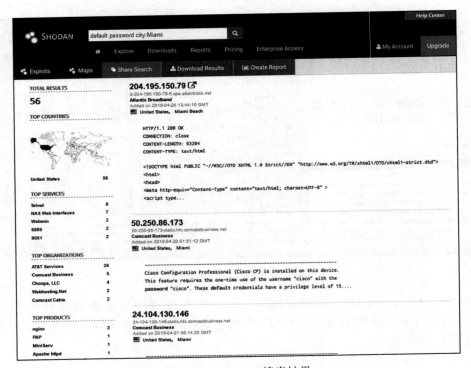

图 11.12　Shodan 搜索结果

11.4.4　Kali Linux

Kali Linux 是一个 Linux 发行版，其中包含用于网络安全、数字取证和渗透测试的开源工具。Kali Linux 中有几个扫描器你应该熟悉，具体如下所述。

1. Lynsis

Lynsis 是一个基于主机的开源安全审计应用程序。它可以评估 Linux 和其他类 UNIX 操作系统的安全配置文件和状态。Lynsis 随 Kali Linux 发行版一起安装。图 11.13 展示了 Lynsis 的基本扫描过程。

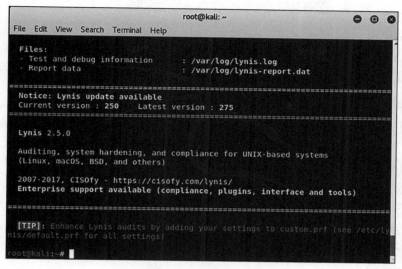

图 11.13　Lynsis 基本扫描过程

2. Nikto

Nikto 是一个 Kali Linux 工具，用于扫描网站的常见漏洞。它没有方便的图形用户界面，你可以从 Linux shell 运行 Nikto。Nikto 的学习和使用非常简单。图 11.14 展示了使用 Nikto 扫描网站。

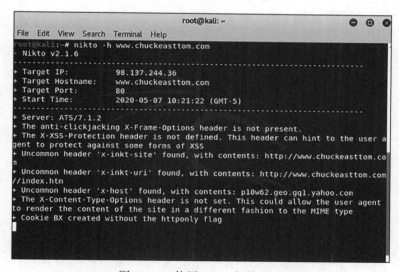

图 11.14　使用 Nikto 扫描网站

Nikto 的选项易于理解和使用。例如，你可以扫描一组 IP 地址，只需要将它们全部放入文本文件中，然后使用命令 `nikto -h targetIP.txt` 即可。

你可以选择多种输出格式，如下所示。

- csv：逗号分隔值格式。
- htm：HTML 格式。
- nbe：Nessus NBE 格式。

- sql：通用 SQL 格式。
- txt：纯文本。
- xml：XML 格式。

如果未指定，则依据传递给 -output 的文件扩展名确定格式。

3. Sparta

Sparta 是 Kali Linux 附带的漏洞扫描器，其中的一个包里包含许多其他工具，包括以下几个。

- Mysql-default
- Nikto
- Snmp-enum
- Smtp-enum-vrfy
- Snmp-default
- Snmp-check

Sparta 还具有易于使用的图形用户界面。图 11.15～图 11.17 显示了 Sparta 的基本扫描过程。

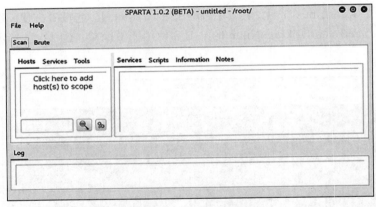

图 11.15　Sparta 步骤 1

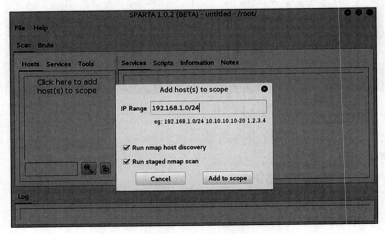

图 11.16　Sparta 步骤 2

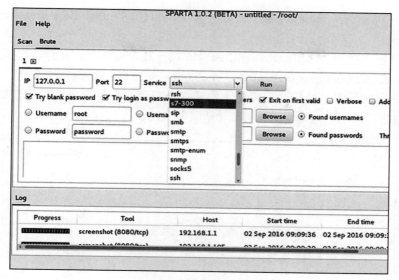

图 11.17　Sparta 步骤 3

11.4.5　Vega

Vega 和 OWASP ZAP 一样，是一个免费的、开源的 Web 应用程序扫描器。在 Web 应用程序上同时使用 OWASP ZAP 和 Vega 可以验证扫描的结果。你可以从 https://subgraph.com/vega/download/ 下载 Vega。与 OWASP ZAP 一样，只需要输入 URL 并选择模块，Vega 会完成其余的工作，如图 11.18 所示。

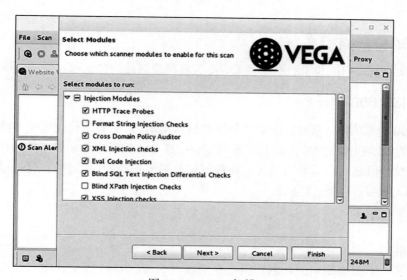

图 11.18　Vega 扫描

11.4.6　OpenVAS

OpenVAS 是由 Greenbone Networks 创建的开源漏洞扫描器。OpenVAS 框架包括多个服务和工具，能够针对主机和网络执行详细的漏洞扫描。OpenVAS 可以从 https://github.

com/greenbone/openvas-scanner 下载，查看相关文档可访问 https://docs.greenbone.net/#user_documentation。

OpenVAS 还包括一个 API，允许你以编程方式与其工具交互，并自动扫描主机和网络。可访问 https://docs.greenbone.net/#api_documentation 查看 OpenVAS API 文档。

OpenVAS 非常简单。结果界面将提示你通过升级到专业账户来购买完整版，但如果你愿意，可以忽略该选项并继续使用免费版（见图 11.19）。

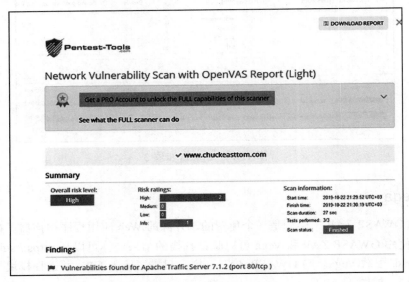

图 11.19　OpenVAS 结果

11.5　测试和扫描标准

具体标准与漏洞扫描和渗透测试相关。本节将简要讨论一些比较重要的标准。

11.5.1　NIST 800-115

NIST 800-115 是指"信息安全测试和评估技术指南"。它并不仅仅适用于渗透测试，而是一个通用的测试指南。此标准涵盖了系统审核一部分的项目，如文档审核、日志审核以及其他类似项目。但是，该标准还涵盖了渗透测试和漏洞扫描中应包含的项目。最重要的是，NIST 800-115 使用三个特定阶段：

- 计划
- 执行
- 执行后

这似乎是一个相当简化的计划，但这些阶段在 NIST 800-115 文档中有详细描述。事实上，该标准推荐了一些特定的工具，其中的许多工具已在本章中介绍。

11.5.2　NSA-IAM

美国国家安全局 InfoSec 评估方法（NSA-IAM）是渗透测试的优秀指南。本文档描述了三个主要阶段，每个阶段又细分为具体任务：

- 预评估
  - 确定并管理客户的预期
  - 了解组织的信息重要性
  - 确定客户的目标和目的
  - 确定系统边界
  - 与客户协调
  - 请求文档
- 现场评估
  - 召开开幕会议
  - 收集并验证系统信息（通过面谈、系统演示和文档评审）
  - 分析评估信息
  - 提出初步建议
  - 提出评估后的简报
- 评估后
  - 对文件的附加审查
  - 附加评价
  - 报告协调工作

NSA-IAM 有三个级别的安全测试。一级评估涉及审查政策和程序，它本质上是一种审计。二级评估涉及使用诊断和查找缺陷的工具，即漏洞扫描。三级评估涉及红队演习，即渗透测试。因此，你可以看到审计、漏洞扫描和渗透测试都包含在此标准中。

11.5.3　PCI DSS

支付卡行业数据安全标准（Payment Card Industry Data Security Standard，PCI DSS）是 Visa、MasterCard、American Express 和 Discover 使用的标准。事实上，该标准有很多部分，但在这里我们将集中讨论渗透测试部分。显然，如果你有一个处理信用卡的系统，这是一个重要的标准。

PCI DSS 的重点是针对处理信用卡的公司应该实施的安全控制和实现的目标进行安全审计和渗透测试，以确保实施此类控制措施并达到目标。你需要对 PCI DSS 有基本的了解，才能真正理解 PCI DSS 渗透测试。

11.5.4　美国国家漏洞数据库

美国国家漏洞数据库不是一个标准，而是一个已知漏洞的数据库。在检查网络漏洞时，你应该很清楚，需要检查的肯定是已知的漏洞，因此从美国国家漏洞数据库开始是一个不错的选择，这是一个使用安全内容自动化协议（Security Content Automation Protocol，SCAP）的美国国家漏洞数据库。美国国家漏洞数据库本质上是一组开放标准，它允许漏洞扫描器之间的互相操作。SCAP 用于实现自动化漏洞管理。它还可用于支持策略合规性，包括符合 2002 年联邦信息安全管理法案（Federal Information Security Management Act，FISMA）。你可以在图 11.20 中查看美国国家漏洞数据库的网站。

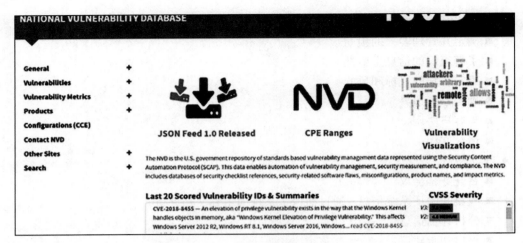

图 11.20　美国国家漏洞数据库的网站

11.6　获得专业的帮助

你可能会决定需要外部帮助来设置和测试系统的安全。大多数安全专业人员都强烈建议使用此选项，尤其是如果你不熟悉安全领域，则更要寻求获得外部帮助。寻找安全专业的顾问，帮助你制定初始安全战略和策略，并可能对系统安全进行定期审计，这应该是非常有帮助的。如第 1 章所述，有许多人声称自己是黑客，但其实他们的条件并不够。坦白地说，还有许多自称安全专家的人，他们也根本不具备这样尖端的技能。这里的问题是：你如何确定一个人是否合格？以下是做出决策时需要考虑的一些准则。

经验是寻找安全专业人员时最重要的因素。你希望找到的人至少应该具有 5 年 IT 从业经验和 2 年与安全相关的从业经验。通常，他可能是进入安全领域的网络管理员或程序员。请注意，这是最低级别的经验。经验当然越多越好。经验较少的人肯定有可能具备这样好的技能，但这种情况比较少。每个人都需要一个起点，但是你不希望你的系统成为某个人练手的地方。

一个人的从业经历的质量与时间同等重要。必须询问有关此人经历的详细信息。例如，她究竟在计算机安全中扮演什么角色？她只是简单地制定策略，还是实际上在做动手操作的（hands-on）安全工作？结果如何？她的系统是否免受病毒感染和黑客入侵？你可以联系她的推荐人吗？简而言之，仅因为一个人在简历中声明自己负责信息安全工作是不够的，你需要准确地了解她做了什么以及有哪些成果。

教育程度是寻找安全专业人员的另一个重要方面。请记住，计算机安全是一个非常广泛的主题。专业人员需要全面了解网络、协议和编程等。没有受过正规教育的人完全有可能具备这些技能，但这些人比受过正规教育的人要少得多。通常，这些专业技能最有可能在具有计算机或数学相关领域的学位和经验的人中发现。从理论上讲，这听起来有些势利，但这是事实。IT 业界有许多自学成才的人，例如，具有历史学学位的人是网络管理员，或心理学专业的人现在是程序员。但是，一个人关注的领域越多，知识就越难以精通。这并不是说没有计算机科学、数学或工程学学位的人就不能成为安全专业人员。这一点只是你应该考虑的因素之一。如果某人的学位与安全无关，但达到或超过所有其他所要求的条件，则你仍可以考虑他。当前一些大学已经开始提供针对安全的课程，还有一些大学甚至提供了安全学位。显然，在计算机安全方面的特定培训将是最合适的安全背景。

认证在 IT 业界引起了很大争议。有些人非常相信它们。你可以轻松地找到许多需要某些认证证书的招聘广告，例如认证的 Novell 工程师（Certified Novell Engineer，CNE）或 Microsoft 认证的信息技术专业人员（Microsoft Certified Information Technology Professional，MCITP）。思科的认证证书也很常见（从"思科认证的网络助理工程师"一直到"思科认证的网际互联工程师"）。另一方面，你也将毫无疑问地找到一些 IT 专业人员，他们诋毁认证并认为它们毫无价值。第二种立场源于有些人持有认证证书，而他们没有达到期望的技能。但这对任何证书来说都是如此，不称职的医生也总是存在的。但是，如果你需要医疗帮助，请教具有医学学位的人，则可能会更好。雇主通常基于这种观点进行招聘。如果他们只面试具有特定学位或认证证书的人，那么他们面试的候选人合格的机会就更大。

两种极端观点之间的立场应该更为合理。认证证书可以反映出候选人对特定产品的了解程度。例如，如果你希望某人保护 Microsoft 产品的网络安全，那么查看通过 Microsoft 认证的人员并不是一个坏主意。但是，请记住，有良好记忆力的人使用 Internet 上提供的各种学习指南，完全有可能通过认证测试，虽然实际上他们并不理解和精通这些知识技能。这完全是经验之谈。证书加上适当的经验是一个人良好的技能标志。换句话说，仅凭证书本身是不够的。但是，拥有一个或多个证书，并有从业经验（也可能是一个相关学位），应该才是技术能力最有说服力的标志。

除了网络管理员认证之外，还有许多与安全相关的认证。其中有些比其他的更有信誉。美国计算机行业协会（CompTIA）的 Security+ 考试和认证网页设计师（CIW）的安全分析师（Security Analyst）都是概念考试。这意味着它们测试的是候选人对安全概念的了解，而不是测试他们实际实施安全解决方案的能力。通过这样的考试，可能并不表示他们具有你需要的技能水平。但是，例如，如果你要保护 Novell 网络，那么拥有 CNE 且拥有 CIW 安全分析师或 Security+ 认证证书的候选人可能是一个不错的选择。应当指出，CompTIA 最近增加了"高级安全从业者认证"（Certified Advanced Security Practitioner，CASP），该证书是为具有 10 年安全经验的人员设计的。

最受尊崇的安全认证是信息系统安全认证专家（Certified Information Systems Security Professional，CISSP）。这是一次 6 个小时的资格考试，参加考试需要拥有学位且具备 4 年与安全相关的工作经历，如果没有学位，则需要 5 年的相关工作经历。CISSP 证书持有者还必须提交一份另一名 CISSP 或其公司领导的推荐信，并必须获得持续教育学分以保持其 CISSP 资质。CISSP 应该是最受尊崇的与安全相关的认证。认证 CISSP 的国际信息系统安全认证联盟（ISC2）还有更高级别的 CISSP 升级（post-CISSP）认证，例如，信息系统安全体系结构专家（Information Systems Security Architecture Professional，ISSAP），信息系统安全工程专家（Information Systems Security Engineering Professional，ISSEP）和信息系统安全管理专家（Information Systems Security Management Professional，ISSMP）。

道德黑客认证（Certified Ethical Hacker，CEH）是由国际电子商务顾问局（EC-Council）（www.eccouncil.org）发起的。该测试也一直是一些争议的主题。请记住，它测试的是基本的黑客技能，不是精通黑客技术。CEH 对于黑客入侵 / 渗透测试的入门非常有用。

Offensive Security 公司（https://www.offensive-security.com）专门对渗透测试进行认证。这个认证测试最有趣的是，测试涉及动手的部分。你实际上必须侵入他们的测试系统。你不只是参加测试。

CompTIA 也提供了一些安全考试，包括 Security+，CompTIA 高级安全从业者（CASP）

和 Pentest+。

还有许多通用的取证认证。国际电子商务顾问局拥有黑客调查员认证。对于特定的取证工具也有特定的认证。掌握基本的取证知识对于安全专业人员很有帮助。

全球信息保障认证（GIAC；www.giac.org）提供许多与安全相关的认证。这些认证在安全行业中都享有很高的声誉。但是，它们比其他测试更昂贵，因此，拥有这些认证证书的安全专业人员更少。GIAC 拥有安全认证（GSEC）、渗透测试认证（GPEN）和取证认证（GCFA 和 GCFE）。

所有认证都会受到一些批评。有些人确实参加了训练营并获得了足够的信息以通过认证，这是事实。但是，任何资格都可以这样获得。请记住，认证反映的是最低技能水平，而不是熟练程度。我建议安全专业人员应该至少拥有一份通用的安全认证证书（Security+、CASP 和 CISSP 等）、一份渗透测试认证证书（GPEN、CEH、Offensive Security 等）和一份取证认证证书（CCFP、GCFA、CHFI 等）。

你不应仅凭认证证书雇用员工。这些认证证书应该只是你考虑的要素之一。

最后，你应该考虑个人背景。根据定义，安全顾问或全职员工将可以访问保密信息。任何合法的安全专家都不会介意为你提供以下任何一项内容。

- 推荐人。
- 检查其信用记录的许可。
- 检查其犯罪背景的许可。

如果有人似乎不愿提供这些信息，应该避免雇用他。因此，理想的安全顾问可能是具有 5 年或 5 年以上工作经验、具有计算机相关学科的学位、拥有与组织内的操作系统和主要安全认证相符的认证证书各一张，并且背景绝对清白、有合适的推荐人。通常你在雇用安全顾问时也不能太过小心。

除非你拥有训练有素的安全专家，否则你应考虑聘请安全顾问对系统至少进行一次评估。在我们当前的法律环境下，关于安全漏洞的责任仍然是热门话题。公司经常会因未对计算机安全进行尽职调查评估而被起诉。尽一切合理的努力来确保系统的安全，无论是从计算机行业的角度还是法律的角度来看，这都是明智之举。

11.7 本章小结

本章概述了一些在任何安全评估中都需要寻找的基本项目。你应该在组织范围内定期评估网络 / 系统的安全漏洞和缺陷。一般建议是对非关键 / 低安全的站点进行季度评估，而对具有较高级别安全的站点进行每周评估。无论如何，本章概述的是评估网络安全的基础知识，它们只能为你在保护网络安全方面提供一个开始。

安全计算（safe computing）就是一个保护你的计算机、网络和服务器，以及 Web 上使用的通用设备的安全的问题。对于所有计算机（无论是家用计算机还是一个组织网络的一部分）都必须严格应用安全实践和标准，这一点非常重要。

11.8 技能测试

选择题

1. 下列哪一项不是 NIST 800-115 中列出的阶段之一？

    A. 计划   B. 执行   C. 评估后   D. 执行后

2. 约翰现在在一家小型记账公司负责系统安全。他想确保自己公司能实现良好的基本安全。计算机安全的最基本规则是什么？

 A. 保持系统更新了补丁程序   B. 始终使用 IDS

 C. 安装防火墙   D. 始终使用反间谍软件

3. 你在一家大型银行的网络安全部门工作。你的工作之一是使所有系统保持被修补的状态。你如何确保系统补丁是最新的？

 A. 使用自动修补系统

 B. 每当你收到供应商有关新补丁的通知时，都要进行修补

 C. 宣布有新威胁时立即进行修补

 D. 使用定期的修补程序

4. 特雷莎正在向新技术员解释基本安全。她正在教他如何保护服务器或工作站上的端口。关于端口的规则是什么？

 A. 阻塞所有传入端口   B. 阻止 ICMP 数据包

 C. 阻塞所有未使用的端口   D. 阻塞所有非标准端口

5. 米格尔（Miguel）试图保护 Web 服务器的安全。他已决定关闭不需要的任何服务。他的上司告诉他先检查依存关系。以下哪项是关闭服务之前检查依存关系的最好的理由？

 A. 确定你是否还需要关闭其他服务 B. 确定关闭此服务是否会影响其他服务

 C. 找出此服务的作用   D. 找出此服务对于系统操作是否至关重要

6. 如果你的计算机未被用作服务器且不在局域网上，则应使用哪种数据包过滤策略？

 A. 阻塞除 80 以外的所有端口   B. 不要阻塞任何端口

 C. 阻塞所有不需要的端口   D. 不要阻塞众所周知的端口

7. 你正在尝试为小型公司实现良好的基本安全。以下哪项是保护网络最不重要的设备？

 A. 防火墙   B. 所有计算机上的杀毒软件

 C.IDS 系统   D. 代理服务器

8. 穆罕默德负责制定和维护一所大学的安全策略。他正在尝试确定适当的访问策略以保证安全。数据访问的经验法则是什么？

 A. 数据必须提供给尽可能多的人

 B. 只有管理员和主管才可以访问敏感数据

 C. 只有那些需要特定数据的员工才可以访问

 D. 所有员工都应有权访问其部门中使用的任何数据

9. NSA-IAM 的主要阶段是什么？

 A. 规划、现场评估、评估后   B. 计划、执行、执行后

 C. 预评估、执行、评估后   D. 预评估、现场评估、评估后

10. 系统探测和审计的最低频率是多长时间？

 A. 每月一次 B. 每年一次 C. 每隔一年 D. 每隔一个月

11. 审计应检查哪些域？

 A. 执行系统修补、查看策略、检查所有经理的人员记录、探测缺陷

 B. 仅探测缺陷

 C. 执行系统补丁程序、探测缺陷、检查日志和查看策略

 D. 检查所有机器上是否存在非法软件、执行整个系统的病毒扫描和查看防火墙策略

12. 杰洛德正在为大学的服务器机房设置安全策略。以下哪个房间适合放置服务器？

    A. 应位于建筑物中最耐火的房间内   B. 它应该有坚固的锁和坚固的门

    C. 只有那些需要访问的人才能访问它   D. 以上所有

13. 伊丽莎白负责某个策略中的安全策略。她正在尝试实施完善的终端用户安全策略。最应该阻止终端用户在计算机上执行的操作是什么？

    A. 运行除 IT 人员安装的程序以外的程序

    B. 上网浏览和使用聊天室

    C. 更改屏幕保护程序并使用聊天室

    D. 安装软件或更改系统设置

14. 存储备份的首选方法是什么？

    A. 如果需要，可以在服务器附近进行快速还原

    B. 异地放置在一个安全的地方

    C. 在 IT 经理的安全办公室

    D. 在一位 IT 人员的家中

15. 你肯定会对任何服务器都采取以下哪个步骤，但工作站可能不需要此步骤？

    A. 卸载所有不需要的程序 / 软件   B. 关闭不需要的服务

    C. 关闭屏幕保护程序   D. 阻止所有 Internet 访问

16. 对于大型网络，你可能会采取以下哪个步骤，而对于小型网络却不行？

    A. 使用 IDS   B. 用网段之间的防火墙对网络进行分段

    C. 在网络内的所有计算机上使用杀毒软件   D. 对网络管理员进行犯罪背景调查

17. 以下哪项是在 Web 服务器和网络之间保证安全的常用方法？

    A. 阻止 Web 服务器和网络之间的所有通信   B. 将病毒扫描放在网络和 Web 服务器之间

    C. 在 Web 服务器和网络之间设置防火墙   D. 不要将网络连接到 Web 服务器

18. 从 Internet 下载的规则是什么？

    A. 切勿下载任何内容

    B. 仅在免费下载时下载

    C. 仅从知名的信誉良好的站点下载

    D. 永远不要下载可执行文件，仅下载图形文件

19. 以下哪项认证是最负盛名的？

    A.CISSP   B.PE   C.MCSA   D.Security+

20. 以下哪组条件最适合当一名安全顾问？

    A. 10 年 IT 经验、1 年安全经验、CIW 安全分析师认证证书、工商管理硕士

    B. 8 年 IT 经验、3 年安全经验、CISSP 认证证书、计算机科学学士

    C. 11 年 IT 经验、3 年安全经验、MCSE 和 CISSP 认证证书、信息系统硕士

    D. 10 年黑客和骇客（攻击者）经验、MCSE/CIW 和 Security+ 认证证书、计算机科学博士

练习

练习 11.1：给系统打补丁

1. 使用实验室系统，找到并应用操作系统的所有补丁程序。

2. 检查安装在该计算机上的所有软件的供应商，并为这些应用程序打补丁（如果有）。

3. 注意完全修补一台计算机所需的时间。考虑修补 100 台计算机的网络需要花费多长时间。

4. 写一篇文章来回答以下问题：是否可以通过某些方法提高修补 100 台计算机的网络处理速度？你将如何处理这样的任务？

供参考的小知识：有用的网站

对于练习 11.2、11.3 和 11.4，你可能发现网站 www.cert.org、www.sans.org 对你有所帮助。

练习 11.2：了解安全策略

1. 使用给定的资源或其他资源，至少找到一个安全策略的样本文档。

2. 分析该文档。

3. 撰写一篇简短的文章，说明你对该策略的看法。它错过了一些项目吗？是否包括你没有想到的项目？

练习 11.3：了解灾难恢复

1. 使用给定的资源或其他资源，至少找到一个灾难恢复计划的样本文档。

2. 分析该文档。

3. 撰写一篇简短的文章，说明你对这份灾难恢复计划的看法。你还建议对该计划进行哪些更改？

练习 11.4：了解审计

1. 使用给定的资源或其他资源，至少找到一个安全审计计划的样本文档。

2. 分析该文档。

3. 撰写一篇简短的文章，说明你对这份计划的看法。你认为审计计划是否足够？你可能会建议进行哪些更改？

练习 11.5：保护计算机安全

使用家用计算机或实验室计算机，请按照本章中提供的准则练习保护计算机。这些步骤应包括以下内容。

1. 扫描所有补丁程序并安装它们。

2. 关闭所有不需要的服务。

3. 安装杀毒软件（可为此练习制作一个演示版本）。

4. 安装反间谍软件（可为此练习制作一个演示版本）。

5. 设置适当的口令权限。

练习 11.6：保护口令

1. 使用 Web 或其他资源，查找为什么口令越长越难破解。

2. 找出使口令难以破解的其他方法。

3. 撰写一篇简短的文章，描述如何构造一个完美的口令。

练习 11.7：保护服务器安全

本练习适用于有权访问实验室服务器的学生。使用本章讨论的准则，练习如何保护实验室服务器的安全。采取的步骤应包括以下内容。

1. 扫描所有补丁程序并安装它们。

2. 关闭所有不需要的服务。

3. 删除不需要的软件。

4. 安装杀毒软件（可为此练习制作一个演示版本）。

5. 安装反间谍软件（可为此练习制作一个演示版本）。

6. 设置适当的口令权限。

7. 启用日志功能，记录任何安全违规行为（有关说明，请查阅你的操作系统文档）。

练习 11.8：备份

以 Web 和其他资源为指南，为 Web 服务器制订一份备份计划。该计划应包括备份的频率以及备份媒体的存储位置。

练习 11.9：用户账户

本练习最好使用实验室的计算机来完成，尽量不要使用实际在用的计算机。

1. 找到用户账户（在 Windows 8 或 Windows 10 中，这是通过转到"开始"（Start）>"控制面板"（Control Panel）>"管理工具"（Administrative Tools）>"计算机管理"（Computer Management）并寻找"组和用户"（Groups and Users）来完成的）。

2. 禁用所有默认账户（来宾、管理员）。

项目

项目 11.1：编写和执行审计计划

通过本书第 6 章的学习以及在前面的练习中对安全策略的检查，应用你所获得的知识，现在是时候设计你自己的审计计划了。该计划应详细说明审计过程中的所有步骤。

注意：该项目的第二部分取决于你是否获得某个组织的许可，允许你对其安全进行审计。这也是一个理想的小组项目。

执行你编写的审计计划，审计某个网络。可以对任何类型的组织进行审计，但是第一次审计你应该选择使用小型网络（少于 100 个用户）。

项目 11.2：制订灾难恢复计划

使用到目前为止所获得的知识，为某个组织创建 IT 灾难恢复计划。你可能会使用虚拟的组织，但若是真正的组织会更好。

项目 11.3：编写安全策略文档

注意：此项目设计为小组项目。

现在是时候将你已经学到的所有知识融合在一起，为某个组织编写一套完整的安全策略。同样，你可以使用虚拟的公司，但若是真正的组织会更好。这套策略必须涵盖用户访问权限、口令策略、审计频率（内部和外部）、最低安全要求和网络冲浪准则等。

项目 11.4：安全的 Web 服务器

利用本章中的信息以及其他资源，提出一种专门用于保护 Web 服务器安全的策略。此策略应包括服务器本身的安全以及服务器所在的网络的安全。

项目 11.5：完善你自己编写的安全准则

注意：这是一个理想的小组项目。

本章概述了一些有关安全的常规程序。写一篇文章，详细介绍你自己提出的其他的安全准则。这些准则可以应用于单个计算机、服务器、网络或其任意组合。

案例研究

胡安·加西亚是一家小型公司的网络管理员，该公司还维护着自己的 Web 服务器。他采取了以下预防措施：

- 所有计算机均已打补丁，已安装杀毒软件并关闭了不需要的服务。
- 网络中有一个部署了代理服务器和 IDS 功能的防火墙。
- 组织策略要求口令长度为十个字符，并且必须每 90 天更新一次。

请考虑以下问题：

1. 胡安是否做了足够的工作来保护网络？
2. 你会建议他采取哪些其他措施？

网络恐怖主义与信息战

本章学习目标

学习本章并完成章末的技能测试题目之后，你应该能够

- 解释什么是网络恐怖主义，并说明在某些实际情况下它是如何被利用的。
- 理解什么是信息战的基本概念。
- 对某些可能的网络恐怖主义场景有一定的了解。
- 认识网络恐怖主义带来的危险。
- 了解网络战的未来趋势。

12.1 引言

纵观全书，我们研究了可能利用计算机进行犯罪的各种方式，也研究了使系统变得更为安全的各种方法。但还有一个尚未解决的问题，就是网络恐怖主义。世界各国人民已经习惯了不断发生的恐怖袭击的威胁，这种威胁可能来自炸弹、劫持、释放生物制剂或其他方式。然而，在当今世界，网络攻击也是我们需要重点考虑的问题之一。

第一个问题可能是：什么是网络恐怖主义？根据 FBI 的说法，网络恐怖主义（cyber terrorism）是指，非政府组织或秘密特工出于政治目的，有预谋地通过攻击信息、计算机系统、计算机程序和数据的方式对非作战目标实施蛮力攻击。网络恐怖主义利用计算机和 Internet 连接发动恐怖袭击。简而言之，网络恐怖主义就像其他形式的恐怖主义一样，只是改变了袭击的环境。显然，网络攻击造成的生命损失要比轰炸造成的生命损失少得多，实际上，极有可能根本没有生命损失。但是，通过 Internet 完全可能造成重大的经济损失、通信中断、供电线路中断以及国家基础设施普遍丧失功能。

真正的问题可能是：网络间谍活动（cyber espionage）与网络恐怖主义有什么区别？一方面，间谍活动的目的往往仅是收集信息。对于间谍来说，如果没有人知道发生了什么事（间谍活动无人知晓）是最为理想的。对于公司间和国际的间谍活动来说都是如此。而另一方面，网络恐怖主义的目的是试图造成破坏，因此必须尽可能地公开。这样做的目的是想给人类带来恐慌。尽管有些人可能会发现两个主题间的相关性，但实际上它们是非常不同的。

在 2022 年俄乌战争打响之前，俄罗斯对乌克兰进行了全方位的网络攻击。这种网络攻击和动能战双管齐下的战争模式预计在未来几年将更加普遍。预先通过网络攻击破坏目标的基础设施，将会提高动能攻击成功的机会。这不是对俄乌战争的道德评价，而是对网络攻击在传统冲突场景中所扮演的角色的观察。

随着时间的流逝，很可能某个人或某个团体会尝试使用计算机方法发动军事或恐怖袭击。一些专家认为 MyDoom 病毒（已经在第 4 章中讨论过）是美国经济恐怖主义的一个事例。但是，这样的攻击可能只是冰山一角。本章我们将研究一些可能的网络恐怖主义场景，目的是让你对威胁的严重程度有一个比较实际的评估。在本章末尾的练习中，你将有机会考

查当前的网络恐怖主义行为及其潜在的威胁，以及可以采取的预防措施。

本书的第 1 版也讨论了网络恐怖主义。在 2004 年，有些人可能认为有关该主题的报道几乎是虚构的，网络恐怖主义并没有造成真正的威胁。然而，事实证明并非如此。2006 年 11 月，美国空军部长宣布成立了空军网络司令部（Air Force Cyber Command，AFCC），其主要职能是监视和捍卫美国在网络领域的利益，这是网络恐怖主义成为真正威胁的最初迹象之一。AFCC 依靠的是美国第六十七网络联队的人力资源以及其他资源。由此看来，美国空军已经开始认真对待网络恐怖主义和网络战的威胁，并已建立了完整的指挥部来应对这种威胁。

12.2　网络恐怖主义的实际案例

因为有些读者可能会怀疑这只是在散布恐慌信息，所以在深入研究网络恐怖主义的各方之前，我们先来看一些网络恐怖主义的实际案例。真正发生网络恐怖袭击的可能性有多大？下面，让我们看一些实际的案例。我们将从较老的案例开始，并逐步推进到现代案例，以提供网络战，间谍活动和恐怖主义的时间轴。

CENTCOM（美国中央司令部）是美国负责中东（Middle East）和近东（Near East）行动的军事司令部。在 2008 年，美国中央司令部被间谍软件感染。一个 USB 驱动器被人丢弃在中东美国国防部的一处设施的停车场内，一名士兵捡到了它并把它插入到他的工作站，这样就将间谍软件植入了 CENTCOM 的网络中。该蠕虫名为 Agent.btz，是 SillyFDC 蠕虫的一个变体。这是一起重大的安全破坏事件，我们可能永远不会知道到底丢失了多少数据、造成了多少破坏。

2009 年发生许多基于 Internet 的攻击，特别是针对美国政府网站的攻击，例如五角大楼和白宫的网站，以及韩国的各种政府机构的网站。显然，这些都是网络恐怖主义的实例，尽管它们造成的威胁相对较小。

2010 年 12 月，一个自称为巴基斯坦网络军队的组织入侵了印度最高调查机构——中央调查局（Central Bureau of Investigation，CBI）的网站。实际上，这种网络间谍活动比向公众披露的更为普遍。

2015 年，与伊朗情报和安全部有联系的高级持续性威胁（APT）组织 MuddyWater 发起了攻击，导致土耳其一半的地区断电 12 小时。该组织使用恶意 PDF 和 Office 文档作为其主要攻击媒介[一]。

2017 年，俄罗斯支持的黑客通过 Twitter 攻击了至少 1 万名美国国防部（Defense Department，DoD）员工。

2019 年，俄罗斯指责美国在俄罗斯电网上植入恶意软件[二]。俄罗斯政府声称，美国对俄罗斯电网的探查可以追溯到 2012 年。然而，没有证据表明任何恶意软件确实被使用过。

2022 年，美国声称已经在世界各地删除了恶意软件，以防止俄罗斯的网络攻击。这些恶意软件的目的是允许 GRU（俄罗斯军事情报组织）创建并控制僵尸网络[三]。

显然，这个问题不是假设的，而是实际的和日益严重的。在本章的后面部分，我们将对

[一]　https://www.zdnet.com/article/state-sponsored-iranian-hackers-attack-turkish-govt-organizations/.

[二]　https://www.securityweek.com/us-planted-powerful-malware-russias-power-grid-report.

[三]　https://www.justice.gov/opa/pr/justice-department-announces-court-authorized-disruption-botnet-controlled-russian-federation.

具体事件进行详细分析。

12.2.1　印度与巴基斯坦

印度和巴基斯坦这两个国家之间有很深的仇恨，这种状况已经持续了一段时间。近年来，两国彼此发起网络攻击也就不足为奇了。

2015 年 8 月，网站 One India 上发表了一篇题为"Pakistan Wants to Launch Cyber War on India"的文章。作者在文章中说："巴基斯坦情报局的网络部门已经发出警告，在这场针对印度的代理服务器的信息战中，巴基斯坦网络部队可能会攻击印度的政府网站⊖。"根据最新警报，巴基斯坦情报局（Pakistan's ISI）已指示其网络部队向印度宣战。

这种情况仍在继续。2022 年，一篇文章讨论了印度和巴基斯坦在克什米尔争端中使用的网络攻击的各种方式⊜。此外，网络冲突过程中，双方都利用了第三方作为助力。

12.2.2　俄罗斯黑客

据网络情报公司 ISight Partners 称，2014 年，来自俄罗斯的黑客监视北约和欧盟使用的计算机⊜。他们通过利用 Microsoft Windows 系统中的漏洞来完成间谍活动。据报道，黑客还以乌克兰为攻击目标进行间谍活动。

12.2.3　伊朗 – 沙特紧张局势

伊朗和沙特阿拉伯之间的紧张关系已经持续了几十年。也门内战是伊朗和沙特阿拉伯之间的代理人战争。双方都指责对方发起了网络攻击。此外，外界对此事的指控也很多。胡塞武装被指控为伊朗的代理人，因为胡塞武装和伊朗都是什叶派。美国和沙特阿拉伯都指责伊朗资助了胡塞武装，但伊朗和胡塞武装否认双方有任何联系。厄立特里亚等非洲国家也被指控支持胡塞武装。也门政府实际上得到了美国和沙特阿拉伯的支持。

2012 年首次发现了 Shamoon 病毒，并在 2017 年发现了一种变种。Shamoon 充当间谍软件，但在将文件上传给攻击者后会删除它。该病毒攻击了沙特阿美石油公司的工作站，一个名为"正义之剑"的组织声称对此次攻击负责。而且，就像 Stuxnet 一样，这种病毒感染了目标系统以外的系统。

12.3　网络战武器

在网络战和网络恐怖主义活动中，恶意软件一直是最主要的武器。无论它是间谍软件、病毒、特洛伊木马、逻辑炸弹还是其他种类的恶意软件，本质上都是恶意的软件，都是引发网络冲突的主要工具。在本节中，我们将研究在网络冲突中所使用的一些著名的恶意软件。

12.3.1　Stuxnet

震网（Stuxnet）病毒是武器化的恶意软件的一个经典示例。Stuxnet 首先通过感染了

⊖　https://www.oneindia.com/india/pakistan-wants-to-launch-cyber-war-on-india-1831947.html.

⊜　https://nationalinterest.org/blog/techland-when-great-power-competition-meets-digital-world/how-pakistan-brought-cyberwar-kashmir.

⊜　https://www.nytimes.com/2014/10/15/business/international/russian-hackers-used-bug-in-microsoft-windows-for-spying-report-says.html.

病毒的 USB 驱动器传播，但是，一旦它感染了某台计算机，就会在整个网络甚至 Internet 上传播。然后，Stuxnet 病毒搜索与特定类型的可编程逻辑控制器（Programmable Logic Controller，PLC）连接，特别是西门子 Step7 软件。如果发现了特定的 PLC，Stuxnet 将为 PLC 加载特定的 DLL 副本，以便监视 PLC，然后更改 PLC 的功能。

Stuxnet 原本是针对伊朗铀浓缩的离心控制器而设计的，但是病毒传播超出了预期的目标，因此广为人知。尽管许多用户报告说 Stuxnet 在伊朗反应堆之外没有造成重大的破坏，但在许多机器上都能检测到它。

Stuxnet 采用了经典的病毒方式进行设计。它具有三个模块：蠕虫，负责执行攻击的相关例程；链接文件，用于执行蠕虫副本的传播；rootkit，负责隐藏文件和进程，目的是增大检测到 Stuxnet 的难度。探索 Stuxnet 的复杂性并不是本书讨论的目的。相反，我们在这里介绍 Stuxnet 是为了说明这是利用恶意软件进行攻击的一个实例，至少是这类攻击的一次尝试。

12.3.2　Flame

没有对火焰（Flame）病毒的讨论，就不能算是对网络战和间谍活动的现代讨论。该病毒于 2012 年首次出现，攻击目标是 Windows 操作系统。该病毒的第一个特点是，它是专门为间谍活动设计的。2012 年 5 月在多个地方首次发现该病毒，包括伊朗政府网站。Flame 是一个间谍软件，可以监测网络流量并可获取受感染系统的截屏画面。

Flame 这个间谍软件可以记录键盘活动、监测网络流量、获取截屏，据报道称它甚至可以记录 Skype 的对话内容。它还会将受感染的计算机变成蓝牙信标（Bluetooth beacon），从而尝试从附近启用蓝牙的设备上下载信息。

卡巴斯基（Kaspersky）实验室报告说，Flame 文件中包含的一个 MD5 哈希值仅出现在中东的机器上，这表明病毒作者有可能将恶意软件攻击瞄准了特定的地理区域。Flame 病毒也被发现有一个 kill 函数，它允许控制病毒的人发送指令信号来删除病毒自身活动的所有痕迹。上述这两点表明，这是为恶意软件进行的一种尝试，然而结果似乎是失败的，否则我们永远都不会知道它的存在。

12.3.3　StopGeorgia.ru

StopGeorgia.ru 论坛是一个在线论坛，旨在发起针对格鲁吉亚境内关键网络目标的攻击。这个在线论坛指定特定目标，并提供教程（在某些情况下还提供攻击工具），帮助低技能的攻击者参与针对目标的攻击，甚至提供指向代理服务器的链接，通过隐藏攻击者的真实 IP 地址和位置来帮助他们进行攻击。

StopGorgia.ru 网站提供的示例中，有一个名为 DoSHTTP 的工具可以自动发起 DoS 攻击，而格鲁吉亚的网站和 IP 地址列表正好是良好的目标。

12.3.4　FinFisher

间谍软件 FinFisher 是专门为执法机构设计的，用于收集嫌疑人的证据。但是，该软件是由维基解密网站（Wikileaks）发布的。

12.3.5　BlackEnergy

从理论上讲，BlackEnergy 可以操纵供水和电力系统，包括造成停电和供水中断。

BlackEnergy 恶意软件特别影响发电厂。该恶意软件是一个 32 位 Windows 可执行文件。BlackEnergy 是多功能的恶意软件，能够启动几种不同方式的攻击。它可以发起分布式拒绝服务（DDoS）攻击，还可以提供 KillDisk 功能，该功能可使系统无法使用。

12.3.6　Regin

Regin（也被称为 QWERTY 和 Prax）是一个恶意软件和黑客工具包，据称是由美国国家安全局与英国 GCHQ 合作开发的。该恶意软件于 2014 年由卡巴斯基实验室（Kaspersky Lab）和赛门铁克（Symantec）首次发布。这种恶意软件针对特定的 Windows 计算机，由于其加密的虚拟文件系统，它非常隐蔽。

12.3.7　NSA ANT Catalog

据报道，NSA ANT Catalog 是美国国家安全局（NSA）提供给美国政府内部有许可的机构的一个目录。它是由美国国家安全局下设的特定入侵行动组（Tailored Access Operation，TAO）开发的恶意软件目录，其中包括间谍软件。许多来源声称拥有这份目录中的项目列表和屏幕截图。考虑到该目录的机密特性，如果该目录确实存在，则任何声称拥有该目录详细信息的网站都应受到怀疑。

12.4　经济攻击

网络攻击可以通过多种方式对经济造成破坏，丢失文件和记录是其中的一种。第 9 章中我们讨论了网络间谍活动并提到了数据的内在价值。除了窃取这些数据外，还可以轻易地销毁这些数据，在这种情况下，数据将丢失，并且用于累积和分析数据的资源也白白被浪费了。为了与这种情况进行类比，我们假设有一个怀有恶意目的的人，他可以选择只是破坏你的汽车而不是偷车。无论哪种情况，你都没有了汽车，将不得不花费更多的资源来获取交通工具。

攻击者除了简单地破坏具有经济价值的数据（记住，没有内在价值的数据很少）之外，还有其他方法可以造成经济活动的中断。其中一些方法包括窃取信用卡、从账户转账和进行欺诈。但是，事实是，如果 IT 人员只是参与清理病毒，而不是开发应用程序或管理网络和数据库，就有可能造成经济损失。各个公司现在需要购买杀毒软件和入侵检测软件、雇佣计算机安全专家，这意味着计算机犯罪已经给世界各地的公司和政府造成了经济损失。然而，随机的病毒暴发、单独的黑客攻击和网络欺诈所造成的一般性损害并不是本章所关注的经济损害类型。本章着重关注对一个或多个特定目标的协同蓄意攻击，其唯一目的是造成直接的损害。

有一个方法可以让我们更好地了解这类攻击所造成的影响，就是遍历一个场景。例如，X 团队（可能是一个具有侵略性的国家、一个恐怖组织、一个激进组织，或者意图破坏特定国家的任何组织）决定对某个国家进行某种协同攻击。它发现有一小群人（在本例中假设为 6 人）精通计算机安全、网络和编程，这些人由于意识形态和金钱需求的驱使，组织起来发动一次协同攻击。他们完全能够实施此类攻击，并造成重大的经济损失，可以想象这将会展现不同的应用场景。接下来简要介绍的示例只是那些可能的攻击方式之一。在这种情况下，每个人都有各自的任务，并且所有任务都设计为在同一特定日期被激活，并发动攻击：

- 团队成员一，搭建几个假的电子商务网站。这些站点中的每一个仅运行 72 小时，并假装成主要的股票经纪公司网站。在短暂的时间内，该网站的真正目的只是收集信用卡号、银行账号等。在预定的日期，所有这些信用卡号和银行账号将被自动地、匿名地发布到各个公告板/网站和新闻组中，以供希望使用这些信息的任何不法分子使用。

- 团队成员二，创建包含在特洛伊木马中的病毒。其功能是在预定日期删除关键系统的文件。同时，它显示了一系列业务提示或激励性的标语，使其受到行业人士的欢迎，从而引导他们都去下载木马程序。
- 团队成员三，制造另一种病毒。它旨在关键的经济网站（如证券交易所或经纪行的网站）上创建分布式拒绝服务（DDoS）攻击。该病毒无害传播，并设置为在预定日期发起 DDoS 攻击。
- 团队成员四和五，开始对主要银行系统进行跟踪（footprinting），准备在预定日期侵入它们。跟踪是收集信息的过程，有些是从公共资源中收集的，有些则是通过扫描目标系统/网络收集的。
- 团队成员六，准备一系列错误的股票提示，目的是在预定日期对 Internet 进行洪泛攻击。

如果这些人都成功地完成了各自的任务，则在预定的日期，将关闭几家主要的经纪行（brokerage）以及可能的政府经济网站，病毒在网络上泛滥，并从成千上万的商人、经济学家和股票经纪人的机器中删除文件。Internet 上发布了成千上万张信用卡和银行卡号，从而使很多信息被滥用。入侵团队的成员四和成员五取得成功就意味着一个或多个银行系统可能受到损害。不需要经济学家，我们就能意识到这将轻易造成数亿美元，甚至数十亿美元的损失。与大多数传统的恐怖分子袭击（爆炸事件）相比，这种性质的协同攻击很容易对国家造成更大的经济损失，如图 12.1 所示。

图 12.1　X 团队的一个小组成员

你可以在这种情况下进行推断，想象不仅仅是一个由 6 名网络恐怖分子组成的小组，而是 5 个由 6 人组成的小组，每个小组都有不同的任务，每个任务大约相隔 2 周完成。在这种情况下，目标国家的经济将面临长达两个半月的困境。

在过去的几十年中，核科学家受到许多国家和恐怖组织的追捧，这种说法并不是特别牵强，因为的确是这样。最近，这些国家和组织又在寻求和招募生物武器方面的专家。现在看来，他们极有可能洞察到这种形式的恐怖主义的可能性，并寻求计算机安全/黑客攻击方面的专家。鉴于有成千上万的人具备这些必不可少的技能，所以一个有动机的组织完全能够找到几十个愿意完成这些行动的人。

12.5　军事行动攻击

当同时提到计算机安全和国防时，最容易出现在脑海中的想法是，某些黑客可能侵入美国国防部（Department of Defense，DoD）、美国中央情报局（Central Intelligence Agency，CIA）或美国国家安全局（National Security Agency，NSA）的超安全系统。但是，侵入世界上最安全的系统的可能性很小，虽然不是不可能，但却是非常困难的。此类攻击最可能的结果是攻击者被立即逮捕。这些系统是高度安全的，入侵它们并不像某些电影所暗示的那样容易。但是，在许多情况下，闯入不太安全的系统可能也会危害国家的国防或使军事计划处于危险之中。

我们考虑一个敏感性较低的军事系统，例如负责基本供应（例如食物、邮件、燃料）的后勤系统。如果有人入侵了这些系统中的一个或多个，他也许可以获得信息：几架 C-141（一种经常用于运送部队和伞兵行动的飞机）正被运送到一个离某个城市不远的基地——这个城市一直是政治紧张局势的焦点。这个系统入侵者（或入侵者团队）还发现，大量的弹药和粮食供应（可能足以供 5000 名部队士兵使用 2 个星期）同时被送到该基地。然后，在另外一个低安全性的系统上，入侵者（或入侵者团队）注意到，一个特定的单位（例如某空降师的两个旅）已经取消了所有军事休假。不需要军事天才就可以得出结论，这两个旅正准备降落到目标城市并保护该目标城市的安全。因此，入侵者已经推断出将要进行军事部署的事实、军事部署的规模，以及军事部署的大概时间，而无须尝试闯入高安全性的系统。

我们将前面的场景提升到一个新的水平，假设黑客深入到低安全性的后勤供应系统中。然后再假设他不采取任何行动来改变军旅或运输机成员的路线，因为这些行动可能容易引起人们的注意。但是，他更改了补给品的装运记录，因此补给品要迟到两天并送达错误的基地。如果中途没有补充弹药或粮食，这两个旅可能会处于危险之中。当然，情况可以得到纠正，但是所涉及的部队会在一段时间内没有补给品供应，入侵者就可能争取到足够的时间来阻止这些部队成功完成任务。

这只是两种低安全性/低优先级的系统会导致非常严重的军事问题的场景，由此进一步说明了在所有系统上对高安全性的迫切需求。鉴于商业和军事计算机系统中众多组件的互连性，因此没有真正的"低优先级"的安全系统。

12.6　常规攻击

前面概述的攻击场景涉及具有特定策略的特定目标。但是，一旦特定目标受到了攻击，便可以为它准备防御措施。许多安全专业人员一直在努力阻止这些特定的攻击。更具威胁性的是没有特定目标的、目标不明确的攻击。我们考虑一下 2003 年底和 2004 年初的各种病毒攻击。除了 MyDoom（明确针对圣克鲁斯组织）外，这些攻击均未针对特定目标。但是，大量的病毒和网络流量攻击确实造成了重大的经济损失。全球的 IT 人员放弃了他们的常规项目，以清理受感染的系统并增强系统的防御能力。尽管这些攻击已发生数年之久，但它们是非常典型的，因此还是值得研究的。

　　这导致了另一种可能的场景，其中各种网络恐怖分子不断释放各种各样的新病毒，进行拒绝服务攻击，并努力使整个 Internet（尤其是电子商务系统）在一段时间内几乎无法使用。由于没有具体的防御目标或明确的意识形态动机作为犯罪者身份的线索，因此这种情况实际上将更加难以应对。

12.7　监视控制和数据采集系统

　　操作和监视大型设施（例如发电机、民防警报器、水处理厂）的工业系统对网络恐怖主义来说是极具吸引力的目标。2009 年，*60 Minutes* 时事杂志做了一份有关电力系统脆弱性的调查报告。调查报告显示，为能源部工作的渗透测试工程师能够接管一台发电机并可能使它过载，从而造成永久性损坏，使它脱机。感染伊朗核设施的著名的 Stuxnet 病毒正是利用了监视控制和数据采集（Supervisory Control And Data Acquisitions，SCADA）系统中的漏洞。

　　这些系统特别令人关注，因为对它们造成的损害不仅仅是经济上的攻击。对 SCADA 系统的网络攻击完全有可能造成对人类生命的威胁。

　　SCADA 系统的组件包括：

- 远程终端单元（Remote Terminal Unit，RTU）连接到传感器，用于发送和接收数据，通常具有嵌入式控制功能。
- 可编程逻辑控制器（Programmable Logic Controller，PLC）。
- 遥测系统，通常用于将 PLC 和 RTU 与控制中心连接。
- 数据采集服务器，利用工业协议通过遥测技术将软件服务与现场设备（如 RTU 和 PLC）连接起来的软件服务。
- 人机界面（Human–Machine Interface，HMI），可将处理后的数据呈现给操作员。
- Historian，这是一种软件服务，可在数据库中累积时间戳数据、布尔事件和布尔警报。
- 监视（计算机）系统。

　　SCADA 安全是有标准的。特殊出版物 800-82（修订版 2）"Guide to Industrial Control System（ICS）Security"是专门针对工业控制系统的。工业系统包括 SCADA（监视控制和数据采集）系统和 PLC（可编程逻辑控制器）。该标准首先详细研究了针对这些系统的威胁，然后讨论了如何为此类系统制订全面的安全计划。

12.8　信息战

　　信息战（Information warfare）肯定早于现代计算机的出现，实际上，它可能与常规战一样古老。本质上，信息战是为追求军事或政治目标而操纵信息的任何尝试。当你尝试使用任何过程来收集有关对手的信息时，或者当你使用宣传来影响冲突中的观点时，这都是信息战的例子。第 7 章讨论了计算机在公司间谍活动中的作用。相同的技术可以应用于军事冲突中，其中计算机可以用作从事间谍活动的工具。尽管本章不对信息收集进行重新讨论，但这也是信息战的一个部分。宣传是信息战的另一个方面。信息的流动和扩散会影响部队的士气、公民对冲突的看法、对冲突的政治支持，以及国际组织的参与。

12.8.1　宣传

　　计算机和 Internet 是非常有效的宣传工具。当今社会，许多人将 Internet 作为新闻的第二来源，甚至有人将它当作主要的新闻来源。这就意味着政府、恐怖组织、政党或任何激进组织可以利用看似是 Internet 新闻站点的网站来对任何冲突施加自己的政治主张。这样的网站不需要直接与传播相关观点的政治组织连接，实际上，不直接进行连接应该是最好。例如，爱尔兰共和军（Irish Republican Army，IRA）一直由两个不同且独立的部门运行：一个部门采取准军事/恐怖主义行动，而另一个部门是纯粹的政治部门。这样一来，称为 SinnFéin 的政治/情报部门就可以独立于任何军事或恐怖活动而进行活动。实际上，SinnFéin 现在拥有自己的网站 www.sinnfein.org，如图 12.2 所示，它以自己的视角传播新闻。但是，在这种情况下，任何阅读信息的人都很清楚的知道，它倾向于支持该网站创建方的观点。更好的情况（对有关政党而言）是，某个网络新闻来源的言论对一个政治团体的立场有利，但又与该组织没有任何实际联系。这使得新闻网站更容易传播信息，而不会被指责有明显的偏见。然后，政治组织（无论是国家、反叛组织还是恐怖组织）就能在新闻站点上"泄露"自己的新闻消息。

图 12.2　SinnFéin 网站

12.8.2　信息控制

自第二次世界大战以来，信息的控制一直是政治和军事冲突的重要组成部分。以下只是几个示例：

- 越南战争（Vietnam War）是第一次现代战争，但在美国内部遭到了强烈而广泛的反对。许多分析家认为反对原因是战争画面通过电视被传送到了千家万户。
- 有些国家的政府和军队意识到他们用来描述各种活动的言论都是可以影响公众认知的。他们不会报道有无辜平民在轰炸中丧生。相反，他们会指出存在"一些附带损害"。这些政府从来不会说自己是侵略者或发动了冲突，而说成是"先发制人"（preemptive action）。在这些国家持不同意见的人几乎都被描绘成叛国者或懦夫。

公众认知是任何冲突的重要组成部分。每个国家都希望自己的公民完全支持自己的所作所为，并保持很高的士气。高昂的士气和强有力的支持促使志愿军人服役，公众支持可为冲突提供资金，也有助于该国领导人的政治成功。同时这些国家希望敌人士气低落，不仅要怀疑他们在冲突中取得成功的能力，还要怀疑他们在冲突中的道德立场。你希望敌人怀疑自己的领导能力，并尽可能地反对冲突。Internet为左右民意提供了一种非常廉价的工具。

网页只是传播信息的一个方面。让人们在各种讨论组中发帖也是特别有效的。一名专职宣传人员可以轻松管理25个或更多不同的网络角色（online personality），其中每个网络角色都需要花费时间在不同的论坛和讨论组中活动，支持他的政治实体想拥护的观点。这些言论可以加大某些Internet新闻机构发布的信息的影响，或者破坏这些信息。他们也可以制造谣言。即使是虚假的谣言也会非常有效。人们常常只能模糊地回忆起他们是在哪里听到的，以及是否有数据支持。

这名专职宣传人员可能具有军人身份（几乎不需要做什么研究就能证明这一点），并且可以发布"新闻报道中看不到的信息"，从而对冲突产生积极或消极的影响。然后，可以让那些同意并支持原来立场的其他网络角色参与讨论。这将使最初的谣言更具可信度。有人怀疑这种情况已经出现在Usenet新闻组和雅虎（Yahoo！）论坛上。显然，Usenet和Yahoo！只是两个例子。实际上，Internet上充斥着各种博客、社区网站、论坛等。

供参考的小知识：现在的网络信息战

任何熟悉Yahoo!新闻版面（这只是一个例子，当然还有更多）的人可能已经注意到一个奇怪的现象。在某些时候，匿名用户的帖子泛滥成灾，所有人说的都是基本相同的内容，甚至使用相同的语法、标点和措辞，并且都支持某种意识形态的观点。这些突发事件通常发生在舆论影响力很重要的时候，例如选举临近之时。这些帖子是否由知名或官方组织协调是有争议的。但是，它们是信息战的一个实例。一个人或一群人试图通过向一个特定的媒体（Internet团体）大量传播一种观点来左右舆论导向。如果他们幸运的话，一些人会复制文本并通过电子邮件发送给不参加新闻组的朋友，从而转向另一种媒体，广泛地传播其观点（在某些情况下完全没有事实依据）。

供参考的小知识：虚假信息——一种历史视角

自从大众传播，尤其是Internet问世以来，虚假信息宣传活动更容易进行了，但此类活动确实早于Internet甚至电视的出现。例如，在著名的第二次世界大战诺曼底登陆日（D-Day invasion）的前几周，盟军使用了许多虚假信息技术：

- 他们创建了文件和公报，列出了虚构的军事部队，这些军事部队将从与实际入侵计划完全不同的地点入侵。
- 他们使用加盟的双重特工向德国人传播了类似的虚假信息。
- 一些小组模拟了大规模入侵，分散了德国军队的军事力量。

12.8.3　虚假信息

另一类与宣传密切相关的信息战是虚假信息。假定军事对手正试图收集有关部队动向、军事力量、补给等方面的信息。明智的做法是设置具有错误信息的系统，这些系统的安全性足以保证其可信度，但又缺乏一定的安全性，不至于坚不可摧。例如，发送一个加密的编码消息，这样，当解密消息时，似乎说的是一件事，但是对那些可以完成编码的人来说，它却隐藏着另一个不同的消息。实际消息用"噪声""填充"。这种噪声是弱加密的虚假消息，而真实消息则被更强加密。通过这种方式，如果消息被解密，则很可能是伪造的消息被解密，而不是真实消息被解密。美国海军陆战队（USMC）的格雷（Gray）将军说："没有情报的通信是噪音；没有通信的情报是无关紧要的[○]。"

任何军事或情报机构的目标都是确保己方的通信畅通无阻，并使敌人只能听到噪音。

12.9 网络恐怖主义的实际案例

本章已经提到了几个案例。在本节中，我们将简要地介绍其他几个案例。我们将研究 1996 年～2016 年这 20 年间的事件。应该指出的是，计算机安全行业中有人认为网络恐怖主义或网络战争是根本不现实的。*Information Security* 杂志的马库斯·拉纳姆（Marcus Ranum）在 2004 年 4 月的一期杂志上也做了同样的陈述。他和其他人声称，网络恐怖主义不会带来任何危险，事实上，"网络战争的整个概念就是一个骗局[○]。"这句话虽然很古老，但它说明这不是一个新观点。不幸的是，实际案例研究表明，这种观点是完全错误的。但是，计算机战争和网络恐怖主义已被小规模使用。在不久的将来，我们似乎很有可能会看到更大规模的使用。

即使你认为本章前面各节中概述的场景只是过分想象的产物，你也应该考虑到已经发生的一些网络恐怖主义的真实事件，尽管严重程度没有理论上假设的那么严重。本节将进一步研究其中一些案例，以向你展示过去是如何进行此类攻击的。

接下来列出的事件，是恐怖主义特别监督小组（Special Oversight Panel on Terrorism）、美国国会众议院（U.S. House of Representatives）、武装部队委员会（Committee on Armed Services）之前报告中的证据材料。在本章的前面，我们列出了最近的一些攻击，这些较早之前发生的攻击事件对于说明此问题已经持续了多长时间非常重要。其中一些案例已经很久了，但是我们也把一些历史案例搬出来作为当前案例进行介绍。

- 1996 年，据称与白人至上主义运动（white supremacist movement）有关的计算机黑客暂时禁用了马萨诸塞州（Massachusetts）的一个互联网服务提供商（Internet Service Provider，ISP），并损坏了 ISP 记录保存（record-keeping）系统的一部分。这个 ISP 试图阻止黑客以 ISP 的名义发送全球种族主义信息。黑客威胁道："你还没有看到真正的电子恐怖主义。我保证。"

- 1998 年，泰米尔族（Tamil）游击队在两周内每天向斯里兰卡（Sri Lankan）大使馆发送 800 封电子邮件。消息显示："我们是 Internet 的黑虎，我们这样做是为了破坏你的通信。"情报部门表示这是恐怖分子首次攻击该国的计算机系统。这显然是一个很早的案例，但是它却说明了这种事情已经出现了很长时间。

- 在 1999 年的科索沃（Kosovo）冲突中，北约（NATO）的计算机遭到电子邮件炸弹的袭击，并遭到骇客主义者（该名称适用于那些使用网络恐怖主义为自己的事业工作的个人）的 DoS 攻击，以抗议北约爆炸案。此外，据报道，一些企业、公共组织和学

术机构都收到了来自一部分东欧国家的高度政治化的病毒邮件。Web 页面被破坏也很普遍。

- 2012 年首次发现了 Shamoon 病毒，2017 年又出现了一个变体。Shamoon 充当间谍软件的角色，它将本地的文件上传给攻击者后再将文件删除。该病毒攻击了沙特阿美石油公司（Saudi Aramco）的工作站，一个名为"正义之剑"的组织声称对该攻击负责。而且，像 Stuxnet 一样，该病毒感染了预期目标系统以外的系统。
- 2013 年，*New York Times* 报道了多次针对美国金融机构的网络攻击。
- 2015 年 12 月，由于 BlackEnergy 恶意软件，乌克兰夫斯克（Ukraine，Ivano-Frankivsk）大片地区断电约 6 个小时。
- 2017 年，美国指控俄罗斯使用杀毒产品卡巴斯基（Kaspersky）入侵了美国系统。2017 年秋天，以色列（Israel）声称已经入侵了俄罗斯的间谍机构，并发现证据表明俄罗斯确实在使用卡巴斯基作为网络间谍工具。这是一个经典案例，每个系统似乎都在入侵其他系统。
- 据称，2018 年 10 月，美国发起了一项名为"Synthetic Theology"的行动，以确定干涉马其顿和乌克兰选举的俄罗斯特工。据说整个行动是一次网络行动。
- 2018 年 11 月，德国的安全官员宣称，一个与俄罗斯有联系的组织已经锁定了几名德国议会成员、德国军方和几个大使馆的电子邮件账户，以其为攻击目标。
- 2019 年 1 月，与俄罗斯情报部门有关的黑客被发现将美国战略与国际研究中心（Center for Strategic and International Studies）作为攻击目标。
- 从 2019 年 3 月开始，有报道称，美国开始针对俄罗斯电网持续开展网络行动。

2021 年 3 月，有报道称俄罗斯黑客利用间谍软件攻击立陶宛政府官员。该组织名为 APT29，据称实施了各种与网络间谍活动有关的攻击。

2021 年 5 月，臭名昭著的 Colonial Pipeline 攻击是网络战和恐怖主义历史上的重要事件。这是一条控制着美国东海岸约 45% 的石油的管道。这次袭击迫使该公司关闭了管道，并最终支付了 500 万美元的赎金。这一事件被定性为网络恐怖主义。

在 2022 年俄罗斯入侵乌克兰之前，乌克兰遭到了多起网络攻击。这是动能战中使用网络战来提升作战效果的一个例子。

好消息是，这其中的大多数攻击造成的破坏都很小，而且明显是非专业人员所为。但是，技术水平更高的网络恐怖分子发动更具破坏性的攻击只是时间问题。然而，很明显，网络恐怖主义（至少是低强度的）已经出现了。这些警告需要得到重视，这些问题需要认真对待，如果完全忽略它们，灾难就会来临。我们还将在本章后面探讨其他值得关注的问题，例如通过 Internet 招募恐怖分子。下面是另外的一些实际存在的间谍活动。

- 2000 年 6 月，俄罗斯当局逮捕了一名男子，他们指控这名男子是美国中央情报局（CIA）支持的黑客。如图 12.3 所示，这名男子涉嫌入侵了俄罗斯国家安全局（FSB）的系统，并收集了机密信息，然后将它们传给了 CIA。此案例说明了熟练的黑客利用其知识进行间谍活动的潜力。这种间谍活动可能比媒体报道的要频繁得多，而且许多此类事件可能永远不会被曝光。
- "阿巴比尔行动"（Operation Ababil）是由黑客组织发起（hacktivist-led）的攻击，2012 年它对纽约证券交易所和多家银行实施了 DoS 攻击。黑客组织"伊斯兰网络战士"（Qassam Cyber Fighters）声称对此负责。

- 也许最令人不安的是，2015 年美国人事管理办公室（U.S. Office of Personnel Management）遭到入侵。据估计，超过 2100 万条记录被盗，包括对安全许可人员的详细背景调查资料。

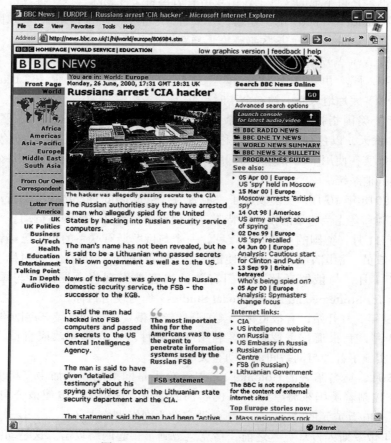

图 12.3　BBC 关于被捕黑客的报道

当我们听到一些用于通信、天气和军事行动的卫星可能容易遭到黑客攻击的报道时，也会感到很恐怖。原因是执行此类攻击所需要的技能水平应该很高，因为这些系统的漏洞似乎不太可能被利用。如前所述，黑客攻击与其他人类行为一样，是基于平均定律的，大多数人都是平庸的。侵入 / 破坏卫星系统安全性所需要的技能水平远高于损害网站安全性所需要的技能水平。当然，这并不意味着这样的攻击是不可能的，而仅仅是它的可能性比较小。

12.10　未来趋势

通过仔细分析在网络犯罪和恐怖主义方面当前发生的事情以及该领域的最新发展历史，我们可以合理地推断并准确地估计在不久的将来什么样的趋势将占据主导地位。本节将尽力做到这一点。当然，应该同时考虑积极的趋势和消极的趋势。

12.10.1　机器学习 / 人工智能

随着机器学习（Machine Learning，ML）和人工智能（Artificial Intelligence，AI）的发

展，它们将对网络战产生影响也是意料之中的事情了。实际上，机器学习已经对黑客产生了影响。网络战只是一个国家或国际威胁者协同使用黑客攻击来达到政治目的的行为。这里有一个机器学习增强黑客攻击的例子：2021 年 8 月发表的一篇文章表明，人工智能写的钓鱼邮件比人类写得更好、更可信[⊖]。

2019 年发表在 ZDNet 上的一篇文章："Adversarial AI: Cybersecurity Battles Are Coming"概述了 AI 和 ML 即将在进攻性行动中被使用，并且攻击可能完全由 AI 执行[⊖]。

鉴于恶意软件是网络战中的首选武器，而网络战是国家安全政策的一部分，那么下一步自然是将机器学习应用于进攻性网络能力。其中一个重点是在开发和部署武器化恶意软件的过程中使用机器学习。

在恶意软件中直接实施机器学习将导致恶意软件消耗目标上的大量资源，极有可能被发现。机器学习算法可以载入到命令和控制服务器。然后给定类型的恶意软件的各种实例将数据传送到指挥和控制中心。这些数据将接受机器学习，以提高当前部署的恶意软件的效率。它起作用的方式与命令和控制中心的僵尸网络通信大致相同。

此外，机器学习算法可用于开发和测试武器化恶意软件，这将使恶意软件更高效和更有效。机器学习还可以用于增强漏洞发现，以提高攻击的效率。

12.10.2　积极的趋势

确实，各国政府似乎已经开始注意到这一问题，并正在采取一些措施来减轻这种危险。例如，2002 年，当时来自北卡罗来纳州民主党（D-NC）的参议员约翰·爱德华兹（John Edwards）提出了两项议案，旨在拨款 4 亿美元用于网络安全。第一项措施，被称为 *Cyberterrorism Preparedness Act of 2002*，图 12.4 中显示了其中的一部分内容。该措施在 5 年内拨款 3.5 亿美元用于改善网络安全状况，首先用于联邦系统，然后用于私人部门。它还建议创建一个小组，负责收集和分发有关最佳安全实践的信息。图 12.5 中显示了 *Cybersecurity Research and Education Act of 2002* 的一部分内容，该法案将在 4 年内提供 5000 万美元的研究资金，用于培训网络安全方面的 IT 专家。它还呼吁建立一所网络大学，让管理人员可以在该大学获得不断更新的培训。最终 *Cyberterrorism Preparedness Act of 2002* 这一法案获得通过，成为 107-305 号公法（Public Law 107-305）。*Cybersecurity Research and Education Act of 2002* 未获得通过，然而，它的许多目标被写入 *PATRIOT Act*。

美国 *PATRIOT Act* 的第 8 章专门针对网络恐怖主义。该法案在网络恐怖主义（cyber terrorism）的定义中包含的网络攻击的数量是广泛的，包括企图破坏或更改医疗记录以及在目标系统中释放病毒。处罚也有明确规定。

在 2010 年，美国国防部成立了美国网络司令部（U.S. CYBER COMmand，USCYBERCOM）。该部队位于马里兰州米德堡，是一支联合特遣部队，也是美国 4 个武装部队之一。

2011 年，荷兰国防部制定并发布了一项包括联合网络防御军事部门在内的网络战略。荷兰国防部还组建了一支名为国防网络司令部（Defence Cyber Command，DCC）的网络攻防部队。

⊖　https://www.wired.com/story/ai-phishing-emails/.

⊖　https://www.zdnet.com/article/adversarial-ai-cybersecurity-battles-are-coming.

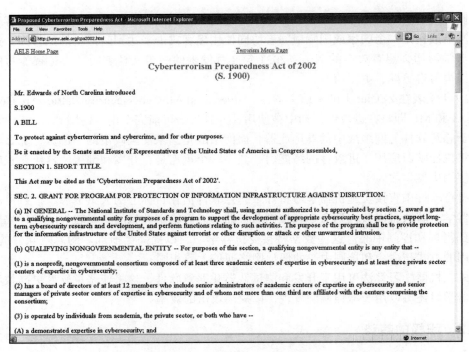

图 12.4   *Cyberterrorism Preparedness Act of 2002*

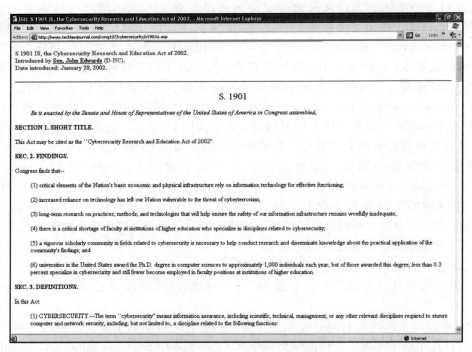

图 12.5   *Cybersecurity Research and Education Act of 2002*

　　2013 年，德国披露它拥有一个计算机网络运营部门。一些公共报告表明该部门规模很小，只有大约 60 名成员，但是该部门的性质使我们很难获得其准确的成员数。据报道，德国情报局在 2013 年开始招募大批黑客。

越来越多的国家像对待其他国防领域一样重视网络防御，并建立了适当的军事和情报组织来应对它。

在本书的第 2 版中曾提过："要求每个警察局都配备一名计算机犯罪专家是不合理的。然而，国家级调查机构应该能够雇佣这样的专家。"我很高兴地告诉大家，这一领域的许多积极趋势已经超出了预期。首先，许多执法机构，甚至是一些小型地方机构，现在确实拥有网络取证侦探（cyber forensic detective）。还有许多网络犯罪工作组将州、地方和联邦资源集中在一起。例如，美国特勤局在全国各地建立了电子犯罪工作组，汇集了各州、地方和联邦的资源来打击网络犯罪和恐怖主义。美国国土安全部还建立了区域融合中心（Fusion Centers），以协助协调情报机构和执法机构之间的信息共享。

12.10.3　消极的趋势

不幸的是，虽然立法机构意识到这一问题并将一些资源用于该问题，但威胁仍在继续增加。由兰德公司委托撰写的一篇论文指出，有一些组织（例如基地组织），截至本书撰写之时仍未将网络恐怖主义用作其攻击手段之一，但它们已经利用 Internet 和计算机技术资源来计划各种活动并进行协同训练。

早在 2000 年，美国会计总署（U.S. General Accounting Office）就对几种可能的网络恐怖主义场景发出了警告。如图 12.6 所示，研究小组关注的是比本章概述的任何场景都要致命的攻击者。相关报告提出了一些可能的攻击场景，在其中的某个场景中，一家化工厂里由计算机控制的机器被更改，从而将有毒化学物质释放到环境中。这可以通过多种方式来完成，包括简单地使机器严重过度生产、过热或者过早关闭设备。研究小组还考虑了通过计算机系统中断或损害供水和电力的场景。本质上，该小组关注的是网络攻击的直接后果可能造成巨大伤亡的可能性，而不是本章场景所关注的经济损失。

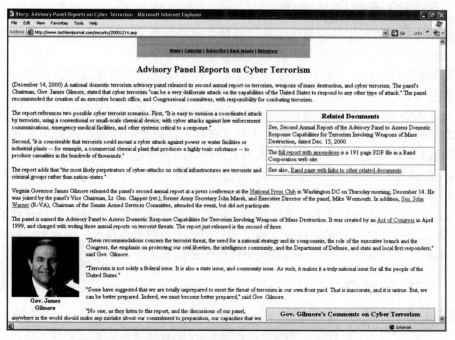

图 12.6　兰德关于网络恐怖主义的报告

12.11   防范网络恐怖主义

随着整个世界越来越依赖计算机系统，网络恐怖主义的威胁将越来越大。显然，我们必须更加强调计算机安全。除了本书已经推荐的基本安全措施外，以下还有一些有关防范和保护系统免遭网络恐怖主义袭击的建议：

- 大型学术机构必须开始致力于计算机安全的专门研究和学术计划。幸运的是，自从这本书的早期版本以来，这种情况已经改变了。我们现在拥有广泛的网络安全相关学位。

- 必须更加严肃地对待计算机犯罪，并对犯罪嫌疑人采取更严厉的惩罚措施和进行更为积极的调查。这一点自本书的早期版本以来也有所改善。

- 与其培训执法人员在计算机犯罪方面的基础知识，不如培训高技能的计算机专业人员在执法方面的能力。要想充分打击网络恐怖主义，你首先必须是一名高素质的计算机专家。

- 可能需要实现一个紧急报告系统，以便来自各个行业的安全专业人员有一个单一信息源，在这里他们既可以报告系统所受到的攻击，也可以查看其他安全专业人员正在处理的问题。所有的安全专业人员成为一个整体，以更快地识别出何时发生了协同攻击。目前有许多不同的报告和通信平台。

此外，你可以对现有的安全措施进行补充和更改。例如，你应该有一个恢复过程，以便在某人删除重要文件时可以对被删除的数据进行快速恢复。你还应该按照第 9 章的建议，评估哪些数据是最有价值的，并将注意力集中在这些数据上。但是，正如本章指出的那样，你必须考虑到，那些最初看起来没有多少价值的个人或公司数据，可能比你谨慎对待的那些数据，实际上透露出更多的信息。

12.12   恐怖分子招募与交流

Internet 是一个不可思议的通信工具，但是它也可以作为恐怖组织进行交流和招募人员的工具。Internet 聊天室是恐怖分子进行交流和策划的理想场所。一个人可以轻松地建立一个私人聊天室或公告栏。然后，恐怖组织的成员就可以使用公共终端登录该聊天室或公告栏，并讨论一些计划。

Internet 无处不在的特性使得地理位置分散的恐怖分子能够沟通和协调。Web 网站允许恐怖组织散布宣传、筹集资金和招募新成员。而且，正如我们前面所讨论的那样，Internet 甚至可以使极端主义团体鼓励单独的个体采取符合该团体利益的个人行动。

还有一个事实是，各种恐怖组织一直在使用社交媒体进行招募。社交媒体可以用来定位和吸引那些可能同情恐怖组织的人，然后就会有一个洗脑的过程。如果需要，恐怖组织甚至可以通过 Internet 为新恐怖分子提供有关炸弹制造等方面的培训。恐怖组织的优势在于，如果这些羽翼未丰的新恐怖分子被抓获，他可能对恐怖组织的具体情况一无所知。他甚至从未见过任何成员，因此他无法提供任何有关恐怖组织的信息。

12.13   TOR 与暗网

在前面的章节中我们已经提到过 TOR，但由于它与本章的主题相关，因此在这里再次进行讨论。洋葱路由（The Onion Router，TOR），可能看起来不像是密码技术在军事上的应用，但是，基于下述的两个原因，在本章中涵盖该主题也是适当的：

- TOR 项目是以美国海军早期开发的"洋葱路由"协议为基础的，它原来专门用于军事应用。因此，TOR 是军事技术民用的一个实例。
- 隐私倡导者每天都使用 TOR。但是，恐怖主义团体和有组织的犯罪者也使用它。

TOR 由全球数千个志愿中继组成。每个中继使用加密技术来隐藏通过它的通信流量的起点和最终目的地。每个中继只能解密一层的加密，从而揭示路径的下一站。只有最后一个中继才知道最终目的地，只有第一个中继才知道起点。这实际上使跟踪网络流量成为不可能。

洋葱路由的基本概念，是在 20 世纪 90 年代中期由美国海军研究实验室（U.S. Naval Research Laboratory）开发的，后来由美国国防部高级研究计划局（Defense Advanced Research Projects Agency，DARPA）进行了完善。洋葱路由的目标是在线提供安全的情报通信。

洋葱路由使用 TLS（在第 13 章中将有深入介绍）和临时密钥进行通信。之所以称为临时密钥，是因为它们是为一次特定用途而创建的，并会在使用之后立即销毁。128 位 AES 通常用作对称加密算法。

虽然洋葱路由网络是保护隐私的非常有效的工具，但它也已成为隐藏犯罪活动的一种方式。在 TOR 网络上存在着明确用于销售和分发非法产品和服务的市场。被盗的信用卡号和其他财务数据是 TOR 市场上的常见产品。

12.14　本章小结

显然，对任何工业化国家进行网络恐怖袭击可以通过多种方式进行。许多专家，包括政府的工作小组、参议员和恐怖主义研究专家在内，都认为这是一个非常现实的威胁。这意味着你在保护计算机系统安全时必须保持高度警惕，这比以往任何时候都更加重要。你还必须能够洞察到在数据的明显用途背后，那些意图伤害或造成经济困难的人是如何利用看似不重要的信息的。在本章末的技能测试中，你将有机会探索各种网络恐怖主义和信息战的威胁。

12.15　技能测试

选择题

1. 网络恐怖主义行为最有可能造成的破坏是什么？
   A. 生命损失
   B. 军事战略遭到破坏
   C. 经济损失
   D. 通信中断
2. 以下哪一项不是因网络恐怖主义造成的经济损失的例子？
   A. 数据丢失
   B. 账户转账
   C. 包括计算机在内的设施损坏
   D. 计算机诈骗
3. 以下哪种军事 / 政府系统最有可能成为成功的计算机黑客的攻击目标？
   A. CIA 最敏感的系统
   B. 北美空防司令部（NORAD）的核系统
   C. 低安全性的后勤系统
   D. 军事卫星控制系统
4. 以下哪一项可能是国内网络恐怖主义的一个案例？
   A. Sasser 病毒
   B. Mimail 病毒
   C. Sobig 病毒
   D. MyDoom 病毒
5. 网络恐怖主义与其他计算机犯罪有何区别？
   A. 它是有组织的
   B. 它出于政治或意识形态动机
   C. 由专家执行
   D. 通常更容易成功

6. 以下哪个政治团体已经使用 Internet 进行政治威胁？

    A. Internet Black Tigers   B. Al Qaeda

    C. Mafia   D. IRA

7. 什么是信息战？

    A. 传播虚假信息   B. 传播虚假信息或收集信息

    C. 收集信息   D. 传播虚假信息或保护通信

8. 以下哪个选项最有可能被视为信息战的一个案例？

    A. 冷战期间的自由欧洲之声   B. 广播政治谈话节目

    C. 普通新闻报道   D. 军事新闻发布

9. 以下哪个选项最有可能在信息战中使用 Internet 新闻组？

    A. 传播宣传   B. 监督持不同政见的团体

    C. 发送编码的消息   D. 招募支持者

10. 发送带有弱加密的错误消息，故意让它被拦截和破译，这是以下哪项的案例？

    A. 沟通不畅   B. 需要更好的加密   C. 虚假信息   D. 宣传

11. 以下哪项最能描述情报机构的通信目标？

    A. 向盟友发送清晰的通信，并向其他各方发出噪音

    B. 向盟友发送清晰的通信，仅向敌人发送噪音

    C. 向敌人发送虚假信息

    D. 向盟军发送明确的通信

12. 以下哪些冲突与网络战有关？

    A. 1989 年入侵巴拿马   B. 1990 年科索沃危机

    C. 1990 年索马里危机   D. 越南战争

13. 据称，以下哪个机构实际上逮捕过一名网络间谍？

    A. NSA   B. KGB   C. FBI   D. CIA

14. 以下哪项是可能会导致生命损失的网络攻击？

    A. 破坏银行系统   B. 破坏水供应

    C. 破坏安全系统   D. 破坏化工厂控制系统

练习

练习 12.1：查找信息战

1. 选择一个当前的政治话题。

2. 在多个公告栏、Yahoo! 新闻组或博客上跟踪该主题。

3. 寻找可能显示有组织地动摇人心的舆论或信息战的迹象。这可能包括由不同个人发布的，具有高度相似的观点、语法和句法的帖子。

4. 写一篇简短的文章，讨论你发现的内容以及你认为它可能构成信息战的原因。

练习 12.2：网络恐怖主义威胁评估

1. 选择一些你感兴趣的激进主义团体（政治或意识形态的）。

2. 仅使用 Web 收集尽可能多的有关该组织的信息。

3. 为该组织写一份简短的档案，包括你认为该组织从事信息战或网络恐怖主义的可能性以及

原因。

练习 12.3：查找信息策略

1. 使用 Web 或其他资源，查找有关信息传播的组织策略，找到几个示例。
2. 查找所有此类策略的共同点。
3. 写一篇简短的文章，解释为什么这些策略可能与信息传播或防止信息战有关。

练习 12.4：一个公司如何抗击网络恐怖主义

1. 与某个公司的 IT 员工进行面谈，了解他们在保护系统安全性时是否直接考虑了信息战或网络恐怖主义。
2. 了解他们采取了哪些措施来保护公司系统免受这些威胁。
3. 写一篇简短的文章，说明你发现的内容。

练习 12.5：综合技能练习

综合前几章中学到的知识，你可以应用哪些信息保护系统免受网络恐怖主义或信息战的侵害？为保护系统免受这些威胁，请你简要概述应采取的步骤。

项目

项目 12.1：计算机安全与网络恐怖主义

考虑一下到目前为止你在本书中已经研究过的各种安全措施。针对网络恐怖主义的威胁，请你写一篇文章讨论这些方法是如何与网络恐怖主义关联的。还要讨论对于以计算机为基础的恐怖主义威胁是否需要采用比本来使用的安全标准更高的标准，并说明原因。

项目 12.2：法律与网络恐怖主义

注意：这是一个小组项目。

使用 Web 或其他资源，查找并检查你认为与网络恐怖主义有关的法律。然后写一篇文章，描述你认为需要编写的有关网络恐怖主义的法案。从本质上讲，你的小组应该像起草新法案的国会委员会的技术顾问一样行事。

项目 12.3：网络恐怖主义场景

考虑本章介绍的网络恐怖主义的理论场景，编写一份你认为能够解决该场景并能够防御特定威胁的安全和响应计划。

案例研究

简·多伊是负责小型国防承包商安全的网络管理员。她的公司需要处理一些低级别的机密材料。她实施了一种有效的安全方法，其中包括以下内容：

- 防火墙关闭所有不需要的端口。
- 在所有计算机上安装杀毒软件。
- 保证网段之间的路由器是安全的。
- 对所有计算机上的操作系统每月打一次补丁。
- 口令很长并且很复杂，每 90 天更改一次。

你还会对简·多伊提出什么建议？解释提出每个建议的原因。

网络侦查[⊖]

本章学习目标

学习本章并完成章末的技能测试题目之后，你应该能够

- 在 Web 上找到联系信息。
- 在 Web 上找到法庭记录。
- 在 Web 上找到犯罪记录。
- 使用 Usenet 新闻组收集信息。
- 了解 Internet 上的信息来源。

13.1 引言

在前几章，我们已经研究了有关计算机安全的许多内容，其中有三个问题我们在本章将继续深入讨论，分别是身份盗用、黑客攻击以及针对敏感职位的潜在员工进行调查。

一个盗窃者想要实施对他人身份的盗窃，首先她必须掌握少量的与盗窃目标有关的一些信息，然后利用这些信息来收集更多的信息。盗窃者可能凭着一张废弃的信用卡收据或者水电费账单，就可以以此为基础找到足量的信息来确定受害者的身份。本章将向你展示一些使用 Internet 来发现更多个人信息的技术。你需要知道这些技术是如何工作的，这样你就能够更好地做好防御准备工作，并能够了解你的哪些个人信息是可被别人利用的。从垃圾信息中寻找有价值的信息，这种行为专业上称为垃圾箱潜水（dumpster diving）。

黑客（至少是那些技术娴熟的黑客）都希望获得有关目标个人或者目标组织和系统的信息，来协助威胁和破坏其安全。无论盗窃者是试图使用社会工程学方法还是仅仅猜测口令，掌握目标对象的信息都将有助于任务的顺利完成。一旦你意识到获取某些人的个人信息是如此的容易，你就会理解，为什么安全专家强烈地建议你千万不能使用与你有任何关联的口令，包括你的职业、爱好等任何可能追溯到你身上的相关信息。

最后，当你雇佣的员工可能有权访问敏感数据时，仅仅使用他们自己提供的参考信息并不能充分地审查他们的背景，雇佣私人调查人员可能也不切实际。但是你自己可以利用本章中提到的一些信息来进行某种程度的调查。

网络管理员在被雇佣前需要接受调查。这可能会让一些读者感到不解和惊讶，但是这一点确是尤为重要的。大多数公司对网络管理员的调查和对其他雇佣人员的调查基本上一样，通常比较粗略，包括验证学位或证书，以及进行个人相关信息的核对。某些公司可能还包括信用调查和本地犯罪情况调查。然而，对网络管理员的调查应该更细致、更彻底一些，原因很简单：不管你的安全措施有多严密，都不能把设置和维护它的人挡在门外。如果你正在考虑为本公司雇佣一名网络管理员，那么了解他与黑客组织是否有联系，这可能应该是你需要特别感兴趣的，或者仅仅知道他曾经有过判断失误，就可能表明他未来会判

⊖ 本章的内容开展基本以美国的部分网站为前提，对于中国读者来说，可操作性不大，但读者可阅读这一章的内容，来了解开展网络调查的思路。——编辑注

断失误的可能性很大。这些行为似乎有点偏执，但是站在你的立场上考虑，你应该需要保有一些偏执。

Internet 已经成为一个非常有用的调查工具，利用它可以找到潜在的职员、保姆等。Internet 上的许多信息都是免费的。美国许多州都有在线的法庭记录，还有很多其他资源可以用来查找所需要的信息。在这一章中，我们将研究你可以在 Internet 上使用的、用来定位关键信息的各种资源。

在正式开始讨论之前，有几点需要说明。首先，这些信息是双刃剑，你可以用它来查明一个潜在的商业伙伴是否曾经被起诉或者是否宣布过破产，或者你孩子所在的少年棒球联盟的教练是否有过犯罪记录。然而，正如之前简要地提及过的，无论是为了盗窃身份还是跟踪，一个不那么正直的人也可以使用这些技术来收集关于你的详细信息。有些人曾建议也许不应该把本章讨论的内容（其他一些相关的内容放在了不同的章节中）放在这本书中。然而，我的观点是，黑客、攻击者和身份盗用者早已经知道了这些资源，而我希望的是公平地进行竞争。其次，我还要提醒所有读者，侵犯他人隐私有悖于道德和伦理，在很多情况下，还需要承担必要的法律后果。在对任何人进行背景调查之前，最好先获得书面许可，或者更好的做法是，为了保证安全，只对自己的名字进行搜索。还必须强调的是，我既不是律师，也不是执法人员，只是提供技术和资源。如果你对合法性有疑问，可以咨询相关律师。

13.2 常规搜索

或许有时你只想找到一个人的地址、电话号码或电子邮件地址，也或许这是更全面调查的起点。Web 上有很多免费的服务可以让你进行这种调查工作，当然，服务也有好坏之分。而且，你搜索的名字越常见，就越难找到正确的信息。如果你在加利福尼亚州搜索 John Smith，不管你使用什么搜索机制（LinkedIn、Facebook 等），问题都是一样的，你可能很难处理得到的所有搜索结果。

一个相当容易使用（easy-to-use）的服务是雅虎搜人。当你访问 www.yahoo.com 时，你会在页面上看到很多选项。一个选项是如图 13.1 所示的雅虎搜人。或者你也可以直接访问网站 http://itools.com/tool/yahoo-people-search。

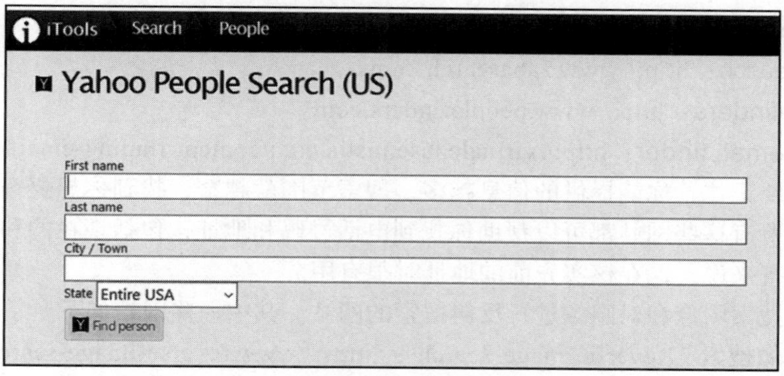

图 13.1 雅虎搜人

当你选择了这个选项时，你将看到一个类似于图 13.2 所示的界面。在这里，你可以输入名字和姓氏，以及一个城市或州的名称。你也可以搜索电话号码/地址或电子邮件地址。

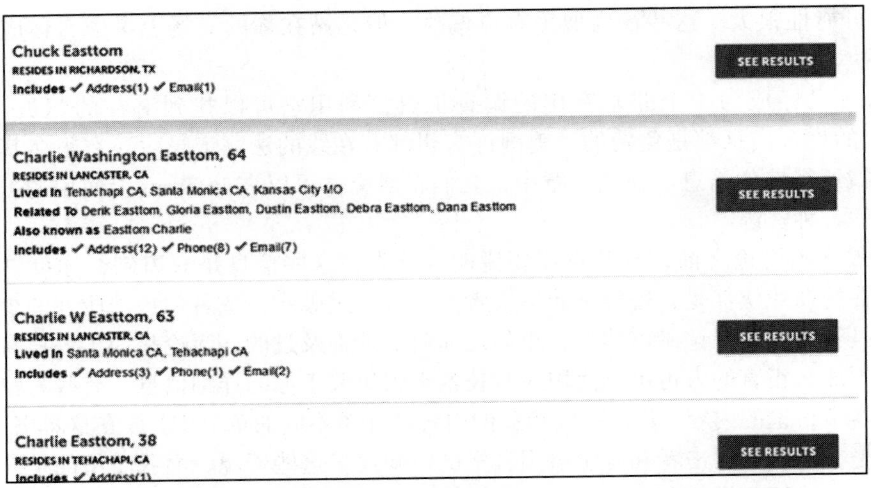

图 13.2   搜索选项

为了说明这项服务是如何工作的，我在得克萨斯（Texas）州（我住的地方）搜索了我自己的名字。图 13.2 所示的数据并不准确。在各种条目中，我的年龄为 64 或 63（还没有）和 38（很久之前了）。最接近的是声称我住在得克萨斯州理查森的条目。虽然我并不住在那，但离得并不远。因此，虽然信息在互联网上可用，但在开始搜索之前，你知道的越多，就越能排除不正确的结果。

许多网站能允许你调查和发现一个人的家庭住址或电话号码。其他几个可以考虑的比较好用的网站如下所示。

- 美国黄页（The Real Yellow Pages）：www.yellowpages.com。
- 美国搜索（US Search）：https://www.ussearch.com/。
- 脸书（Facebook）：www.facebook.com。
- 美国白页（Whitepages）：www.whitepages.com。
- 领英（LinkedIn）：www.LinkedIn.com。
- Spokeo：http://www.spokeo.com。
- People Search Now：http://www.peoplesearchnow.com。
- Zabasearch：http://www.zabasearch.com。
- Peoplefinders：http://www.peoplefinders.com。
- Justia email finder：http://virtualchase.justia.com/content/finding-email-addresses。

重要的是要记住，你能提供的信息越多，搜索范围就越窄，找到你想要查找的东西的可能性就越大。所有这些网站都可以帮助你找到电话号码和地址，包括现在的和过去的。对于雇员的背景调查来说，这在核实先前的地址时很有用。

这里也有搜索图像和对图像进行反向搜索的网站。其中一些网站如下所示。

- 反向图像搜索（Reverse Image Search）：https://www.reverse-image-search.com。
- 谷歌图片（Google Images）：https://www.google.com/imghp?hl=en。
- wolfram 语言图像识别项目（The Wolfram Language Image Identification Project）：https://www.imageidentify.com。

通过以上这些网站，你可以上传任何图像，网站将尝试对图像内容进行识别。

> **供参考的小知识：尊重隐私**
>
> 你可能想知道为什么我愿意把我的家庭住址和电话号码写在一本公开出版的书上。首先，这里展示的电话号码和地址并不准确，它们已经过时失效了。其次。为了说明这个调查的过程，我需要一个名字，而由于前面提到的责任的原因，我不能用别人的名字。任何人想要找到我目前的信息都不会太难，我的姓氏不常见，并且是个半公开（semi-public）的人物。但是，如果读者想联系我，我强烈建议通过我的网站（www.chuckeasttom.com）和电子邮件地址（chuck@chuckeasttom.com）联系我，而不是通过电话。我会努力试着回复我收到的所有电子邮件，但是经常会忽略打来的电话，当然，我也不鼓励任何人突然造访我的家！

电子邮件搜索

网站 https://virtualchase.justia.com/content/finding-email-addresses/ 链接到多个电子邮件搜索网站。一些链接到的网站还可以获取你的地址和电话号码。你可以访问的一个站点是 http://www.freeality.com/finde.htm，它可以帮助你进行大量的附加搜索，如图 13.3 所示。

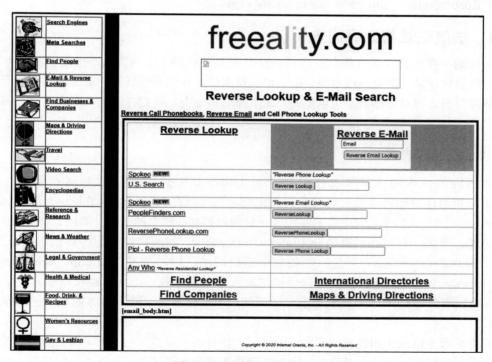

图 13.3　网站 Freeality.com

13.3　公司搜索

有很多网站可以让你收集感兴趣的公司的信息。美国证券交易委员会（SEC）在网站 https://www.sec.gov/edgar/searchedgar/companysearch.html 上提供上市公司的信息，如图 13.4 所示。

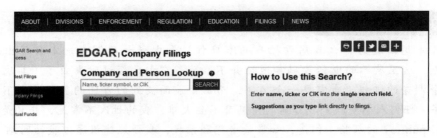

图 13.4　SEC 搜索

网站 https://opencorporates.com 提供了许多公司的信息。企业信息在很大程度上是公共信息，因此不必为此感到惊讶，有许多网站通过简单地汇总这些信息来帮助你。

邓白氏（Dun & Bradstreet）公司目录（网址：https://www.dnb.com/business-directory.html）已经在线提供多年，是一个非常可靠的公司信息来源。

以下是其他一些可以用来收集有关组织的财务信息的网站。

- MarketWatch：http://www.marketwatch.com。
- Experian：http://www.experian.com。
- Euromonitor：http://www.euromonitor.com。

13.4　法庭记录与犯罪调查

美国的一些州现在正在把各种各样的法庭记录放到网上，内容从一般的法庭文件到犯罪历史的具体记录，甚至是性犯罪者的名单。这类信息在你雇佣员工、请保姆或把孩子送到少年棒球联盟之前对你都是至关重要的。在下面的部分中，我们将讨论获取这类信息的各种资源。

13.4.1　性犯罪者登记处

美国提供在线的性犯罪者登记处（Sex Offender Registries）。联邦调查局有一份清单，上面相当详尽地列出每个州的在线登记处，你可以在 https://www.fbi.gov/scams-safety/registry 上访问相关信息。每个拥有在线登记处的州都列在这个网站上，如图 13.5 所示。

显然，美国一些州在信息公开（information public）的准确性方面比其他州做得更好。例如，得克萨斯（Texas）州有一个相当全面的网站，网站的网址是 https://records.txdps.state.tx.us/DpsWebsite/index.aspx。这个网站允许你单独查找一个人，也可以输入一个邮政编码（或城市名称），找出在该地区登记的任何一个性犯罪者。图 13.6 显示了上述网站的搜索界面。

得克萨斯（Texas）州性犯罪者登记处最引人注目的一点是，它列出了罪犯所犯的罪行并提供了罪犯的照片。这一点很重要，因为性犯罪者这个术语涵盖了各种各样的犯罪，而其中一些可能不会影响你是否应该雇用这个人。但是有些时候了解他被判过犯有什么罪是很重要的，如在确定他是否适合与你的孩子交往，或者他是否适合在你的组织工作时。

还需要注意的是，在 iPhone/iPad 上有一个名为“罪犯定位器”（Offender Locator）的 App，它会记录你的 GPS 位置，并列出附近登记在册的性犯罪者。

一些性犯罪者犯下了滔天罪行，许多美国家长希望利用这些信息来寻找潜在的保姆和教练，同时这些信息也适用于招聘筛选。然而，任何时候在使用任何信息做招聘筛选之前，都需要检查所在地区的法律。在法律上，你可能无法根据某些信息做出雇佣决定。和所有的法律问题一样，你最好的做法是咨询一位有声望的律师。

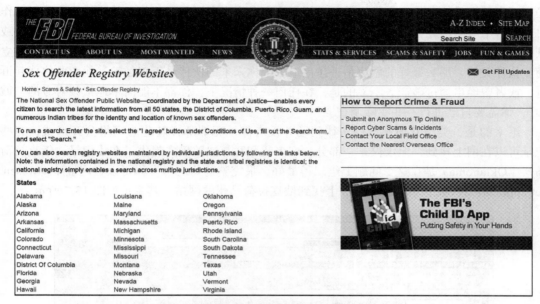

图 13.5　美国联邦调查局性犯罪者州登记处

图 13.6　得克萨斯（Texas）州性犯罪者搜索页面

警告

错误身份

　　曾经有过将性犯罪者名单搞错的案例。无论何时，当你发现一个人的负面信息时，无论来源如何，你都有责任在采取任何行动之前对这些信息进行核实。

13.4.2 民事法庭记录

现实生活中发生着各种各样的刑事犯罪以及民事纠纷，一个人的行为可能会牵扯到他是否适合某个具体工作。如果你需要雇佣一个人在人力资源部门工作，并让他负责监督工作机会是否平等的问题，那么了解他是否涉及家庭暴力，有没有出于种族歧视动机的涂鸦，或其他类似的事情，这些信息都可能会影响你的雇用决定。再或者，如果你正在考虑与人建立商业伙伴关系，那么最好的做法是去谨慎地了解你未来的伙伴是否曾经被其他商业伙伴起诉过，或者曾经申请过破产。不幸的是，在任何一种情况下，你都不能简单地依赖对方的"诚实"，你需要自己进行一些实际调查。

不幸的是，美国其他领域的法律问题并没有像性犯罪那样转化为网络公开形式，有些记录可以在网上找到，但仅仅是一部分。许多州和联邦法院确实提供了在线记录。俄克拉荷马州（Oklahoma）是在这个问题上组织得最好、最完整的州之一。你可以在网址 www.oscn.net/applications/oscn/casesearch.asp 上找到俄克拉荷马州的网站，其主页如图 13.7 所示。

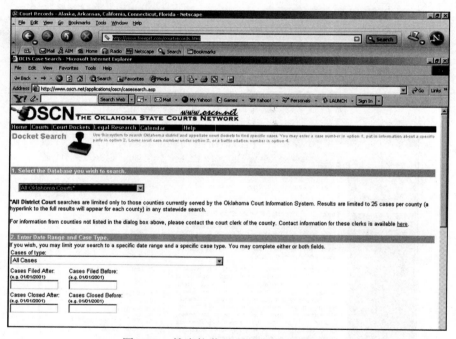

图 13.7　俄克拉荷马州的在线法庭记录

这个网站允许你按姓氏、姓名、案件编号等进行搜索。你可以以得到特定案件的完整记录，包括目前的处置方式和任何备案，案件包括民事诉讼和刑事诉讼。神奇的是，至少有 5个不同的网站以收费的方式提供有关俄克拉荷马州法院案件的信息，而这些信息都是在线并且免费的。这说明了需要记住的一点，有很多网站或公司愿意为你提供搜索服务，费用为9.95～79.95 美元。它们在搜索时可能的确比你做得快，但是你也可以免费找到一样的信息。希望这一章能为你提供成功实现这一目标所需的知识。

13.4.3 其他资源

还有很多其他的网站对你的搜索很有帮助，有几个是值得特别注意的。美国国家法院中心的网站 http://www.ncsc.org，上面列出了美国各州法院的链接，还列出了澳大利亚、巴西、加拿大和英国等国家的一些国际法院。如果你正在寻找法庭记录，那么这个网站是一个很好的起点。有一个政府网站可以帮助你找到所有的联邦法院，该网站的网址是 www.uscourts.gov/court_locator.aspx。

下面的列表旨在为你提供全美在线搜索的起点，这些网站应该能帮助你开始搜索法庭记录。

- **公共访问法院电子档案**：www.pacer.psc.uscourts.gov。
- **监狱搜索**：www.ancestorhunt.com/prison_search.htm。
- **公共记录**：http://publicrecords.searchsystems.net。
- **联邦监狱管理局**：www.bop.gov。

当你在 Internet 上进行搜索时，你会发现一些其他吸引你的网站，可能是被它们的易用性、内容或其他因素所吸引。如果你真的找到这样的网站就收藏它们，这样在短时间内你将拥有一个在线搜索引擎的工具库。同时，你使用它们的熟练程度也会提高，你也将学会如何使用哪种信息。这将使你能够熟练地在网上快速找到你所需要的信息。

13.5 Usenet

许多刚接触 Internet 的读者（在过去的 5 年中）可能并不熟悉 Usenet。Usenet 是一个全球性的公告栏组，上面有你能想象到的任何主题。使用一些特定的软件包可以查看这些新闻组，但是一段时间以来，这些新闻组都可以通过门户网站访问。搜索引擎 Google 在其主页上有一个名为 Groups 的选项。当你单击该选项时，你将跳转到 Google 的门户网站 Usenet 新闻组，如图 13.8 所示。

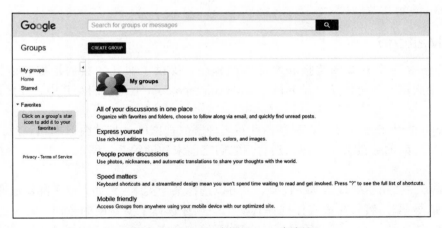

图 13.8 Google 访问 Usenet 新闻组

> **警告**
>
> **Usenet 信息**
>
> 任何人都可以在 Usenet 上发布任何东西，不受什么限制。如果你在 Usenet 上看到一个人的负面评论，不要想当然地认为这个评论是真实的，这是不明智的。这些帖子只能作为调查的一部分，只有在调查的其他方面也支持你找到的帖子时才可信。

正如你所看到的，新闻组可以划分为多个类别。例如，专门讨论科学主题的新闻组可以在 sci 标题下找到。它下面包括像人类学（sci.anthropology）、逻辑学（sci.logic）、数学统计（sci.math.stat）等主题。标题 alt 是所有内容的总称，这个类别包括的范围从黑客入侵（alt.hacking）到收养（alt.adoption）。

你可能正在想，虽然这一切都很吸引人，但是它与追踪信息没有任何关系，而事实上是有关系的。例如，如果你正在招聘一名网络管理员，你可以查看他是否在各种网络管理组中发帖，以及这些帖子是否显示了关于他的网络方面的关键信息。如果你愿意花时间搜寻你需要的信息，这个工具可能是你拥有的最重要的调查工具。

13.6　Google

毫无疑问，你已经使用谷歌进行过相关词汇的搜索，但是你可能不知道 Google 搜索功能的多样性。如果使用高级的操作符，谷歌可以成为一个更强大的搜索工具。表 13.1 描述了一些常见的 Google 搜索参数。

表 13.1　常见的 Google 搜索参数

操作符	描述
filetype	指示 Google 仅在特定类型文件的文本中进行搜索。例如，filetype：xls
inurl	指示 Google 仅在文档的指定 URL 内进行搜索。例如，inurl：search-text
link	指示 Google 在超链接中搜索特定术语。例如，link：www.domain.com
intitle	指示 Google 搜索文档标题中的术语。示例标题如，"Index of.etc"
site	指示 Google 只在给定的网站内进行搜索。示例站点如，https://whitehouse.gov

以上这些只是其中的一小部分。更长的列表可以在网站 https://hackr.io/blog/google-dorks-cheat-sheet 中找到。

13.7　Maltego

Maltego 是一个开源的情报和取证应用程序，提供了非凡的数据挖掘和情报收集功能。有几个版本，你可以从网站 https://www.maltego.com 下载它们。其中，社区版本是免费的。

Maltego 的结果会很好地表示在各种易于理解的视图中。与其图形库相一致，Maltego 识别数据集之间的关键关系，并识别它们之间之前未知的关系。图 13.9 展示了 Maltego 的主界面。

Maltego 主要用于处理实体和转换。你可以选择某个实体（例如，电子邮件地址、网站、人员、电话号码），然后为该实体选择转换。一旦你选择了要绘制的东西（无论是一个人、一个电子邮件地址、一个网站还是另一个项目），这个实体和其他实体之间的关系都将以图表的形式显示出来（见图 13.10）。

图 13.11 展示了如何生成一个新的图表。只需要选择 ShareGraph，就可以根据所选择的实体和转换创建一个新图。

Maltego 比我们在本章中讨论的其他工具更复杂。不过 Web 上有教程可以帮助你掌握它。例如网站 https://docs.maltego.com/ support/home。

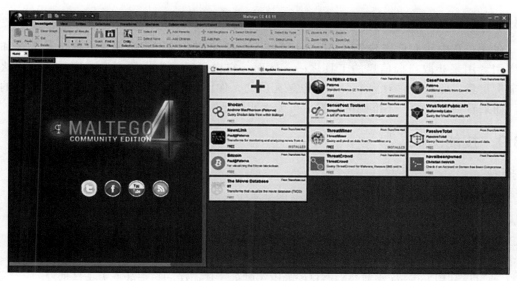

图 13.9 Maltego 的主界面

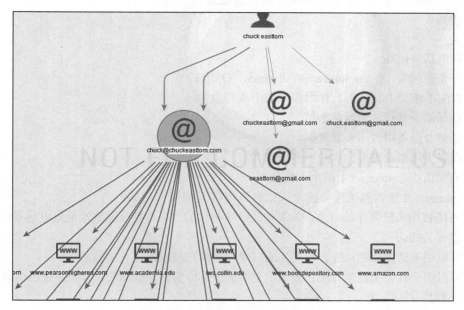

图 13.10 Maltego 图表

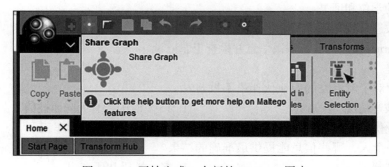

图 13.11 开始生成一个新的 Maltego 图表

13.8 本章小结

在这一章中我们已经看到，Internet 可以成为任何调查的宝贵资源。它通常是黑客和身份盗用者用来获取目标信息的工具之一。然而，它也可以成为你调查未来雇员或商业伙伴的宝贵工具。此外，它对你个人来说也是无价的，你可以定期去了解 Internet 上关于你的信息。如果看到奇怪的、不准确的数据，可能表明你已经成为身份盗用的受害者。

13.9 技能测试

选择题

1. 一个身份盗用者是如何使用 Internet 来挖掘受害者信息的？
   A. 他可能找到更多有关盗窃目标的信息，并利用这些信息实施犯罪
   B. 他可以知道盗窃目标在其储蓄账户里有多少钱
   C. 身份盗用者通常不使用 Internet 来完成他的任务
   D. 他可以利用 Internet 来截获盗窃目标的电子邮件，从而访问目标的个人生活情况

2. 以下哪一项不是搜寻电话号码和地址的理想地方？
   A. 雅虎搜人
   B. 搜人
   C. 国际电话登记处
   D. 公开资源情报（Open-Source INTelligence，OSINT）

3. 为什么你不希望 Internet 上有太多你的个人信息？
   A. 可能暴露一些让你尴尬的事情
   B. 可能被身份盗用者用来冒充你
   C. 潜在雇主用来发现有关你的更多信息
   D. 没有理由担心 Internet 上的个人信息

4. 通过 Internet 搜索找到关于你的个人信息，黑客是如何利用的？
   A. 它可能被用来猜测你的口令，如果你的口令与你的出生日期、家庭地址或电话号码等个人信息有关的话
   B. 它可以用来猜测你的口令，如果你的口令与你的兴趣或爱好有关的话
   C. 它可以用于社会工程学方法，来确定更多关于你的信息，或你的计算机系统的信息
   D. 以上都是

5. 如果你正打算雇佣一个新雇员，你应该做哪些事情？
   A. 核实他的学位和证书
   B. 与推荐人进行核实
   C. 进行 Internet 搜索以验证联系信息并检查犯罪记录
   D. 以上都是

6. 以下哪一项对了解潜在的商业伙伴最不重要？
   A. 过去的破产情况
   B. 15 岁时因持有大麻而被捕
   C. 被前商业伙伴起诉过
   D. 最近一次酒后驾车记录

7. 要想定位一个人，哪些信息能提供最准确的结果？
   A. 名和所在州
   B. 名、姓氏和所在州

C. 姓氏和所在州　　　　　　　　　　　D. 名和姓氏

8. 在本章列出的网站中，哪一个最有助于获取不在美国居住的人的地址和电话号码？

   A. 联邦调查局网站　　　　　　　　　　B. 雅虎

   C. 比利时全球性黄页网站　　　　　　　D. 谷歌

9. 你会去哪里查找各种性犯罪者的登记信息？

   A. 美国联邦调查局网站　　　　　　　　B. 美国性犯罪者在线数据库

   C. 美国洲际在线性犯罪者数据库　　　　D. 美国特别受害者组织网站

10. 针对性犯罪者登记处名单上的人，最重要的是了解他的什么信息？

   A. 刑罚程度　　　B. 犯罪年龄　　　C. 出狱多久　　　D. 具体罪行

11. 在查找犯罪者（美国）的背景时，哪种网络查找方式是最好的？

   A. 主要是查找犯人的居住地　　　　　　B. 主要查找联邦记录

   C. 查找犯人当前和过去居住地　　　　　D. 查找可能有信息的任何地方

12. 商业网络搜索服务有什么优势？

   A. 可以得到自己得不到的信息　　　　　B. 可能更快地得到信息

   C. 可能调查得更为彻底　　　　　　　　D. 只有它们有权进行调查

13. 你会使用以下哪个网站搜索美国法院案件的信息？

   A. 国家法院中心网站　　　　　　　　　B. Usenet

   C. 雅虎搜人　　　　　　　　　　　　　D. Google 小组

14. 下列哪项是对 Usenet 最准确的描述？

   A. 一个全国性的公告栏　　　　　　　　B. 计算机安全信息的存储库

   C. 大型聊天室　　　　　　　　　　　　D. 全球公告栏集合

15. 以下哪项是你从 Usenet 获得的、对你调查正在调查的人最有帮助的数据？

   A. 你所调查的人所发布的信息　　　　　B. 帮助你调查的安全提示信息

   C. 已经公布的犯罪记录　　　　　　　　D. 别人对你调查的人的负面评价信息

练习

　　本章的所有练习和项目都将集中于调查某个人。最好是调查你自己（这样更容易评估你所找到的东西的准确性），或者是自愿成为调查目标的指导人员。在不知情或未经允许的情况下随意对随机人群进行调查存在道德和法律方面的问题。同时避免让教室里的人感到尴尬，这一点也很重要，因此，参与调查的志愿者目标应该是确定的，无论发现什么，他们都不会感到尴尬。在项目和练习中，用你要调查的人的名字代替约翰·多伊或简·多伊。

练习 13.1：查找电话号码

1. 从雅虎搜人开始，查找约翰·多伊的电话号码和地址。

2. 使用至少两个其他来源查找约翰的电话号码。

你得到的信息是太少还是太多？你能确定当前号码是正确的吗？

练习 13.2：犯罪记录调查

1. 使用本章列出的资源网站或其他网站，查找有关约翰·多伊的犯罪背景信息。从约翰当前所在州开始，然后检查其他州，特别是那些可能在练习 13.1 中显示约翰名字的州。

2. 扩大搜索范围，调查美国联邦犯罪信息。

练习 13.3：查找法院案件

1. 搜索法庭记录，以查找任何与简·多伊的业务有关的案件。

2. 如果合适，请查看州许可机构的网站，了解有关简的业务的任何历史记录或投诉记录。

练习 13.4：在 Usenet 上查找商业信息

1. 访问 Usenet。

2. 搜索简·多伊可能发布的与其业务相关的公告栏和其他组上的信息。

你能通过简在 Usenet 上的帖子了解更多关于她的业务信息吗？

练习 13.5：封锁信息

本章说明了访问某人信息的多种方法，并指出了在 Internet 上提供过多个人信息的潜在危险。那么，你能做些什么来防止坏人发现太多你的个人信息呢？查看本章列出的主要网站（雅虎和 Google），看看他们是否提供了任何手段来阻止你的信息被分发。有没有其他方法来阻止他人访问你的个人信息？

项目

项目 13.1：调查一个人

使用本章介绍的所有 Web 资源和你遇到的任何其他资源，对简·多伊进行全面的调查。试着确定她的地址、电话号码、职业、年龄和任何犯罪记录。你甚至可以查看 Usenet 上的帖子，找到关于简的爱好和个人兴趣的线索。根据你的发现写一份关于简的简短报告。

项目 13.2：调查一个公司

使用本章介绍的所有 Web 资源和你遇到的任何其他资源，对约翰·多伊的业务进行全面的调查。他的业务开展多久了？有没有监管机构对其任何的业务提出过投诉？Usenet 公告上有相关的投诉吗？有什么业务关系吗？有没有过去的法庭诉讼？写一份报告，根据你的调查结果讨论你对这项业务的分析。

项目 13.3：道德调查

写一篇讨论在线道德调查的文章。你觉得这些调查侵犯了隐私吗？为什么侵犯或者为什么没有侵犯？如果你真的觉得他们侵犯了你的隐私，你认为应该怎么办？获取不准确的信息有什么问题吗？

案例研究

亨利·赖斯是一家小公司的老板兼首席执行官，他一直在寻找一位新的人力资源管理者。经过多轮面试，亨利把搜索范围缩小到两个人，他认为他们是最好的候选人。两个人有非常相似的资历，所以亨利的决定很可能是基于他在检查他们的资料和进行背景调查时找到的信息。

亨利已得到双方的书面许可，可以进行背景调查。考虑以下问题：

1. 亨利应该从哪里开始他的搜索？

2. 什么样的网站或信息种类对他来说最重要？

3. 什么类型的信息对从事人力资源工作的人来说很重要？

写一篇短文，概述亨利在进行研究时应采取的步骤。

取证技术

本章学习目标

学习本章并完成章末的技能测试题目之后，你应该能够

- 了解取证的基本原理。
- 制作一个驱动器的取证副本。
- 学会使用基本的取证工具。
- 准备取证报告。
- 避免常见的取证错误。

14.1　引言

前面的 13 章内容已经介绍了多个安全话题：从安全的基本概念（比如，CIA 三角）到攻击（例如，会话劫持），再到防范措施（比如，IDS 和蜜罐）。在本章中，我们将介绍计算机取证的基础知识，这对于从事计算机安全或网络管理工作的人来说是一个非常重要的话题。通常情况下，计算机犯罪的第一目击者应该是网络管理员，而不是执法人员。如果不能妥善地处理相关证据，可能导致证据在法庭上无法使用，从而丧失给犯罪者定罪的机会。

计算机取证（computer forensics）是一个相对较新的领域。计算机的广泛使用可以追溯到 20 世纪 70 年代，计算机犯罪的普遍出现则发生在 20 世纪 90 年代，而计算机取证领域仅在过去的 20 到 25 年间才有了较大的发展。计算机取证现在通常被称为网络取证（cyber forensics），这一领域正尝试着将取证科学应用于计算机设备。

计算机应急响应小组（CERT）对计算机取证的定义如下：

　　　　如果你在管理或管控信息系统和网络，你应该了解计算机取证。取证是利用科学知识去收集、分析和向法庭提供证据的过程［取证这个词的意思是"带到法庭上"（to bring to the court）］。取证主要处理潜在证据的恢复和分析。从留在窗户上的指纹到从血迹中提取到的 DNA，再到硬盘上的文件，潜在证据可以有多种形式。

网络取证的目标是用科学的方法检查计算机设备（如笔记本计算机、服务器、手机、平板计算机等）来提取证据，以便在法庭上出示。也许你在完成取证后不会在法庭上使用这些证据，但是这个技术是为了满足法庭的证据要求而设计的。

需要注意的是，一些地区为了规范证据的提取已经通过了相关法律，要求调查人员必须是执法人员或持有许可证件的私家侦探。通常私家侦探的培训和执照考核培训不包括计算机取证的培训，所以这是一项有争议的法律，你应该关注所在地区的具体情况。许多地区会允许你在获得计算机主人的许可或者在专业人员已取证完毕的情况下对一台计算机进行取证，所以你对自己公司的计算机进行取证是允许的。

这一章的宗旨是向你介绍取证领域的基本内容。对本章讨论的每个话题都可以进行更深入的研究。

14.2 基本原则

在任何取证中，你都应该遵循一些基本原则：你希望对证据的影响小越好，这就意味着你是想要检查它，而不是更改它；你希望对所做的一切都有一个清晰的文档跟踪记录；你当然也想要确保你的证据的安全性。

14.2.1 不要触碰可疑的驱动器

第一个，也可能是最重要的预防措施是：尽可能少地接触系统。这是因为你不希望在检查系统的过程中对系统进行任何更改。我们来看一种可行的方法，给驱动器制作一个在取证上有效的副本，这种方法的一些操作是基于 Linux 命令的，你可能不熟悉这些命令。如果你确实对 Linux 命令不熟悉也不必担心，我已经让一些没有 Linux 命令使用经验的学生使用过这些命令，并且他们能够完成制作驱动器副本的任务。在本节的后面部分，我将向你展示如何使用其他取证工具对驱动器创建镜像，但是在这里首先讨论如何在没有专门工具的情况下实现镜像。

你需要一个可启动的 Linux 副本，任何 Linux live CD 都可以。实际上你需要有两个副本：一个用在嫌疑机器上，另一个用在目标机器上。无论你使用哪个版本的 Linux，步骤都是一样的。

首先，你必须使用下面的命令完全擦除目标驱动器：

```
dd if=/dev/zero of=/dev/hdb1 bs=2048
```

现在，你需要设置目标取证服务器来接收你希望审查的嫌疑驱动器的副本。可以用 netcat 命令实现：

```
nc -l -p 8888 > evidence.dd
```

现在你告知机器去监听端口 8888，并将它接收到的任何内容存入 evidence.dd 中。在嫌疑机器上，你必须开始把驱动器的信息发送到取证服务器，使用的命令如下：

```
dd if=/dev/hda1 | nc 192.168.0.2 8888 -w 3
```

当然，这里我们假设的嫌疑驱动器是 hda1；如果不是，就用正在使用的分区（实际使用的驱动器）替换命令中相应的那部分。这里我们还假设服务器的 IP 地址是 192.168.0.2；如果不是，可以用你的取证服务器的 IP 地址替换这个地址。

你还需要生成一个嫌疑驱动器的哈希值。之后，你可以对一直使用的驱动器进行哈希运算，并将结果与原始驱动器的哈希值进行比较，确认它没有任何更改。你可以使用 Linux shell 命令生成一个哈希值：

```
md5sum /dev/hda1 | nc 192.168.0.2 8888 -w 3
```

当完成上述操作后，你就有了一个嫌疑驱动器的副本。通常制作两个副本比较好：一个用于工作，另一个仅用于存储。在任何情况下，你都不应该对嫌疑驱动器进行取证分析。

14.2.2 利用取证工具包创建驱动器镜像

AccessData 公司是取证工具包 Forensic Toolkit（FTK）和 FTK 镜像器（FTK Imager）的制造商。Forensic Toolkit 是一个略昂贵的商业化产品，FTK 镜像器是一个可以用来创建驱动器镜像和安装（mount）创建好的镜像的可免费下载的工具。首先启动 FTK 镜像器，如图 14.1 所示。

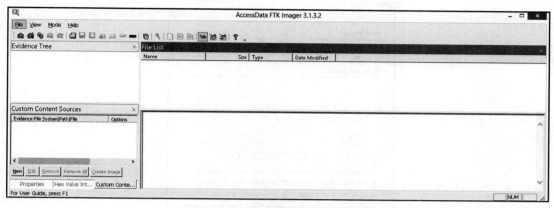

图 14.1　FTK 镜像器

点击"文件"（File），选择"创建磁盘镜像"（Create Disk Image），如图 14.2 所示。

接下来，系统会提示你选择要镜像的驱动器的类型，如图 14.3 所示。

现在，基于你选择的源驱动器的类型，你需要做出另一个选择。例如，如果你选择了"逻辑驱动器"（Logical Drive），那么现在需要选择是哪个逻辑驱动器，如图 14.4 所示。

最后，选择镜像的保存地址，如图 14.5 所示。

安装镜像的过程更为简单。FTK 镜像器在取证领域很权威，它易于使用并且是免费的。

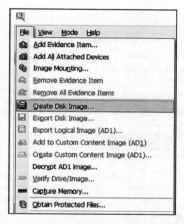

图 14.2　FTK 镜像器——创建磁盘镜像

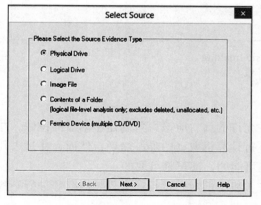

图 14.3　FTK 镜像器——选择源驱动器的类型

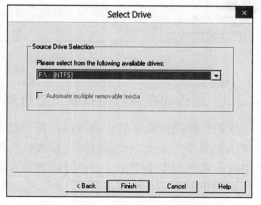

图 14.4　FTK 镜像器——选择源驱动器

在本章中，我们将使用的另外一个工具是 OSForensics，下载网站是 https://www.osforensics.com。与许多其他取证工具不同，这个工具有 30 天的免费使用期限，因此你应能在期限内完成各种取证工作。OSForensics 还允许你对驱动器进行镜像操作。首先，你需要从左边的菜单中选择"Forensic 镜像"（Forensic Imaging），如图 14.6 所示。

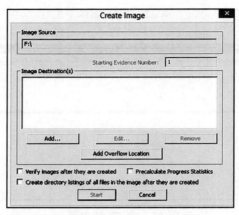

图 14.5　FTK 镜像器——创建镜像

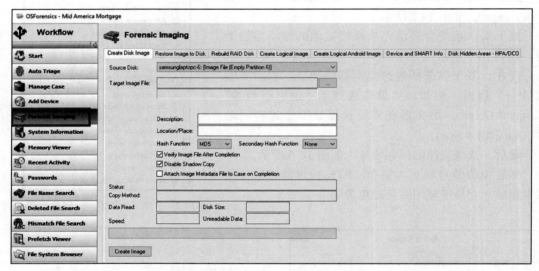

图 14.6　Forensic Imaging

14.2.3　是否能在运行的机器上进行取证

我们已经强调取证的正确做法，即如果条件允许的话，应该力争创建驱动器的镜像，并仅对该镜像进行分析。长期以来，这被认为是进行计算机取证的唯一途径，然而，在过去几年里这一思想发生了变化。有些时候现场取证是可能的，甚至是可取的：

- 当你发现一台机器正在运行时，你应该在关机之前对它运行的进程、内存等进行一些分析。
- 在云和集群上可能是必要的。
- 在机器已经做了镜像，保存了证据时。
- 当只是询问一个简单的问题而不是真正的取证调查时。

● 小心关机！如果机器有驱动器加密，那么当你启动它的备份时，将无法恢复数据。

镜像作为首选的取证方法仍然很重要。上面的列表只是一个建议情况列表，前提是当前系统正在运行着。在进行现场取证时，你的报告必须解释你为什么在运行着的系统上取证，具体采取了哪些步骤，并且你要确保你所采取的步骤对系统的影响尽可能地小。

14.2.4　用文档记录踪迹

前面我们讨论了保护嫌疑驱动器，下一个问题是做好文档化的记录。如果你未曾在取证调查的职位上工作过，那么文档化记录工作对你来说可能很繁重，但是规则很简单：记录所有的事项（document everything）！

当你第一次调查计算机犯罪时，你必须准确地记录发生的事件：都有谁在场，以及他们在干什么？计算机连接了哪些附加的设备，它都有哪些网络或 Internet 连接？使用了什么硬件和什么操作系统？

当你开始实际进行取证调查时，你必须记录下每一个步骤。从记录制作取证副本的过程开始，记录你使用的每一个工具、执行的每一个测试。你必须能够在文档中显示所做过的一切。

14.2.5　保护证据

首先，也是最重要的一步是，计算机必须离线，以防止进一步被篡改。虽然在某些特定情况下，一台机器保持在线状态可以方便跟踪一个活跃的、正在进行着的攻击，但是通常的规则是立即断网！

下一步是限制对嫌疑机器的访问。任何无关人员都不应该拥有证据、硬盘驱动器应该锁在保密的箱子中，以及分析工作应在出入受限的房间内进行。

14.2.6　证据保管链

你必须在文件中记录所有有权访问证据的人，记录他们如何存取证据，以及证据存储在哪里。你必须在任何时候都能确保证据的安全，不存在你无法掌控证据的局面，这叫作证据保管链（chain of custody）。

无论是网络取证还是一些其他取证学科，证据保管链的概念都是取证的基石之一。它是指，在从控制证据到向法庭提交证据的每一时间点上显示证据状况的详细文件。证据保管链的任何中断都可能会使该证据在审判时不被采纳。

数字证据科学工作组（Scientific Working Group on Digital Evidence）在 "Model Standard Operation Procedures for Computer Forensics" 中指出[○]："证据保管链必须包括对证据的描述和每次证据转移的记录。"这意味着证据在任何时候从一个地点转移到另一个地点或从一个人转移到另一个人都必须记录在案。第一次移交记录是证据移交给调查员。在这一时间点和任何审判之间，可能有多次转移。

需要记住的是，重写文档几乎是不可能的。文档中要详细说明你做什么、使用什么工具、谁在场、谁进行什么测试等。根据我的经验，经常地进行截图并将它插入在报告中是非常有用的。

○　https://www.swgde.org/glossary.

14.2.7　联邦调查局取证指南

前面我们已经讨论了关于取证的通用准则，联邦调查局（FBI）也提供了一些具体的指南。多数情况下，这些指南与我们前面讨论的内容重叠，但是其中涵盖的 FBI 的建议仍然是有用的。

如果事故发生，FBI 建议，第一目击者通过备份所有日志、损坏或更改的文件，以及入侵者留下的文件来保存事故发生时计算机的状态。最后一项内容很关键，因为黑客经常使用各种工具并且有可能留下他们的痕迹。此外，FBI 提醒，如果事件正在进行中，应立即启动可用的审计工具或记录软件，收集尽可能多的事故数据。换句话说，在这种情况下，你可能不该使计算机离线，而应该分析正在进行的攻击。

另一个重要步骤是，记录这次攻击造成的具体损失。损失通常包括：

- 响应和恢复所花费的劳动力成本（参与人员的数量乘以他们每小时的工资）。
- 设备损坏的成本。
- 丢失或被盗数据的价值。获取这些数据的花费，重建它们的花费。
- 收入损失，包括停工损失、因不便导致的客户信贷等其他收入损失。

记录攻击造成的确切的损害与记录攻击本身同样重要。

FBI 在计算机取证指南中强调了保护证据的重要性。FBI 还强调，你不应该把计算机证据局限于个人计算机和笔记本计算机。计算机证据（computer evidence）包括以下内容：

- 日志（系统、路由器、聊天室、IDS、防火墙）。
- 便携式存储设备（USB 驱动器、外部驱动器）。
- 电子邮件。
- 能够存储数据的设备（如 iPod、iPad 和平板计算机）。
- 手机。

FBI 取证指南还强调，要制作一份嫌疑驱动器 / 分区的取证副本，以便使用和生成该驱动器的哈希值。

14.2.8　美国特勤局取证指南

美国特勤局（U.S. Secret Service）是另一个负责打击网络犯罪和进行计算机取证的联邦机构。它有一个专门用于介绍计算机取证的网站，其中包括一些通常为执法人员开设的取证课程。

美国特勤局还发布了一份计算机犯罪急救指南，列出了开始调查的"黄金法则"：

- 保护现场，确保现场安全。
- 如果你有理由认为某台计算机与你正在调查的犯罪有关，请立即采取措施保存证据。
- 确定你是否有控制此计算机的法律依据（警勤、搜查令、同意函等）。
- 避免访问计算机中的文件。如果计算机关机，让它保持关机。
- 如果计算机开启，不要开始搜索，请转到本指南中有关如何正确关闭计算机并准备将它作为证据移交的相关部分。
- 如果你有理由认为计算机正在销毁证据，请立即拔掉计算机后面的电源线，通过这种方式会立即关闭计算机。
- 如果你有摄像机，并且计算机是打开的，那就拍摄几张计算机屏幕的照片。如果计算机已关闭，请为计算机、计算机位置和任何连接的电子媒体拍照。

- 确定是否应该考虑特殊的法律（医生、律师、神职人员、精神病医生、报纸、出版商等）。

这些都是维护证据保管链和确保调查完整性的重要步骤。

14.2.9　欧盟证据收集

Council of Europe Convention on Cybercrime，又称 *Budapest Convention on Cybercrime* 或简称 *Budapest Convention*，将电子证据定义为可以以电子形式收集的刑事犯罪证据。

Electronic Evidence Guide 是面向警官、检察官和法官的基本指南。

欧盟（EU）还制定了五项原则，为所有的电子证据处理奠定了基础。

- **原则 1**：**数据完整性**（data integrity）：你必须确保数据有效且未被损坏。
- **原则 2**：**审计迹**（audit trail）：与证据保管链的概念类似，你必须能够充分说明证据，包括它的位置及用途。
- **原则 3**：**专家支持**（specialist support）：根据需要聘请专家。例如，你是一名熟练的取证人员，但是对苹果（Macintosh）计算机的使用经验有限，在你需要审查 Mac 计算机时，请找一位 Mac 专家。
- **原则 4**：**适当培训**（appropriate training）：所有取证调查员和分析员都应该接受全面的培训并不断扩展其知识基础。
- **原则 5**：**合法性**（legality）：确保以合法的方式收集和处理所有的证据。

即使你不在欧盟工作，这些指南也会非常有用。虽然它们相当宽泛，但是它们确实为如何正确进行取证调查提供了指导。

14.2.10　数字证据科学工作组

数字证据科学工作组或称 SWGDE（www.SWGDE.org）为数字取证制定了许多标准。根据 *SWGDE Model Standard Operation Procedures for Computer Forensics*，取证检查分为四个步骤：

1. **目测**（visual inspection）：目测的目的是核实证据的类型、条件和相关信息，以便进行审查。目测通常在证据刚被控制的初级阶段进行。例如，如果正在调查一台计算机，你可能希望记录该计算机是否正在运行、它的状况怎么样，或者总体环境是什么样的。

2. **取证副本制作**（forensic duplication）：这是正式检查之前复制媒体的过程。检查工作总是优先在取证副本上而非原始资料上进行。

3. **媒体检查**（media examination）：这是指应用媒体的实际取证测试。我们所说的媒体，指的是硬盘、RAM、SIM 卡这些可以包含数字数据的设备。

4. **证据返还**（evidence return）：将证据返还到适当的位置——通常是一些上锁的或安全的设施。

这些特定步骤概述了网络取证审查应如何进行。SWGDE 的网站上有很多有用的文件，你可以查阅这些文件以便深入研究妥善进行网络取证调查的细节。

14.2.11　罗卡交换定律

埃德蒙·罗卡（Edmond Locard）博士是一位取证科学家，他提出了所谓的罗卡交换定律（Locard's exchange principle，或者 Locard's principle of transference）。这一原理最初应

用于物理取证（physical forensics），它本质上是说，在任何环境中你进行活动总会留下一些痕迹。例如，没有人能在闯入房子后不留下任何痕迹，总会有指纹、头发、脚印等类似的东西留下。现在，一个心思缜密的罪犯总会掩盖其中的一些，比如戴上手套来防止留下指纹，但是仍然会留下其他一些东西。

这个定律同样适用于计算机证据，同时这也是我们喜欢使用副本的原因之一。以 Windows 系统为例，无论何时你登录系统、打开文件或执行任何操作，都会更改注册表的设置，也可能会留下临时文件，或留下一些其他的踪迹。对于取证调查来说，罗卡交换定律实际上是至关重要的，但是这也意味着调查人员必须小心，不能留下痕迹。

14.2.12 科学方法

取证是一种科学的方法。除了熟悉工具，你还需要了解这些科学的方法以及如何应用这些方法。要使用科学的方法，通常你会从一个假设开始。与一些传统的错误概念不同，假设不是胡乱猜测的，它是一个可以检验的问题。如果一个问题是无法检验的，那么它在科学上就没有任何地位。一旦你验证了这个假设，就得到了一个事实。例如，如果你怀疑在我的计算机上有机密文件，并且它从计算机上被删除转而移动到 USB 设备上（你的假设），你可以对我的计算机进行取证调查（你的测试）。如果检查发现 USB 驱动器连接到计算机且有一个撤销程序在恢复删除的文档，那么你现在就得到了一个事实。

下一步是建立一个基于多个事实的犯罪理论。与事实有关的文件在我的计算机上，虽然有很确凿的证据，但这还不够。有可能是别人用了我的计算机？是的，有没有可能我不小心获得了机密信息（例如，我错误地将不属于我的文件带回家），然后立即删除它？因此，你必须找到更多的事实。例如，你想知道我的 username 是否是删除文件时登录的用户名。恢复删除的文件后你想知道它们最后一次被访问和修改是在什么时候（这可能会告诉你我是否在使用文件）。你可能还想查看我的电子邮件，看看我是否与第三方（可能对这些文件感兴趣的一方）有任何沟通。

除了假设和理论，科学方法中的另一个原则是可证伪性问题。可证伪性是指有可能伪造一个问题或得到一个错误的答案。换句话说，这是可能被否定的答案。这条原则排除了一些有争议的问题或无法反驳的问题。

14.2.13 标准

有很多的行业标准与数字取证相关。熟悉这些对每一位取证者来说都至关重要。

- SWGDE：数字证据科学工作组。
- ASCLD：美国犯罪实验室主任协会。
- RFC 3227：取证顺序。
- ISO/IEC 27037:2012：良好的调查方法和取证捕获程序和数字证据取证。
- ISO/IEC 27041：关于数字取证方面的指导意见。
- ISO/IEC 27042：涵盖收集数字证据后发生的情况（即分析和解释）。
- ISO/IEC 27043：涵盖取证中经常进行的事件调查活动。
- ISO/IEC 27050：涉及电子取证。

14.2.14　取证报告

你的取证报告应该足够详细，任何有能力的取证者都可以复制你的测试过程，确认或反驳你的工作。

这意味着，除此之外，你需要大量的屏幕截图。你应该通过你选择的取证应用程序（EnCase、FTK、OSForensics、Autopsy、X-Ways Forensics 等）截屏并收藏证据。此外，使用取证工具中的内置日志 / 报告选项，突出显示数据项并将它导出到 .csv 或 .txt 文件中，这些文件可能成为报告的附录或附件。

在他们的计算机取证入门课程中，信息安全学院要求学生写一份报告[⊖]，其中包括"你将使用的方法的总体概述，并提供一个合理的论点，说明为什么你选择的特定方法是相关的"。

取证报告的大纲如下：

- 你的资格
  - 要具体
- 你到底做了什么？
  - 显示已采取的步骤
  - 使用的工具
  - 检查项目的详细信息
- 你为什么这么做？
  - 为什么使用该工具 / 技术 / 流程
  - 使用脚注
- 结论

14.2.15　工具

我们之前讨论过使用 Linux 命令或 FTK 磁盘镜像工具创建驱动器镜像。还有各种各样的工具可用于取证分析和调查。在本节中，我们将回顾其中的一些内容。下面列出的工具使用得非常广泛，当然除了这些以外，还有其他一些被广泛使用的取证工具并未列出。

1. FTK

我们之前提到过 FTK，这里也给出一个简短的描述。AccessData 公司是取证工具包 Forensic Toolkit（简称为 FTK）的创建者，这个取证工具包的功能强大，且已经被人们所熟知。它允许你恢复已删除的文件、检查注册表设置，并执行各种取证调查任务。虽然该软件的使用费用过高，但是在执法部门中却相当受欢迎。

AccessData 公司还给 FTK 添加了其他功能，如用于查找特定类型文件的 Known File Filtering。FTK 还可以搜索和检测涉及色情的文件。AccessData 公司也开发了一个手机版的取证工具，你可以在网站 http://accessdata.com 上了解其更多的信息。

2. EnCase

该工具由 Guidance Software 公司开发，深受执法部门的欢迎，是 FTK 的直接竞争对手。它允许你创建驱动器镜像、恢复已删除的文件、检查注册表和执行其他常见任务。对某些组织来说，这个工具可能也是价格昂贵的。你可以在网站 https://www2.guidancesoftware.

⊖　https://resources.infosecinstitute.com/topic/computer-forensics-investigation-case-study/.

com/products/Pages/encase-forensic/overview.aspx 上了解该工具的更多信息。

3. OSForensics

这是一个较新的工具，但是已经在取证界受到好评。它成本低、使用方便、功能齐全、允许恢复已删除的文件、检查注册表和搜索驱动器。你可以在网站 www.osforensics.com 上找到更多的信息，甚至可以下载一个完整的试用版。

4. Magnet 取证

Magnet 取证的主要特点是它能在同一个工具上同时处理计算机和手机的取证，你可以访问 https://www.magnetforensics.com 请求免费试用。

5. Sleuth Kit

Sleuth Kit 实际上是一套开源工具。整套工具功能齐全，但是使用起来比较困难。每个工具都要求你学习一组要执行的命令行（或 shell）命令。你可以在网站 www.sleuthkit.org 上找到更多有关的信息。

6. Oxygen

这个工具专门用于手机取证。它在分析 iPhone 方面做得非常好，现在在 Android 方面也相当不错，但是（至少目前）在旧版本的 Android 或 Windows 手机上没有那么有效。你可以在网站 www.oxygen-forensic.com 上了解更多的信息。

7. Cellebrite

Cellebrite 也许是最流行的手机取证工具之一，至少在执法部门是这样的。它对许多不同类型的手机都非常有效，唯一的缺点是它是最昂贵的手机取证工具之一。你可以在网站 www.cellebrite.com 上找到更多的信息。

14.3　个人计算机寻证

一旦你控制了证据并制作了一份取证副本，你就可以开始寻找证据了。证据可以有多种形式。上一节提到的工具可以用来为你提取这些证据。但是在本节中，我将向你展示这些工具搜索的是什么。你不要只是简单地重复某个自动化工具告诉你的结果，而是要理解它在做什么，这一点非常重要。

浏览器寻证

浏览器可以是直接证据、间接证据和辅助支撑证据的来源。你可以在网络跟踪案件中找到直接证据。但是，如果你怀疑某些人创建了感染网络的病毒程序，你可能只能找到间接证据，比如这个人搜索过如何创建病毒程序，或者搜索过与病毒编程相关的主题。

即使这个人抹去了他的历史搜索记录，你仍然有可能找回它。Windows 在一个名为 index.dat 的文件中存储了大量信息（例如网址、搜索查询和最近打开的文件）。大多数取证工具都能从计算机中提取大量证据。OSForensics 为此提供了多个选项，在中间的是"最近活动"（Recent Activity）选项，如图 14.7 所示。

在这个截图中你可以找到所有的浏览器活动、安装的程序、已经连接的 USB 设备等。

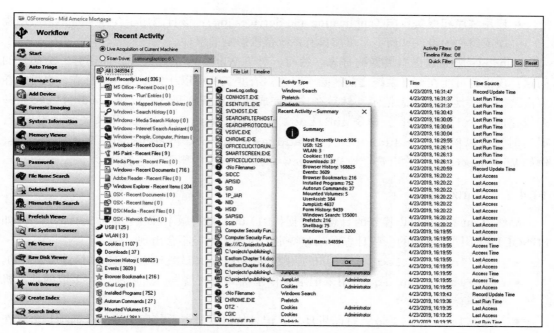

图 14.7　OSForensics 最近活动选项

14.4　系统日志寻证

所有的操作系统都有系统日志，这些日志在任何取证调查中都是至关重要的，你应该找回它们。

14.4.1　Windows 日志

让我们从 Windows 7/8/10/11 开始。对于所有这些版本的 Windows，查找日志可以通过单击桌面左下角的"开始"（Start）按钮，然后单击"控制面板"（Control Panel）。接下来单击"管理工具"（Administrative Tools），然后单击"事件查看器"（Event Viewer）。这就是你要检查的日志（并非所有这些日志都出现在每个版本的 Windows 中）。

> **注意**
>
> 使用所有这些工具的前提是打开日志记录功能（logging），否则，日志中将没有任何内容。

- **安全日志**（security log）：从取证角度来看，这可能是最重要的日志，它包括系统登录成功和失败的事件。
- **应用程序日志**（application log）：该日志包含应用程序或程序记录的各种事件。许多应用程序在这里记录它们的错误。
- **系统日志**（system log）：系统日志包含 Windows 系统组件记录的事件，比如驱动程序故障等。从取证的角度来看，系统日志并不像其他日志那么有趣。
- **转发事件日志**（ForwardedEvent log）：转发事件日志用于存储从远程计算机收集的事件。只有在配置了事件转发的情况下，其中才会有数据。

- 应用程序和服务日志（application and Services log）：该日志用于存储来自单个应用程序或组件的事件，而不是可能具有系统范围影响的事件。

Windows 服务器也有类似的日志。然而，对于 Windows 系统来说，你还有一个额外的问题：攻击者可能在离开系统之前清除了日志。有些工具可以让你擦除一个日志，也可以在攻击之前简单地关闭日志记录，然后在攻击完成后再重新打开日志记录。auditpol.exe 是一个能完成这个工作的工具。命令 auditpol\\ipaddress/disable 用来关闭日志记录；退出时，可以使用命令 auditpol\\ipaddress/enable 再将其打开。还有一些工具，例如 WinZapper，允许你有选择地从 Windows 的事件日志中删除某些项。

14.4.2 Linux 日志

显然，Linux 也有可以检查的日志。根据你的 Linux 发行版本和在它上面运行的服务（如 MySQL）的不同，下面的一些日志在某些特定的机器上可能不会出现。

- /var/log/faillog：包含用户的失败登录，这在追踪试图入侵系统的人时是非常重要的。
- /var/log/kern.log：用来记录操作系统的内核信息，这可能与大多数的计算机犯罪调查无关。
- /var/log/lpr.log：打印机日志，记录从这台机器上打印出来的任何项目，这在调查公司的间谍案件时很有用。
- /var/log/mail.*：邮件服务器日志，在任何计算机犯罪调查中都非常有用。电子邮件可能是任何计算机犯罪甚至非计算机犯罪（比如欺诈）的组成部分。
- /var/log/mysql.*：该日志记录与 MySQL 数据库服务器相关的活动，通常对计算机犯罪调查没有太大价值。
- /var/log/apache2/*：如果机器运行 Apache Web 服务器，该日志将显示相关活动。它对于跟踪 Web 服务器的黑客入侵尝试非常有用。
- /var/log/lighttpd/*：如果机器运行 Lighttpd Web 服务器，该日志将显示相关活动。它对于跟踪 Web 服务器的黑客入侵尝试非常有用。
- /var/log/apport.log：记录应用程序的崩溃事件。有时可以揭示试图危害系统的企图或系统中存在的病毒或间谍软件。
- /var/log/user.log：包含用户活动日志，对刑事调查非常重要。

14.5 恢复已删除文件

事实上，罪犯经常试图销毁证据。计算机犯罪也是如此，罪犯可能会删除文件，但是你可以使用多种工具来恢复这些被删除的文件，尤其是在 Windows 系统中。DiskDigger 是一个非常容易使用的免费工具，可以用来恢复 Windows 文件。当然还有更强大的工具，但是 DiskDigger 是免费软件，并易于使用，这使它成为学生学习取证的完美工具。我们来看看它的基本操作。需要注意的是，在 Internet 上有许多可用的文件恢复工具，利用这些工具你能够恢复被删除的文件，DiskDigger 只是一个示例。

在图 14.8 所示的第一个界面上，选择希望从其中恢复文件的驱动器或分区。

在下一个界面上，选择要进行的扫描级别，如图 14.9 所示。扫描的程度越深，需要的时间就越长。

然后你将获得已恢复的文件列表，可以在图 14.10 中看到。

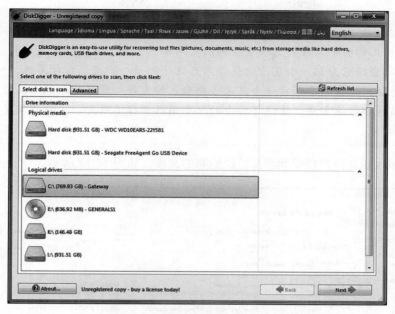

图 14.8　添加一个新的扫描目标

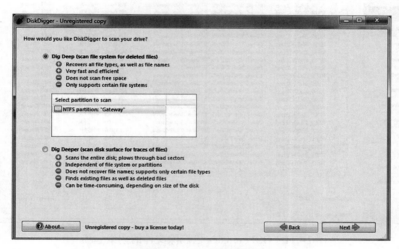

图 14.9　选择扫描深度

图 14.10　恢复文件

　　你可以看到文件和文件头。如果你愿意，你也可以选择恢复文件。而 DiskDigger 只可能恢复一个文件片段，但是这对取证来说已经足够了。

> **注意**
>
> 　　除了这些已删除的文件外，检查空闲的空间也很重要。保存一个文件时，无论是否需要，系统都会给它分配一个完整的簇。考虑这个例子：你有一台计算机，一个簇的大小为 10 个扇区，现在需要保存一个只占 3 个扇区的文件。就操作系统和文件系统而言，所有 10 个扇区都在使用中。这使得其余的 7 个扇区变得不确定，这些空间是空闲空间，可能会隐藏数据。

　　OSForensics 也允许你搜索和恢复已经删除的文件，如图 14.11 所示。

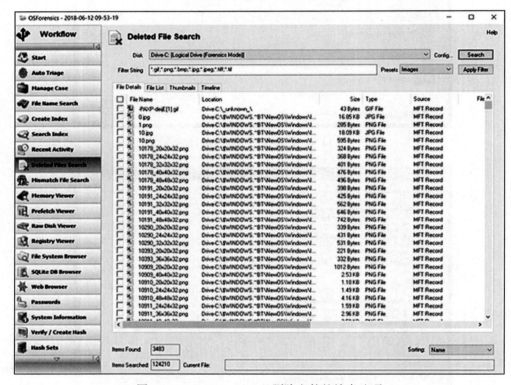

图 14.11　OSForensics 已删除文件的搜索选项

14.6　操作系统内置工具

　　操作系统中内置了许多应用程序，可用于收集一些取证数据。在进行取证工作的过程中一个非常关键的问题是你必须非常熟悉目标操作系统。鉴于 Windows 是最常用的操作系统，我们将重点关注那些从 Windows 命令行启动运行的应用程序。你还应该注意到，这些命令中有许多对于实时运行的系统非常有用，可以捕获正在进行的攻击。

14.6.1　net sessions

　　net sessions 命令可以列出与当前计算机连接的所有活动会话。如果你认为攻击是实时且持续的，这个命令可能就非常重要。如果没有活动会话，实用程序将显示如图 14.12 所示的结果。

图 14.12 net sessions

14.6.2 openfiles

openfiles 是一个用于查找正在进行的实时攻击的命令。此命令将列出当前打开的所有共享文件。你可以在图 14.13 中看到这个实用程序。

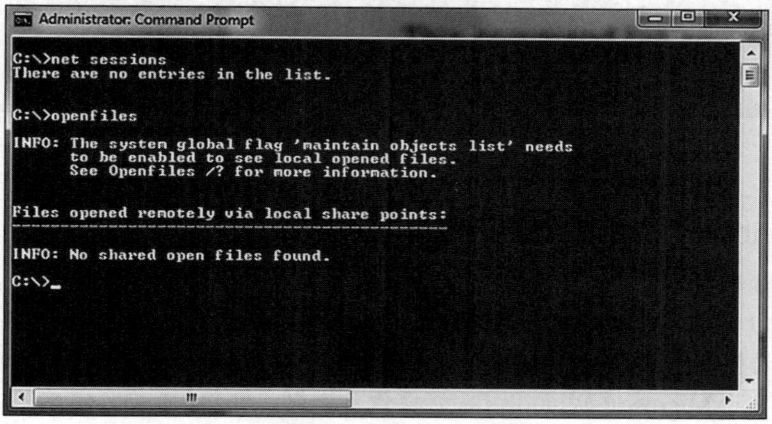

图 14.13 openfiles

14.6.3 fc

fc 是一个可与机器的取证副本一起使用的命令。它能够比较两个文件并显示不同之处。如果你认为配置文件已经被更改，则可以将它与已知的良好备份进行比较。你可以在图 14.14 中看到这个实用程序。

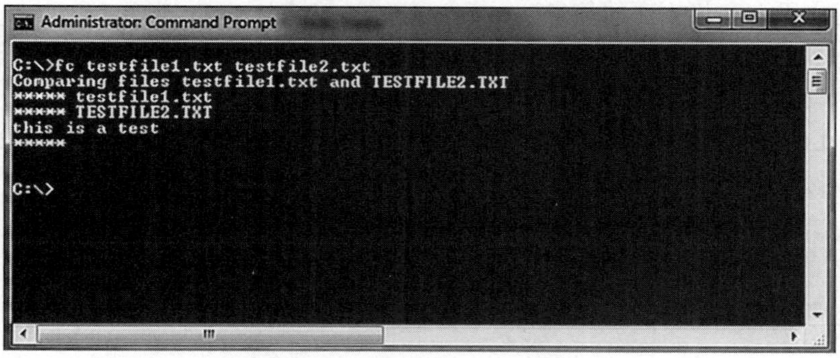

图 14.14 fc

14.6.4 **netstat**

netstat 命令用于检测正在进行的攻击。它列出了当前所有的网络连接，包括连入和连出。你可以在图 14.15 中看到这个实用程序。

图 14.15 netstat

14.7 Windows 注册表

Windows 注册表是一个极好的、具有潜在价值的取证信息存储库，它是 Windows 机器的核心，你可以在这里找到许多有趣的数据。本章内容不能使你成为 Windows 注册表方面的专家，但是希望你能够继续学习并了解更多内容。Microsoft 对注册表的描述如下所示[一]。

一种见于 Microsoft Windows 系列操作系统中，用来存储一个或多个用户、应用程序和硬件设备的必要配置信息的中央分层数据库。

注册表包含 Windows 在操作期间不断使用的信息，例如每个用户的配置文件、计算机上安装的应用程序和每个可以创建的文档类型、文件夹和应用图标的属性表设置、系统上存在什么硬件以及正在使用的端口。

注册表被分为 hive 文件的五个部分。每个部分都包含特定的有用信息。这五个部分的描述如下：

- HKEY_CLASSES_ROOT（HKCR）：这个 hive 文件存储有关拖放规则、程序快捷方式、用户界面和相关项的信息。
- HKEY_CURRENT_USER（HKCU）：这个 hive 文件存储有关当前登录用户的信息，包括桌面设置和用户文件夹，这对任何取证调查都很重要。
- HKEY_LOCAL_MACHINE（HKLM）：这个 hive 文件包含对整个机器通用的那些设置，而不考虑单个用户，这对取证调查也很重要。
- HKEY_USERS（HKU）：这个 hive 文件包含所有用户的配置文件，包括他们的设置，这对取证调查至关重要。
- HKEY_CURRENT_CONFIG（HCU）：这个 hive 文件包含当前系统配置，也可能对你的

⊖　Microsoft Computer Dictionary 5th Edition.

取证调查有用。

你可以在图 14.16 中看到注册表和这五个 hive 文件。

大多数人使用 regedit 工具与注册表进行交互。在 Windows 7 和 Server 2008 中，依次选择"开始"（Start）、"运行"（Run），然后输入 regedit。在 Windows 8 和 10 中，你必须转到应用程序列表，选择"所有应用程序"（All Apps），然后查找"Regedit"或使用"Windows+R"并在打开的文本框中输入 regedit。大多数的取证工具也提供了检查注册表的方法。

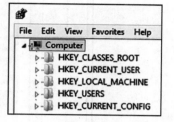

图 14.16　Windows 注册表

每个注册表项（registry key）都包含一个名为 LastWriteTime 的值。这个值显示上次更改注册表值的时间。该值不是标准的日期和时间，而是以 FILETIME 结构存储的。FILETIME 结构表示自 1601 年 1 月 1 日以来以 100ns 为间隔的间隔数。显然，这个记录在取证中很重要。

值得注意的是，Microsoft 很少使用强加密来隐藏注册表项。如果其中一个项被加密，那么它很可能是用一些简单的算法（如 ROT13）来加密的。

大多数内部文本字符串以 16 位 Unicode 字符形式存储和处理。Unicode 是一种国际字符集标准，它定义了用唯一的 2 字节值表示世界上大多数已知的字符集（最多 65 536 个字符）。

你可以在命令行中通过命令

```
reg export HKEY_LOCAL_MACHINE\System\ControlSet\Enum\UBSTOR
```

将一个特定的注册表项导出，或者在 regedit 中，右键单击一个注册表项并选择"Export"（导出）。

注册表项

现在你已经了解了注册表工作的基本知识，那么你应该能够找到一些特定的注册表信息，查看这些信息对你来说相当重要。

1. USB 信息

大多数取证分析师打开 Windows 注册表了解的第一件事是，找出哪些 USB 设备已连接到嫌疑机器。注册表项 HKEY_LOCAL_MACHINE\System\ControlSet\Enum\USBSTOR 列出了已连接到计算机的 USB 设备。通常情况下，犯罪者会将证据转移到外部设备上并随身携带。这可能表明你需要查找和检查某些设备。注册表的设置将告诉你有关已连接到此系统的外部驱动器的信息。你可以在图 14.17 中看到这一点。

然而，这里并不能提供完整的描述。一些相关子项非常有用，例如 SYSTEM\MountedDevices 允许调查人员将序列号与插入 USB 设备时装入的给定驱动号或卷相匹配。顺便指出，这个特殊的注册表项不限于 USB 设备。

可以在以下位置找到使用 USB 设备的用户：

```
\Software\Microsoft\Windows\CurrentVersion\Explorer\MountPoints2
```

供应商和产品 ID 可在以下位置找到：

```
SYSTEM\CurrentControlSet\Enum\USB
```

应检查所有相关的 USB 注册表项，以便获得有关特定 USB 设备的完整而准确的描述。

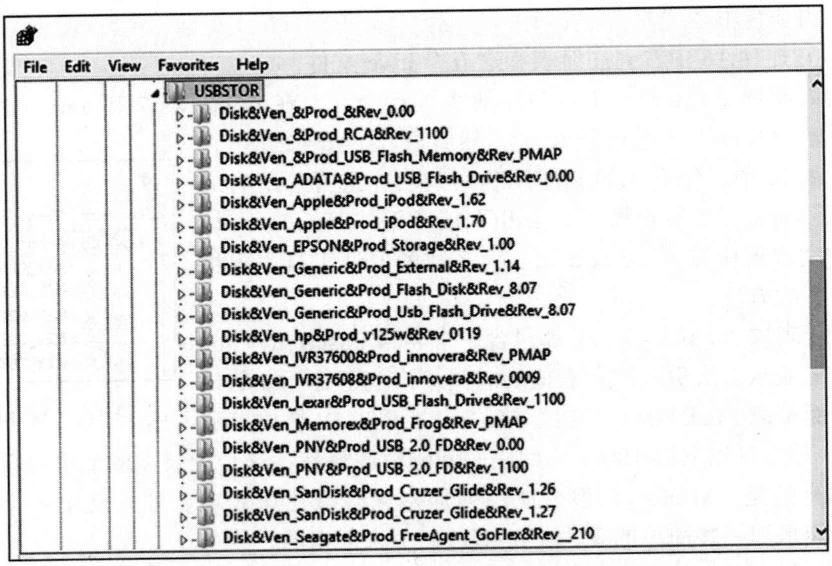

图 14.17   Windows 注册表—USBSTOR

2. 自动启动位置

恶意软件频繁使用这一注册表项，以便在目标系统上保持运行状态。该注册表项列出的程序可以在 Windows 系统启动时自动启动。例如：

```
HKEY_CURRENT_USER\Software\Microsoft\Windows\CurrentVersion\Run
```

显然，你应该期望在这个注册表项中看到的都是合法程序，但是如果有不能解释的，可能表明这是恶意软件。

3. 上次的访问

注册表项 HKCU\Software\Microsoft\Windows\CurrentVersion\Explorer\ComDlg32\LastVisitedMRU 显示了最近访问过的网站。虽然数据是十六进制格式的，但是在使用 regedit 时可以看到文本转换的结果，你可能只需要查看 regedit 就可以了解访问了哪些站点。

4. 最近的文档

最近使用的文档可以在下面的注册表项中找到：

```
HKCU\Software\Microsoft\Windows\CurrentVersion\Explorer\RecentDocs
```

它在法律上非常重要，特别是在涉及金融数据或知识产权的案件中。通过这一表项你可以确定该计算机上哪些文档被访问过。

你会发现该值首先划分了不同的文档类型，选择类型后，你就可以看到最近访问过的该类型文档。

5. 用户帮助

用户帮助，可在 HKEY_CURRENT_USER\Software\Microsoft\Windows \CurrentVersion\Explorer\UserAssist 中找到，它被用于将经常使用的应用程序填

充进用户的"开始"菜单。它是通过记录每个用户的 NTUSER.DAT 注册表文件中使用的应用程序数目来实现的。因此,这个注册表项会告诉你应用程序已被执行的次数和最近执行的时间。

6. 预取

预取,可在 `HKEY_LOCAL_MACHINE\SYSTEM\CurrentControlSet\Control\Session Manager\Memory Management\PrefetchParameter` 中找到,是一个包含可执行文件的名称、该可执行文件使用的 DLL 的 Unicode 列表、可执行文件已运行的次数,以及可以指示程序最近一次运行时间的时间戳文件。其与 UserAssist 结合使用,此注册表项可以让你很好地了解在设备上执行的程序。

7. 卸载的软件

`HKLM\SOFTWARE\Microsoft\Windows\CurrentVersion\Uninstall` 是在任何取证调查中都非常重要的注册表项。潜入计算机的入侵者可能出于各种目的,比如恢复删除的文件或创建后门等,他可能在计算机上安装某些软件,之后很可能又卸载了他使用的软件。窃取数据的员工也有可能安装了隐写软件,以便隐藏数据,随后将它卸载。这一注册表项允许你查看所有已经从该计算机上卸载的软件。

8. ShellBags

ShellBags 条目可以在 HKCU\Software\Microsoft\Shell\Bags 中找到,它表明是否访问了给定的文件夹(而不是文件)。很常见的一个现象是被告声称自己不知道计算机上有非法文件。ShellBags 条目可以证实或反驳这种说法。

当然还有其他值得关注的注册表项。上述取证工具将为你提取这些信息(以及更多)。如果你要使用取证,特别是在 Windows 系统中,学习 Windows 注册表是至关重要的。

9. Windows 日期 / 时间戳

从设备收集数据时,你需要注意日期 / 时间戳。例如以下日期 / 时间戳在 Windows 中具有特定的含义。

- **创建文件**:此日期 / 时间戳通常显示创建文件或文件夹的时间。当使用 Windows 命令行的拖放功能时将文件移动到不同的卷上时,新副本的文件创建日期 / 时间戳将设置为当前时间。当使用"剪切"和"粘贴"菜单选项将一个文件移动到不同的卷上时,文件创建日期 / 时间戳不变;但是,"最近访问的日期 / 时间戳"会改变。
- **修改**:此日期 / 时间戳表示最近一次对文件进行更改的时间。
- **上次访问时间**:此日期 / 时间戳表示最近一次被文件系统访问的文件或文件夹的时间。无须打开即可访问。

14.8　移动设备取证:手机概念

在我们深入研究手机之前,你需要知道一些基本的设备和术语。其中的一些(比如 SIM 卡)可能对你来说是比较熟悉的。

14.8.1　手机状态模块

当你检查手机时,你应该记录下看到的手机的状态,你可以在标准协会中查找状态,其中确定了以下四个状态。

- **初始状态 / 出厂默认状态**：当从制造商处收到设备时，设备处于初始状态。在这种状态下，设备不包含用户的数据，并设置为出厂配置。
- **激活状态**：处于激活状态的设备已通电，正在执行任务，并且可以由用户自定义，设备用用户数据填充他们的文件系统。
- **半激活状态**：半激活状态是介于激活和静止之间的一种状态。这个状态是在一段时间不激活后触发的，此时设备可以通过调暗显示器并采取其他适当的操作保持电池寿命。
- **静止状态**：静止状态是一种休眠模式，当维护用户数据并执行其他后台功能时该模式可保持电池寿命。该设备的相关信息被保存在存储器中，以允许快速恢复处理并返回到激活状态。

14.8.2　手机概念模块

以下的内容涉及手机的各个部分。

1. 用户识别模块

手机用户识别模块（Subscriber Identity Module，SIM）是手机的核心。它是一个电路，通常是一个可移动的芯片。SIM 卡是用来识别手机的，它存储着国际移动用户识别码（International Mobile Subscriber Identity，IMSI）信息，我们将在稍后详细讨论 IMSI。SIM 卡唯一地标识了一部手机，因此，如果你更换了 SIM 卡，你就可以有效地更改 IMSI，从而更改手机的身份。SIM 卡通常还具有网络信息、用户可访问服务和两个口令。这两个口令是个人识别码（PIN）和个人解锁码（PUK）。PUK 是用来重置 PIN 码的，但是使用它时会擦除手机内容并将手机重置为出厂状态，从而破坏任何取证证据。如果连续 10 次输入错误的解锁码，设备将永久性地被锁定并且无法恢复。

2. 国际移动用户识别码

国际移动用户识别码（IMSI）通常是一个 15 位的数字，在某些情况下可能更短（有些国家使用较短的号码）。它用于唯一标识一部手机。前 3 位数字是移动国家代码（Mobile Country Code，MCC），接下来的数字表示移动网络代码，在北美是三位数字，在欧洲是两位数字。剩余的数字是移动用户标识号（Mobile Subscription Identifier Number，MSIN），用于标识在一个确定的网络中的手机。为了防止跟踪和复制，IMSI 很少被发送，生成并发送的是临时值，可称为 TMSI。

3. 集成电路卡识别

当使用国际移动用户识别码（IMSI）识别手机时，SIM 卡芯片本身由集成电路卡识别（Integrated Circuit Card IDentification，ICCID）进行识别。ICCID 在制造过程中是刻在 SIM 卡上的，因此无法移除。它的前七位数字表示国家和发行人，称为发行商识别号码（Issuer Identification Number，IIN）。后面是识别该芯片和 SIM 卡的可变长度的数字，最后是一个校验位。

4. 国际移动设备标识

国际移动设备标识（International Mobile Equipment Identity，IMEI）是用于识别 GSM、

UMTS、LTE 和卫星手机的唯一标识符。它通常印在手机电池盒内。大多数手机都可以通过在拨号键盘上输入"#06#"来显示它。使用此号码，即使用户更改了 SIM 卡，手机也可能会被列入黑名单或被阻止连接网络。

14.8.3　移动手机网络

除了了解手机本身外，你还必须了解手机网络。所有的手机网络都是基于无线电发射塔的。无线电信号的强度可以有目的地进行调节，这样可以限制其范围。每个蜂窝无线电基站由天线和无线电设备组成。以下是对各种不同类型网络的简要描述。

1. 全球移动通信系统

全球移动通信系统（Global System for Mobile communications，GSM）是一种比较老旧的技术，通常称为 2G，是欧洲电信标准协会（European Telecommunications Standards Institute，ETSI）制定的标准。最初，GSM 是为数字语音开发的，后来扩展到数据。GSM 在许多不同的频率下工作，但是最常见的是 900MHz 和 1800MHz。在欧洲，大多数 3G 网络使用 2100MHz 的频率。

2. 增强数据速率的 GSM 演进技术

许多人认为，增强数据速率的 GSM 演进技术（EDGE）介于 2G 和 3G 之间，是在 GSM（2G）上有所改进的 3G 技术的萌芽。它是专门为通过蜂窝网络传送媒体而设计的，比如电视。

3. 通用移动电信系统

通用移动电信系统（Universal Mobile Telecommunications System，UMTS）是 3G 技术，本质上是对 GSM（2G）的升级。它可以提供文本、语音、视频和多媒体，数据传输速率达到甚至可能超过 2 Mbit/s。

4. 长期演进

长期演进（Long Term Evolution，LTE）通常被称为 4G，可以提供宽带 Internet、多媒体和语音。LTE 基于 GSM/EDGE 技术，理论上它可以支持 300Mbit/s 的速度。与 GSM 和基于 GSM 的网络（GSM-based network）不同，LTE 是基于 IP 的，就像典型的计算机网络一样。

5. 5G

第五代无线系统（缩写为 5G）满足 ITU IMT-2020 的要求，且符合 3GPP Release 15 标准。数据速率峰值为 20 Gbit/s。

6. 集成数字增强网络

集成数字增强网络（integrated Digitally Enhanced Network，iDEN）是一种基于 GSM 的体系结构，它将手机、双向无线电、寻呼机和调制解调器组合到一个网络中。它的工作频率为 800MHz、900MHz 或 1.5GHz，由摩托罗拉公司（Motorola）设计。

了解手机工作的网络对了解手机取证是非常重要的。今天，虽然 3G 网络和手机仍然存在，但是你更常见到的是 LTE。

请你记住，虽然几年前情况并非如此，但是现在的手机或平板计算机实际上是一台计算机。现代移动设备在各方面都是功能齐全的计算机，这意味着它们有硬件、操作系统和应用程序（通常称为 App）。为了成功地进行取证分析，你至少应该拥有在移动设备上使用的操作系统的工作知识，这一点是很重要的。

14.8.4　iOS

苹果的 iPhone、iPod 和 iPad 非常常见，它们都运行在同一个操作系统 iOS 上。iOS 操作系统最初是在 2007 年为 iPhone 和 iPod 发布的，后来扩展应用到 iPad 上。iOS 基于一个触摸界面，用户将在屏幕上执行诸如滑动、拖曳、缩放和轻敲等手势。它基于苹果计算机（Macintosh）上的专属操作系统 OS X，但已经经过了大量的修改。

iOS 分为四层。第一层是核心操作系统（core OS）层，它是操作系统的核心。在这一层上用户和应用程序不直接交互。核心服务（core service）层（第二层）负责与应用程序交互。第三层，即媒体（media）层，负责音乐、视频等。最后是 Cocoa 触摸（Cocoa touch）层，它会对用户的手势做出响应。

iOS 使用 HFS+ 文件系统。HFS+ 是由苹果公司创建的分层文件系统（Hierarchical File System，HFS）的替代品，在 iOS 和 OS X 中都有使用。iOS 可以在与 Windows 机器通信时使用 FAT32 文件系统（例如在将 iPhone 与 Windows PC 同步时）。

iOS 将其数据分区划分如下：
- 日历。
- 联系人。
- 备忘录。
- iTunes 配置。
- iTunes 音乐。

显然，日历和联系人在任何取证调查中都可能引起关注，不过在 iPod_ Control 文件夹中隐藏的一些数据也非常重要。

14.8.5　安卓

安卓（Android）是 iOS 最大的替代品，它基于 Linux，事实上，它是一个经过修改的 Linux 发行版。它是开源的，如果你有编程和操作系统的知识，那么可以下载和阅读 Android 源代码（参见网站 http://source.Android.com）。需要注意的是，专用的安卓手机通常会对开源的 Android 源代码进行修改或添加。

2003 年首次发布的 Android 操作系统是由里奇·米纳尔（Rich Miner）、安迪·鲁宾（Andy Rubin）和尼克·希尔斯（Nick Sears）共同创造的，谷歌在 2005 年收购了 Android。Android 的不同版本都是以甜点或糖果名称来命名的。
- 版本 1.5: Cupcake（纸杯蛋糕），2009 年 4 月发布。
- 版本 1.6：Donut（甜甜圈），2009 年 9 月发布。
- 版本 2.0~2.1：Éclair（泡芙），2009 年 10 月发布。
- 版本 2.2：Froyo（冻酸奶），2010 年 5 月发布。
- 版本 2.3：Gingerbread（姜饼），2010 年 12 月发布。
- 版本 3.1~3.2：Honeycomb（蜂巢），2011 年 2 月发布。

- 版本 4.0：Ice Cream Sandwich（冰激淋三明治），2011 年 10 月发布。
- 版本 4.1～4.2：Jelly Bean（果冻豆），2012 年 6 月发布。
- 版本 4.4：KitKat（奇巧），2013 年 9 月发布。
- 版本 5.0：Lollipop（棒棒糖），2014 年 11 月发布。
- 版本 6.0：Marshmallow（棉花糖），2015 年 10 月发布。
- 版本 7.0：Nougat（牛轧糖），2016 年 8 月发布。
- 版本 8.0：Oreo（奥利奥），2017 年 8 月发布。
- 版本 9.0：Pie（馅饼），2018 年 8 月发布。
- 2019 年安卓（Android）Q 测试版：现在被称为数字 10 并被广泛使用。
- 安卓 11 测试版：于 2020 年 6 月推出。
- 安卓 11：Red Velvet Cake（红丝绒蛋糕），于 2021 年 9 月发布。
- 安卓 12：Snow Cone（刨冰）v1，于 2021 年 10 月发布。
- 安卓 12L：Snow Cone（刨冰）v2，于 2022 年 3 月发布。
- 安卓 13：Tiramisu（提拉米苏），于 2022 年 8 月发布。

从一个版本升级到另外一个版本的差异通常涉及新的功能，而不是对操作系统的根本性更改。这些版本都是基于 Linux 的，甚至从 Cupcake 到 KitKat 的核心功能都是非常相似的。这意味着，如果你熟悉任何一个版本的 Android，那么你应该能够对所有版本的 Android 完成取证分析。

14.8.6　你应该关注什么

有哪些通用原则可以帮助你确定在手机或其他移动设备中需要查找的内容？你应该尝试从移动设备恢复的项目包括：

- 手机自身的细节。
- 通话记录。
- 照片和视频。
- GPS 信息。
- 网络信息。

关于手机的信息是你应该在调查中记录的第一件事。正如你要记录正在检查的个人计算机的详细信息（型号、操作系统等）一样，你也应该记录手机或平板计算机的详细信息。这些信息包括设备型号、SIM 卡序列号、操作系统等。你能够记录的描述性信息越多越好。

通话记录可以让你知道用户的通话对象以及通话时间。显然，通话记录本身不足以证明大多数罪行。除了跟踪或违反限制令以外，仅仅证明一个人给另一个人打了电话不足以证明犯罪，但是它可以启动对通话记录的详细调查。

照片和视频可以提供犯罪的直接证据。你可能会惊讶地发现，一些罪犯对自己犯下的严重罪行拍照或录像并不罕见，从破坏公物到入室行窃，有许多犯罪者对自己的行为拍照或录像。

GPS 信息在各种情况下变得越来越重要。很多人都有 GPS 设备，如果取证分析师不检查这些信息就显得有些疏忽大意了。GPS 无法确认嫌疑人是否犯罪，但是它可以显示嫌疑人是否出现在犯罪地点，当然，GPS 也可以帮助某人免除责任。如果一个人涉嫌犯罪，但是其车辆和手机 GPS 在案发时都显示在很远的地方，将有助于他建立不在场的证明。

网络信息也很重要。一部手机能够识别哪些 Wi-Fi 网络？这些网络可能表明手机所在的地点。如果一部手机连接到了犯罪现场附近的一家咖啡厅，那么至少可以看出嫌疑人就在这一区域。传统的计算机犯罪，如拒绝服务攻击（DoS）和 SQL 注入，也有可能追溯到某个公共 Wi-Fi，而犯罪者足够聪明，可以掩盖他所使用的设备的标识。如果你能够证明他的手机 GPS 确实连接到那个 Wi-Fi，这将有助于确定他犯罪的可能性。

14.9 取证资格证书的必要性

为什么要有资格证书？这个问题在信息技术领域已经被讨论许多年了。各路学者都有各自鲜明的观点：有些声称资格证书是无价的，而另一些则声称它们毫无价值。此外，IT 内部的一些子行业也对资格证书持有不同的态度。在思科公司，资格证书是王道；在 Linux 社区，证书的价值微不足道。那么计算机取证的资格证书的价值是什么？

首先，你必须检查资格证书的目的。资格证书意味着什么？通常，对资格证书持怀疑看法的人是因为他们遇到过一个取得了证书而能力不强的人。这是对资格证书的误解。资格证书应该表明持有者已达到的最低标准，但这并不意味着他是这个领域的专家，而是证明他是可以胜任的。同样的道理，医学学位并不能保证某个人是一个伟大的医生，而只能证明他获得了医学方面的最低能力。

然而，可能会出现某人获得了资格证书但是却不擅长这一领域的情况，其实在任何领域和任何教育工作中也是如此。当然也有一些医生（很少）不称职，但是如果你突然胸痛，我敢打赌你宁愿有人为你请医生而不是请水管工。一个医生拥有必要技能的概率比一个水管工要高得多。IT 方面的资格证书也是如此，虽然肯定有人获得了证书而不能胜任 IT 工作，但是获得证书的人胜任的概率要高得多。这就是为什么雇主经常要求或更喜欢有资格证书的人。拥有资格证书使得对申请者的筛选工作变得更加容易。

任何 IT 资格证书都可以成为求职者技能的一个有价值的指标，虽然这是一个参考因素，但是不能也不应该成为唯一考虑的因素。这让我们想到了取证资格证书。首先我们考查目前有哪些网络取证的资格证书。所有的取证资格证书分为两种类型，第一种是供应商资格证书，通常只关注供应商销售的产品；第二类是概念资格证书，这些测试不是针对某个具体的工具，而是取证的相关概念。

AccessData 公司是取证工具包 Forensic Toolkit 的创建者，它的产品有多个资格证书。取证工具包 EnCase 的创建者 Guidance Software 公司也是这样。这两个供应商的资格证书都很好。然而，它们都是供应商资格证书，测试的重点是使用特定的专有工具套件的水平，而不是考查网络取证通常覆盖的范围。如果你打算使用其中一种工具，获得对应的供应商资格证书是个非常好的主意，但是这与广泛的网络取证课程和测试还是不同的。

国际电子商务顾问局（EC-Council）拥有注册黑客取证调查员（Certified Hacking Forensics Investigator，CHFI）测试，现在这一认证已经开始流行，顾名思义，它强调的是黑客攻击和反黑客攻击。国际电子商务顾问局的主要焦点一直是黑客攻击。

SANS 协会也提供了许多认证，包括注册取证分析师（Certified Forensics Analyst，GCFA）和注册取证审查员（Certified Forensics Examiner，GCFE）。这两项认证在业内都很权威，唯一的问题是 SANS 的培训课程及其认证测试是业内最昂贵的之一。

14.10　专家证人

在某个时候，任何取证人都可能被传唤出庭作证。作为专家证人（expert witness）和作为普通证人是截然不同的。首先，允许专家证人就他没有看到或听到的事情作证。其次，允许专家证人推理和形成理论。

但是，专家证言有明确的限制和要求。你不能简单地站在你的立场上说：“好吧，我是专家，这是真的，因为我是这么说的。”证言要符合一些规则，下面将简要概述其中的一些规则。

14.10.1　美国联邦法规第702条

美国联邦法规第702条（Federal Rule 702）规定了什么是专家证人，以及什么时候可以作证和可以对什么作证的规则。简要来说，第702条规定如下：
- 根据知识、技能、经验、培训或教育而有资格成为专家的证人，可在下列情况下以专家意见或其他形式作证：
  a. 专家的科学、技术或其他专门知识将有助于审判者理解证据或确定有争议的事实；
  b. 证词是基于充分的事实或数据的；
  c. 证词是可靠的原理和方法的产物；
  d. 专家已将这些原理和方法可靠地应用于发现案件的真相。

这意味着，首先专家证人必须是该特定主题或领域的专家。专家的证词必须有助于法官或陪审团了解案件中的技术或特定的事实。同样重要的是，专家的意见必须以可靠的科学方法为基础。

14.10.2　道伯特标准

美国联邦法院使用道伯特（Daubert）标准来确定专家的证词是否基于科学有效的推理或方法，并能适当地应用于有争议的事实。根据该标准，在确定方法是否有效时可考虑的因素有：所依据的理论或技术是否能测试并已经测试、是否经过了同行评审和公示、已知或潜在的错误率如何、控制其操作的标准的存续情况、是否被相关科学界广泛接受。道伯特标准是目前联邦法院和一些州法院使用的测试标准，与联邦法规第702条非常相似。

14.11　其他取证类型

数字取证是一个不断发展的领域。计算机取证和手机取证是最常见的数字取证类型，但并不是数字取证的唯一领域。在本节中，你可以看到对数字取证的一些其他分支学科的概述。

14.11.1　网络取证

学习网络取证最基本的内容是数据包分析。在我们继续本节内容之前，你需要先复习第2章中的内容，确保你熟悉基本的网络基础知识。

从本质上讲，网络取证包括捕获穿越网络的网络数据包，并检查它们以获取证据。许多事情都可以通过网络取证来确定：数据包来自哪里、使用了什么协议、使用了什么端口，以及是否进行了加密。

以下是一些流行的网络分析工具。

- Wireshark：www.wireshark.org。
- CommView：www.tamos.com/products/commview/。
- SoftPerfect 网络协议分析器（SoftPerfect Network Protocol Analyzer）：www.softperfect. com。
- EffeTech HTTP Sniffer：www.effetech.com/sniffer/。
- ngrep：http://sourceforge.net/projects/ngrep/。

这些工具都可以用于网络分析。

14.11.2　虚拟取证

虚拟化（virtualization）是一个包含许多技术的广义术语。它独立于用户的物理机器，是提供各种 IT 资源的一种方式。虚拟化使一个 IT 逻辑资源能够独立于终端用户的操作系统和硬件运行。取证最基本的问题是嫌疑机器上运行虚拟机的情况，也可能会涉及从云服务器获取数据的问题。

1. 虚拟机

虚拟机（virtual machine）是一个有趣的概念，它是应用更广泛的虚拟系统的先驱，我们将在本章后面讨论它。虚拟机本质上是将计算机的硬盘驱动器和 RAM（在执行时）的特定部分预留出来运行，从而完全独立于操作系统的其余部分。这很像在运行一个完全独立的计算机，而它只是共享主机的资源。简单来说，它是一个虚拟的计算机，也因此被称为虚拟机。

每个供应商存储数据的方式略微不同。下面的列表显示了使用最广泛的三个虚拟机供应商，以及与取证相关的文件。

- VMware 工作站（workstation）。
  - .log 文件：虚拟机的活动日志文件。
  - .vmdk：虚拟客户操作系统的实际虚拟硬盘驱动器。虚拟硬盘驱动器可以是固定的，也可以是动态的。固定虚拟硬盘驱动器保持固定的大小，动态虚拟硬盘驱动器根据需要可扩展。
  - .vmem：虚拟机的分页 / 交换文件的备份，这对取证调查非常重要。
  - .vmsn：VMware 快照文件，根据快照的名称命名。创建快照时，VMSN 文件存储虚拟机的状态。
  - .vmsd：VMSD 文件包含关于快照的元数据。
- Oracle VirtualBox。
  - .vdi：被称为虚拟磁盘镜像的 VirtualBox 磁盘镜像。
  - /.config/VirtualBox：包含配置数据的隐藏文件。
  - .vbox：机器配置文件的扩展名。4.0 版本之前，文件的扩展名为 .xml。
- Virtual PC。
  - .vhx：实际的虚拟硬盘，这些文件显然对取证调查很重要。
  - .bin 文件：包含虚拟机的内存，因此绝对必须要对这些文件进行检查。
  - .xml 文件：包含虚拟机的配置细节。对于每个虚拟机和虚拟机的每个快照，都有一个对应的文件，这些文件总是使用用以在内部标识问题虚拟机的 GUID 来命名。

2. 云

云（cloud）被定义为"虚拟的计算机资源池"。人们通常认为云好像只有一个，或至少是只有一种类型，这种印象是不准确的。云可以有很多，也可以有多种类型。任何具有资源的组织都可以建立一个云，并且可能由于原因各种各样，因此导致有不同类型的云。

NIST 将公有云（public cloud）定义为那些向公众或至少是大型行业组织提供基础设施或服务的云。

私有云（private cloud）是指不向外部提供服务，而由一个组织专用的云。当然，有些混合云将私有云和公有云的元素组合在一起，这些云本质上是私有云，但是有一些有限的公共访问权限。

社区云（community cloud）是私有和公有之间的一个中间点。在这些系统中，几个组织共享一个云，以满足特定的社区需求。例如，一些计算机公司可能会联合起来创建一个专门处理常见安全问题的云。

一个云系统由几个部分组成，每个部分都可能存储证据：

- **虚拟存储**（virtual storage）：虚拟服务器托管在一个或多个实际的物理服务器上，这些物理服务器的硬盘空间和 RAM 分区供各种虚拟服务器使用。
- **审计监视器**（audit monitor）：通常有一个审计监视器来监视资源池的使用情况。该监视器还将确保一个虚拟服务器不访问也不能访问另一个虚拟服务器的数据。
- **Hypervisor**：Hypervisor 机制是为虚拟服务器提供访问资源的过程。
- **逻辑网络边界**（logical network perimeter）：由于云由虚拟服务器而非物理服务器组成，因此需要一个逻辑网络和一个逻辑网络边界。边界可以将资源池彼此隔离。

个别云的实现可能有其他的实用程序，例如，管理控制台，允许一个网络管理员监视、配置和管理一个云。

云取证有两个问题。第一个是管辖权。云数据通常在不同国家的服务器之间复制，而每个国家都有自己的法律。第二个是获取数据的技术问题。你完全不可能对正在考虑的整个云创建镜像，因此，你可能不得不制作所关注数据的逻辑副本，甚至是进行实时分析。

14.12　本章小结

在这一章中，你已经了解了计算机取证的基础知识。在取证中你所学到的最重要的事情是制作一份取证副本，然后你可以利用副本进行工作，并尽量记录一切，不过也不能过度记录。你还学习了如何获取浏览器信息和恢复已删除的文件，以及一些可能在取证方面有用的命令。你也已经仔细探讨了 Windows 注册表以及云取证的取证价值。

14.13　技能测试

选择题

1. 在计算机取证调查中，以下哪项描述了从你找到证据到案件结案或证据呈上法庭的过程？
   A. 证据规则　　　　　B. 概率定律　　　　　C. 证据保管链　　　　　D. 隔离策略
2. 伊恩正在 Linux 服务器上进行取证检查，他正在尝试恢复电子邮件。Linux 在哪里存储电子邮件服务器日志？
   A. `/var/log/mail.*`　　　　　　　　　B. `/etc/log/mail.*`

C. /mail/log/mail.* D. /server/log/mail.*

3. 为什么要记录你想作为证据的计算机的所有电缆连接情况？
   A. 了解有什么外部连接 B. 以防其他设备被连接
   C. 了解有什么外部设备 D. 了解有什么硬件存在

4. 佩德罗正在检查一台 Windows 10 的计算机。他已提取 index.dat 文件并正在检查该文件。Index.dat 文件中有什么信息？
   A. Internet Explorer 的信息
   B. Windows 计算机的常规 Internet 历史记录、文件浏览历史记录等
   C. Firefox 的所有 Web 历史记录
   D. Linux 机器的常规 Internet 历史记录、文件浏览历史记录等

5. 可以作为 Windows 应用程序使用，用于创建位流镜像和制作取证副本的标准 Linux 命令的名称是什么？
   A. mcopy B. image C. MD5 D. dd

6. 编目数字证据的主要目标是什么？
   A. 制作所有硬盘的位流镜像 B. 保护证据的完整性
   C. 避免现场消除证据 D. 禁止关闭计算机

7. 穆罕默德正在使用一系列 Windows 的实用程序从他正在进行分类处理的计算机中提取信息。他刚刚使用了 Openfiles 命令。Openfiles 命令可以显示什么内容？
   A. 任意打开的文件
   B. 任意打开的共享文件
   C. 任意打开的系统文件
   D. 任意用 ADS 打开的文件

8. 本章内容中"有趣的数据"指的是什么？
   A. 与调查有关的数据 B. 违法的内容
   C. 文档、电子表格和数据库 D. 图表或其他基于经济的信息

9. 关于进行日志记录，下列哪项对调查者是重要的？
   A. 日志记录方法 B. 日志保留 C. 日志存储位置 D. 以上所有

练习

练习 14.1：DiskDigger

下载 DiskDigger，在你的计算机上搜索已删除的文件，并尝试恢复一个文件。

练习 14.2：制作取证副本

这个练习需要两台计算机。你还必须下载 Kali Linux 或 Knoppix（都是免费的）。然后通过将计算机 A 的数据发送到计算机 B 来尝试制作计算机 A 的取证副本。

练习 14.3：OSForensics

从网址 https://www.osforensics.com/osforensics.html 下载一个 OSForensics 的试用版。

使用网址 https://www.osforensics.com/faqs-and-tutorials/video expositions.html 上的教程，用 OSForensics 在你自己的计算机上完成基本的取证工作。

网络安全工程

本章学习目标

学习本章并完成章末的技能测试题目之后，你应该能够

● 理解系统工程的基本概念。

● 理解如何将系统工程方法集成到网络安全中。

● 在网络安全中使用工程工具。

● 解释网络安全工程中标准的使用。

15.1 引言

　　网络安全领域正在迅速发展。尽管这种快速发展对网络安全从业人员的职业前景是有益的，但它也对职业的准确定义提出了挑战，包括网络安全中的角色和要求。在大学中，网络安全的学科归属至今甚至还不明晰，网络安全和网络安全教育采用的形式多样。在某些情况下，网络安全是作为一门企业管理（business management）学科来进行教授和实践的，其重点是策略和程序。在其他情况下，它被视为计算机科学（computer science）的一个分支学科。网络安全定义上的差异对于从业人员和学术界来说都是一个非常重要的问题。

　　网络安全缺乏被大家一致认可的定义，导致从业人员的技术背景和技能比较宽泛。有些网络安全专业人员在计算机科学或工程方面具有深厚的知识基础，也有些人员根本没有任何技术背景。这种模棱两可的状况使得人们难以给出网络安全的明确定义。有些人将网络安全划归为管理问题，他们主要侧重于制定和实施适当的安全标准和策略。在这种网络安全的定义方法中，网络安全仅与安全标准和策略的实施有关，技术技能是次要（甚至是第三位的）的关注点。

　　另一种网络安全的定义方法，则将其视为一门高度技术性的学科。在这种观点中，策略和程序仍然是网络安全的一部分，但是它们被看作是辅助于技术技能的。这种方法侧重于网络安全的技术以及从业人员的技术技能。在这种观点中，网络安全从业人员可能具有很强的计算机科学背景，并且可能要求具有计算机科学或相关学科的学位。本章支持网络安全的技术观点，但对该定义提供了更多的特异性和改进。本章提出的方法将网络安全视为一门工程学科，实际上，是将它视为系统工程（systems engineering）的一门子学科。

15.2 定义网络安全工程

　　为了将网络安全工程（cybersecurity engineering）作为一门学科定义，我们必须首先定义工程。工程技术认证委员会（Accreditation Board for Engineering and Technology，ABET）对工程（engineering）的定义如下[一]：

　　　　有辨别地对通过学习、体验和实践所获得的数学和自然科学知识的应用，目标是开发出一种能经济地利用自然界的物质和力量造福人类的方法的学科总称。

　　○　http://users.ece.utexas.edu/~holmes/Teaching/EE302/Slides/UnitOne/tsld002.htm.

此定义表明，任何工程学科都必须以数学和自然科学知识为基础。如果考虑传统的工程学科（航空航天、电气、机械等），你会意识到工程学主要集中在规划和测试方面。它必须规划从需求收集、测试到完成的所有内容。建模也是一个核心概念。而这些都是网络安全中不常做的事情。

传统的工程学科包括机械、电气、土木和化学。在 20 世纪，该学科范围已扩展到包括航空航天、生物、核能、计算机和其他类型的工程。在过去的 50 年中，我们看到了系统工程领域的兴起。所有这些工程领域的共同点是，它们都基于相同的工程原理，包括基于数学和自然科学应用的严格设计。工程学主要与数学和科学方法有关。这种系统化的设计方法可以用来进行开发和测试，而且开发和测试甚至可以贯穿系统的整个生命周期。即使是严格的设计，反过来也依赖于科学和系统的需求工程方法。

基于对工程定义和原理的理解，你应该清楚，为了使网络安全工程成为一门真正的工程学科，必须改变网络安全的实践和教学的要素。进行此类改变的最有效的方法是依据一些现有的工程学科对网络安全工程进行建模。选择计算机工程或软件工程作为网络安全工程的模板看起来应该很合适，但是，网络安全工程本质上涉及了多种系统的共生关系，网络安全不仅限于计算机，它还包括计算机工程和软件工程所不具备的人为因素、策略和法律问题。

15.2.1　网络安全与系统工程

网络安全本质上包括各种计算机系统、人工流程、各种操作系统，以及网络安全涉及的其他系统。网络安全可以被恰当地标记为多系统的系统（system of systems），因此，系统工程适合作为网络安全工程的模板。本章的建议之一是将网络安全规范化为系统工程的子学科。

在将网络安全工程定义为系统工程的子学科之前，首先你要清楚地了解什么是系统工程。系统工程国际委员会（INCOSE）对系统工程的定义如下[⊖]：

> 系统工程是指使得成功的系统得以实现的跨学科的方法和手段。在系统开发周期的早期注重定义客户需求和功能，记录需求；然后进行综合设计和系统验证，同时考虑整体的问题，如运行、性能、测试、制造、成本与调度、培训与支持、销毁。

根据上述定义，系统工程是一门跨学科的工程学科。它汇集了工程学的各个领域，并包括项目管理活动。系统工程与给定的系统或多系统的系统有关，从概念阶段开始，一直到系统销毁为止，贯穿整个系统生命周期。同样，这种方法也适合于网络安全工程。

从工程的角度首先要考虑的问题是工程需求（requirement engineering），这涉及定义将要开发的系统的系统需求。该过程始于各利益相关方对需求的非正式而且通常是比较含糊的表述，然后将该信息处理为具体且可执行的系统需求。在网络安全中，需求工程往往是一个经常被忽略的关键组件。许多网络安全项目之所以能够完成，仅仅是因为它们满足某些法规的最低要求，或者是因为它们是通用的网络安全任务。正式的需求工程在网络安全中并不常见。这表明正式定义网络安全工程的一个好处是可以将需求工程集成到网络安全项目中。

15.2.2　工程学在网络安全中的应用

尽管工程中的过程适用于网络安全的所有方面，但考虑利用一个特定的示例来说明需求

⊖　https://www.incose.org/docs/default-source/TWG-Documents/09_iw14-se-summit_lacntydpw.pdf?sfvrsn=
80cc82c6_0.

工程的应用可能是有益的。为此，考虑以渗透测试为例。当前，渗透测试通常以特定的方式（ad hoc manner）进行。在渗透测试中，需求工程过程可用来定义特定渗透测试的特殊需求。客户通常对渗透测试是什么以及他们想要通过渗透测试完成什么目标，只有比较模糊的想法。

根据 IEEE 830-1993，需求定义为：

用户解决问题或实现目标所需的条件或能力。

一个系统必须满足的条件或拥有的能力……以满足合同、标准、规范或其他正式声明的文件。

每个网络安全项目都应该从定义需求开始。必须满足几个指标的需求才是有效的。一个有用的缩写可以帮助你理解并记住这些指标，即 SMART：Specific（具体的）、Measurable（可测量的）、Achievable（可实现的）、Realistic（现实的）、Timely（及时的）。

这个 SMART 首字母缩写旨在帮助你理解什么是良好的需求。需求首先必须是具体的。如描述"我想要更安全"太含糊了，而描述"我想在下一个财政年度将病毒暴发的概率减少23%"就非常具体了。如果不能用某种方式来度量它，那么你怎么知道是否达到了目标？可测量性与具体性是密切相关的。一个需求也必须是可以实现的。描述"我希望再也不会发生安全事故"是根本不现实的，这也无法实现。虽然现实性和可实现性有重叠，但它们并不完全是一回事。例如，描述"我想将病毒事件的概率减少15%"是可以实现的，说你希望在明天业务结束前实现这一目标是根本不现实的。需求也必须是及时的，这意味着需求将在适当的时间内实现。

需求工程活动始于需求启发（requirement elicitation），这是利益相关方和工程师开会讨论需求的过程。顾名思义，工程师需要从利益相关方那里获取要求，然后分析最初收集的需求。在需求分析阶段，可以使用 UML 图、SysML 图（我们将在本章的后面进行探讨）、用户案例和其他技术来阐明需求。然后，通常在需求分析之后进行系统建模。可以使用 UML 或 SysML 建模，或使用诸如 MATLAB 之类的工具进行建模。这个想法就是探究已经收集的需求。接下来，确定需求并进行验证。

在需求工程中，系统工程师使用某些技术从客户或其他利益相关方那里抽取需求。这个过程对网络安全工程也是适用的。在这个例子中，把需求工程应用于网络安全的一个子集，也就是渗透测试。对于渗透测试，需求工程包含多种技术：

- 审查客户所在的组织过去发生的事件以及同一行业中发生的事件。从这些特定需求中推断并寻求客户对这些需求的同意。
- 用例图（Use-case diagram）在系统工程中经常被使用，它可以提供一个非常容易理解的模型，即使是不懂技术的利益相关方也可以理解。渗透测试工程师可以使用误用（misuse）案例来模拟客户系统的潜在误用。这些误用情况可能包括内部威胁、外部攻击者，甚至是意外的安全性破坏。误用案例将在本章后面的部分中进行详细介绍。
- 审查相关监管机构和行业标准的特定要求。许多标准（例如 PCI-DSS）定义了特定的渗透测试要求。

一旦收集的需求被利益相关方批准，这些需求就应该成为渗透测试的基础。在系统工程中，双向需求矩阵是跟踪需求的常用工具。对于渗透测试，这会将每个需求追溯到至少一个已执行的特定测试，而且每一个测试都应追溯到一个具体的需求。这样可确保渗透测试满足所有要求，而且所有测试都对应一个或多个特定要求。图 15.1 显示了一个有关渗透测试地简化了的需求矩阵。

	A	B	F	G	H	I	J	K	L	M	N	O	P	Q
1, 2							需求							
3			A.1-SQL 注入	A.2-SMB 缺陷	B.1- 恶意软件交付	B.2- 无线安全								
4	需求标识	渗透测试活动												
5	1	所有的 Web 登录屏幕都将手工地进行 SQL 注入测试	×											
6	2	所有的 Web 登录屏幕都将使用至少一个自动化工具进行 SQL 注入测试	×											
7	3	每个服务器至少使用三种不同的 Metasploit SMB 进行攻击测试		×										
8	4	每个子网至少向一台计算机发送一个无效的 msvenom 载荷			×									
9	5	每个子网至少向一台计算机发送一个无效的脚本病毒			×									

图 15.1　双向可追溯需求矩阵

　　显然，实际的渗透测试有更多的活动和要求。但是此图证明了将双向可追溯需求矩阵应用于渗透测试的可行性。此示例中的主要问题是将需求工程集成到渗透测试中。具体需求将根据每个特定的渗透测试项目的具体要求而变化。当前的主要问题在于现有的网络安全课程不包括任何系统工程的内容。因此，网络安全专业人员可能没有经过需求工程的正规培训，这种情况应该并不少见。

　　一旦确定了客户的需求，就必须规划实际的渗透测试。系统工程提供了一些有效的工具来帮助进行规划。其中一个这样的工具是工作分解结构（Work Breakdown Structure，WBS），它是一个采用大型流程并将其分解为更小的、可管理的部分的图。这对于确保所有任务都被规划很有用。WSB 还将项目分解为较小的任务，以方便规划和预算。图 15.2 展示了一个单服务器地简化了的 WSB。

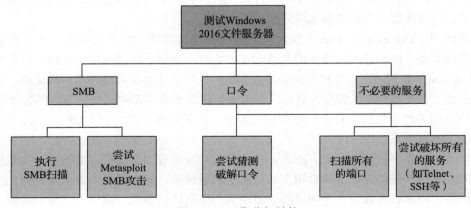

图 15.2　工作分解结构

　　只需要将需求工程和工作分解结构应用于渗透测试，就可以实现更系统、更一致的测试。这一做法可以提高渗透测试的效率，使它更加合理化、简单化。但是，如果未对渗透测试人员进行系统工程中的这些基本概念的教育，就无法实现这一目标。

规划和执行渗透测试只是一个具体示例，设计任何安全系统都是一个更为宽泛的问题。此类设计原则适用于任何安全的实施过程，例如部署新的入侵检测系统、实施新的网络策略或开发蜜罐（诱饵系统）。从当前趋势来看，网络安全是以最少的规划来执行任务。这是系统工程能增强网络安全的另外一个方面。

如前所述，可靠性工程的要素也可以应用于网络安全工程。通过整合已建立的用于衡量可靠性的方法，能够为网络安全工程提供一套现成的指标。可靠性工程（reliability engineering）的核心是风险管理（risk management），这也是网络安全的最终目标。

系统工程与网络安全的任何集成都必须整合特定的标准。IEEE 15288 标准定义了系统开发生命周期（system development life cycle）。在任何环境中增强系统的安全性时都应使用相同的开发生命周期。因此，在实施新的入侵检测系统或网络策略时，应遵循 IEEE 15288 系统开发生命周期。该标准包括以下条款：

- 条款 6.4.1——利益相关方的需求定义过程。
- 条款 6.4.2——需求分析过程。
- 条款 6.4.3——架构设计过程。
- 条款 6.4.4——实施过程。
- 条款 6.4.5——整合过程。
- 条款 6.4.6——验证过程。
- 条款 6.4.7——过渡过程。
- 条款 6.4.8——确认过程。
- 条款 6.4.9——操作过程。
- 条款 6.4.10——维护过程。
- 条款 6.4.11——销毁过程。

从定义需求开始，上述标准定义了开发或获取系统的过程。此过程通常会在系统工程入门课程中讲授，但对于许多网络安全从业人员而言可能是陌生的。了解系统开发生命周期对于任何系统（包括网络安全系统）的开发都是至关重要的。

任何网络安全系统都必须从需求工程开始。需求工程的特点之一就是需求启发。这是工程师从利益相关方获取需求的过程。利益相关方可能不知道可以做什么或应该做什么，工程师利用自己的专业知识帮助利益相关方抽取一系列的要求，这尤其适用于网络安全。如果没有工程师的帮助，利益相关方很可能不熟悉网络安全，并且无法有效地提出完整的需求清单。

用例图是对网络安全工程有益的另一个系统工程工具。它最初是 UML 的一部分，现在已合并到 SysML 中。用例图显示了包括其他系统在内的一系列用户，以及他们将如何与目标系统交互。如何使用用例图在本章后面的部分中进行了详细说明。不管如何，对用户如何与系统交互进行建模，这在定义系统功能时非常有用。它也是在需求确定期间与利益相关方进行沟通的有效工具。

统一建模语言（Unified Modeling Language，UML）是建模软件的一组图。其中包括用例图，这些图显示了如何使用该软件。UML 还包括描述如何部署软件的部署图，共有 14 种 UML 图。系统建模语言（System Modeling Language，SysML）与其相似，但适用于任何系统。SysML 有 9 种图。

本节中讨论的工具只是系统工程使用的一些技术，而这些技术可以有效地应用于一般意义上的网络安全，特别是渗透测试。对于渗透测试人员而言，参加系统工程课程学习是非常有利的。教育机构不妨考虑将系统工程课程添加到现有的网络安全课程中。至少，网络安全工程师应该熟悉 INCOSE 手册。

本节中介绍的工具只是系统工程中实际使用的工具示例。与这些工具同样重要的是系统工程的概念。例如，系统建模和仿真在系统工程中很常见，但在网络安全中却不常见。将网络安全工程定义为系统工程的子学科要求包括建模和仿真。

建模和仿真为在各种不同场景下测试系统提供了一种非常有用的机制。例如，假如你正在开发一个用于能够抵抗拒绝服务（DoS）攻击的系统，那么模拟 DoS 攻击以确定系统如何响应将是非常有用的。MATLAB 已被广泛用于网络流量建模。因此，利用 MATLAB 对基于网络流量的攻击进行建模是合适的。但是，这种模型在网络安全中并不常见。以上是将建模和仿真应用于网络安全工程的一个应用实例。

MATLAB 是在系统工程和其他工程学科中常用的工具，它已被广泛应用于多个领域的工程师培养，包括航空航天工程和生物工程。MATLAB 也应该包含在网络安全工程中。该建模工具的多功能性使它成为许多工程学科中的有效工具。

可靠性分析是系统工程的另一个重要组成部分，并且可以很好地应用于网络安全工程。可靠性工程和分析是确定给定系统可靠性的过程。通常在网络安全中，系统是在不了解其可靠性的情况下实施的。可靠性工程包括许多确定可靠性的技术和公式。

量化数据是所有工程学科的标志之一。你必须具有客观的指标才能做出明智的决策。可靠性工程包括许多可以帮助获得此类指标的公式。其中，许多公式不需要多么高级的数学知识。

均方差公式（Mean Squared Deviation，MSD）相对简单，可以用于洞悉系统是如何偏离预期的。公式如下所示：

$$MSD = \frac{1}{n}\sum_{i=2}^{n}(y_i - T)^2$$

在均方差公式中，y_i 是实际值（指这个系统应该如何运行），而 T 是目标值。

调整可控输入的设置可以改变 MSD。它是可靠性工程中相对简单的公式，可以用来描述任何网络安全系统的可靠性，对于评估入侵检测系统（IDS）和杀毒软件的有效性十分有用。MSD 公式可以与建模和仿真技术结合使用，在网络安全系统投入运行之前对其进行微调。

从 MSD 公式自然可以推出 MPE 公式。平均百分比误差（Mean Percentage Error，MPE）是建模产生的平均误差数。换句话说，模型相对于实际值的平均误差是多少。这对于建模也是至关重要的，因为它可用于评估模型本身的评估效果。MPE 公式如下所示：

$$MPE = \frac{100\%}{n}\sum_{t=1}^{n}\frac{a_t - f_t}{a_t}$$

在这个公式中，n 是预测变量的不同次数，a_t 是预测量的实际值，f_t 是预测量。

除了将一些有用的公式应用于网络安全工程外，可靠性工程还涉及一些适用于网络安全的概念。例如，平均故障间隔时间（Mean Time Between Failure，MTBF）的概念指的是估计组件故障之前的平均正常工作时间。对于杀毒软件的解决方案，MTBF 应该是指在给定文件被错误地识别为是病毒或不是病毒之前的平均时间。平均故障间隔的计算如下所示：

$$\text{MTBF} = \frac{\Sigma(\text{停机时间开始时刻} - \text{正常运行时间开始时刻})}{\text{故障发生次数}}$$

现在，公式 1 确实出现在一些网络安全的书籍（包括本书）中，并且在某些认证课程中也进行了讨论。MTBF 公式的更精确解释可以定义为可靠性函数 $R(t)$ 的算术平均值，它可以表示为直到失效时关于时间密度函数 $f(t)$ 的期望值。该公式需要进行积分，如下所示：

$$\text{MTBF} = \int_0^\infty R(t)\mathrm{d}t = \int_0^\infty tf(t)\mathrm{d}t$$

如果这个公式对于你来说是新的数学知识，请不要着急。该符号是定积分，我相信许多大学的"微积分 II"课程中肯定经常涉及积分。显然，MTBF 公式对网络安全有明确的应用。了解设备何时会发生故障，这个数据是非常有用的信息。首先，它可以衡量给定的网络安全设备或组件的功效；其次，它还可以用于评估系统或子系统是否会出现故障；此外，意外故障可能表示存在攻击。但是，以上这些也都表明至少需要将微积分基础作为网络安全课程的一部分。

可靠性工程的另一个概念是平均维修时间（Mean Time To Repair，MTTR），这是当前许多网络安全的书籍和认证课程中涵盖的另一个指标。下面以杀毒软件套件为例进行讨论。在病毒未被阻断时，系统从病毒感染中恢复的平均时间是多少。网络安全工程师通过对平均维修时间的计算，能够客观地对所讨论的网络安全系统进行评估。

如前所述，将网络安全工程视为系统工程的子学科，这是十分适合的。网络安全通过集成系统工程中的域元素，可以提升为真正的工程学科。这种集成包括将可靠性工程和需求工程集成到网络安全中。此外，还需要运用强有效的建模技术。这些努力将产生正式的网络安全工程学科。这样就可以很好地定义网络安全工程，并且其专业要求比网络安全专业的当前的专业需求要清晰得多。

15.3　标准

每个工程学科都有特定的标准。网络安全行业也有许多标准；然而，要想真正被视为网络安全工程，这些标准会发挥着更重要的作用，它必须充分满足这些标准。下面介绍了其中的一些标准。

15.3.1　RMF

NIST SP 800-37 是一个有关标准的指导性文件。它概述了如下具体步骤。

（1）**分类**：根据对组织、任务 / 业务功能和系统的潜在不利影响，确定资产的重要性。

（2）**选择**：进行上一步中的筛选过程，从适当的基线开始选择安全控制。NIST 已经确定了 18 个安全控制类（NIST SP 800-53），如表 15.1 所示。

表 15.1　NIST SP 800-53 安全控制类

ID	类	ID	类
AC	访问控制	MP	介质保护
AT	意识和培训	PE	物理和环境保护
AU	审计和问责	PL	计划
CA	安全评估和授权	PS	人员安全
CM	配置管理	RA	风险评估
CP	应急计划	SA	系统和服务采购

（续）

ID	类	ID	类
IA	标识和鉴别	SC	系统和通信保护
IR	事件响应	SI	系统和信息完整性
MA	维护	PM	项目管理

（3）**实施**：通过使用健全的系统安全工程实践，在资产内实施安全控制。

（4）**评估**：确定安全控制的有效性，以及它们是否按计划实施，还应评估此类控制措施是否符合安全要求和目标。

（5）**授权**：检查安全控制评估的输出，以确保风险是可以接受的。

（6）**监控**：持续监控系统及其运行环境所实施的控制，以了解可能影响到控制的参数变化、攻击迹象等，并重新评估控制措施的有效性。

15.3.2　ISO 27001

ISO 27001（ISMS）提供了一个帮助确保系统安全的框架，无论任何规模大小的企业或组织都适用。你可能已经听说甚至参与过 ISO 27001 审计标准。该标准涵盖 14 个不同的领域，如下所示。

- **A.5 安全方针**：本节中的控制措施描述了如何处理信息安全策略。
- **A.6 信息安全组织**：本节中的控制措施通过定义内部组织（例如角色、职责等）以及有关信息安全的组织方面（如项目管理、移动设备的使用及远程工作），为信息安全的实施和运作提供了基本框架。
- **A.7 人力资源安全**：本节中的控制措施确保以安全的方式雇用、培训和管理组织人员；它还涉及有关纪律处分和终止协议的原则。
- **A.8 资产管理**：本节中的控制措施确保信息安全资产（例如，信息、处理设备、存储设备等）得到识别，指定负责其安全的责任方，并确保人们知道如何根据预定义的分类级别来处理这些资产。
- **A.9 访问控制**：本节中的控制措施根据实际业务需求访问信息和信息资产。这些控制措施用于物理访问和逻辑访问。
- **A.10 密码学**：本节中的控制措施为如何正确使用加密方案提供了基础，以保护信息的机密性、真实性和完整性。
- **A.11 物理和环境安全**：本节中的控制措施防止未经授权的用户进入物理区域，并保护设备和设施不受人为或自然干预的影响。
- **A.12 操作安全**：本节中的控制措施确保信息技术系统（包括操作系统和软件）的安全性，并防止数据丢失。此外，本节中的控制措施要求记录事件和生成证据，定期验证漏洞，并采取预防措施以防止审计活动影响运营。
- **A.13 通信安全**：本节中的控制措施保护网络基础设施和网络服务，以及通过它们传播的信息。
- **A.14 系统获取、开发和维护**：本节的控制措施在购买新的信息系统或升级现有信息系统时，确保用户信息的安全。
- **A.15 供应商关系**：本节中的控制措施应确保供应商和合作伙伴执行的外包活动也使用有效的信息安全控制措施，并说明如何监控第三方的安全性能。

- **A.16 信息安全事件管理**：本节中的控制措施提供了一个框架，以确保对安全事件进行适当的沟通和处理，从而及时解决这些事件；它们还定义了如何保存证据，以及如何从事件中吸取教训以防止其再次发生。
- **A.17 业务连续性管理的信息安全方面**：本节的控制措施确保信息安全管理在中断期间的连续性和信息系统的可用性。
- **A.18 符合性**：本节中的控制措施提供了一个框架，以保护法律、法规、监管和合同条约，并根据 ISO 27001 标准中定义的政策、程序来审计信息的安全，并查看其是否有效。

ISO 27001 还列出了 114 项安全控制措施。该标准是最受欢迎的网络安全标准之一。将本标准的需求集成到你的网络安全工程方法中，将提高系统安全性。

15.3.3　ISO 27004

ISO 27004 标准是关于度量的。回想一下本章前面的 SMART 首字母缩写，记住所有的需求都必须是可衡量的。ISO 27004 有助于确保安全系统具有可测量的指标。具体而言，ISO 27004 提供了如何确定 ISO 27001 性能的标准。你当然可以在没有 ISO 27001 的情况下使用 ISO 27004，但是 ISO 27004 旨在为 ISO 27001 提供度量标准。安全指标可以深入了解安全系统的性能。度量是工程过程的核心。如果你不能测量工程的一些指标，那么它很可能不是真正的工程。

15.3.4　NIST SP 800-63B

NIST SP 800-63B 提供了认证指南。具体地说，它制定了身份验证程序的保障级别（即给定的身份验证程序保障级别的可靠性）。

保障级别 1 如下所示。

- 记忆中的秘密（5.1.1 节）。
- 查找秘密（5.1.2 节）。
  - 带外设备（5.1.3 节）。
  - 单因素一次性加密（OTP）设备（5.1.4 节）。
  - 多因素 OTP 装置（5.1.5 节）。
  - 单因素加密软件（5.1.6 节）。
  - 单因素加密设备（5.1.7 节）。
  - 多因素加密软件（5.1.8 节）。
  - 多因素加密设备（5.1.9 节）。

保障级别 2 如下所示。

- 当使用多因素验证器时，可以使用以下任何一种：
  - 多因素 OTP 装置（5.1.5 节）。
  - 多因素加密软件（5.1.8 节）。
  - 多因素加密设备（5.1.9 节）。
- 当使用两个单因素验证器的组合时，应包括以下列表中的一个备忘录式秘密验证器（5.1.1 节）和一个基于占有的（即"你拥有的东西"）验证器：
  - 查找秘密（5.1.2 节）。

- 带外设备（5.1.3 节）。
- 单因素一次性加密（OTP）设备（5.1.4 节）。
- 单因素加密软件（5.1.6 节）。
- 单因素加密设备（5.1.7 节）。

保障级别 3：AAL3 认证应通过使用满足 4.3 节要求的一个认证器进行。可能的组合如下所示。

- 多因素加密设备（5.1.9 节）。
- 与记忆秘密（5.1.1 节）结合使用的单因素加密设备（第 5.1.7 节）。
- 与单因素加密设备（5.1.7 节）结合使用的多因素 OTP 设备（软件或硬件；5.1.5 节）。
- 与单因素加密软件（5.1.6 节）结合使用的多因素 OTP 设备（仅限硬件；5.1.5 节）。
- 单因素 OTP 设备（仅限硬件；5.1.4 节）与多因素加密软件验证器（5.1.8 节）结合使用。
- 单因素 OTP 设备（仅限硬件；5.1.4 节）与单因素加密软件验证器（5.1.6 节）和存储秘密（5.1.1 节）一起使用。

15.4 SecML

本章的这一部分改编自本书作者的一篇论文。该论文首次将安全建模语言（Security Modeling Language，SecML）定义为一种新的建模语言。

系统工程使用多种方法对系统和子系统进行建模，建模是设计和测试系统的不可分割的组成部分。实际上，系统工程存在着基于模型的（model-based）一个完整领域。系统工程中使用的主要建模方法之一是系统建模语言（SysML），它是对早期的统一建模语言（UML）的扩展。统一建模语言（UML）由对象管理组（Object Management Group，OMG）创建，它的目的是用于设计软件，系统建模语言（SysML）将它扩展到为各种系统建模。SysML 包含 9 种图，其中一些直接取自 UML，而另一些则是特别为 SysML 创建的。

软件工程还包括许多其他的建模语言，特别是某些特定领域的建模语言，例如，特定框架建模语言（Framework-Specific Modeling Language，FSML）。FSML 用于面向对象的编程。由于软件工程的应用特别广泛，因而有多种特定的建模语言。

系统建模语言（SysML）是为系统和多系统的系统建模而开发的，是系统工程中使用的主要建模工具。它最初是作为扩展统一建模语言（UML）的开源规范而开发的。INCOSE 在 2001 年启动了 SysML 计划。最终 INCOSE 与对象管理组（OMG）一起创建了 SysML。SysML v1.0 于 2007 年发布。SysML 在 ISO 标准 19514：2017（OMG SysML）中被指定为建模工具。

正如前面讨论过的，每个特定的工程学科都有特定的建模技术，甚至是建模语言。如果将网络安全工程真正定义为单独的工程学科，它也将会从自己的建模语言中受益。这将有助于对网络安全的需求进行量身定制地建立模型。

系统工程的重要部分是建模。事实上，系统工程在建模方面有一套完整的分支理论。建模的概念旨在促进人们在系统开发生命周期的任何阶段更好地理解系统，甚至在需求收集阶段就能够模拟系统和为系统建模。这一事实支持网络安全工程包括一门建模语言的需求。

显然，建模是工程，尤其是系统工程的重要组成部分。确实，在网络安全的某些方面以有限的方式使用了建模。这些事实支持着对一门专属于网络安全的建模语言的需求。

本章中提出了对 SysML 的修改，以促进网络安全建模。这种建模称为安全建模语言（SecML），用于对安全需求进行建模。SecML 在定义中使用了一些原有的 SysML 图和 UML 图，并添加了一些新图。该概念旨在提供特定于网络安全的建模语言。软件工程使用 UML，系统工程使用 SysML，网络安全工程应该拥有特定于该领域的建模语言，这是理所当然的。

15.4.1　SecML 的概念

安全建模语言（SecML）的一般概念是提供一种建模工具，可以用于对网络攻击场景和防御态势进行有效建模。鉴于网络安全属于多系统的系统，因此以 SysML 为基础并修改该建模语言以制定 SecML 是恰当的。

SecML 的某些图与 SysML 的图非常相似，仅在 SysML 图上做了少许修改；SecML 的其他图形是专门为网络安全的应用程序而创建的。与 UML 不同，SecML 中基于 SysML 的图没有被划分为结构、行为或交互等类别。但是，有些图明显是针对行为或结构的。将图分成攻击图或防御图似乎更为有利。然而，我有意地没有这样做。有些图（例如误用案例图）显然适用于攻击建模；同样的，安全框图（Security Block Diagram，SBD）可以被视为面向防御的图；但是，其他图（例如安全时序图）既适用于攻击，也适用于防御。因此，这些图并没有进行攻击和防御类型的划分。

15.4.2　误用案例图

误用案例图（Misuse Case Diagram，MCD）是 SecML 中的第一个图形，也是最容易理解的图形。无论是 SysML 还是 UML 都使用用例图（use-case diagram）来帮助我们理解用户如何与给定系统进行交互，这里说的用户还包括可能使用给定系统的其他系统。为了达到安全的目的，我们最关心的是攻击者如何误用系统。因此，用图表示误用情况是有道理的。攻击的本质就是误用一个系统。图 15.3 显示了一个典型的用例图。

在传统的用例图中，使用了一些相对简单的元素。用类似线图（或称简笔画）的图表示系统的任何用户。这理所当然可以是一个人类用户。但是，另一个系统实际上也可以是用户，并且仍将通过线图进行描述。系统中完成的活动使用椭圆进行标记。用户和系统动作之间的连接使用直线表示。此外，当一项活动扩展成为另一项活动时，这种关系将利用虚线和 <<extends>>（扩展）标签标示出来。

UML 用例图已被广泛用于对目标系统的特定用途进行建模。它的实用性源自它非常容易让人理解。图中的组成元素都是不言自明、易于辨识的。这就是为什么在与不太精通技术的利益相关方进行沟通时使用 UML 用例图有效的原因之一。

误用案例的概念已经存在。但是，此处的修正是误用的规范符号表示。逻辑起点是 UML 用例图，然后在用例图上进行修改用于表示误用案例，这些修改包括添加和修改一些符号。图 15.4 中所示是 SecML 误用案例图添加的标记。

图 15.5 是一个典型的误用案例图。该图显示了一个正常用户和一个滥用者误用系统的过程。它还显示了哪些活动可以提供缓解措施解决误用问题，哪些活动还没有缓解因素。

在图 15.5 中使用一个附加符号可以增强图的表示能力。例如，可以进一步描述对策的指示，表明对策是什么。对策符号上还会显示一个数字，表示存在多个相应的对策。缓解因素的数量应为带有 × 的圆圈内的整数，如图 15.6 所示。

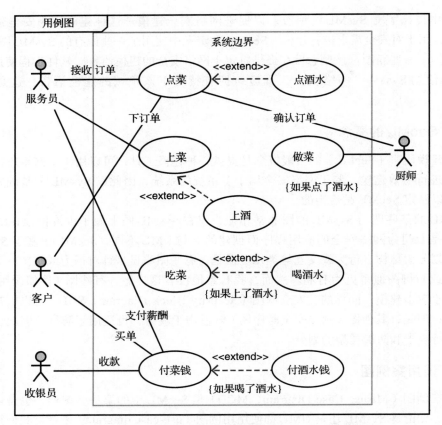

图 15.3　典型的用例图

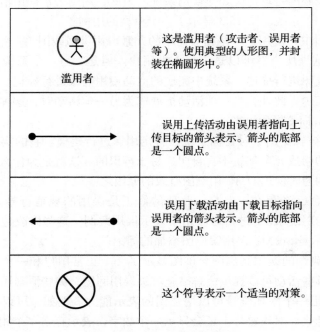

图 15.4　误用案例符号

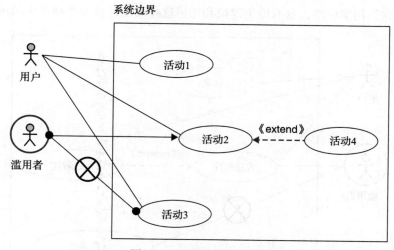

图 15.5　误用案例图示例

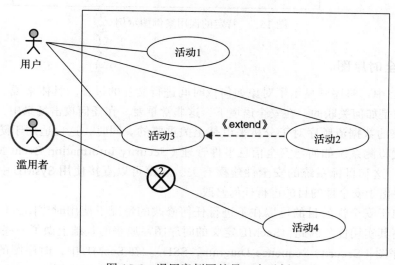

图 15.6　误用案例图的另一个示例

　　然后，通过所采取对策的解释性说明来增强图 15.5 的表示能力。例如，对策可以是禁止下载附件的策略和杀毒，对抗从误用者或攻击者发送到受害者的病毒。网络安全工程师使用误用案例图可以对攻击者如何误用系统以及当前采取了哪些对策进行建模。更重要的是，通过对所有误用案例进行建模，可以明显看到哪些攻击向量（attack vector）具有适当的缓解措施，而哪些没有缓解措施。

　　图 15.7 提供了一个误用案例的具体示例。该图显示了正常的授权用户登录系统的过程。它还显示了滥用者（一个攻击者）发送带有恶意软件附件的电子邮件的过程。我们可以清楚地看到滥用者如何误用正常电子邮件的发送过程。在此示例中也很明显，滥用者的远程登录受到两个缓解因素的阻止，但发送带有恶意软件附件的电子邮件还没有缓解因素。

　　显然，图 15.7 仅给出了一个相当简化的示例，然而，它却说明了此图的实用性。它阐明了滥用者可能使用的攻击向量。此外，很显然，对远程连接有足够的缓解措施，但对发送恶意电子邮件则没有。缺乏缓解措施也将导致网络钓鱼活动的发生。我们的理念是应为所有的攻击向量创建误用案例图，这有助于建模和理解这些攻击，从而选择和应用缓解对策。

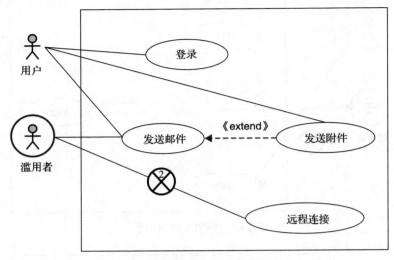

图 15.7   特定的误用案例图示例

15.4.3 安全时序图

在 SysML 中，时序图显示了对象如何依时间进行交互的过程。具体来说，时序图显示了动作与对象是如何关联的。在安全语境下，这非常重要。在任何攻击场景中，从一个对象到另一个对象的数据流顺序对于分析来讲是至关重要的。同时，这也适用于防御和缓解策略。了解入侵检测系统如何与安全信息事件管理（Security Information Event Management，SIEM）交互，这和目标系统的安全性建模有关。建模可以直接使用 SysML 中存在的时序图，而不需要出于安全性的目的进行任何修改。

虽然，出于安全性的目的可以在不进行任何修改的情况下使用时序图，但是对它稍加修改可以提高其实用性。因此，SecML 定义的时序图在原来的基础上做了一些较小的修改，称为安全时序图（Security Sequence Diagram，SSD）。在 SecML 中，时序图的使用方式与在 SysML 中几乎相同。图 15.8 显示了一个当前的 UML/SysML 时序图。

时序图演示了一个动作序列。但是，这些模型仅意味着时序图的预期活动，而不是攻击。修改时序图涉及添加和修改一些符号。对于 SecML，图 15.9 所示的符号已添加到安全时序图中。

传统的时序图无法区分授权动作和未授权动作。实际上，SysML 中甚至都没有考虑到未经授权的活动。但是，在网络安全中，未经授权的动作也至关重要。图 15.10 显示了修改后的时序图。

与传统的 SysML 时序图一样，编写消息仍然使用图 15.8 中的消息名称和消息的方向。但是，SecML 的修改可以让人们区分清楚正常动作和未授权动作。查看实际发生在系统中的未授权动作和授权动作，可以非常有效地了解系统的操作。

修改后的时序图概述了任何网络攻击中的事件顺序。网络安全工程师可以对各种攻击建立模型，并将安全时序图与误用案例图结合在一起，可以有效地概述所涉及的攻击向量。

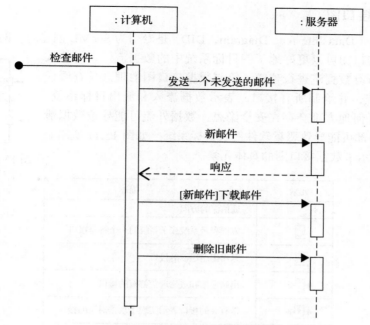

图 15.8　UML/SysML 时序图

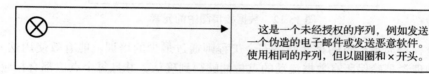

这是一个未经授权的序列，例如发送一个伪造的电子邮件或发送恶意软件。使用相同的序列，但以圆圈和×开头。

图 15.9　时序图中的网络安全性补充

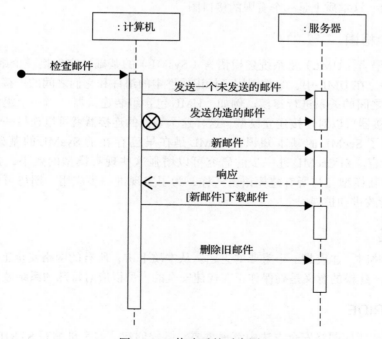

图 15.10　修改后的时序图

15.4.4   数据接口图

数据接口图（Data Interface Diagram，DID）是专门为 SecML 创建的。网络安全工程师
通过使用数据接口图可以更好地了解目标系统中的数据流。它对传入
和传出系统的所有数据流进行建模，绘制数据接口图的理念是查看任
何系统或子系统，并绘制所有接口，表示数据流入和流出目标系统。
有数据流动的任何地方都会存在安全隐患：数据外流可能导致数据泄
露，数据流入内部可能导致恶意软件侵入目标系统。如图 15.11 所示。

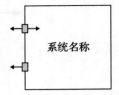

图 15.12 显示了数据接口图的具体元素。

图 15.11   数据接口图

元素	描述
←	通信流的方向
■	方框表示系统或子系统的一个特定接口
◀■	只用出站通信的接口
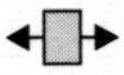 ◀■▶	出站通信和进站通信都有的接口
 ◀x▶	带有 × 的接口表示实现了攻击对策的接口
 ◀x▶ 2	带有对策和数字的接口表示具有多个对策

图 15.12   数据接口图中的元素

此图有意保持简单，目的是使网络安全工程师通过最少的培训就能有效使用这一流程。
数据接口图的理念是确保所有数据流动的点位能够得到确认，并且每个点位都有相应的缓解
措施。该图用于检查目标系统，并确定所采取的缓解策略有哪些（如果每个数据接口已经采
取了缓解策略）。这本质上是一个有限的接口图。

15.4.5   安全框图

统一建模语言（UML）是系统建模语言（SysML）的基础，它包括一个组件图（comp-
onent diagram）。在 UML 中，组件图用于标识软件中的组件和它们之间的连接关系，并对这
些组件和它们之间的关系进行建模。例如，UML 包含组装连接器，当一个组件需要另一个
组件时，该连接器可以对连接建立模型。这样这个委托的连接器就可以连接一个外部组件。

本节介绍了 SecML 的基本知识，SecML 是在早已存在的 SysML 的基础上发展起来
的安全建模语言。对 SecML 进一步的研究可以增强这些现有模型的效果，并且还可以在
SecML 中增加新模型。与所有建模语言一样，为了实现进一步应用，期待可以有更多的人
对 SecML 进行改进和扩展。

15.5   建模

在考虑威胁时，建模是一个重要的主题。从本质上讲，所有的网络安全工程都是针对某
种安全威胁的。建模的意义是确保你正在构建安全的模型以应对特殊的系统威胁。

15.5.1   STRIDE

威胁建模在任何网络安全方法中都很重要。微软创建了首字母缩写 STRIDE，用于识别

六类安全威胁：欺骗、篡改、否认、信息披露、拒绝服务和提升特权。使用此工具时，重要的是要确保对所有上述列举的威胁进行建模。

15.5.2　PASTA

攻击模拟和威胁分析过程（PASTA）是一种以风险为中心的七步风险评估方法。顾名思义，它的任务是模拟攻击与分析威胁。PASTA 于 2012 年开发。表 15.2 列出了七个阶段。

表 15.2　PASTA 的七个阶段

阶段	描述
确定目标	确定业务目标
	确定安全性和法规遵从性要求
	执行业务影响分析
定义技术范围	确定技术环境的边界
	捕获基础架构相关性
应用程序分解	识别使用案例
	定义入口点和信任级别
	识别威胁因素
	执行数据流图表
	确定信任边界
威胁分析	检查概率攻击场景
	对安全事件执行回归分析
	执行威胁情报关联
脆弱性和弱点分析	查看现有的漏洞报告
	分析设计缺陷和滥用案例
	评审评分（如 CVSS 和 CVE）
攻击模型	执行攻击面分析
	执行攻击树开发
	匹配漏洞和利用漏洞攻击树
风险和影响分析	确定并量化业务影响分析
	确定对策
	进行剩余风险分析
	确定风险缓解策略

15.5.3　DREAD

DREAD 是风险评级的助记符，涉及五类：潜在损害、再现性、利用能力、受影响的用户和可发现性。一次攻击会造成多大的伤害？攻击者复制这种攻击有多容易？执行攻击需要付出多少努力？有多少用户会受到影响？最后，发现威胁有多容易？

15.6　本章小结

在本章中，你已经看到了系统工程在网络安全中的应用。我们的目标是开始对网络安全采取一种系统的方法进行研究。作为示例，渗透测试不应该只是一组随机的黑客入侵尝试。相反，它应该是一个经过精心设计的过程，并与特定的测试需求相对应。为更好地了解系统安全的需求，对网络安全的应用场景进行建模也是非常有益的。本章简要介绍的 SecML 建模语言提供了这样的一种方法。

15.7　技能测试

选择题

1. 使用哪种类型的图来表示实体与系统的交互关系？
　　A. 用例图　　　　　　B. 时序图　　　　　　C. 数据接口图　　　　D. 需求图
2. 捕获安全过程或系统需求的最合适的工具是什么？
　　A. 用例图　　　　　　B. 时序图　　　　　　C. SysML　　　　　　D. 可追溯矩阵
3. 以下哪项网络安全活动可以最准确地描述为工程？
　　A. 实施复杂的 IPS 规则　　　　　　　　B. 实现非对称密码
　　C. 创建可追溯需求矩阵　　　　　　　　D. 进行取证调查
4. 系统工程师使用哪种建模语言？
　　A.SecML　　　　　　B.SysML　　　　　　C.UML　　　　　　　D.DML
5. 在 SecML 中这个符号代表什么？

　　A. 禁止的行动　　　　B. 封锁的系统　　　　C. 对策　　　　　　　D. 攻击
6. 在 SecML 中这个符号代表什么？

　　A. 受到攻击的受害者　　B. 系统滥用者　　　C. 系统用户　　　　　D. 隔离用户
7. 在 SecML 中这个符号代表什么？

　　A. 被阻止的活动　　　B. 外部攻击　　　　　C. 未经授权的活动　　D. 内部攻击
8. 下列哪个标准涵盖 14 领域？
　　A. ISO 27001　　　　B. RMF　　　　　　　C. NIST 800-63B　　　D. STRIDE
9. NIST 800-63B 中有多少保障级别？
　　A. 14　　　　　　　　B. 3　　　　　　　　C. 4　　　　　　　　D. 0
10. STRIDE 的要素有哪些？
　　A. 欺骗、篡改、否认、信息泄露、拒绝服务、特权提升
　　B. 间谍软件、篡改、否认、信息泄露、拒绝服务、执行
　　C. 欺骗、篡改、反射攻击、信息泄露、拒绝服务、特权提升
　　D. 欺骗、威胁、否认、信息泄露、拒绝服务、执行

练习

练习 15.1：误用案例图

　　为特定类型的攻击创建一个误用案例图。你可以选择本书中描述过的任何一种攻击。

练习 15.2：需求收集

　　仔细考虑大学校园的网络安全需求。创建可追溯需求矩阵，以便对校园内的计算机网络进行渗透测试。

下面的术语有的来自黑客，有的来自安全从业人员。要真正地理解计算机安全，就必须要熟悉这两个领域。这个术语表中也涉及常用的网络术语。

admin：系统管理员的缩写。

广告软件（adware）：用来显示广告的软件。

AES：高级加密标准（Advanced Encryption Standard），使用 128 位、192 位或 256 位密钥的对称密码算法。

APT：高级持续威胁；使用多种先进技术进行的长时间攻击。

审计（audit）：对系统安全性的检查，通常包括对文件、程序和系统配置的检查。

身份认证（authentication）：证明某人是他所声称的身份的过程。

后门（backdoor）：安全系统中的漏洞，通常是系统的开发者故意留下的。

出价屏蔽（bid shielding）：通过在它上面放一个假的但是非常高的出价来阻止其他人投标，从而把一个项目对其他投标人隐藏起来。

出价虹吸（bid siphoning）：试图引诱投标人从一个合法的网站到另一个可能用于实现恶意目的的网站，比如网络钓鱼。

黑帽黑客（black hat hacker）：为实现恶意和非法目的而使用黑客入侵技术的人。

BlowFish：由布鲁斯·施奈尔（Bruce Schneier）发明的一种使用变长（variable-length）密钥的著名对称密钥加密算法。

蓝队（blue team）：进行渗透测试的防守方。

智囊团（braindump）：把自己知道的一切都告诉别人的行为。

攻破（breach）：成功地攻入一个系统，即通过安全检查。

蛮力攻击（brute force）：通过简单地尝试每一个可能的组合方式来破解口令。

bug：系统中的缺陷。

凯撒密码（Caesar cipher）：最古老的加密算法之一。它是使用一个基本的单字母表（mono-alphabetic）的密码。

CHAP：挑战握手身份认证协议（Challenge Handshake Authentication Protocol），一种常用的认证协议。

CIA 三角：机密性、完整性和可用性三种属性的常用的安全缩略词。

加密（cipher）：密码算法的同义词。

密文（cipher text）：明文的加密结果。

代码（code）：作为名词指程序的源代码，或作为动词指编程的行为，如"编写算法"中指编写。

代码研磨机（codegrinder）：对在缺乏创造性的企业编程环境中工作的人的一种率直的评价。

cookie：Web 浏览器存储的一小段数据，通常是纯文本形式。

破坏者（cracker）：为了做一些恶意的、非法的或有害的事情而攻入系统的人。黑帽黑客的同义词。

破解、攻破（cracking）：攻破一个系统或破解一段代码。

崩溃（crash）：意外的突然故障，如"我的计算机崩溃了"。

密码学（cryptography）：研究加密和解密的学科。

网络诈骗（cyber fraud）：利用 Internet 诈骗他人。

网络跟踪（cyber stalking）：利用 Internet 骚扰某人。

DDoS：分布式拒绝服务，一种从多个源位置发起的拒绝服务攻击。

半神黑客（demigod）：拥有多年经验，在某国国内或国际上知名的黑客。

DES：数据加密标准。20 世纪 70 年代开发的分组密码算法，在 64 位分组上使用 56 位密钥。现在，它被认为不够安全。

Diffie-Hellman：用于密钥交换的非对称协议。

DoS：拒绝服务。一种阻止合法用户访问资源的攻击，通常是通过用超出目标系统处理能力的工作负载来实现的。

EDoS：经济否认可持续性（EDoS）。一种拒绝服务攻击，涉及机器人发送虚假请求，以破坏或中断云资源的可用性。

椭圆曲线（elliptic curve）：规定非对称加密的一类算法。

加密文件系统（Encrypting File System，EFS）：它是 Microsoft 的文件系统，允许用户加密单个文件。它是在 Windows 2000 中首次引入的。

加密（encryption）：加密消息的行为。加密通常涉及更改消息，以至于消息在没有密钥和解密算法的情况下无法读取。

间谍活动（espionage）：非法收集信息。

道德黑客（ethical hacker）：为了达到某种他认为合乎道德的目的而入侵系统的人。通常称为渗透测试工程师。

防火墙（firewall）：一种在你的计算机或网络与其他计算机或网络之间提供一道屏障的设备或软件。

灰帽黑客（gray hat hacker）：通常遵守法律的黑客，但在某些情况下会越界成为黑帽黑客。

黑客（hacker）：试图通过逆向工程来详细研究一个系统的人。

哈希（hash）：使用可变长度输入、产生固定长度输出且不可逆的算法。

蜜罐（honey pot）：专为吸引黑客而设计的系统或服务器，实际上是用来捕捉黑客的陷阱。

集线器（hub）：连接计算机的装置。

IKE：Internet 密钥交换（Internet Key Exchange），一种管理加密密钥交换的方法。

信息战（information warfare）：试图通过信息操纵来影响政治或军事结果。

入侵检测系统（IDS）：检测入侵攻击的系统。

IP：Internet 协议，网络中使用的主要协议之一。

IPsec：Internet 安全协议（Internet Protocol Security），一种保护虚拟专用网（VPN）安全的方法。

IP 欺骗（IP spoofing）：使数据包看起来来自与真实源 IP 不同的 IP 地址。

键盘记录器（key logger）：在计算机上记录键盘敲击情况的软件。

MAC 地址（MAC address）：网卡的物理地址。它是一个 6 字节的十六进制数，前 3 个字节定义供应商。

恶意软件（malware）：任何带有恶意目的的软件，如病毒或特洛伊木马。

MD5：Message Digest 5，一种密码哈希算法。

MS-CHAP：Microsoft 对 CHAP 的扩展。

多字母表替换（multi-alphabet substitutions）：使用多个替换字母表的加密方法。

网卡（NIC）：网络接口卡。

包过滤防火墙（packet filter firewall）：扫描传入包并允许包通过或拒绝通过的防火墙。它只检查包的头部，而不检查数据，并且不考虑数据通信的上下文。

渗透测试（penetration testing）：通过尝试闯入系统来评估系统的安全性。渗透测试是大多数渗透测试工程师的活动。

phreaker：侵入电话系统的人。

端口扫描（port scan）：按顺序 ping 端口，看看哪些端口是活动的。

PPP：点对点协议（Point-to-Point Protocol），有些过时的连接协议。

PPTP：点对点隧道协议（Point-to-Point Tunneling Protocol），一个扩展到 PPP 的 VPN。

代理服务器（proxy server）：一种隐藏内部 IP 地址并向外部显示单一 IP 地址的设备。

红队（red team）：一支渗透测试队伍，模拟特定类型的攻击者。

路由器（router）：连接两个网络的设备。

RSA：1977 年由三位数学家罗纳德·李维斯特（Ron Rivest）、阿迪·萨莫尔（Adi Shamir）和伦纳德·阿德曼（Leonard Adleman）开发的一种公钥加密方法。RSA 这个名字来源于三位数学家姓氏的首字母。

RST cookie：为减轻某些类型的 DoS 攻击产生的危险而实施的一种简单方法。

脚本小子（script kiddy 或 kiddie）：俚语，指一个技术不熟练却声称自己是技术娴熟的黑客的人。

SHA：安全哈希算法；一个有多个版本的密码散列如 SHA1、SHA2（有变体）、SHA3。

smurf：一种特定类型的分布式拒绝服务攻击。

红客（sneaker）：为了评估一个系统的漏洞而试图破坏它的人。这是一个旧词，现在大多数人使用渗透测试工程师这个术语。

嗅探器（sniffer）：在网络中传输数据时捕获数据的程序，也叫包嗅探器。

snort：一种广泛使用的开源的入侵检测系统。

社会工程学（social engineering）：说服系统使用人以获取访问一个系统所需要的信息。

SPAP：Shiva 口令认证协议，一个专有的 PAP 版本，主要变化是在 PAP 上添加了加密。

欺骗（spoofing）：伪装成其他东西，比如一个包可能（比如在 smurf 攻击中）伪装成另一个返回 IP 地址，或一个网站假冒一个著名的电子商务网站。

间谍软件（spyware）：监控计算机使用的软件。

堆栈调整（stack tweaking）：一种保护系统免受 DoS 攻击的复杂方法。此方法涉及重新配置操作系统以便以不同的方式处理连接。

全状态数据包检查（stateful packet inspection）：一种防火墙，它不仅检查包，而且知道包发送的上下文。

对称密钥系统（symmetric key system）：使用相同密钥对消息进行加密和解密的一种加密方法。

SYN cookie：一种减轻 SYN 洪泛危险性的方法。

SYN 洪泛（SYN flood）：发送一个 SYN 数据包流（请求连接）但从不响应，从而使连接处于半开放状态。

簇群式 DOS 攻击（tribal flood network）：一个用来执行 DDoS 攻击的工具。

特洛伊木马（Trojan horse）：表面上是合法、良性的目的，但实际上另有恶意目的的软件。

病毒（virus）：能够自我复制并像生物病毒一样传播的软件。

拨号攻击（war-dialing）：拨打电话并等待计算机接听。拨号攻击通常是通过一些自动系统完成的。

驾驶攻击（war-driving）：驾驶汽车并扫描可能作为攻击目标的无线网络。

白帽黑客（white hat hacker）：不违法的黑客，通常是道德黑客的同义词。

蠕虫（worm）：一种不需要人类干预就能传播的病毒。

附录 A 网络资源[⊖]

有关计算机犯罪和网络恐怖主义的网站

网络犯罪（cyber crime）：https://www.justice.gov/criminal-ccips。

计算机安全（computer security）：https://www.sei.cmu.edu/about/divisions/cert/index.cfm。

赛门铁克杀毒网站（Symantec's antivirus site）：https://www.broadcom.com/support/security-center。

FBI 网络犯罪（FBI cyber crime）：https://www.fbi.gov/investigate/cyber。

基本知识

Hellbound Hackers: https://hbh.sh/home。

Dark Reading: https://www.darkreading.com。

网络跟踪

诺顿：https://us.norton.com/internetsecurity-how-to-what-is-cyberstalking.html。

身份盗窃

美国联邦贸易委员会（Federal Trade Commission）：https://consumer.ftc.gov/features/identity-theft。

身份盗窃资源中心（Identity Theft Resource Center）：https://www.idtheftcenter.org。

端口扫描器和嗅探器

Nmap: https://nmap.org。

SecTools: https://sectools.org/tag/port-scanners/。

口令破解

ophcrack：http://ophcrack.org/。

口令破解（password cracker）：https://resources.infosecinstitute.com/10-popular-password-cracking-tools/。

对策

各种安全和黑客工具（various security and hacking tool）：insecure.org。

Snort，一种开源的 IDS 系统：https://www.snort.org/The SANS Institute Cyber。

Security Tools：https://www.sans.org/tools/。

Association of Computing Machinery IDS 网页：http://xrds.acm.org/。

⊖ 注意：下述链接截止至 2022 年 9 月有效。

网络调查工具

域名查询工具：https://whois.domaintools.com。

查看以前版本的网站：https://archive.org。

通用工具

扫描工具：www.rawlogic.com/netbrute/。

计算机病毒研究

CNET 病毒中心（CNET virus center）：https://www.cnet.com/tech/services-and-software/cybersecurity/。

F-Secure：https://www.f-secure.com/us-en。

vxHeaven：https://vxug.fakedoma.in/archive/VxHeaven/vx.php@tbs=1.html。

附录 B　选择题答案

第 1 章
1. C
2. B
3. B
4. B
5. A
6. C
7. D
8. A
9. C
10. A
11. C
12. A
13. A
14. A
15. B
16. A
17. B
18. B
19. C
20. C

第 2 章
1. D
2. D
3. A
4. C
5. A
6. B
7. B
8. D
9. A
10. C
11. A
12. B
13. C
14. B
15. C

16. C
17. B
18. A
19. A
20. C
21. A
22. B
23. A
24. A
25. B

第 3 章
1. A
2. B
3. C
4. A
5. A
6. B
7. C
8. B
9. A
10. C
11. B
12. B
13. D
14. B
15. C
16. A
17. C
18. B
19. A
20. B
21. A
22. D
23. C
24. A

第 4 章
1. A

2. C
3. D
4. C
5. B
6. D
7. A
8. A
9. C
10. D
11. C
12. A
13. A
14. D
15. D
16. D
17. D
18. B
19. D
20. A

第 5 章
1. D
2. A
3. B
4. C
5. A
6. A
7. A
8. A
9. C
10. D
11. A
12. B
13. A
14. D
15. C
16. B
17. D

18. D
19. A
20. D

第 6 章
1. B
2. A
3. A
4. B
5. A
6. D
7. D
8. B
9. D
10. C
11. A
12. B
13. D
14. A
15. C

第 7 章
1. D
2. A
3. C
4. D
5. C
6. A
7. A
8. B
9. A
10. A
11. B
12. A
13. A
14. B
15. D

第 8 章
1. A

2. C

3. D

4. B

5. C

6. A

7. B

8. A

9. D

10. B

11. A

12. C

13. B

14. A

15. D

16. C

17. D

18. A

第 9 章

1. A

2. C

3. D

4. B

5. C

6. A

7. A

8. A

9. D

10. A

11. A

12. A

13. A

14. A

15. B

第 10 章

1. C

2. C

3. C

4. B

5. A

6. B

7. A

8. B

9. A

10. B

11. B

12. D

13. B

14. C

15. B

第 11 章

1. C

2. A

3. A

4. C

5. B

6. A

7. D

8. C

9. D

10. B

11. C

12. D

13. D

14. B

15. A

16. B

17. C

18. C

19. A

20. D

第 12 章

1. C

2. C

3. C

4. D

5. B

6. A

7. B

8. A

9. A

10. C

11. B

12. B

13. D

14. C

第 13 章

1. A

2. B

3. B

4. D

5. D

6. B

7. B

8. C

9. A

10. D

11. C

12. B

13. A

14. D

15. A

第 14 章

1. C

2. A

3. B

4. B

5. D

6. B

7. B

8. A

9. D

第 15 章

1. A

2. D

3. C

4. B

5. C

6. B

7. C

8. A

9. B

10. A

推荐阅读

深入理解计算机系统（原书第3版）

作者：[美] 兰德尔 E. 布莱恩特 等 译者：龚奕利 等 书号：978-7-111-54493-7 定价：139.00元

理解计算机系统首选书目，10余万程序员的共同选择
卡内基-梅隆大学、北京大学、清华大学、上海交通大学等国内外众多知名高校选用指定教材
从程序员视角全面剖析的实现细节，使读者深刻理解程序的行为，将所有计算机系统的相关知识融会贯通
新版本全面基于X86-64位处理器

基于该教材的北大"计算机系统导论"课程实施已有五年，得到了学生的广泛赞誉，学生们通过这门课程的学习建立了完整的计算机系统的知识体系和整体知识框架，养成了良好的编程习惯并获得了编写高性能、可移植和健壮的程序的能力，奠定了后续学习操作系统、编译、计算机体系结构等专业课程的基础。北大的教学实践表明，这是一本值得推荐采用的好教材。本书第3版采用最新x86-64架构来贯穿各部分知识。我相信，该书的出版将有助于国内计算机系统教学的进一步改进，为培养从事系统级创新的计算机人才奠定很好的基础。

—— 梅 宏　中国科学院院士/发展中国家科学院院士

以低年级开设"深入理解计算机系统"课程为基础，我先后在复旦大学和上海交通大学软件学院主导了激进的教学改革……现在我课题组的青年教师全部是首批经历此教学改革的学生。本科的扎实基础为他们从事系统软件的研究打下了良好的基础……师资力量的补充又为推进更加激进的教学改革创造了条件。

—— 臧斌宇　上海交通大学软件学院院长

软件工程（原书第10版）

作者：[英] 伊恩·萨默维尔 译者：彭鑫 赵文耘 等 ISBN：978-7-111-58910-5

本书是软件工程领域的经典教材，自1982年第1版出版至今，伴随着软件工程学科的发展不断更新，影响了一代又一代的软件工程人才，对学科建设也产生了积极影响。全书共四个部分，完整讨论了软件工程各个阶段的内容，适合软件工程相关专业本科生和研究生学习，也适合软件工程师参考。

新版重要更新：

全面更新了关于敏捷软件工程的章节，增加了关于Scrum的新内容。此外还根据需要对其他章节进行了更新，以反映敏捷方法在软件工程中日益增长的应用。

增加了关于韧性工程、系统工程、系统之系统的新章节。

对于涉及可靠性、安全、信息安全的三章进行了彻底的重新组织。

在第18章"面向服务的软件工程"中增加了关于RESTful服务的新内容。

更新和修改了关于配置管理的章节，增加了关于分布式版本控制系统的新内容。

将关于面向方面的软件工程以及过程改进的章节移到了本书的配套网站（software-engineering-book.com）上。

在网站上新增了补充材料，包括一系列教学视频。